3Dマイホームデザイナーで学ぶ

# 住宅プランニング

編著｜和田浩一

著｜的野博訓、杉山和雄、星野政博、
菊池観吾、江川嘉幸

監修｜実践教育訓練学会

技術評論社

## 本書で利用する付属データのダウンロードについて

本書をご購入の皆さまは、本書サポートページより次の内容の図面と3Dモデリングデータをダウンロードすることができます。

- Chapter 2　補助図面
- Chapter 4　補助図面
- Chapter 5　補助図面<br>屋根パーツ作成の下絵図面
- Chapter 6　補助図面
- Chapter 7　補助図面
- Chapter 8　補助図面<br>間取り作成用の下絵図面
- Chapter 9　応用テクニックで使用するサンプルデータ
- 課題　見本となる3Dモデリングデータ<br>(3DマイホームデザイナーPRO9EXで利用可能)

ダウンロードするには、本書サポートページの該当箇所で以下のパスワードを入力してください。

**MHDPlanningData2020**【すべて半角】

■本書サポートページ
https://gihyo.jp/book/2020/978-4-297-11051-2

本書に記載された内容は、情報の提供のみを目的としています。したがって、本書を用いたご利用は、必ずお客様自身の責任と判断によって行ってください。これらの情報によるご利用の結果について、技術評論社および著者はいかなる責任も負いません。

本書記載の情報は、2019年12月現在のものを掲載していますので、ご利用時には、変更されている場合もあります。また、ソフトウェアに関する記述は、特に断わりのないかぎり、2019年12月時点での最新バージョンをもとにしています。それぞれバージョンアップされる場合があり、本書での説明とは内容などが異なってしまうこともあり得ます。本書ご購入の前に、必ずバージョン番号などをご確認ください。

本書は、3DマイホームデザイナーPRO9EXを使って解説しています。ただし、PRO9EXであっても、時間が経つと実在する家具・設備の販売状況も変化することから、テキストに記載してあるパーツも変化します。その際は類似のパーツを代用してください。

3DマイホームデザイナーPRO10EXは、PRO9EXと比較すると、多少ツールのインターフェイスが異なりますので、注意してご利用ください。

以上の注意事項をご承諾いただいたうえで、本書をご利用願います。これらの注意事項をお読みいただかずに、お問い合わせいただいても、技術評論社および著者は対処しかねます。あらかじめ、ご承知おきください。

# はじめに

建築の設計は、施主の要望を設計者が理解し、気候や風土、周辺の地域や敷地、建築法規、建物の構造などの条件を加味しながら、さまざまな生活シーンのイメージを具体的な建築空間に創り上げることです。1980年半ばまでは、設計者のイメージを実際の空間にするためにスケッチや平面図、立面図、断面図、パース、模型などが用いられ、施主への確認やゼネコン・工務店への伝達手段（方法）となってきました。その後、コンピュータの発達によりCAD（Computer Aided Design）が開発され、2次元図面の作成を中心として急速に普及してきました。近年は、コンピュータ処理の高速化に伴い、建築分野においても3次元設計ツールが一般化しつつあります。

3Dマイホームデザイナーも3次元設計ツールの一種として建築設計事務所や工務店を中心に広く普及しています。特徴的なのは、これまでのように2次元CAD図面を描いてから高さ情報を与えて3次元化するのではなく、3次元の空間や家具などのパーツを配置しながら設計できるようになり、初学者でも空間をイメージしながら設計を進めることができることです。さらに、操作が簡単で2次元と3次元の行き来がスムーズに行うことができます。そのため、住宅の意匠設計には、とても有効な設計ツールです。3Dマイホームデザイナーは、初学者にも馴染みやすく、短期間で操作技術も習得できることから、建築設計事務所や工務店のみならず、高校や大学、職業能力開発施設でも多く使われています。

本書は、実践教育訓練学会建設系専門部会に所属する6人が執筆しました。普段の建築設計とCAD教育で得た多くのノウハウを本書に記述しています。本書は、1章から5章までの基本操作と6章から9章までの実践課題で構成しています。基本操作の章では、機器の操作やソフトの使い方から始まり、一般的な木造2階建住宅のモデリングプロセスを辿りながら1つひとつ操作方法を解説します。読み進むごとに操作手順の説明から、自ら考えて操作する内容に移行します。基本操作の章を読み終える頃には、一般的な戸建住宅を3Dモデリングし、簡単なプレゼンテーションボードの作成ができるようになります。

後半の実践課題では、将来の高齢化を考慮した2階建て専用住宅、福祉住環境の課題をとおしながら建築条件を理解し、自ら建築計画を立てて3Dモデリングにより設計し、実務的なプレゼンテーションができるようになります。さらにRC造マンションの作成、応用テクニックで3Dマイホームデザイナーの利用範囲を拡げます。すべての課題を終えるころには、3Dマイホームデザイナーの利用方法のみならず、住宅の設計についてもそのノウハウを理解できるようになります。

本書を通じて、建築設計を学び始めた方、あるいは3Dマイホームデザイナーのユーザーなどが、短期間で効果的な3次元設計ツールの利用方法を習得できることを願っています。

2019年12月
執筆者代表 和田浩一

# 目次

## Chapter 1



## Chapter 2



## Chapter 3

## Chapter 4

## 実践テクニック（前編）



## Chapter 5

## 実践テクニック（後編）



## Chapter 6

## 住宅の設計～木造２階建て専用住宅の計画と設計

## Chapter 7

## 福祉住環境整備のテクニック……135



## Chapter 8

## RC３階建てマンションの作成……169



## Chapter 9

## 応用テクニック……181



## 課題……198

Chapter 1

# 3Dマイホームデザイナーの基本的な使い方

本章では、3Dマイホームデザイナーを使用する前に、必ず知っておかなければならない共通事項を説明します。また、これから本格的なモデリングを行う前に、初歩的なモデルをとおして基礎的なソフトの使い方を学習します。

▼図1-1　メインメニュー

▼図1-2　間取りサンプルを開く
（広さや向きで選ぶ）

▼図1-3　間取りサンプルを開く
（ライフスタイルで選ぶ）

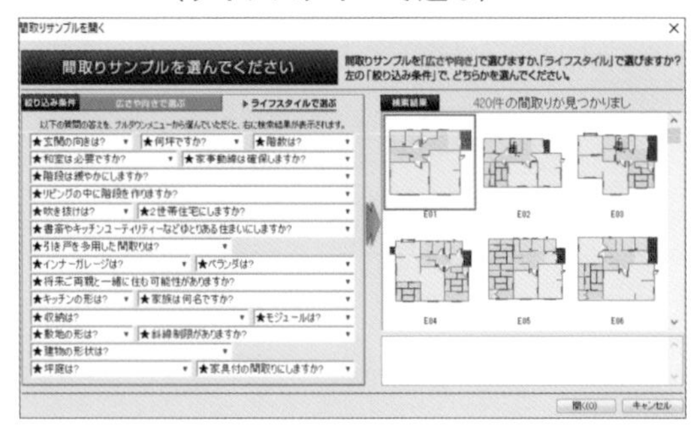


## 1-1　メインメニュー　図1-1

### 間取りから新規作成　（❶）

新しくファイルを作成し、間取りを進めるときに選択します。

### 間取りサンプルを開く　（❷）

3Dマイホームデザイナーには、多くの間取りサンプルが格納されています（**図1-2**、**図1-3**）。絞り込み条件には、［広さや向きで選ぶ］と［ライフスタイルで選ぶ］があり、条件を入力することにより、いくつかの2次元間取りサンプルを見られます。

### 3Dサンプルを開く　（❸）

3Dサンプルがフォルダーに格納されています。いくつかの3次元サンプルを見られます（**図1-4**、**図1-5**）。

▼図1-4　3次元サンプル（その1）

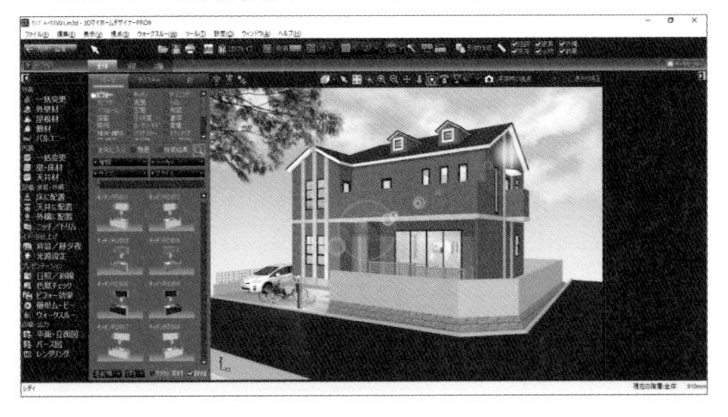

▼図1-5　3次元サンプル（その2）

## 3Dモデリング　(❹)

オリジナルの家具やパーツなどを形状作成ツールで作るときに利用します。3D画面が起動します。

## 前回使用したファイルを開く　(❺)

前回使用したファイルを開くことができます。プレビュー画面が左に表示されます。

## ファイルを開く　(❻)

目的のフォルダーから、これまでに3Dマイホームデザイナーで作成したファイルを開くことができます。

## テクスチャ作成　(❼)

背景やテクスチャを作成します。[ファイルから読み込み] と [スキャナから読み込み] から選択します。

## その他のメニュー

### [ お知らせ ] (❽)

インターネットに接続してメガソフトからのお知らせを表示できます。

### [ グラフィックスライブラリ切り替え ] (❾)

グラフィックス処理をするためのライブラリを切り替えたり、詳細設定をすることができます。

### [ サポートページを見る ] (❿)

メガソフトサポートページを開いて、使い方やトラブルシューティングなどを検索して閲覧できます。

### [ オンラインアップデート ] (⓫)

インターネットに接続して最新のプログラムをダウンロードできます。また、3Dマイホームデザイナーを起動するときに最新のプログラムにアップデートできます。仮に古いプログラムで3Dマイホームデザイナーを起動しても、ここで最新プログラムにアップデートできます。

### [ データセンター ] (⓬)

インターネットに接続してパーツやテクスチャをダウンロードできます。

### [ 建築用語集 ] (⓭)

建築に関するわからない用語が出てきた場合、インターネットに接続して建築用語を検索し、閲覧できます。

### [ 追加機能 ] (⓮)

新しく追加した機能を紹介しています。

▼図1-6　間取り画面

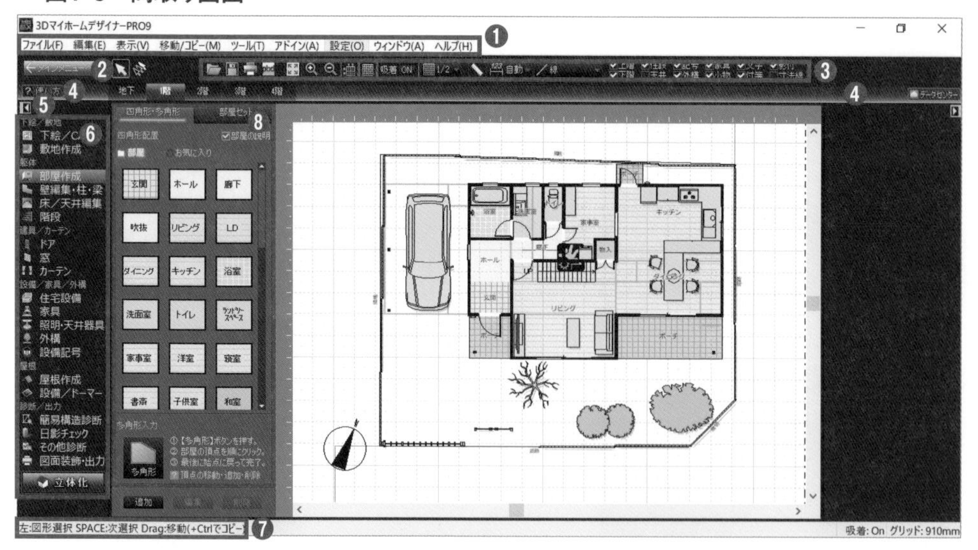

## 1-2 間取り画面 図1-6

### メニューバー (❶)

ファイル管理、印刷、スキャナの機能がある［ファイル］や図形の［編集］［移動/コピー］、画面の［表示］、左のメインツールが入っている［ツール］、描画の［設定］、建ぺい率・容積率チェックウィンドウがある［ウィンドウ］、使い方とヒントサポート情報・建築用語集・インテリア用語集がある［ヘルプ］があります。

### メインメニューへ (❷)

メインメニューに戻ります。

### ツールバー (❸)

メニュー項目で利用頻度が高い機能をボタンで表示しています。

### ?使い方 (❹)

メガソフトサポートページを開いて、使い方やトラブルシューティングなどを検索して閲覧できます。

### ◀ (❺)

ナビの表示方法を変更します。作業領域を広げたいときなどに使います。

### マイホーム作成ナビ (❻)

3Dマイホームデザイナーでモデリングするときのナビです。一般的には、ナビのコマンドを使い、3Dの住宅モデルを作成していきます。

### ステータスバー (❼)

ナビやツールを選ぶと、必ずこのステータスバーにメッセージが表示されます。操作がわからないときは、まずステータスバーを確認しましょう。

### パレット (❽)

選択したメニューやナビにより、作業に必要な素材と［種類］［メーカー］［サイズ］［スタイル］などの設定項目が表示されます。

▼図1-7　3D画面

## 1-3 3D画面 （図1-7）

### 間取り編集へ （❶）

間取り画面に戻ります。メインメニューに戻るときは、間取り画面を経由します。

### フロアタブ （❷）

［内観確認］をクリックすると［フロアタブ］が表示されます。［外観確認］になっている間は表示されません。

### 視点変更ツール （❸）

［外観確認］や［内観確認］のほかに、さまざまな作業画面の表示方法を切り替えるツールがあります。

［メニューバー］［ツールバー］［?使い方］［◀］［マイホーム作成ナビ］［ステータスバー］［パレット］は間取り画面と同様です。

## 1-4 3Dマイホームデザイナー PRO9EXの動作環境

### 対応OS

対応OSは「Windows 11／10／8.1／8／7／Vista／XP」（日本語）です。macOSは動作保証外です。タブレット（iPadやAndroid）は、使えません。

### ハードディスク

8GB以上が必要です。

### メモリ

各OSが推奨する容量以上が必要です。

### ディスプレイ

解像度1280×768以上が必要です。

### 周辺機器

マウスが必須になります。また、パッケージ版はセットアップ時にDVD-ROMドライブが必要です。

各OSのサービスパック要件や入出力形式などについては、製品HP（https://www.megasoft.co.jp/3d/pro9ex/）を確認してください。

## 1-5 マウス操作の表記 図1-8

マウス操作（**図1-8**）の表記方法について右利き用の設定を基準に説明します。

### クリック （❶）

作図位置の指定や確認メッセージにマウスの左ボタンを1回押す場合は「クリック」と表記します。

### ダブルクリック （❷）

マウスの左ボタンを2回クリックする場合は「ダブルクリック」と表記します。

### 右クリック （❸）

マウスの右ボタンを1回クリックする場合は「右クリック」と表記します。

### ドラッグ （❹）

マウスの左ボタンを押しながらマウスを移動する場合は「ドラッグ」と表記します。

### ドラッグ＆ドロップ （❺）

マウスの左ボタンを押しながら図形をつまみ、目的の場所に移動しボタンを離す場合は「ドラッグ＆ドロップ」と表記します。

### 選択 （❻）

メニュー、ツールバー、ナビ、パレット、プロパティーなどで機能選択のためにマウスの左ボタンを1回クリックする場合は「選択」と表記します。

### ホイール操作 （❼）

マウスのホイールを回転させると画面を拡大／縮小します。また、ホイールを押しながらマウスを動かすと作業画面全体が移動します。

▼図1-8 マウス操作

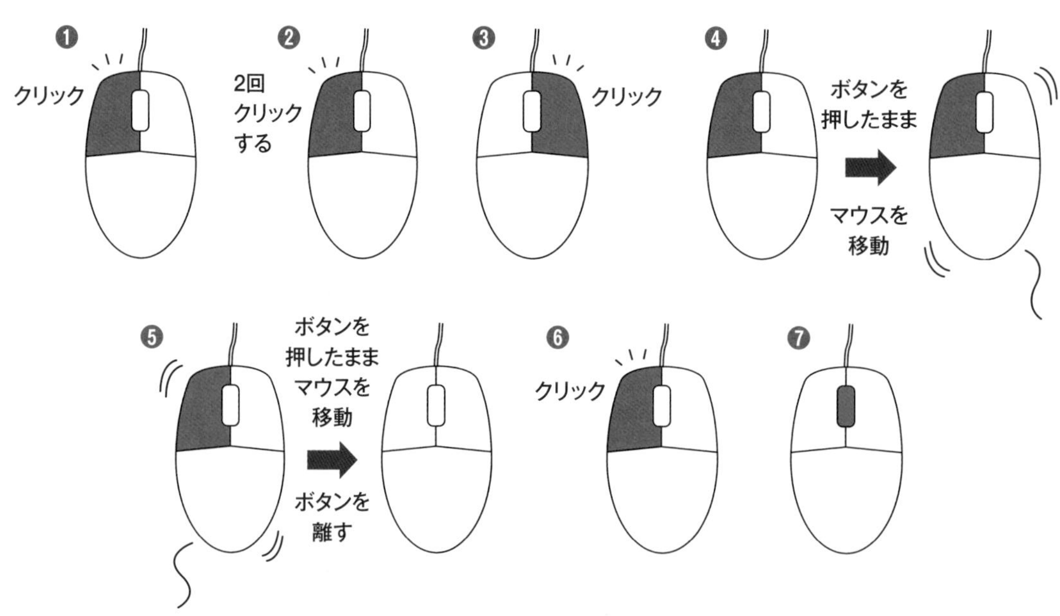

# 1-6 リビングのモデルを作成してみる

実際の2階建て住宅のモデリングを学習する前に、簡単なリビングの作成を行いながら、各室の配置、壁の作成と削除、建具の配置、家具や設備の配置方法を習得します。

## Step 1 3Dマイホームデザイナーの起動と新規作成

(図1-9)(図1-10)(図1-11)

1. 3Dマイホームデザイナーを起動する
2. [メインメニュー]➡[間取りから新規作成](❶)を選択する
3. 家の基本単位として[標準的な尺モジュール(910mm)](❷)を選択して[次へ]をクリックする
4. [白紙から作る](❸)を選択して[完了]をクリックする

### [ モジュール ]

日本の在来木造住宅(柱や梁(はり)で躯体(くたい)が構成されている建物)や日本で作られている多くのツーバイフォー住宅は、1尺303mmの倍数である910mm(303mmを3倍にすると909mmですが、扱いやすさから便宜上910mmとしています)を基準としています。これらを「尺モジュール」といいます。そのため、住宅用のサッシや設備機器なども尺モジュールのものが多く流通しています。

一方、鉄筋コンクリート造や鉄骨造は、一般的に1mを基準としたメータモジュールを基準としています。

### [ CADデータの読み込み ]

手描きのスケッチなどをスキャナで読み込むと下絵として利用できます。すでに図や写真などのデジタルデータがある場合は、下絵データ(BMPまたはJPEG形式)を読み込んで利用できます。AutoCADやJw_cadなどのCADデータを

▼図1-9 メインメニュー

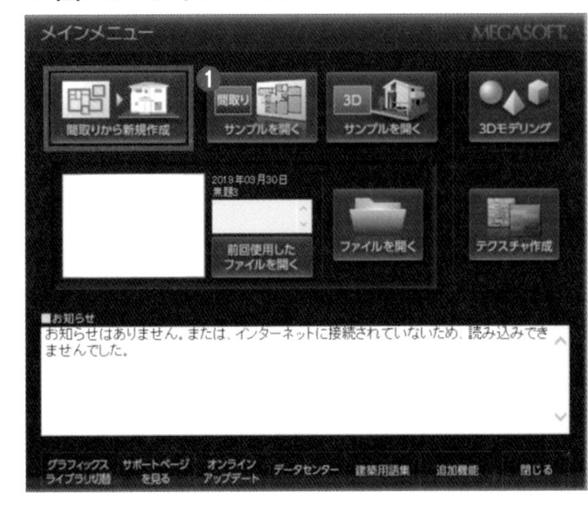


▼図1-10 新規作成(1/2)

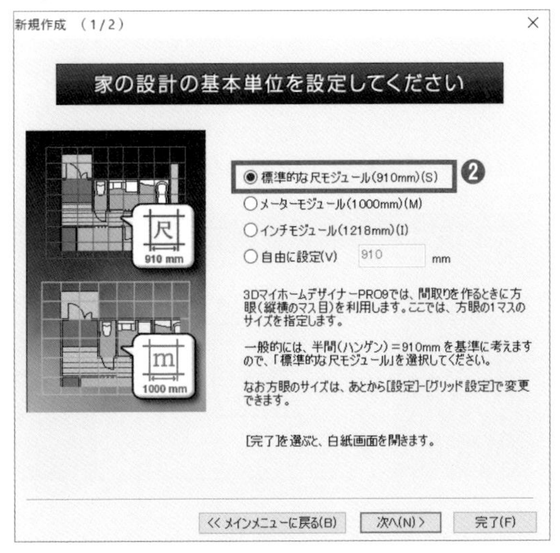


▼図1-11 新規作成(2/2)

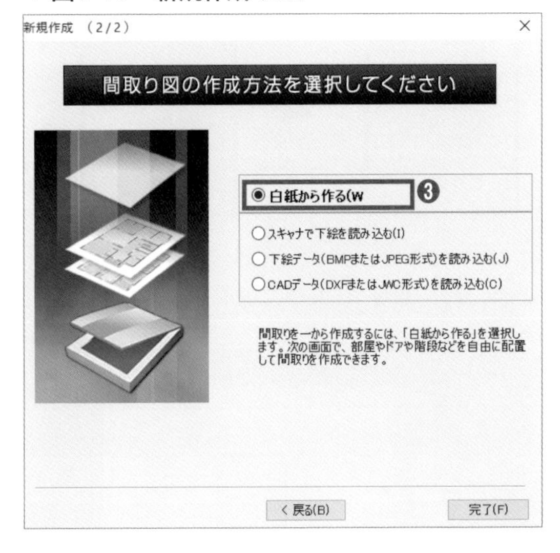

▼図1-12　部屋の配置（1/2）

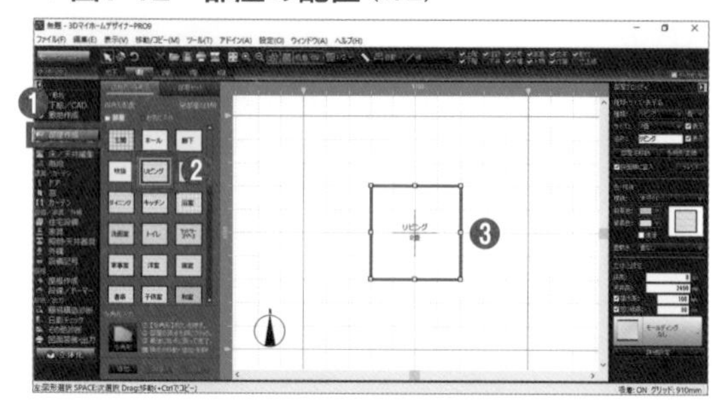

▶図1-13
部屋の配置（2/2）

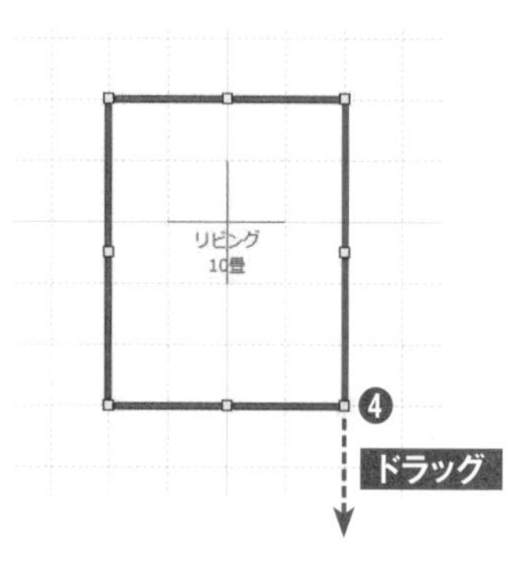


読み込む場合は、［CADデータ入力］を選択して、DXFまたはJWC形式を読み込めます。

## Step 2 部屋の配置 （図1-12）（図1-13）

1［部屋作成］（❶）を選択する
2［部屋］リスト ➡［リビング］（❷）を選択する
3 配置位置（❸）をクリックする
初期設定の大きさ（8畳）で表示されるので、仮配置してから所定の大きさに変更します。
4 黄色のハンドル（❹）をドラッグしながら（＝マウスの左ボタン押しながら）下に伸ばして、10畳の大きさに変更する

## Step 3 室内ドアの配置 （図1-14）（図1-15）

1［ドア］（❶）を選択する
2［室内ドア］の［種類］➡［室内片開き］（❷）を選択する
3 リストから［室CAA006］（❸）を選択する
4 リビング東側の壁上（❹）でクリックする
5 開く方向（❺）をクリックする

## Step 4 掃き出し窓の配置 （図1-16）（図1-17）

1［窓］（❶）を選択する
2［掃出し窓］の［種類］➡［掃出し2枚］（❷）を選択する
3 リストから［掃窓R007］（❸）を選択する
4 リビング南側の壁上（❹）でクリックする
5「外」方向（❺）をクリックする

▼図1-14　室内ドアの配置（1/2）

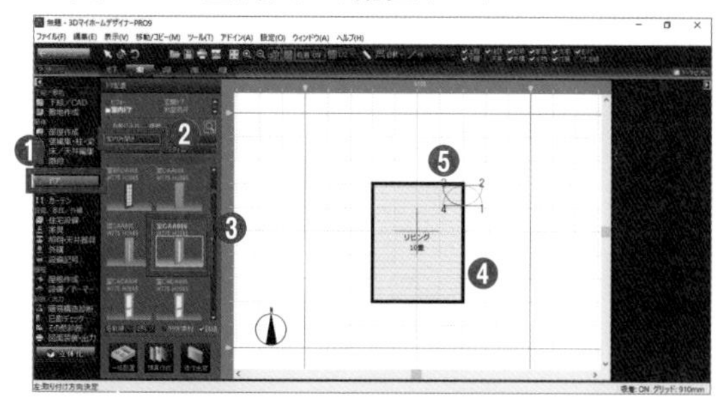

▼図1-15　室内ドアの配置（2/2）

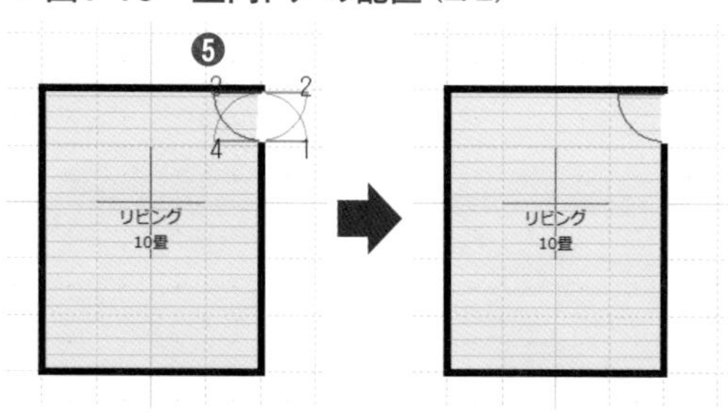


▼図1-16　掃き出し窓の配置（1/2）

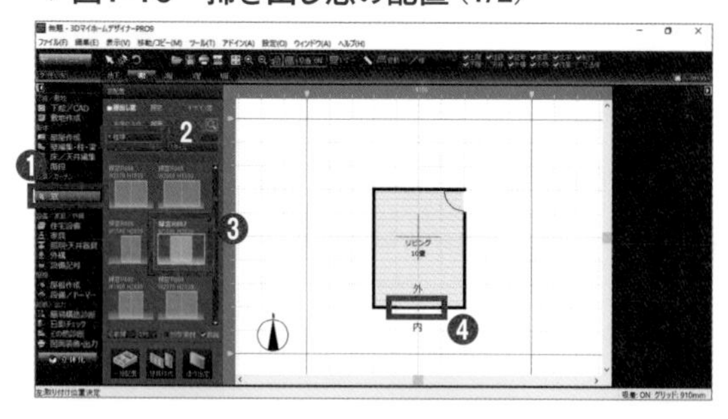

▼図1-17　掃き出し窓の配置（2/2）

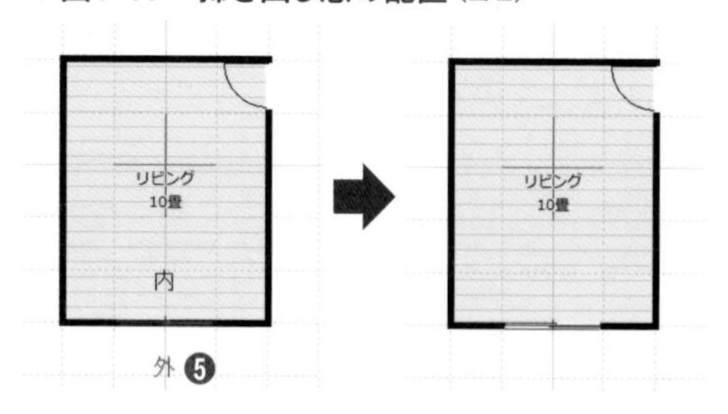

## Step 5 ソファの配置

（図1-18）（図1-19）（図1-20）

1 ［家具］（❶）を選択する
2 ［リビング］の［種類］➡［リビングセット］（❷）を選択する
3 リストから［ADソファ セットT08］（❸）を選択する
4 仮配置位置として部屋の中央（❹）をクリックする
5 水色のハンドルをドラッグして向きを90°回転させる（❺）
6 ソファをドラッグして西側の壁際に移動する（❻）
7 部屋の外をクリックして配置を確定する

## Step 6 リビングテーブルの配置

（図1-21）（図1-22）（図1-23）

1 ［リビング］の［リビングテーブル］➡［3J_テーブルG02］（❶）を選択する
2 仮配置位置として部屋の中央（❷）をクリックする
3 水色のハンドルをドラッグして向きを90°回転させる（❸）
4 テーブルをドラッグして目的の位置に移動する（❹）
5 部屋の外をクリックして配置を確定する

▼図1-18 ソファの配置（1/3）

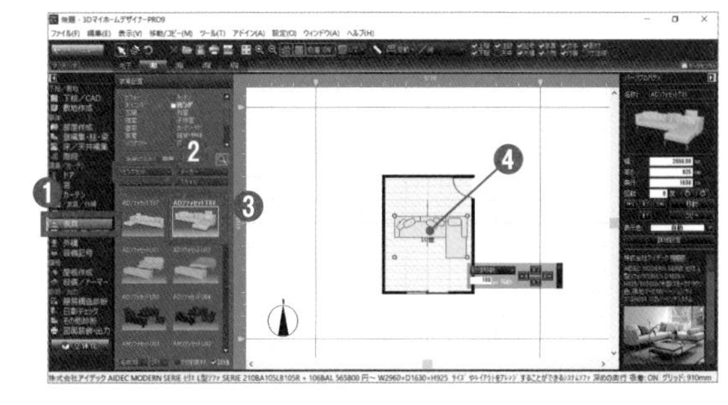

▼図1-19 ソファの配置（2/3）

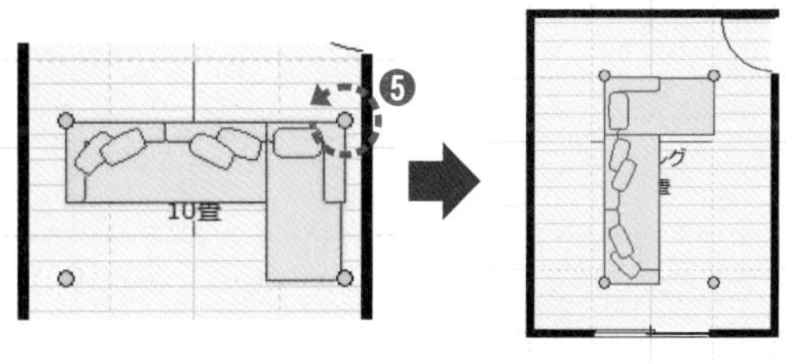


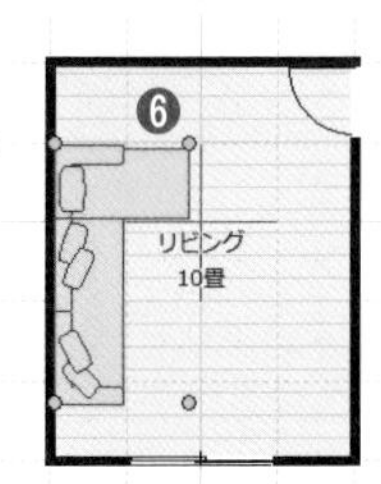


▶図1-20 ソファの配置（3/3）

▼図1-21 リビングテーブルの配置（1/3）

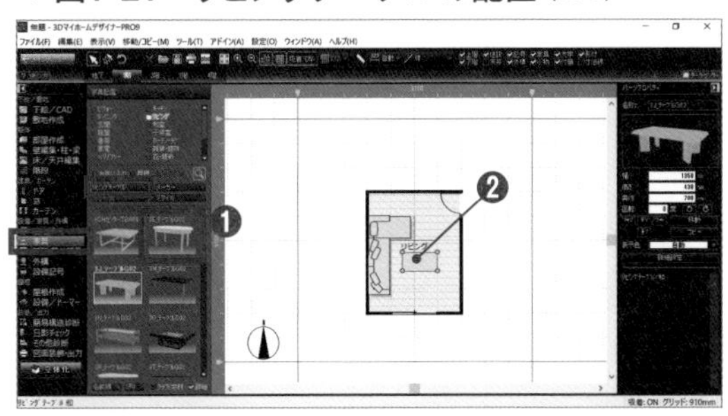

▼図1-22 リビングテーブルの配置（2/3）

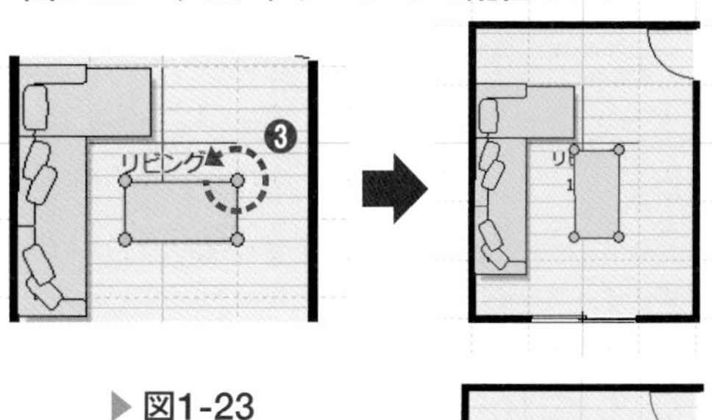


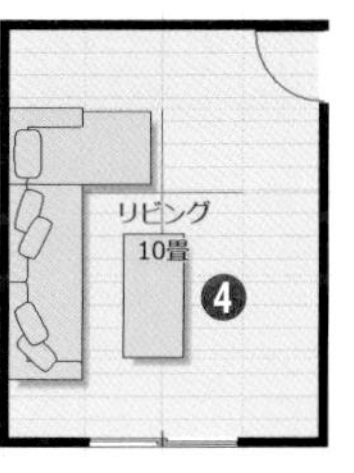


▶図1-23 リビングテーブルの配置（3/3）

▼ 図1-24 リビングボードの配置（1/3）

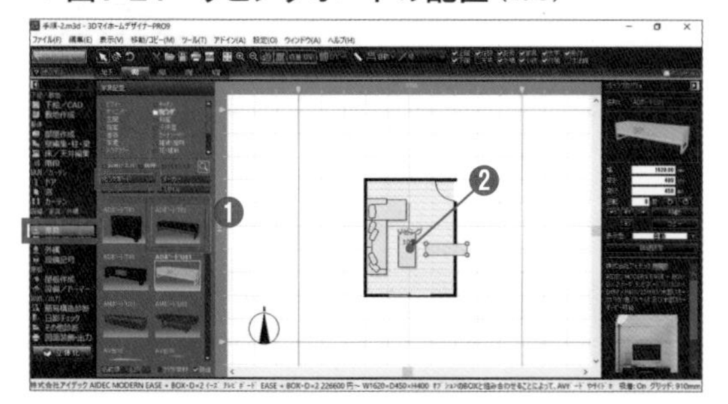

▼ 図1-25 リビングボードの配置（2/3）

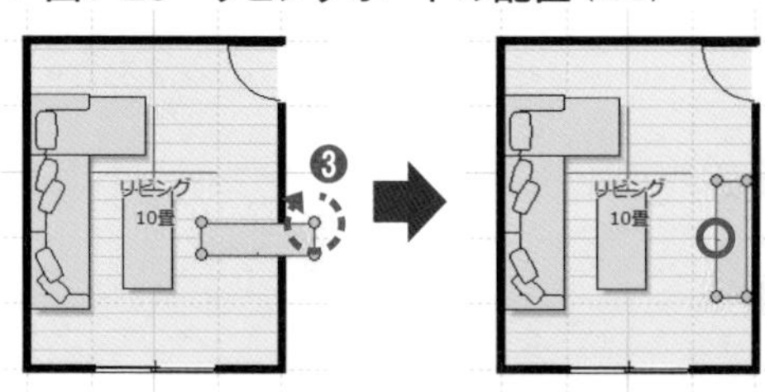


▶ 図1-26 リビングボードの配置（3/3）

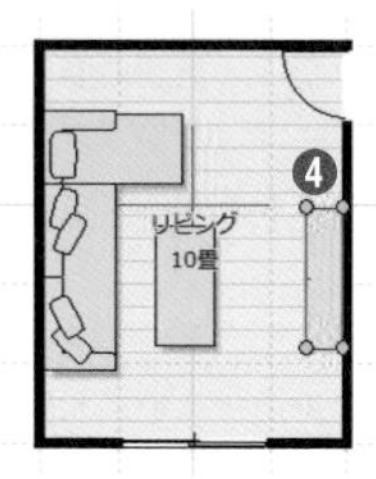


▼ 図1-27 TVの配置（1/3）

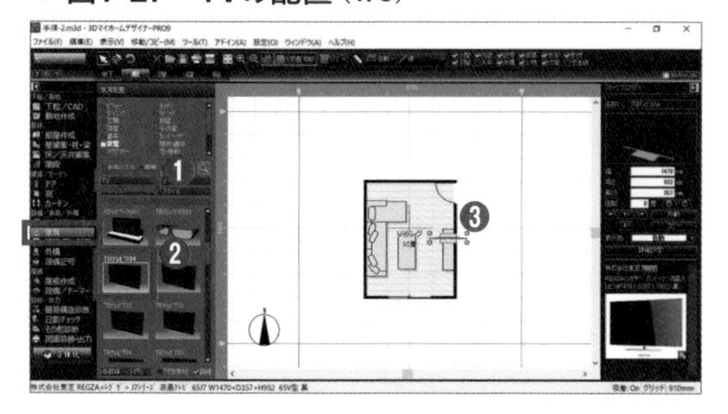

▼ 図1-28 TVの配置（2/3）

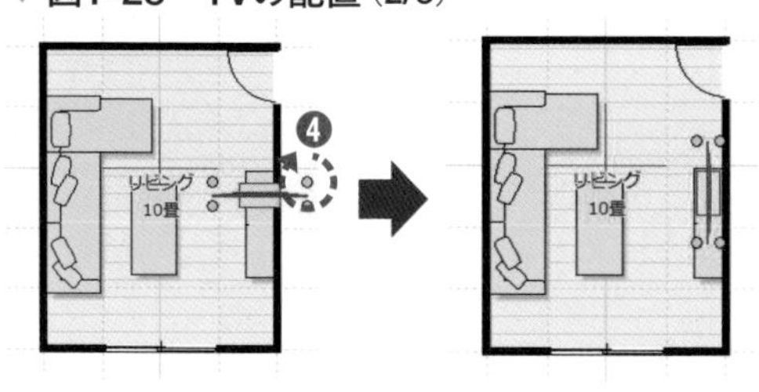


▶ 図1-29 TVの配置（3/3）

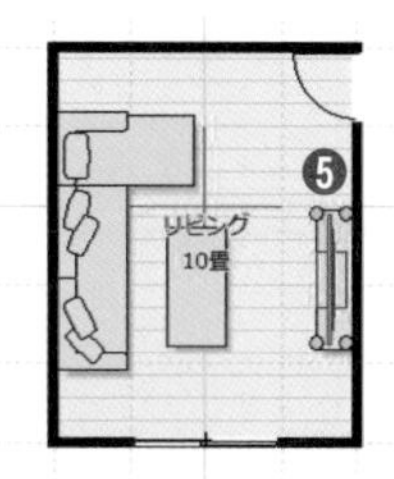


## Step 7 リビングボードの配置

（図1-24）（図1-25）（図1-26）

1. ［リビング］の［リビングボード］➡［ADボードU01］（❶）を選択する
2. 仮配置位置として部屋の東側壁付近（❷）をクリックする
3. 水色のハンドルをドラッグして、裏表に注意しながら向きを90°回転させる（❸）
4. リビングボードをドラッグして東側の壁際に移動する（❹）
5. 部屋の外をクリックして配置を確定する

## Step 8 TVの配置 （図1-27）（図1-28）（図1-29）

1. ［家電］の［種類］➡［TV］（❶）を選択する
2. リストから［TBテレビS04］（❷）を選択する
3. 仮配置位置としてリビングボード上（❸）をクリックする
4. 水色のハンドルをドラッグして向きを90°回転させる（❹）
5. TVをドラッグしてリビングボードの中央部に移動する（❺）
6. 部屋の外をクリックして配置を確定する

## Step 9 照明の配置 （図1-30）（図1-31）（図1-32）

1. ［照明・天井器具］（❶）を選択する
2. ［一括配置］（❷）を選択する
3. 確認メッセージで［はい］（❸）をクリックする
   シーリングライトが自動で部屋の中央に配置されます（❹）。
4. 部屋の外をクリックして配置を確定する

▼ 図1-30 照明の配置（1/3）

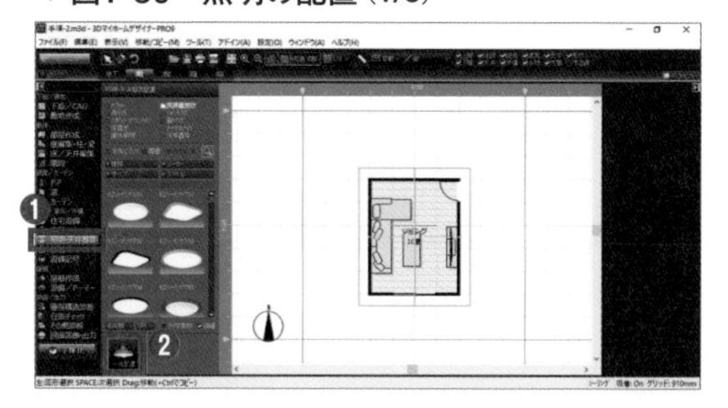

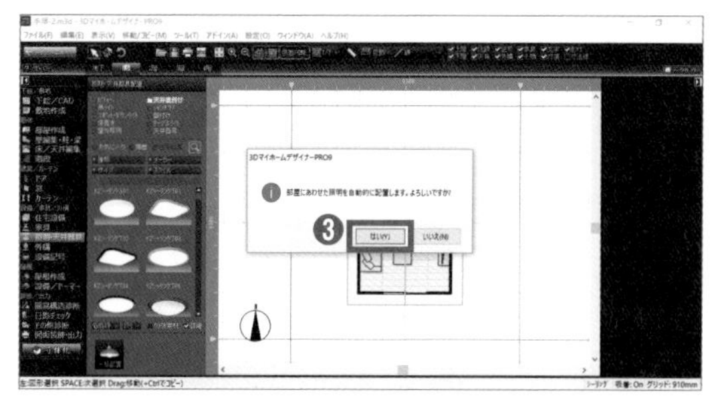

▼図1-31　照明の配置（2/3）

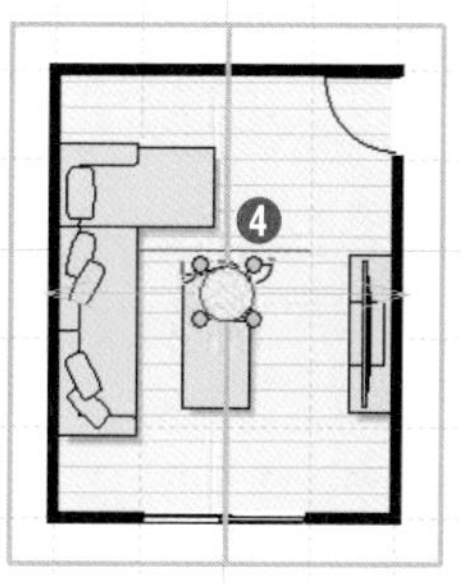

▶図1-32 照明の配置（3/3）

## 1-7 リビングの立体化

間取り作成したリビングを3Dで確認します。

### Step 1 間取りの立体化 （図1-33）（図1-34）

**1**［立体化］（❶）を選択する
**2** 確認メッセージで［OK］をクリックする
**3** 3Dモデルが立ち上がり1周して［外観確認］（❷）になることを確認する

### Step 2 視点変更による外観の確認 （図1-35）

**1** 視点変更ツール（❶）の［回転］や［拡大］・［縮小］、［画角変更］などを使って3Dモデルを確認する

### Step 3 内観の確認 （図1-36）

**1**［内観確認］タブ（❶）を選択する

自動で二分割画面になり左側に平面図、右側に真上から見た内観パース図が表示されます。

**2** 視点選択ボタン［▼］（❷）をクリックする
**3** 視点リストから［1階リビング］（❸）を選択する

室内から見た内観パース図が表示されます。

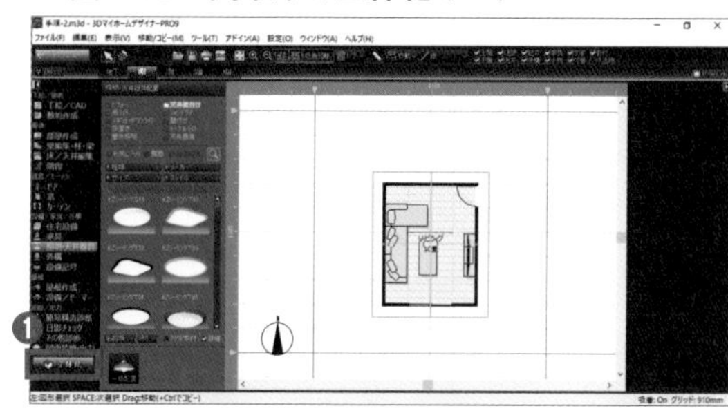

▼図1-33　間取りの立体化（1/2）

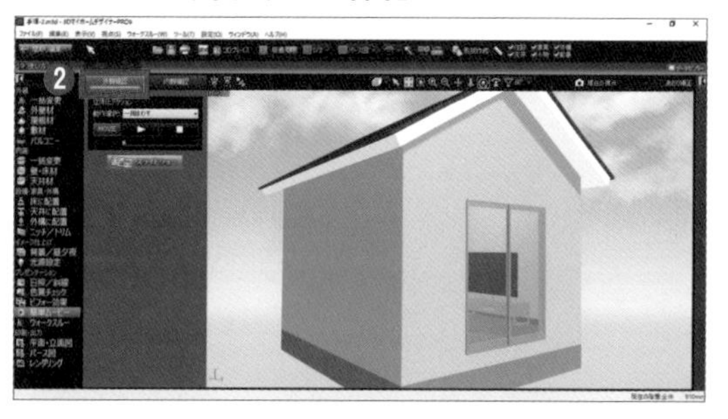

▼図1-34　間取りの立体化（2/2）

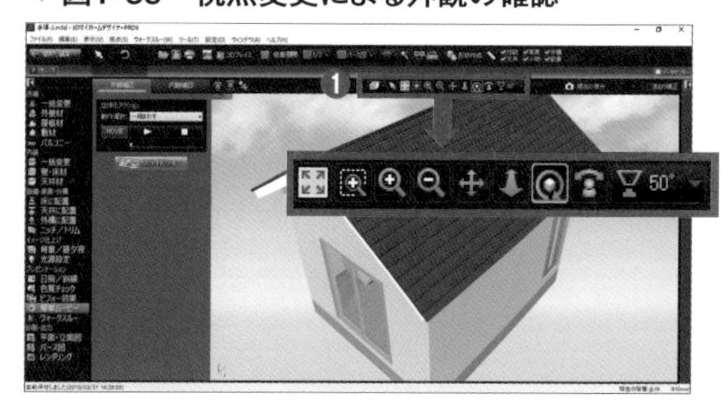

▼図1-35　視点変更による外観の確認

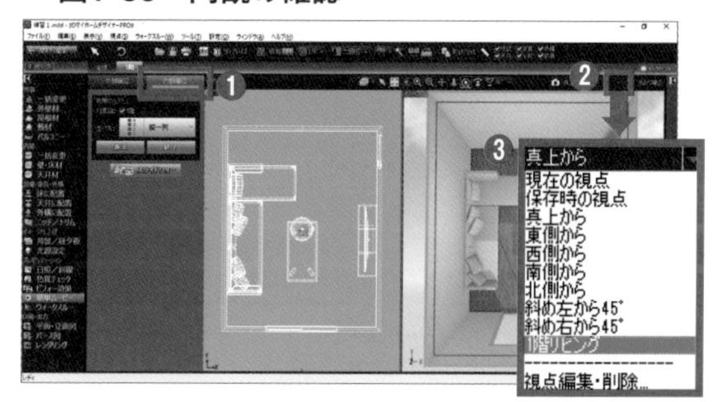


▼図1-36　内観の確認

▼図1-37　内観の確認（視点設定）

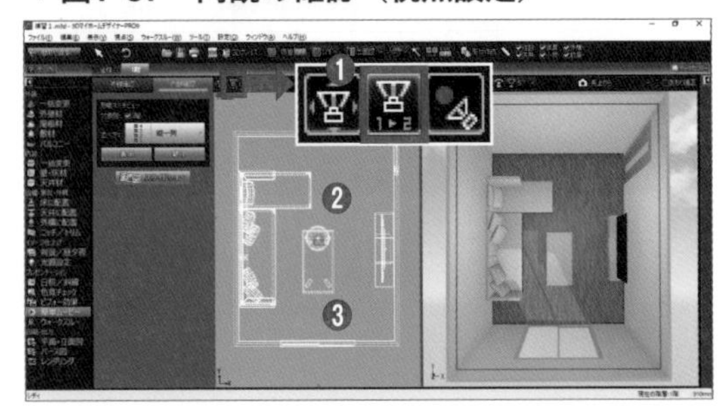

## Step 4　内観の確認（視点設定）　図1-37

1 ［立つ位置と見る方向を決める］（❶）を選択し、確認メッセージで［OK］をクリックする
2 平面図上で立つ位置（❷）をクリックする
3 見る方向として南側窓の室内側（❸）をクリックする

設定した視点方向とパース図が表示されます。

# 1-8　構図調整とデータ保存

パース図の構図を調整し画像データと間取りデータを保存します。

▼図1-38　構図調整

## Step 1　構図調整　図1-38

1 ツールバーの［分割表示］（❶）から［パース図］（❷）を選択する

パース図が大きく表示されます。

2 視点変更ツール（❸）の［ズーム］［見回す］［画角変更］などで好みの構図になるように調整する

▼図1-39-　データ保存

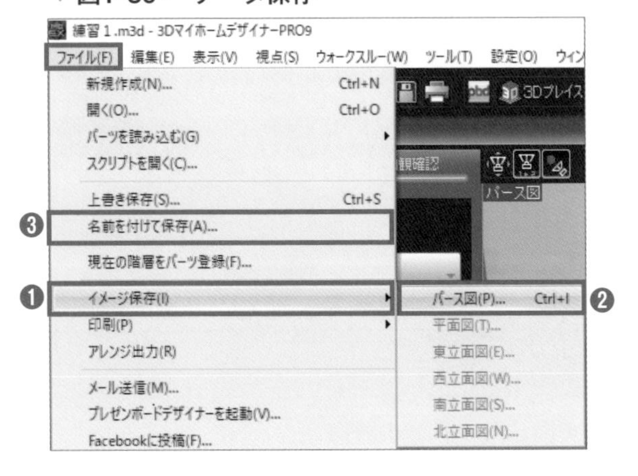


## Step 2　データ保存　図1-39

1 メニューバーの［ファイル］➡［イメージ保存］（❶）➡［パース図］（❷）を選択する
2 保存先のフォルダーを選択し、ファイル名を「リビング」にして［保存］をクリックする

パース図が画像ファイルで保存されます。

3 メニューバーの［ファイル］➡［名前を付けて保存］（❸）を選択する
4 ファイル名を「練習1」にして［保存］をクリックする

間取りデータが保存されます。

Chapter 2

# コンパクトな2階建て住宅

本章では、コンパクトな2階建て住宅のモデリングをとおしながら、間取り作成、壁の編集、建具の配置、家具の配置、照明の配置、立体化についての基本テクニックについて学びます。

本章で利用するデータはダウンロードすることができます。ダウンロード方法やダウンロードに必要なパスワードなどは本書のP.2（「はじめに」の左ページ）を参照してください。

▼図2-1 メインメニュー

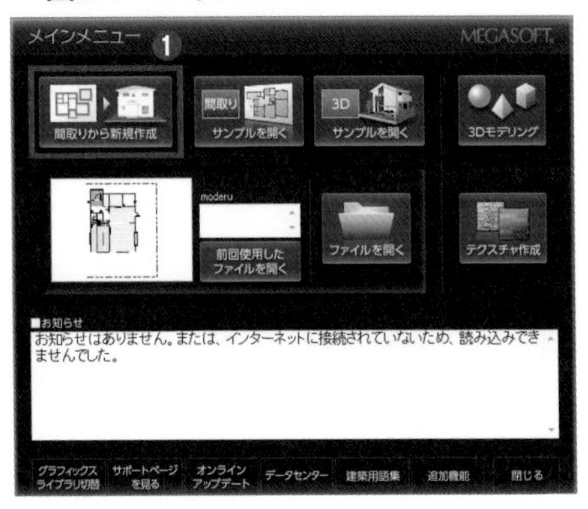


▼図2-2 新規作成（1/2）

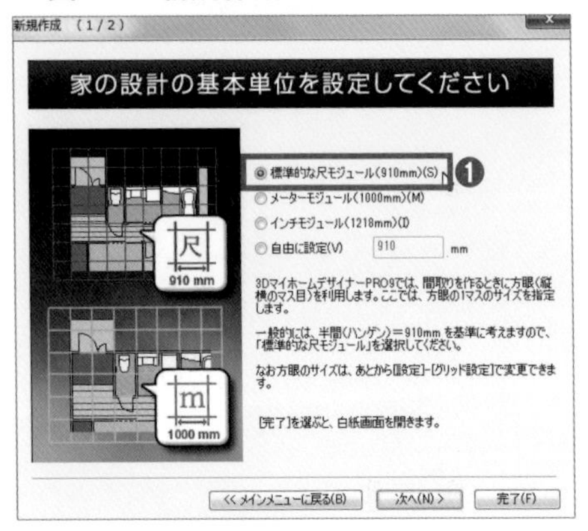


▼図2-3 新規作成（2/2）

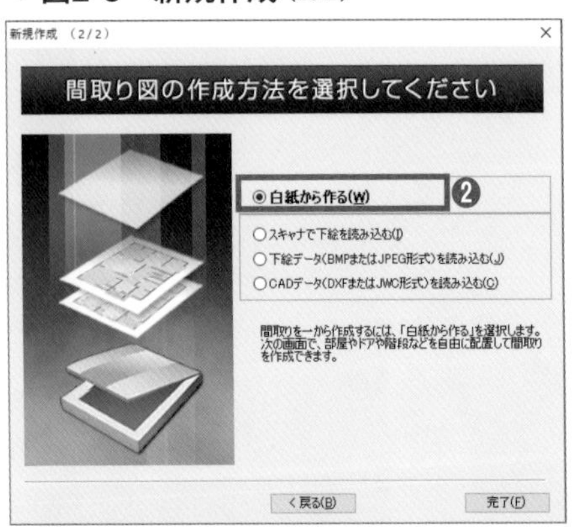


▼図2-4 グリッドの設定

## 2-1 始めるための設定

間取り寸法の基本単位やグリッドの設定を行います。

### Step 1 起動とメインメニュー （図2-1）

**1** 3Dマイホームデザイナーを起動する

インターネットにつながっていると、メインメニューの下部にある［お知らせ］にはプログラムのアップデートや最新情報が表示されます。

**2** メインメニューの［間取りから新規作成］（❶）をクリックする

### Step 2 新規作成 （図2-2）（図2-3）

**1** ［標準的な尺モジュール（910mm）］（❶）を選択して［次へ］をクリックする

**2** ［白紙から作る］（❷）を選択して［完了］をクリックする

**［ 参照データ ］**

下絵に読み込めるCADデータはDXF形式とJWC形式の2種類です。壁線などの複雑な線は必要なく、通り芯のみあれば作成できます。なお、レイヤー分けされていれば読み込み後に必要レイヤーのみを表示させることも可能です。

### Step 3 グリッドの設定 （図2-4）

**1** ［グリッド表示］（❶）を選択する

**2** グリッドの吸着範囲を［1/2］（❷）とする

ルーラー上（❸）で右クリックすると「1/2～1/6」まで変化します。

**3** ここではガイドを必要としないので、青のガイド（❹）の上で右クリックして［削除］を選択する

**4** フロアタブが［1階］（❺）になっていることを確認する

2階のプランを作成するときは［2階］に切り替え、部屋を配置します。

## 2-2 部屋の配置

1階の部屋の配置を行います。

### Step 1 パレットから部屋を配置

(図2-5) (図2-6)

**1** [部屋作成](❶) ➡ [四角形・多角形](❷) を選択する

**2** 配置したい部屋の種類(ここでは[リビング](❸))を選択し、作図エリアの配置位置でクリックする

部屋の周りに黄色ハンドルが表示されます。

**3** 目盛りを見ながら黄色ハンドルをドラッグして、縦:4.5マス、横:4マスに変更する

部屋の内側をドラッグすると位置を変えられます(**図2-6**)。何もないところでクリックをすると、選択が解除されます。右クリックすれば選択した部屋がなくなり、リセットされます。

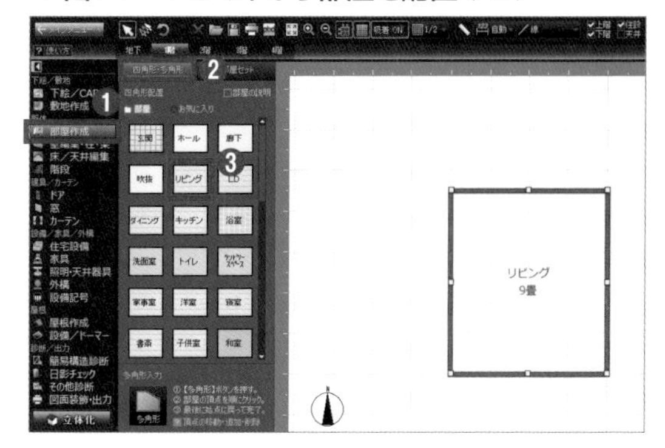

図2-5 パレットから部屋を配置(1/2)

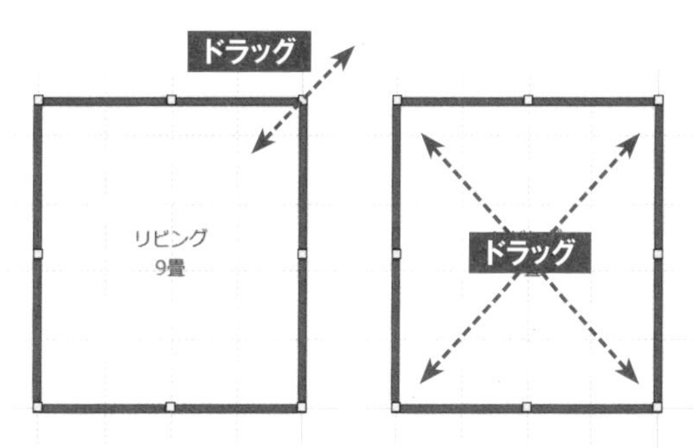

図2-6 パレットから部屋を配置(2/2)

### Step 2 部屋の種類やサイズ・名称を確認

(図2-7)

**1** 画面右側に表示される[部屋プロパティ]を確認する

[サイズ][名称]は表示を切り替えられます。サイズの単位は「畳」「帖」「J」「㎡」「D×W」です。

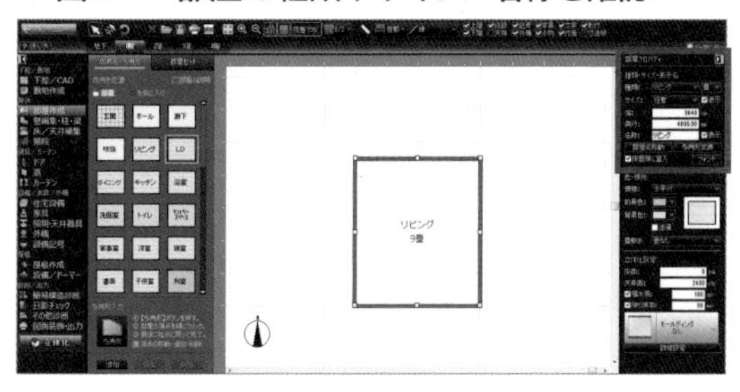
図2-7 部屋の種類やサイズ・名称を確認

### Step 3 1階の部屋の配置

(図2-8) (図2-9)

**1** Step 1で配置したリビングに、**図2-8**のように部屋を配置する

「クロゼット」や「物入」は初期設定でサイズが非表示になっています。

**2** 物入の右側のスペース(❶)には「物入」を配置し、[サイズ][名称]ともに非表示(❷)とする

あとで、この場所に階段を配置します。

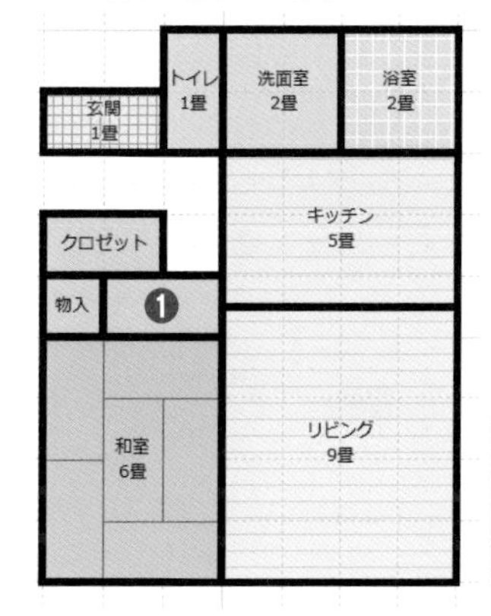

図2-8 1階の部屋の配置(1/2)

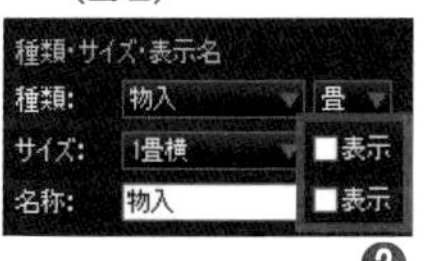

図2-9 1階の部屋の配置(2/2)

▼図2-10　多角形の部屋を作成（1/4）

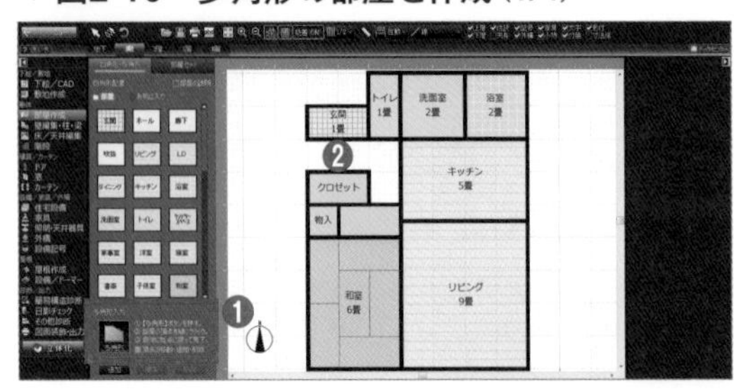

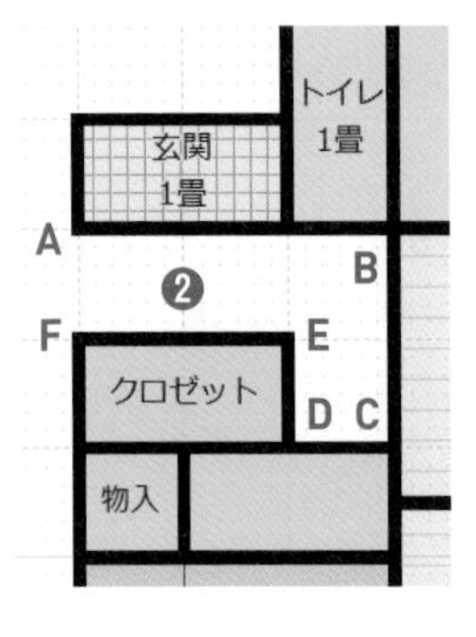


▶図2-11
多角形の部屋を
作成（2/4）

▼図2-12　多角形の部屋を作成（3/4）

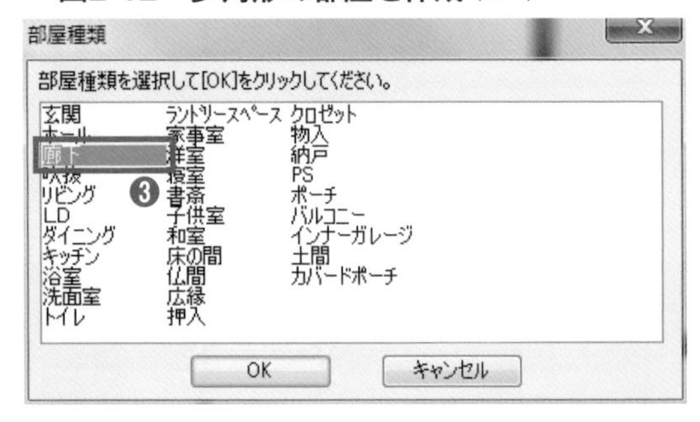


▼図2-13　多角形の部屋を作成（4/4）

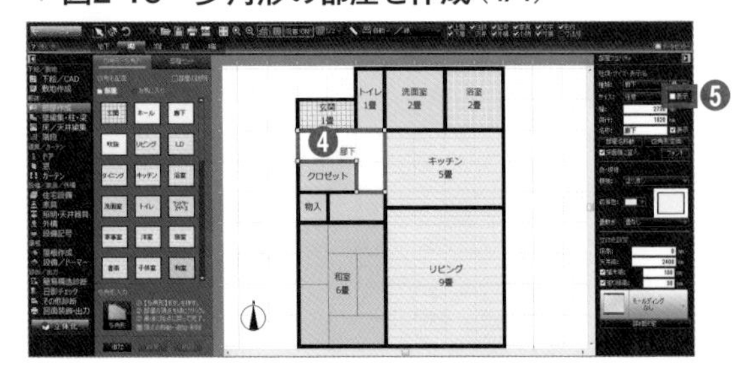

▼図2-14　四角の部屋を多角形にする

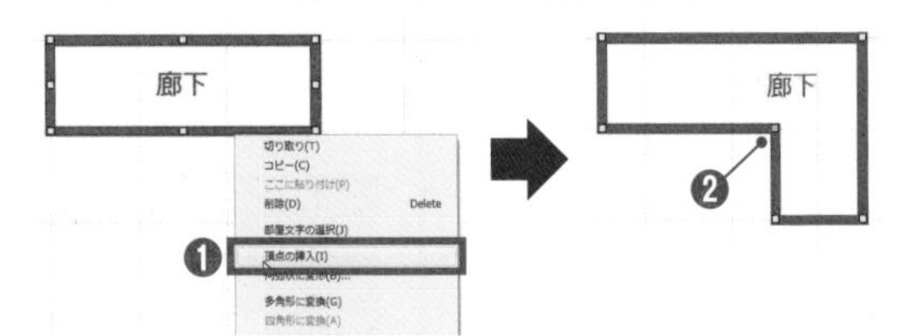


## Step 4　多角形の部屋を作成

（図2-10）（図2-11）（図2-12）（図2-13）

**1** 部屋名一覧の下部にある［多角形］（❶）をクリックする

**2** AからF（❷）を順にクリックし、最後にA（始点）をクリックする

図2-11は図2-10の❷部分を拡大しています。

**3** ［部屋種類］➡［廊下］（❸）を選択して［OK］をクリックする

**4** 部屋名をクリックしたのち、部屋名をドラッグして移動する（❹）

**5** 部屋プロパティから［サイズ］を非表示にする（❺）

### ［ 四角の部屋を多角形にする ］

すでに作成された四角の部屋を多角形にする方法は次のとおりです（**図2-14**）。

**1** ［部屋作成］から四角の［廊下］を作成する

**2** 壁（赤線）上で右クリックして［頂点の挿入］（❶）をクリックする

一度多角形になると、それ以降は壁（赤線）上でクリックすると頂点が追加されます。

**3** ［緑の頂点］（❷）をドラッグ移動させて調整する

## Step 5　ポーチの高さ調整　（図2-15）（図2-16）

**1** **図2-15**のように［ポーチ］を2つ並べて作成する

**2** 上側のポーチ（❶）をクリックし、［部屋プロパティ］の［立体化設定］➡［床高］に「150」を入力する（**図2-16**）

**3** プロパティ［名称］のチェックを外す（❷）

**memo** ● 近年は、住宅をコンパクトにするために、廊下面積を少なくする建物が多いです。本プランも廊下を極力小さくしました。またリビングに階段を設置するプランとしています。

▼ 図2-15　ポーチの高さ調整（1/2）

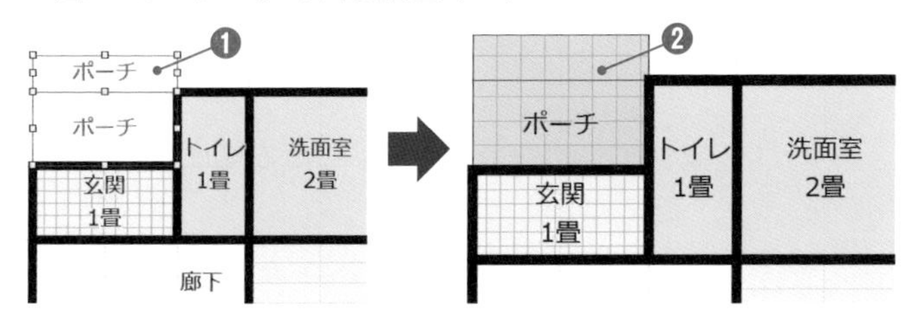


▼ 図2-16
ポーチの高さ調整（2/2）

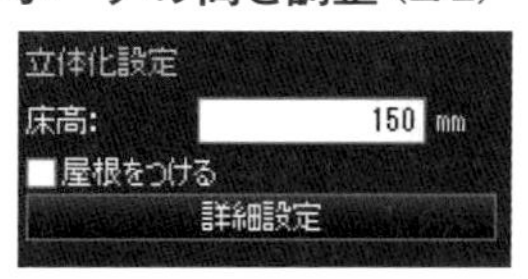


［ 部屋をまとめて選択する ］

**図2-17**のように何もないところから、対角にドラッグをすると、点線の範囲および交差した部屋やパーツをまとめて選択できます。また、個別に選択したい場合は、Shift を押しながら順にクリックします。

▼ 図2-17　部屋をまとめて選択する

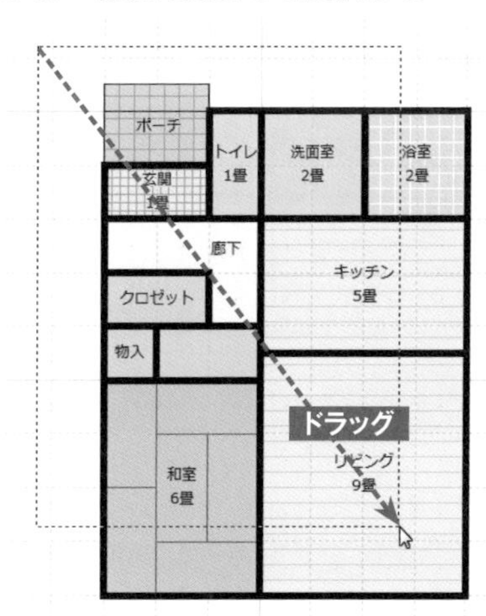


［ 画面の拡大・縮小、全体表示 ］

拡大・縮小をしたいときは、ツールバーのをクリックし、作図エリアでクリックします。または、マウスホイールを回しても、拡大（前方向）と縮小（後ろ方向）ができます。

全体表示したいときは、をクリックします。

表示画面を移動したいときは、マウスホイールを押しながらドラッグします。

## 2-3 壁の編集

### Step 1 玄関と廊下の間の壁一面を削除

（図2-18）

1［吸着］が「ON」になっていることを確認する
2［壁編集・柱・梁］➡［壁削除］（❶）を選択する
3 削除したい壁の上（❷）でクリックする

元に戻したいときは、削除した壁を選択して Delete で削除できます。

▼ 図2-18　玄関と廊下の間の壁一面を削除

### Step 2 階段入口の壁一面を削除 （図2-19）

1［壁削除］で階段入口の壁（❶）をクリックする
2 壁の白い部分（❷）から下方向にドラックして長さを伸ばす

▼ 図2-19　階段入口の壁一面を削除

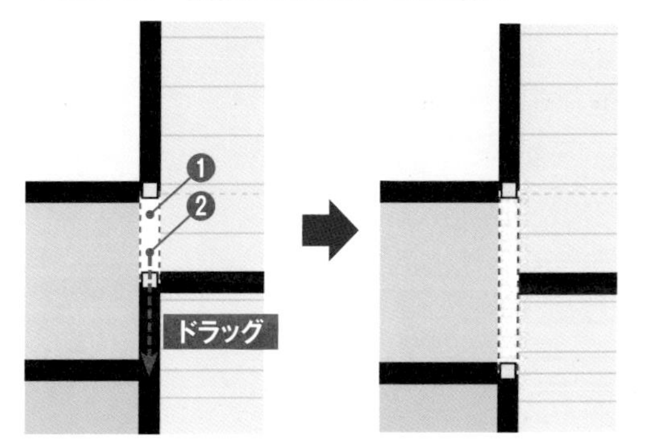

▼図2-20
壁の一部を削除（キッチン対面カウンター横）

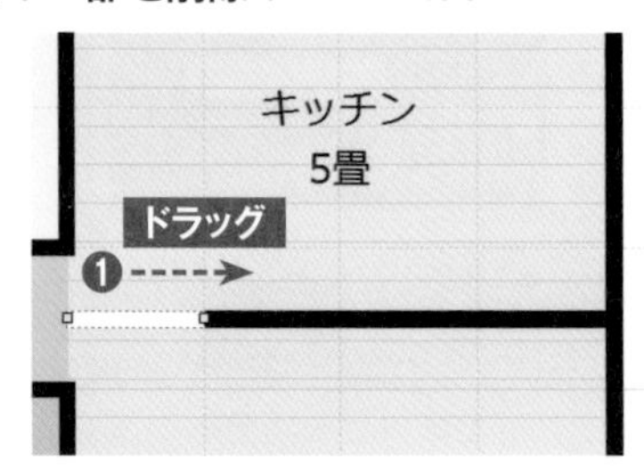


▼図2-21
壁の一部の高さを変更（キッチン対面カウンター）

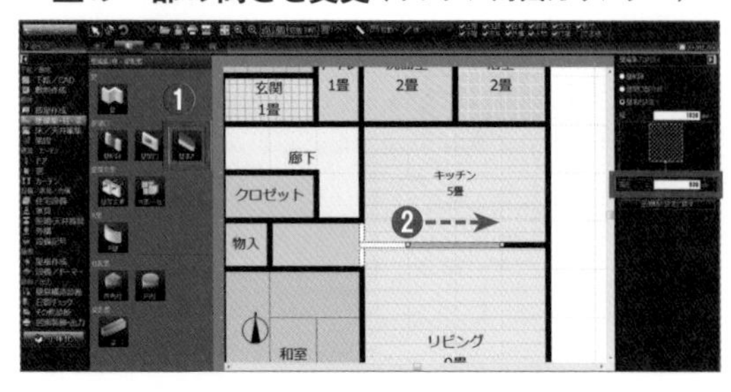

▼図2-22　垂れ壁の作成

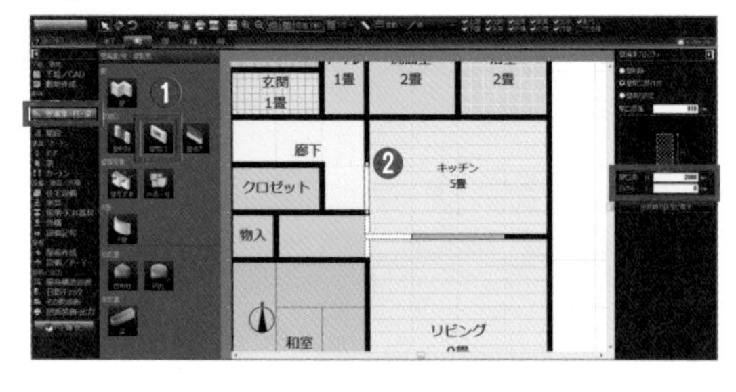

▼図2-23　階段を配置（1/4）

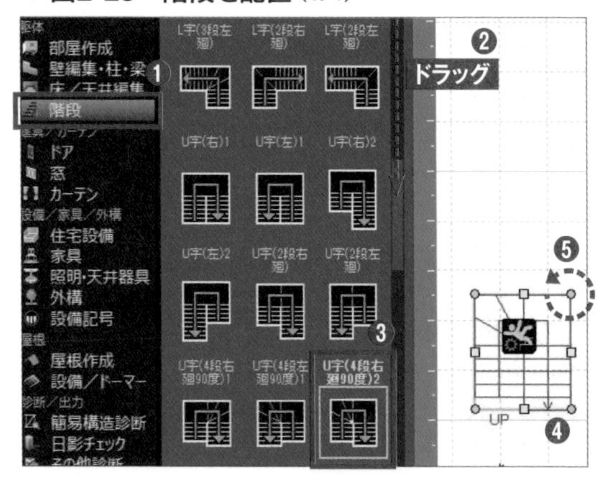


## Step 3　壁の一部を削除（キッチン対面カウンター横）　図2-20

1 ［壁削除］でキッチン入口壁左端（❶）を始点として削除間隔（910）をドラッグする

右クリック、もしくは何もないところをクリックすれば、選択を解除できます。

## Step 4　壁の一部の高さを変更（キッチン対面カウンター）　図2-21

1 ［壁高さ］（❶）を選択する
2 キッチン対面カウンター左端（❷）を始点として、壁高さ変更間隔（1820）をドラッグする
3 壁編集プロパティの［高さ：L］（❸）に「930」と入力する

## Step 5　垂れ壁の作成　図2-22

1 ［壁編集・柱・梁］➡［壁開口］（❶）を選択する
2 廊下とキッチンの間の壁の一部（❷）をドラッグする
3 壁編集プロパティ（❸）で［開口高：H］に「2000」、［FLから：L］に「0」と入力する

### ［ 壁の編集 ］

壁設定は、腰壁を作成する方法や垂壁を作成する方法などさまざまありますが、壁編集プロパティの設定を変更すれば切り替えられます。

# 2-4 階段の配置

ここからは階段を作成していきます。一般的なU字階段を利用しますが、2階の廊下との接続位置のため、階段の形状は後から変更します。

## Step 1　階段を配置　図2-23 図2-24 図2-25 図2-26

1 ［階段］（❶）を選択する

**2**［内階段］リスト内で、スクロールバー（❷）を下にドラッグして、［U字（4段右廻90度）2］（❸）を選択する

**3** 設定を行うため、何もないところ（❹）をクリックして仮配置する

**4** 階段の水色のハンドル（❺）をドラッグして左回りに90度回転する

階段を右クリックして、［左90度回転］を選択しても回転できます。

**5** U字階段プロパティ［段数］の［直進部／上］（❻）に「1」と入力する

［直進部／下］は自動的に変わります。

**6** 階段の全長を3グリッド「2730」になるように黄色ハンドル（❼）をドラッグする

**7** 部屋の中に配置する（❽）

部屋内に配置し、かつ住宅性能表示制度等級3を満たしているため、警告表示が消えます。

### ［警告表示］

階段のサイズが等級3に満たない場合、警告が表示されます。表示させないためには、階段の値を設定し直すか、プロパティの表示警告のチェックを外してください。

## Step 2 階段下の部屋の壁高さの設定

（図2-27）（図2-28）

**1** 階段（❶）を選択する

**2** プロパティの［詳細設定］（❷）で［蹴上］の値（❸）を確認する

初期設定の場合、階高が2900mmなので「2900mm÷14段＝207.14」となります。［蹴上］の値には整数値が表示されます。

**3** 階段入口から物入の右壁および上壁までの段（10段目と13段目）を数える（図2-28）

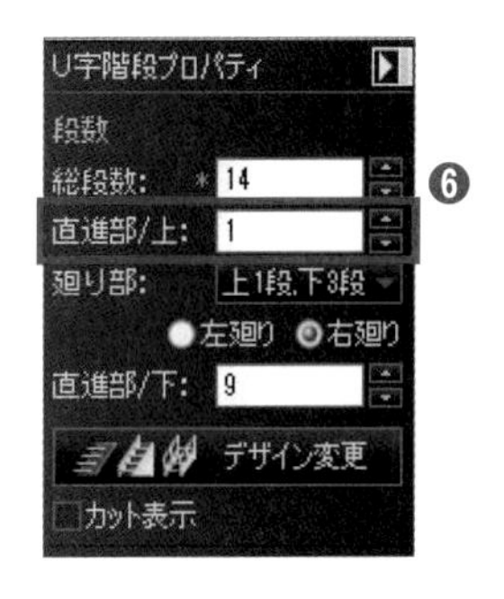


図2-24 階段を配置（2/4）

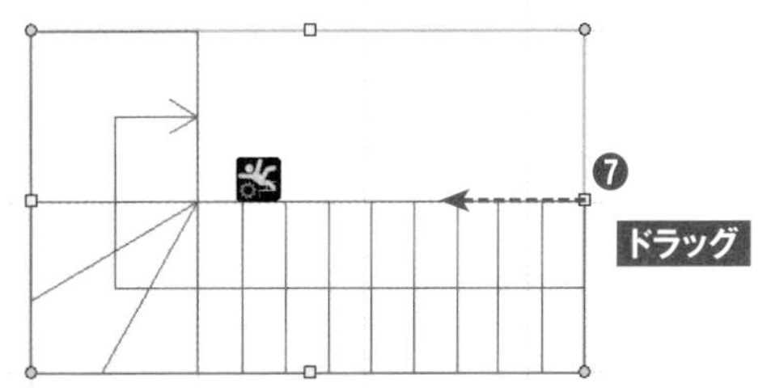


図2-25 階段を配置（3/4）

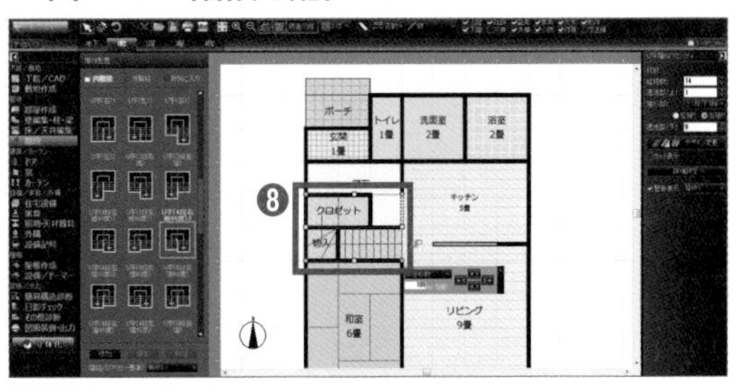


図2-26 階段を配置（4/4）

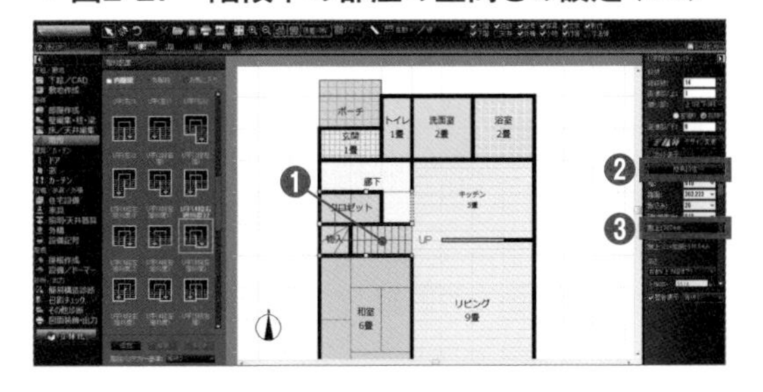


図2-27 階段下の部屋の壁高さの設定（1/2）

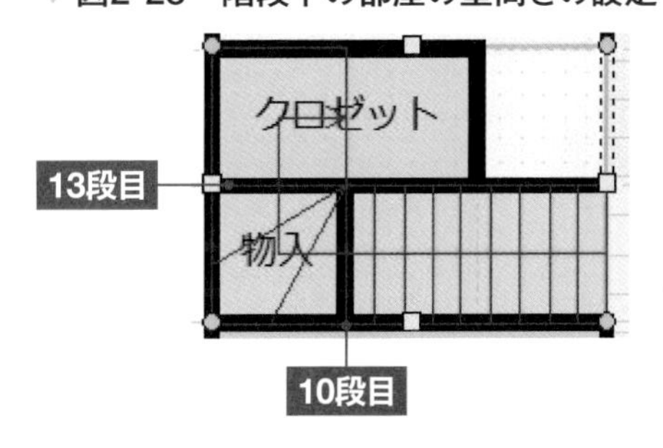


図2-28 階段下の部屋の壁高さの設定（2/2）

▼図2-29　階段下の部屋の壁高さを変更（1）

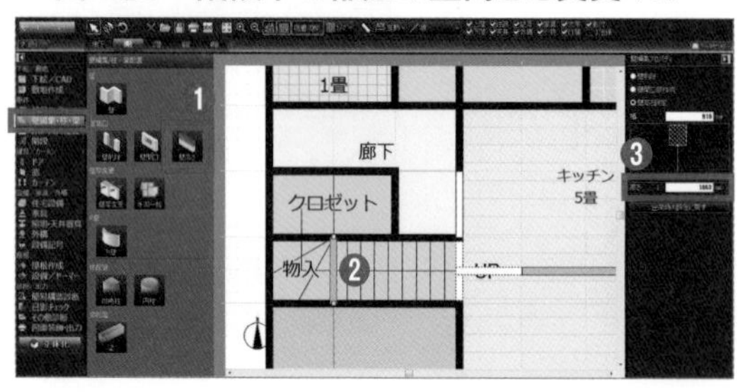


▼図2-30　階段下の部屋の壁高さを変更（2）

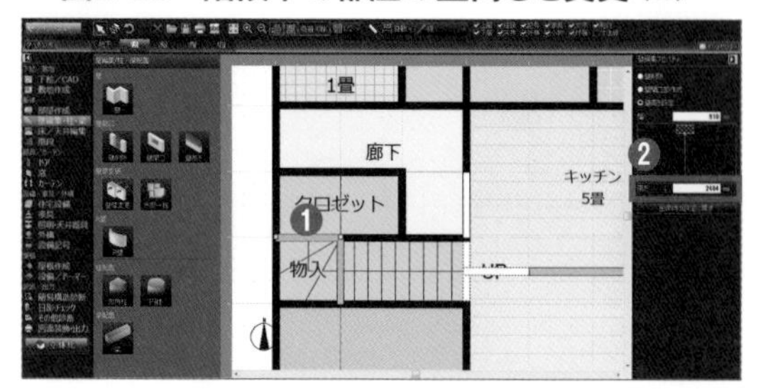


## Step 3　階段下の部屋の壁高さを変更（1）

（図2-29）

1 ［壁編集・柱・梁］➡［壁高さ］（❶）を選択する

2 物入の右壁（❷）をクリックする

3 一段手前の9段までの高さ以降を削除するので、プロパティの［高さ：L］（❸）に「1863」（9段×207=1863）を入力する

## Step 4　階段下の部屋の壁高さを変更（2）

（図2-30）

1 クロゼットと物入の間の壁（❶）をクリックする

2 プロパティの［高さ：L］（❷）に「2484」((13−1段）×207=2484）を入力する

### Column 階段の種類と段数

［階段］⇒［内階段］のリストには大別すると、「直進」「L字」「U字」「中開き」「S字」の5種類あります。また、踊り場（廻り部）をどのようにするかで形状は変わります。

段数が少なくなると急で上がりづらい階段になるため一般的な階高であれば、総段数は14〜15段です。したがって、本ソフトではどの階段を配置しても初期では総段数を14段としています。また、総段数を変更しないかぎり、直進部や踊り場の段数を変更しても総段数は変わりません。ゆるやかな階段にしたい場合は、踏面を大きくするか、段数を増やします。

## Step 5　階段上部の吹抜の調整（多角形に変換）

（図2-31）

階段を配置すると、その上階に矩形（くけい）の吹抜が自動生成されるので、他の部屋に重ならないように調整する必要があります。U字階段にしているため、吹抜の部屋を多角形に変換して、階段形状に合わせます。

1 フロアータブの［2階］（❶）をクリックする

2 階段の部分に吹抜が自動生成されているので、吹抜（❷）をクリックする

3 部屋プロパティの［多角形変換］（❸）をクリックする（確認画面で［はい］をクリックする）

▼図2-31
階段上部の吹抜の調整（多角形に変換）

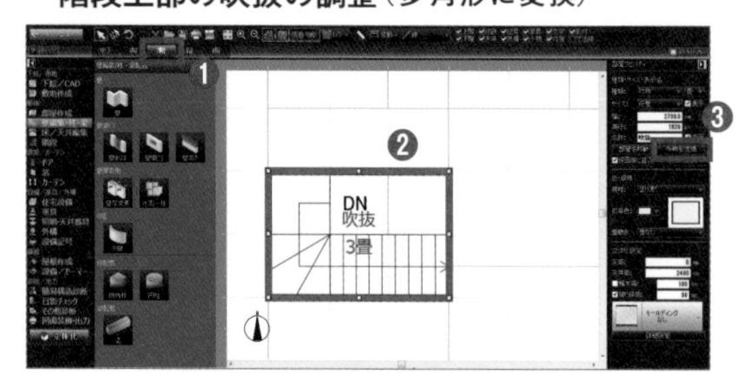

## Step 6 階段上部の吹抜の調整（形状変形）

（図2-32）（図2-33）

1 図2-32の階段の角の2点（❶と❷）をクリックする

2 ［吸着］が「ON」になっていることを確認して、右上角の黄色ハンドル（❸）をドラッグしてL字にする（図2-33）

壁が直線にならない場合は追加した頂点がずれている可能性があるので、黄色のハンドルを再度グリッドに合わせます。

3 プロパティから［部屋のサイズ］と［名称のチェック］を外して非表示する

## Step 7 2階の不要な壁の削除

（図2-34）

1 ［壁編集・柱・梁］➡［壁削除］で上り口の壁をクリックして削除する

2 手すり壁にする壁は、［壁高さ］でクリックした後、プロパティで［高さ］に「1100」を入力する

### ［ 階段の上部の吹抜 ］

形状が矩形ではないU字階段の場合は、吹抜を多角形にする必要があります。グリッドに合っていない階段を作成した場合は、黄色ハンドルを階段の形状に合わせるため、［吸着］を「OFF」にして削除する壁の微調整をします。2階廊下を配置した後であれば、正確に行えます。

## Step 8 階段に手すりをつける

（図2-35）

1 フロアタブ［1階］をクリックする

2 階段を選択する

3 右クリックで［デザイン変更］をクリックする（もしくは階段プロパティの［デザイン変更］をクリックする）

4 手すりバー［左に付ける］（❶）をチェックして、［OK］をクリックする

▼図2-32
階段上部の吹抜の調整（形状変形）（1/2）

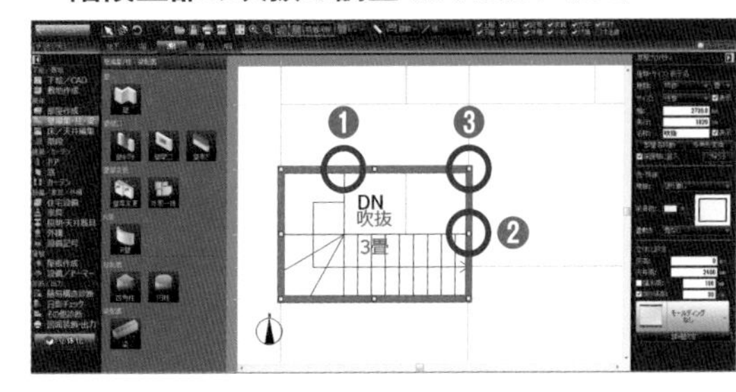


▼図2-33
階段上部の吹抜の調整（形状変形）（2/2）

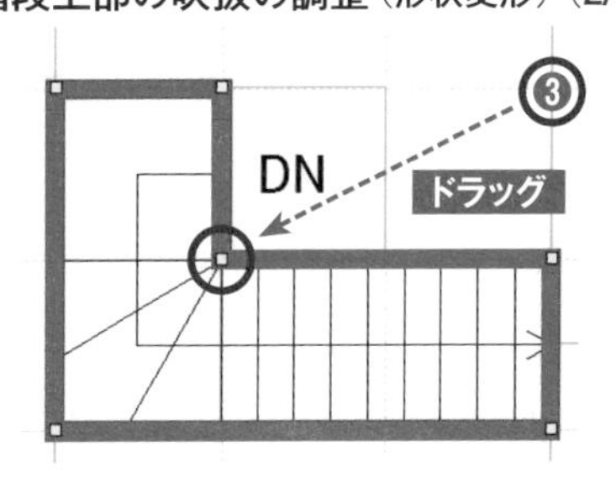


▼図2-34　2階の不要な壁の削除

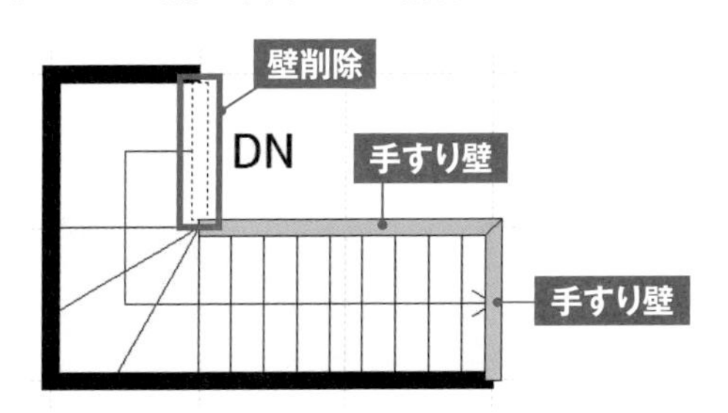


▼図2-35　階段に手すりをつける

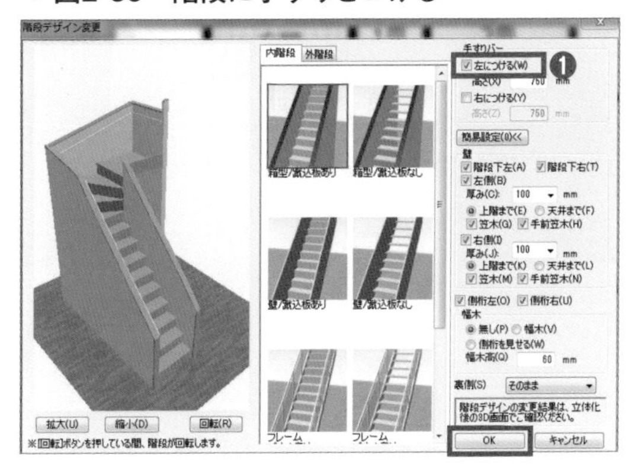




Chapter 2 コンパクトな2階建て住宅

### [ 階段の詳細設定 ]

上部ダイアログボックスの［詳細設定］をクリックすると、壁・幅木の設定、階段裏側の設定などさまざまなデザインの変更ができます。

### [ 手すりの設置義務 ]

建築物には守らないければならない建築基準法があります。手すりに関係する法律は平成12年（2000年）に改正があり、新築住宅に対して手すりの設置義務が制定されました。

▼図2-36　柱の配置

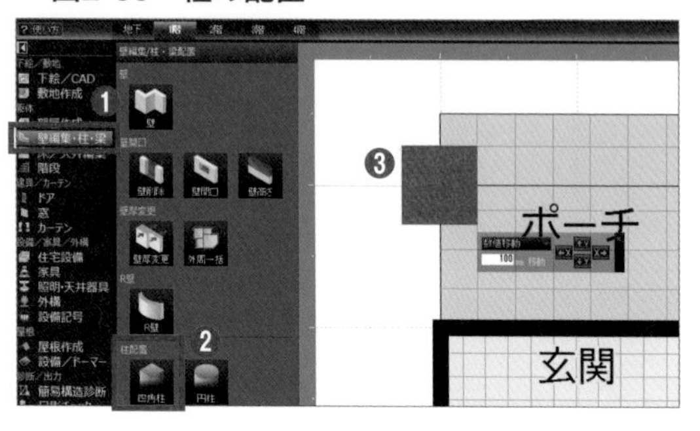


▼図2-37　柱サイズの変更と位置の調整

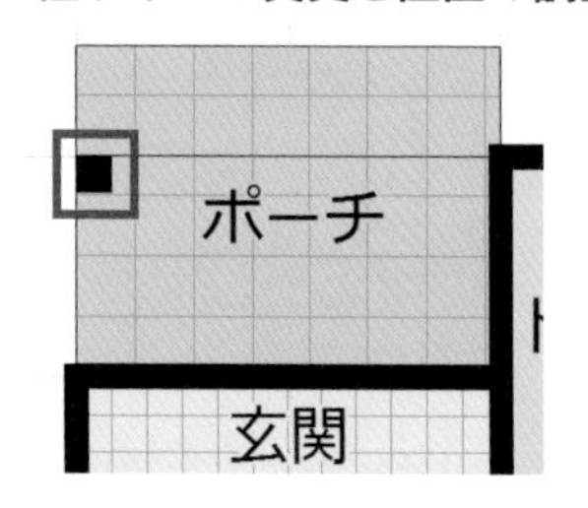


▼図2-38　一括配置によるドアの配置

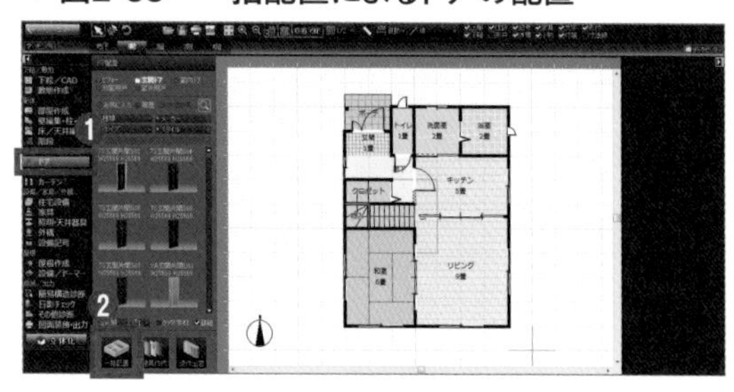


## 2-5 ポーチ柱の配置

ポーチの内側にポーチ柱を配置します。

### Step 1 柱の配置 （図2-36）

1. ［壁編集・柱・梁］➡［柱配置］（❶）➡［四角柱］（❷）を選択する
2. 配置したい場所（❸）でクリックする

### Step 2 柱サイズの変更と位置の調整 （図2-37）

1. 柱プロパティでサイズに横「150」、縦「150」を入力する
2. 柱の角がポーチの角に合うようにドラッグする（図2-37）

## 2-6 建具の配置

ドアや窓などの建具を配置します。一般的には部屋毎に建具スタイルを考えながら配置します。本ソフトには一括配置という便利なコマンドがありますが、壁削除をすべて消去して建具を一括配置してしまいます。

Step1で一括配置して、その後は1つずつ配置します。

### Step 1 一括配置によるドアの配置 （図2-38）

1. ［ドア］（❶）を選択して、［一括配置］（❷）をクリックする
2. 確認画面で、壁編集を残したまま建具を配置するので［いいえ］をクリックする
3. 建具スタイルで［ブラウン］を選択して［OK］をクリックする
4. 一括配置後に、ドアや窓を各々調整して配置し直す必要があるため、ここでは［編集］➡［元に戻す］を選択して、一括配置を取り止める

［窓］を選択して一括配置しても、同じ間取りであれば、ほぼ同じ結果になります。

## Step 2 個別に建具を配置 （図2-39）

**1** ［窓］（❶）を選択して、［掃出し窓］➡「掃2W 6660」（❷）を選択する

今回はホワイトを基調としています。

**2** 配置したい壁上（❸）をクリックする

壁上でなければ、エラーが表示されます。

**3** 内／外の文字が表示されるので、マウスを動かして方向を決めてクリックする（❹）

片開きドアや親子ドアの場合は、開閉方向をクリックします。

## Step 3 すでに配置している建具の修正 （図2-40）

**1** 選択ツールで修正したい建具（❶）をクリックする。再度、❶をクリックする（ダブルクリックではない）

**2** 開閉方向および内／外が表示されるので、マウスで方向を指示してクリックする（❷）

## Step 4 他の建具を配置 （表2-1）（図2-41）

**1** **表2-1**を参考に建具を配置する

配置済の建具を Ctrl を押しながらドラッグ&ドロップすると複写になります。建具サイズや床からの高さは、プロパティで設定変更できます。

▼**表2-1 1階建具の配置**（場所は図2-41）

| No | 分類 | 品番 | 備考 |
|---|---|---|---|
| A | 玄関ドア／玄関親子 | U10 | |
| B | 室内ドア／室内折戸 | N10 | |
| C | 室内ドア／トイレ戸 | A_R03 | |
| D | 室内ドア／室内片引 | N10 | |
| E | 室内ドア／浴室戸 | J02 | |
| F | 室内ドア／室内折戸 | N06 | |
| G | 室外用戸／勝手戸 | A_R36 | |
| H | デザイン窓／FIX窓 | FIXW3010 | 床から1040 |
| I | 腰窓／腰窓2枚 | 腰 2W4060 | |
| J | 掃出し窓／掃出し2枚 | 掃 2W6660 | |
| K | デザイン窓／出窓 | 出窓05W | 高さ1100、床から900 |
| L | デザイン窓／スベリ窓 | 縦 W3010 | |
| M | 腰窓／腰窓2枚 | 腰 2W3030 | |

▼**図2-39 個別に建具を配置**

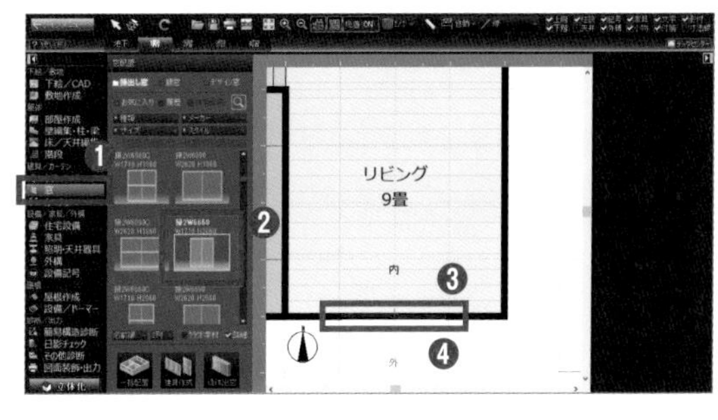


▼**図2-40 すでに配置している建具の修正**

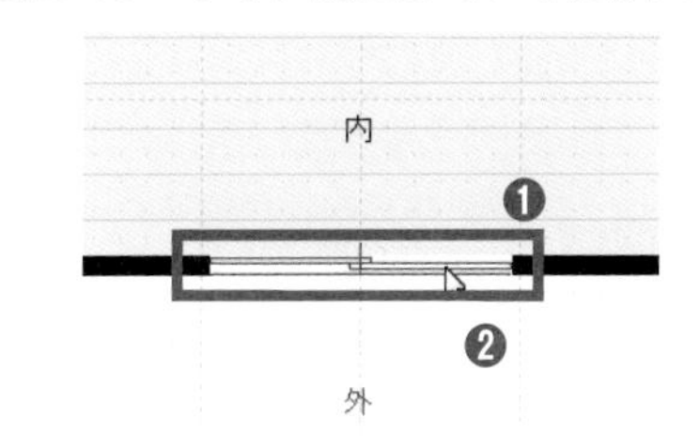


▼**図2-41 他の建具を配置**

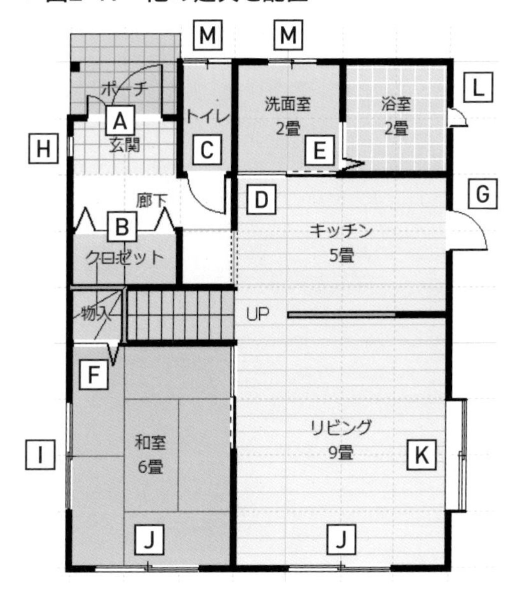

## 2-7 住宅設備の配置

キッチン、トイレ、バスなどの設備を配置します。位置の調整に3つの手法がありますので例をとおして学習してください。

### Step 1 I 型キッチンの配置 (図2-42)

▼図2-42 I 型キッチンを配置

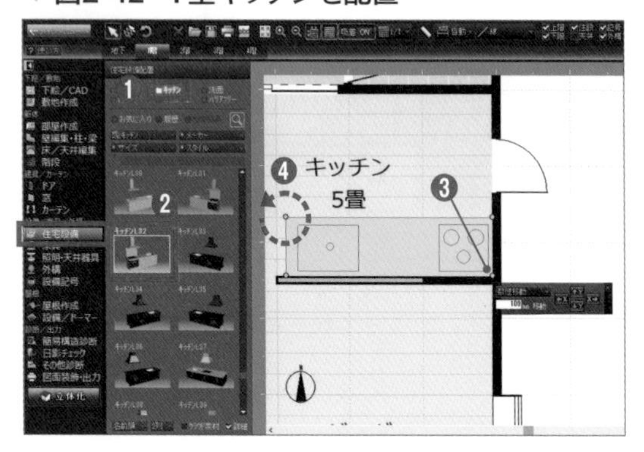

1 [住宅設備] ➡ [キッチン] (❶) を選択する
2 スクロールして [キッチンL32] (❷) を選択する
3 キッチンの水色ハンドルが壁の隅に合う位置 (❸) でクリックする
4 シンクの位置を反転させるために、水色ハンドル (❹) をドラッグして180度回転する

右クリックメニューの [90度回転] を2回行うか、パーツプロパティの [回転] を180度に設定しても同様に回転します。

### Step 2 ユニットバスの配置 (図2-43)

▼図2-43 ユニットバスを配置

1 [バスルーム] ➡ [システムバス1.0坪] (❶) のリストから [バスルームL10] (❷) を選択して浴室に配置する
2 右クリックメニューの [サイズを部屋の内法に合わせる] (❸) を選択する

図が内法サイズに拡大し、パーツプロパティの幅、奥行が自動的に内法寸法1720に設定されたことを確認します。

### Step 3 便器の配置 (図2-44) (図2-45)

▼図2-44 便器を配置 (1/2)

▶図2-45 便器を配置 (2/2)

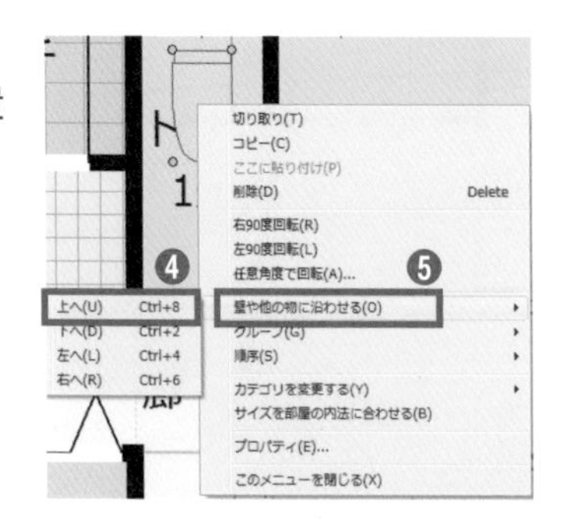


1 [吸着] を「OFF」にする (❶)
2 [トイレ] (❷) のリストから [トイレQ01] (❸) を選択し、トイレ幅のほぼ中心に配置する
3 右クリックメニューの [壁や他のものに沿わせる] (❹) ➡ [上へ] (❺) を選択する

#### [ テンキーを使ったショートカットキー ]

[壁や他のものに沿わせる] の操作以外に、テンキーのあるキーボードを使用しているときは、

次のショートカットキーを覚えておくと便利です。

**Ctrl**＋テンキー（2：下、4：左、6：右、8：上）

［ **移動する寸法を指定する** ］

パーツの移動に**図2-46**のボックスを使用すると、寸法を指定した移動が可能です。

> **memo** ● 便器を正確に中央に配置するためには、トイレ中央から便器半分の幅（プロパティに表記）のガイドを引き、［吸着］を「ON」にすることで対応できます。

## 2-8 1階住宅設備・家具の配置

リビングや洗面室、玄関などの設備や家具を配置します。［吸着］を「OFF」にすることで、グリッドに関係なく微調整が可能です。パーツの立体形状はプロパティで確認してください。

### Step 1 キッチン・洗面室・トイレ・玄関・リビングの設備と家具の配置

（表2-2）（図2-47）

**1** **表2-2**の設備家具リストの**A**から順に配置する

リストは［メーカー情報なし］の中から選んでいます。テレビは壁掛けのため、クリックして配置するときに［高さ］を指定します。

### Step 2 パーツの入れ替え

（図2-48）

**1**［家具］➡［家電］➡［キッチン家電（大型）］（❶）を選択する

**2** キッチンに配置した冷蔵庫（❷）を選択する

**3**［冷蔵庫R03］の上で、右クリックメニューの［このパーツに入れ替え］（❸）を選択する

**4** 冷蔵庫の上で、右クリックメニューの［壁や他の物に沿わせる］➡［上へ］を選択する

▶ 図2-46 移動する寸法を指定する

▼ 表2-2 1階住宅設備・家具（場所は図2-47）

| No | 分類 | 品番 | 備考 |
|---|---|---|---|
| A | 家具／家電／キッチン家電（大型） | R09 | |
| B | 家具／食器棚 | L04 | |
| C | 住宅設備／洗面／洗面台 | センメン台 L18 | |
| D | 家具／家電／家事家電（大型） | 洗濯機 R04 | |
| E | 住宅設備／トイレ／洋式便器 | トイレ Q01 | |
| F | 家具／玄関／靴箱・収納 | クツバコ N03 | |
| G | 家具／ダイニング／ダイニングセット | 食卓 O002 | |
| H | 家具／リビング／リビングテーブル | テーブル G02 | |
| I | 家具／リビング／リビングソファ | ソファ J05 | |
| J | 家具／家電／TV | テレビ R04 | 高さ500 |

▼ 図2-47 1階住宅設備・家具の配置

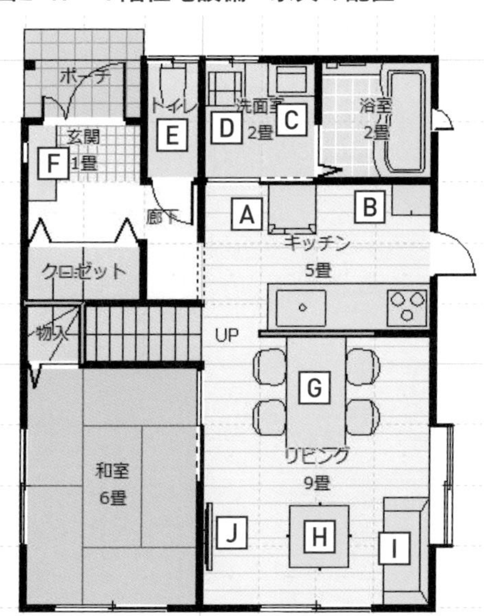


▼ 図2-48 パーツの入れ替え

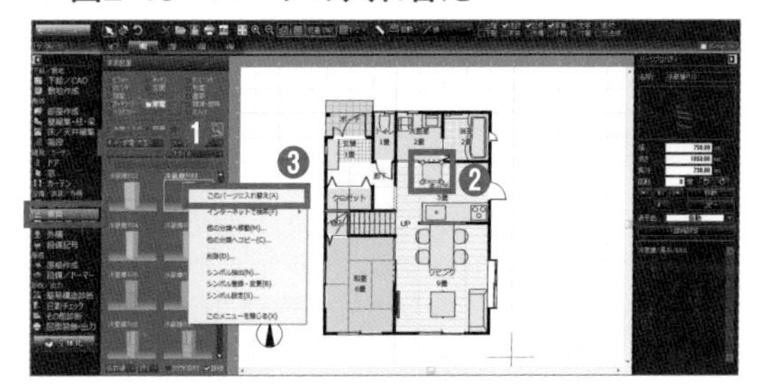

### Step 3 テーブルの配置 （図2-49）（図2-50）

壁から600mm空けて、正確にテーブルを配置します。

1. ガイド線を表示させたい壁の位置（❶）でマーカーをクリックする
2. ［移動・コピー］（❷）を選択し、［現在位置から上へ］（❸）に「600」と入力して［コピー］をクリックする
3. テーブルの側面をガイド線（❹）に沿わせるようにドラッグして配置する

▶ 図2-49 テーブルを配置（1/2）

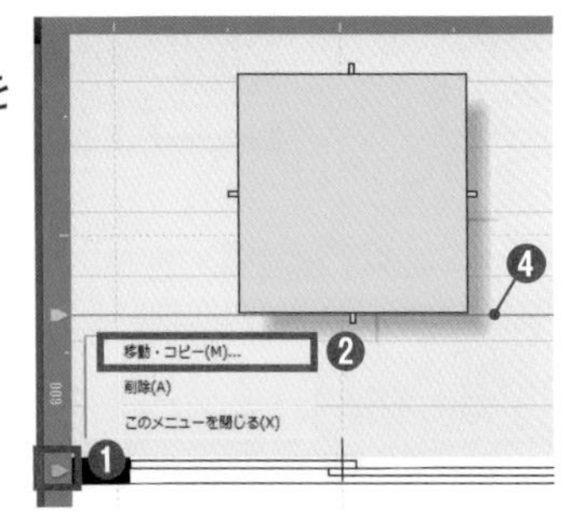


▼ 図2-50 テーブルを配置（2/2）

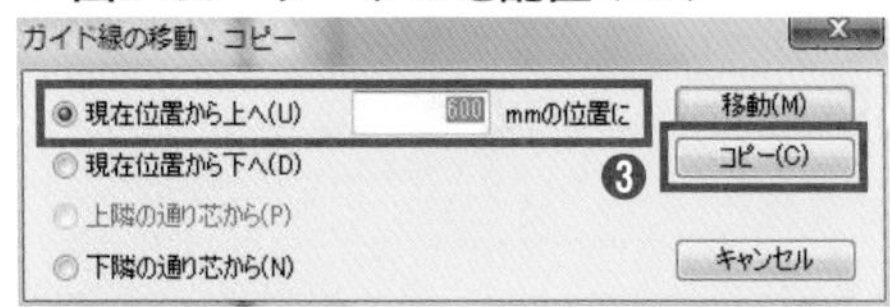


## 2-9 照明機器の配置

照明機器を一括配置し、配置された照明機器の入れ替えをします。天井に配置する天井機器やテーブルや壁付けなどの照明もこのリストに入っています。

### Step 1 一括配置で照明機器の配置 （図2-51）（図2-52）

1. ［照明・天井器具］（❶）➡［一括配置］（❷）をクリックして、自動的に配置するか聞いてくるので［はい］（❸）をクリックする

部屋の中央に室名に合わせて、照明機器が自動的に配置されます。すでに配置している場合、機器は削除されます。

▼ 図2-51 一括配置で照明機器を配置（1/2）

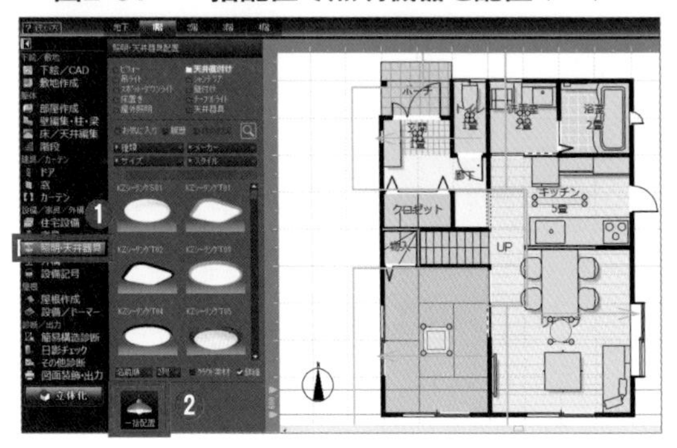

▼ 図2-52 一括配置で照明機器を配置（2/2）

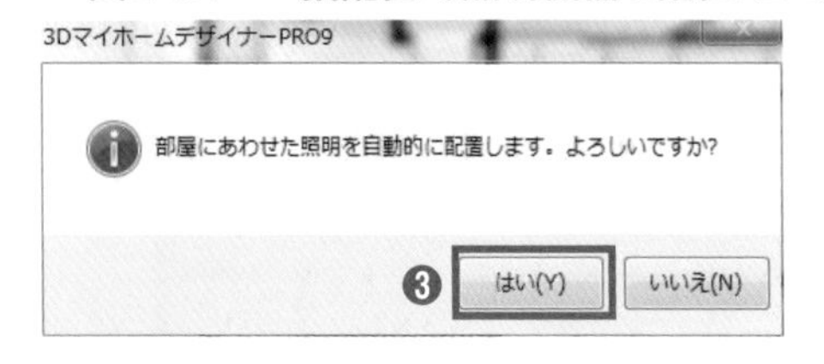


### Step 2 一括配置した機器の入れ替え （図2-53）

1. リビングの照明（❶）を選択する
2. 照明機器リスト上の入れ替えたい照明機器（❷）の上で、右クリックメニューの［このパーツに入れ替え］（❸）を選択する

ここで左クリックをしてしまうと、選択が解除されますので、注意してください。ツールバーの天井のチェック（**図2-54**）がONになっていると天井機器が表示されます。

▼ 図2-53 一括配置した機器の入れ替え

▼ 図2-54 ツールバーの天井のチェック

☑上階 ☑住設 ☑記号 ☑家具 ☑文字 ☑影付
☑下階 ☑天井 ☑外構 ☑小物 ☑付箋 □寸法線

Step 3 照明の追加配置 （図2-55）

**1** [吸着] を「OFF」(❶) にする
**2** 廊下（❷）と浴室（❸）の照明を追加する
- 廊下：ダウンライト
- 浴室：壁付け／照明フロ01

### [ 部屋の中央に配置 ]

[吸着] が「ON」では、グリッドにスナップされてしまい、廊下の中央などに配置できないので「OFF」にして配置しましょう。正確に配置する場合は、ガイド線を使用してください。また、壁掛けのような照明は [壁に沿わせる] 配置が便利です。

### [ パーツの絞り込み ]

[住宅設備] [家具] [照明・天井器具] [外構] [設備記号]には大手メーカーの製品が多数収録されています（**図2-56**）。これらには品番や金額、または属性情報がデータ内に登録されていて、[種類] [サイズ] [スタイル] [メーカー] で絞り込むことができます。また、パーツを検索することも可能です。

▼ **図2-55 照明を追加配置**

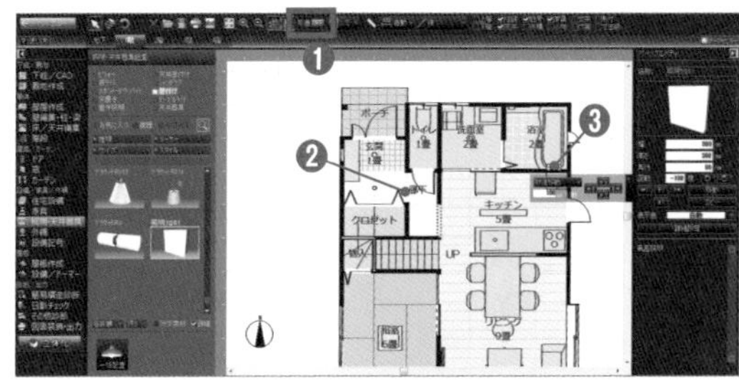

▶ **図2-56 住宅設備関連**

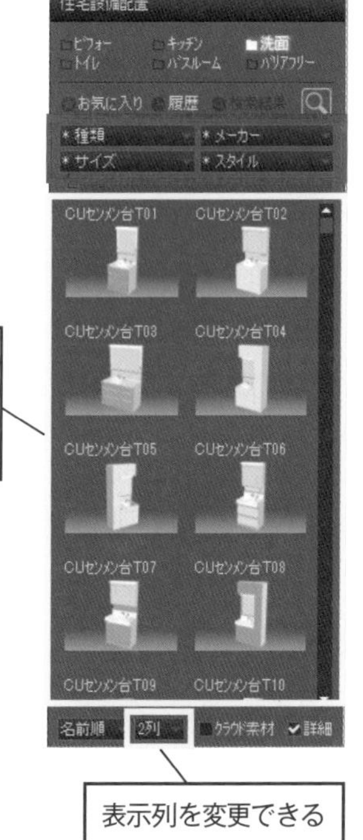


[履歴]は最近使用したパーツ履歴が30個表示される

表示列を変更できる

## 2-10 ファイル保存と間取りの印刷

ここではファイル保存と画像保存、さらに印刷方法を紹介します。保存は、こまめに行っておきましょう。

Step 1 マイホームデザイナー形式で保存 （図2-57）

**1** [ファイル] ➡ [名前を付けて保存] をクリックする（または、ツールバーの [保存]（💾）をクリックする）
**2** [保存する場所]（❶）を選択する

初期設定の保存場所は「マイドキュメント」です。

**3** [ファイル名]（❷）を入力後、[保存]（❸）をクリックする

▼ **図2-57 マイホームデザイナー形式で保存**

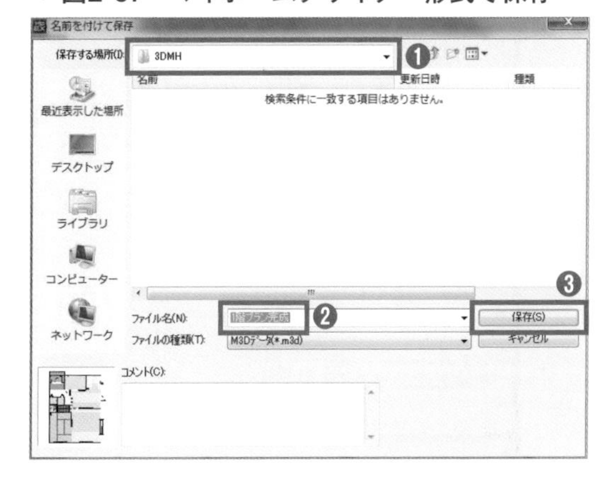

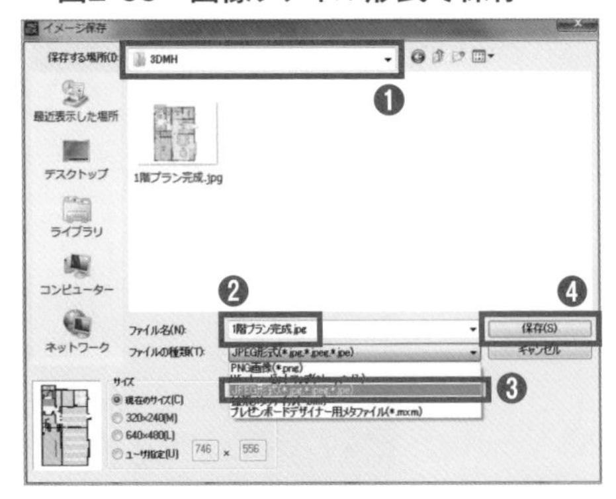


▼図2-58 画像ファイル形式で保存

## Step 2 画像ファイル形式で保存 (図2-58)

**1** [ファイル] ➡ [イメージ保存] をクリックする

**2** [保存する場所] (❶) を選択し、ファイル名を入力する (❷)

**3** [ファイルの種類] から任意の拡張子 (❸) に変更して [保存] (❹) をクリックする

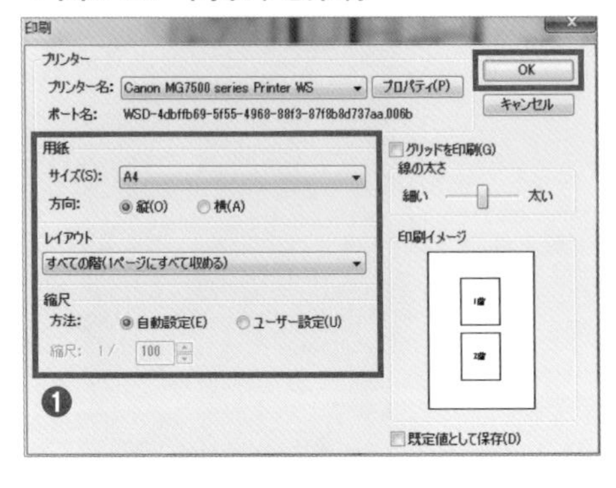


▼図2-59 間取りを印刷

## Step 3 間取りを印刷 (図2-59)

**1** [ファイル] ➡ [印刷] をクリックする (またはツールバー [印刷] (🖨) をクリックする)

**2** [用紙] [レイアウト] [縮尺] を設定して (❶)、[OK] をクリックする

縮尺が [自動設定] の場合、自動的に設定した用紙に収まります。

# 2-11 2階の作成

2階は、今までの操作の繰り返しでほとんどが作成できます。本プランは、総2階 (1階と2階が同形状) としています。

▼図2-60 部屋の配置

## Step 1 部屋の配置 (図2-60)

**1** フロアタブの [2階] をクリックする

**2** 図2-60を参考に部屋を配置する

WIC (ウォークインクローゼット)、多目的スペースなど、室名を編集します。

**3** 廊下 (❶) は多角形を入力する

**4** バルコニー (❷) の床高さに「−150」、手すりの高さに「1100」を入力する

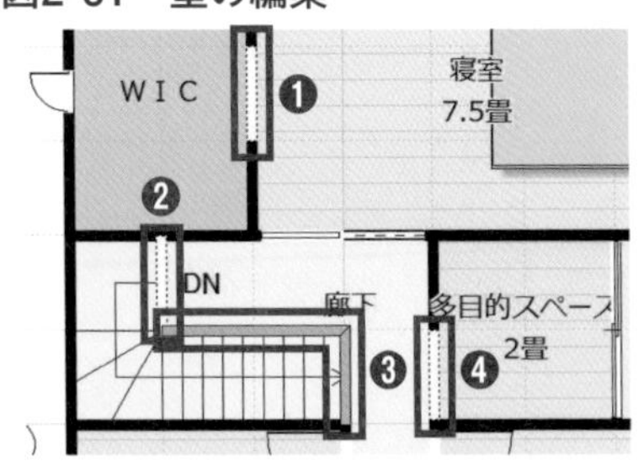


▼図2-61 壁の編集

## Step 2 壁の編集 (図2-61)

**1** WICの入口 (❶) は高さ「2000」まで壁を削除する

**2** 階段降り口は全面壁削除 (❷) する

**3** 廊下と階段の境界 (❸) は手すりなので、壁高さ「1100」を入力する

**4** 多目的スペースの入口（❹）は、高さ「2000」まで壁を削除する

## Step 3 1階建具を複写 （図2-62）（図2-63）

ここでは、1階和室の腰窓をコピーして貼り付けます。

**1** ナビのドアや窓を選択しておき、1階和室の窓を右クリックして［コピー］（❶）する
**2** 2階の子供室のサッシの中心にしたい壁上で右クリックメニューの［ここに貼り付け］（❷）をクリックする

## Step 4 その他の建具

**1** バルコニーと多目的スペースの窓は掃出しを配置する
**2** その他の建具を配置する

## Step 5 家具・照明器具 （図2-64）

**1** 子供部屋にはベットと机を配置する（❶）
**2** 寝室にはナイトテーブル、スタンドライト、ベットを配置する（❷）
**3** 照明器具を一括配置で配置する
**4** 照明器具を追加変更する

### ［ Ctrl キーと Shift キー ］

［吸着］が「ON」では、パーツをドラッグしている際、Shift を押すと、角度が90度、0度と固定されます。

Ctrl を押し、ドラッグを始め、先にマウスを離すとパーツをコピーします。Ctrl を押している最中は、マウスの右下に「+」と表示されます。

### ［ パーツが複数重なっているときの選択 ］

**図2-65**は寝室のテーブル上にスタンドライトを配置しました。テーブルを選択したのち、キーボードの Space を押すことで、重なって

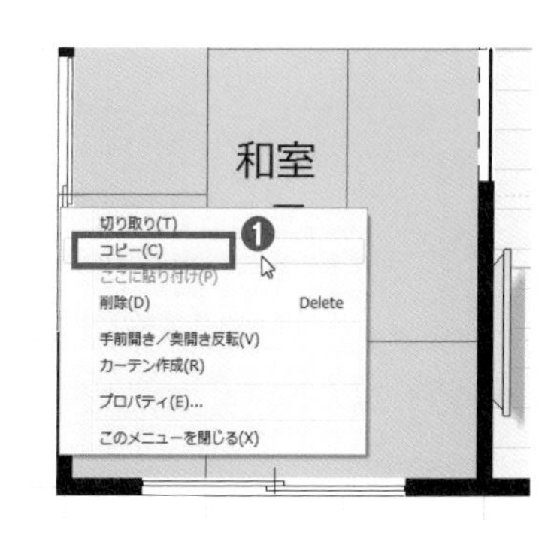


▼図2-62 1階建具を複写（1/2）

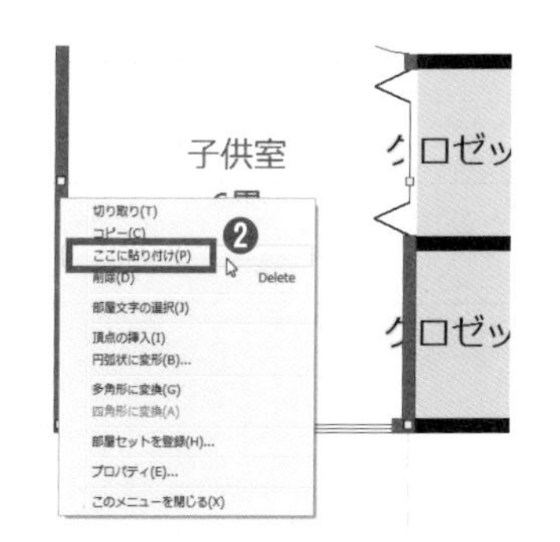


▼図2-63 1階建具を複写（2/2）

▼図2-64 家具・照明器具

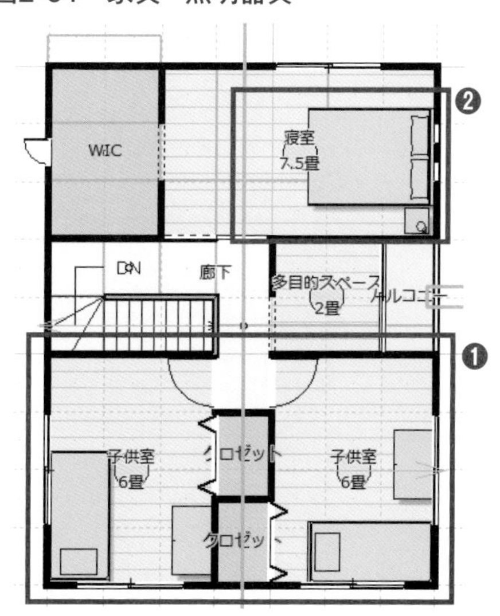


▼図2-65 寝室のテーブル上にライトを配置

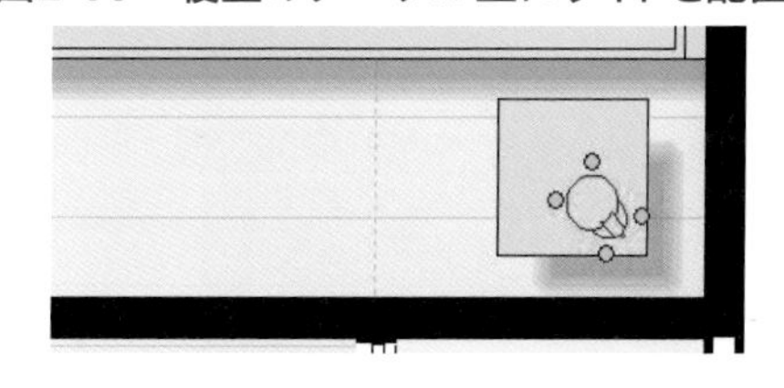

▼図2-66　屋根の一括作成

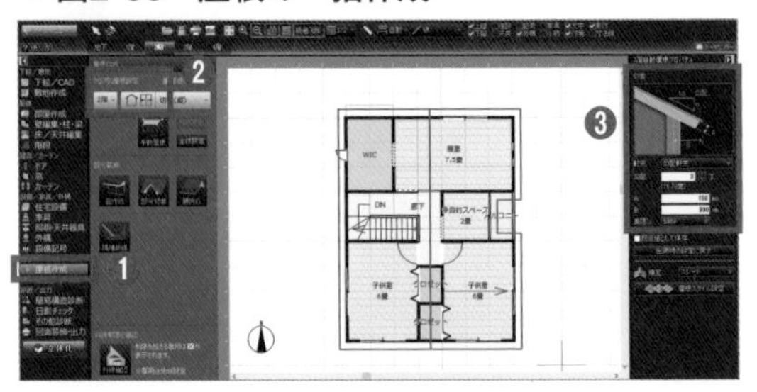


### Column バルコニーにある屋根の場合

本ソフトでは、建物形状に合わせて屋根が自動生成されますが、バルコニーの上部には屋根が自動生成されないので、軒先が不連続になる場合があります。軒先を揃えたい場合は、[手動屋根] に切り替えて編集したい屋根面を選択 ➡ 不要な頂点上で右クリック ➡ [頂点の削除] を選択します。

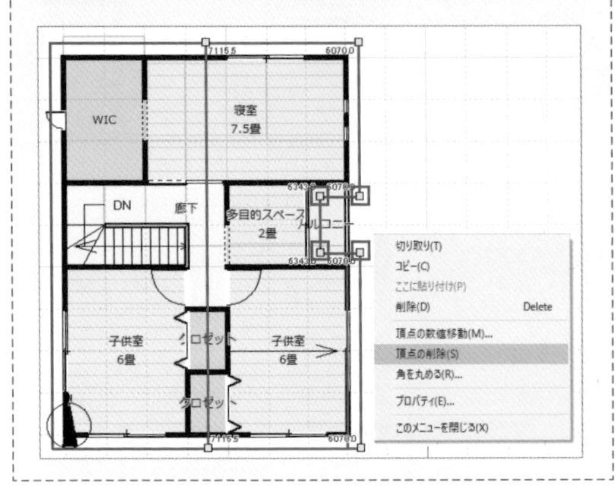


▼図2-67　ガイド線を引く

▼図2-68　手動で屋根を1面ずつ設定 (1/3)

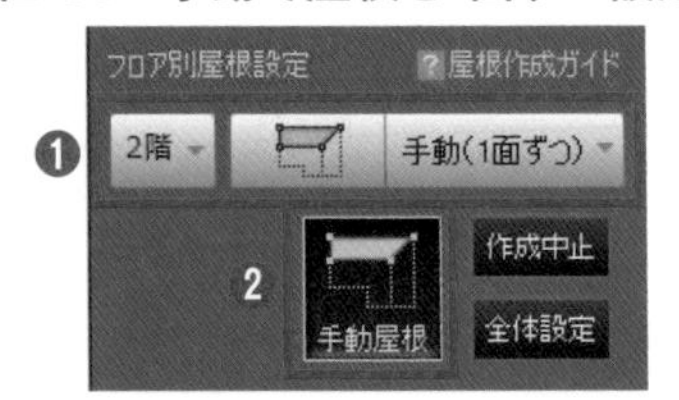


いるパーツを選択します。3つ以上のパーツが重なっていて選択できない場合などで有効です。

## 2-12 屋根の一括作成 (図2-66)

自動一括作成および手動での作成方法や、屋根上部にパーツを配置していきます。

**1** [屋根作成] (❶) をクリックする

**2** [フロア別屋根設定] (❷) で2階であることを確認し、[切妻 (縦)] を選択する

**3** プロパティ (❸) で次の値を設定する

勾配「3」、A「150」、B「300」、鼻隠し「傾斜」

### [ 屋根の形状 ]

屋根の形状はさまざまです。形状・勾配・軒の出寸法や軒先先端の形状でデザインが変わってきます。本ソフトでは、切妻・寄棟・陸屋根(ろくやね)・片流れが自動で作成できますので、立体にして確認してみましょう。

## 2-13 屋根の一面ずつ配置

軒と、けらばの出寸法が異なり東側に流れる片流れの屋根を作成します。

### Step 1 ガイド線を引く (図2-67)

**1** 外壁線上のルーラーをクリックする

**2** [移動・コピー] をクリックする

**3** 次の数値を入れ [コピー] をクリックする

- 東側の軒の出　　：455
- 西側の軒の出　　：100
- 南北のけらばの出：200

### Step 2 手動で屋根を1面ずつ設定

(図2-68) (図2-69) (図2-70)

**1** [屋根作成] [手動 (1面ずつ)] (❶) をクリックする

**2** [手動屋根] (❷) をクリックする

**3** 図2-69を参考にして、軒先になる2点 (A→B) を左クリックで先にクリックしたのち、残りの点 (C→D) をクリックして、最後に始点

（A）をクリックする

A－D点は先ほど作成したガイドの交点です。

**4** 何もないところで、右クリックする

**5** 勾配「2」、軒先から基準位置までの距離「455」を入力して［OK］をクリックする（**図2-70**）

勾配をもとに計算しているため、基準位置の高さ（軒高）が6160mmであれば、西側が7454mmとなります。プロパティから、2寸勾配に修正してみると、数値が変わることがわかります。

**［ 屋根勾配 ］**

屋根勾配が急勾配であれば雨は流れやすく、緩(かん)勾配であれば流れにくくなります。

積雪地であれば勾配を大きくして雪の自然落下を期待することもあれば、陸(ろく)屋根にして雪を載せる場合もあります。勾配は、水平距離10寸（約303mm）に対して、高さが何寸であるかの尺貫法で示します。表記方法は、4寸勾配であれば4/10というように分数で示すこともあります。さらに、屋根材によって必要最低勾配が定められています。瓦屋根の場合、4寸勾配が最低勾配です。

## Step 3 太陽光パネルの配置 （図2-71）

**1**［設備／ドーマー］（❶）を選択する

**2**［ソーラーパネルO004］（❷）を選択し、東側の屋根面に配置する

屋根面から外れると、壁に配置しようとして、細長い矩形になります。

**3**［吸着］が「ON」になっていることを確認する

**4** 選択する前に Ctrl と Shift を押し、そのまま隣にドラッグして3つ並べる

**5** 複数選択するために、Shift を押しながら3つをクリックする

**6** Ctrl を押して、パネルを隣にドラッグする

**7** 再度、Ctrl を押して、パネルを隣にドラッグする

## Step 4 庇(ひさし)の作成 （図2-72）（図2-73）

**1** 一階タブをクリック後、［屋根作成］➡［庇作成］をクリックする

▼図2-69　手動で屋根を1面ずつ設定（2/3）

▼図2-70　手動で屋根を1面ずつ設定（3/3）

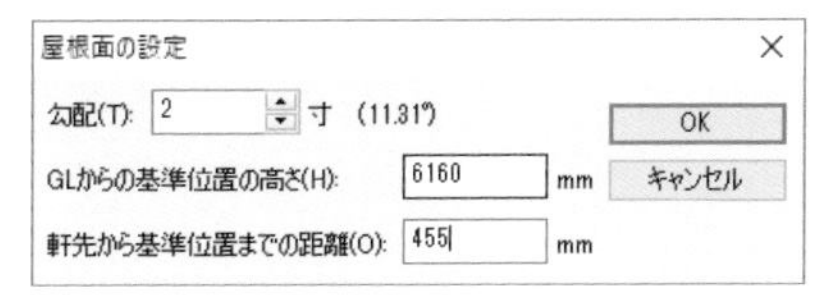


▼図2-71　太陽光パネルの設置

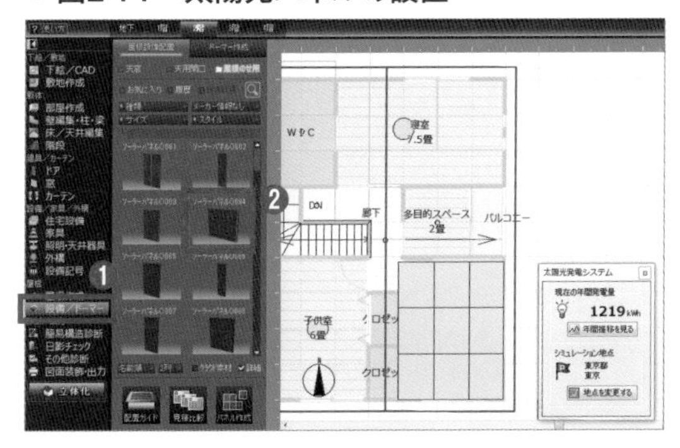


▼図2-72　庇の作成（1/2）

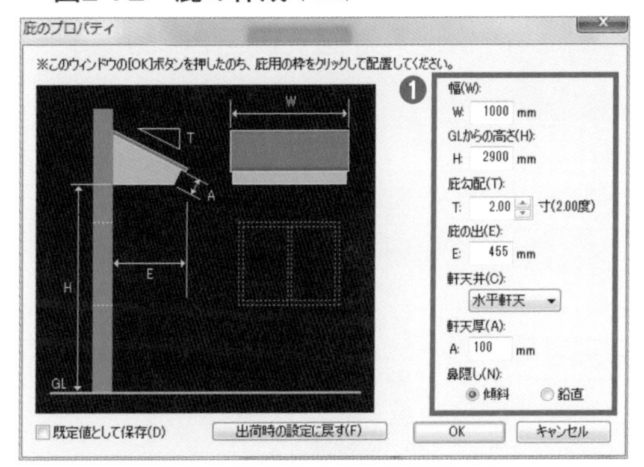

▶ 図2-73　庇の作成（2/2）

**2** 庇のプロパティ（❶）で幅「1000」、GLからの高さ「2900」、勾配「2」、庇の出「455」、軒天厚「100」の値を入力し、軒天井の形状を「水平軒天」として［OK］をクリックする

庇の出は、壁芯からではなく、外壁面からの出寸法を示します。GLからの高さの初期値は、設定されている1階床高の値に応じて変わります。1階床高など高さの設定は、メニューバーの［設定］➡［立体化設定］➡［階高・壁厚］タブで設定できます。

**3** 配置したい壁の位置でクリックする

**4**［保存］をクリックする

庇が作成できました（❷）。

▼ 図2-74　ガイド線を引く（1/2）

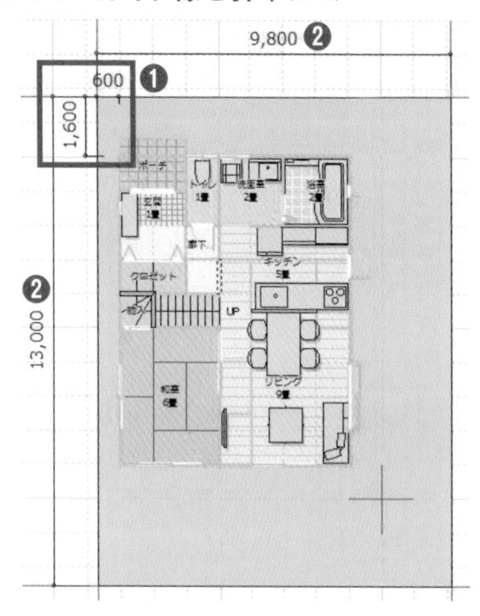


▼ 図2-75　ガイド線を引く（2/2）

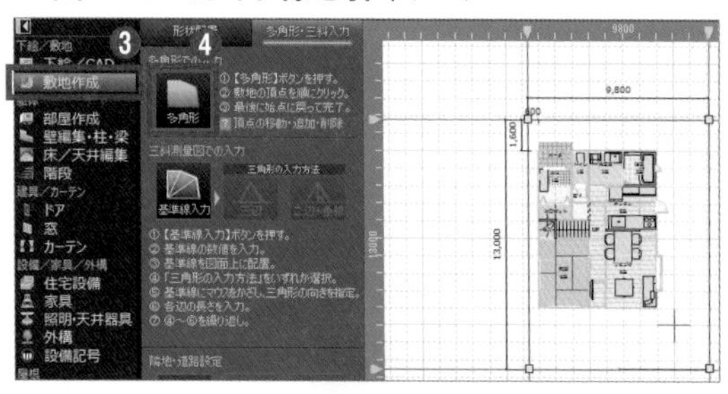


▼ 図2-76
敷地の色変更

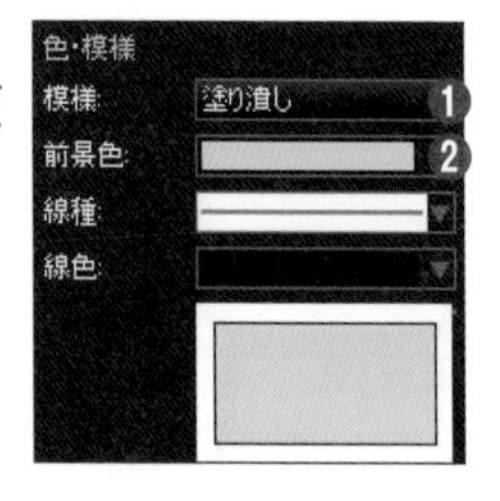


## 2-14 敷地の作成

**図2-74**のような敷地（9800×13000）を作成します。

建物と道路境界線や隣地境界線との距離をもとにガイド線を引き、作図を開始してください。敷地を最初に作成してもかまいませんが、間取りを作成することを主に考えたので敷地を最後にしています。

### Step 1 ガイド線を引く　（図2-74）（図2-75）

**1** 建物通り芯から北に「1600」、西に「600」のスペースをとるための、ガイド線を引く（❶）

**2** 上記で生成したガイドから東西「9800」、南北「13000」でガイドを［コピー］する（❷）

**3**［敷地作成］➡［多角形］（❸）をクリックする

**4** 敷地の角の4点を順にクリックし、最後は始点をクリックする

### Step 2 敷地の色変更　（図2-76）

敷地をわかりやすくさせるために、模様を塗り潰し、前景色を緑色にします。

**1** プロパティで模様を「塗りつぶし」、前景色を「緑」にする

[ 三斜測量図とは ]

一般的な住宅の場合は、三斜測量図で入力します。地積（面積）を求積するために、土地をいくつかの三角形に分割し、三角形の面積を合計して、土地の面積を求める方法を図にしたものです。Chapter 4で説明します。

### Step 3 道路を指定 (図2-77)

1 ［隣地・道路］を選択する
2 北側の敷地境界線（❶）をクリックする
3 ［道路幅］に「5」（❷）を入力して［OK］をクリックする

単位は「m」であることに注意しましょう。修正する場合は、道路をクリックし、道路幅を入力します。

▼図2-77 道路を指定

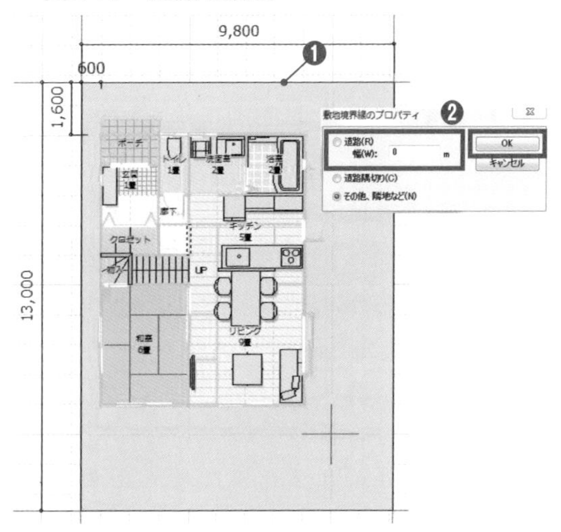


### Step 4 敷地条件の設定 (図2-78)(図2-79)

1 ［設定］から敷地条件設定を選択する
2 用途地域を第一種低層住居専用地域、建ぺい率を50%、指定容積率を100%と設定する

用途地域を定めないと、立体化した後の斜線チェックができません（**図2-78**）。真北が角度でわかっている場合はタブを切り替えて設定してください。本設定は真上を真北にしています。

［ウィンドウ］から建ぺい率容積率チェックウインドウをクリックすると現在の状況がチェックできます（**図2-79**）。

▼図2-78 敷地条件の設定（1/2）

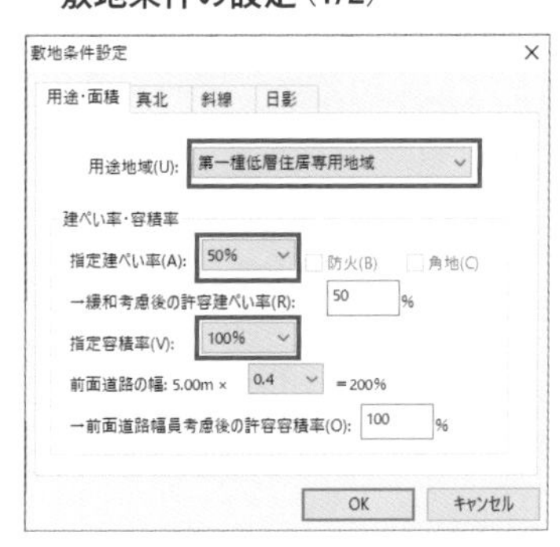


▼図2-79 敷地条件の設定（2/2）

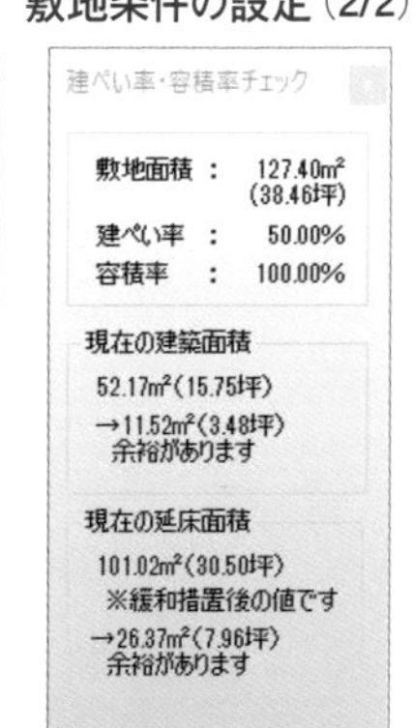


## 2-15 立体化した外観の確認

建物を立体化した後、視点変更ツールで確認します。また、頻度の高い画面を登録します。

### Step 1 立体化

1 ［立体化］を選択し、立体化ダイアログボックス上で［OK］をクリックする

立体化すると、自動的に［簡単ムービー］が選択されます。立体化後自動的に建物の周りを

▼図2-80 画面の登録（1/2）

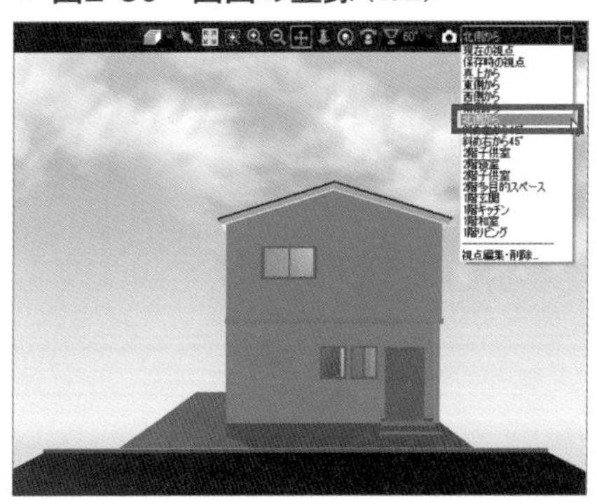

▼図2-81 画面の登録（2/2）

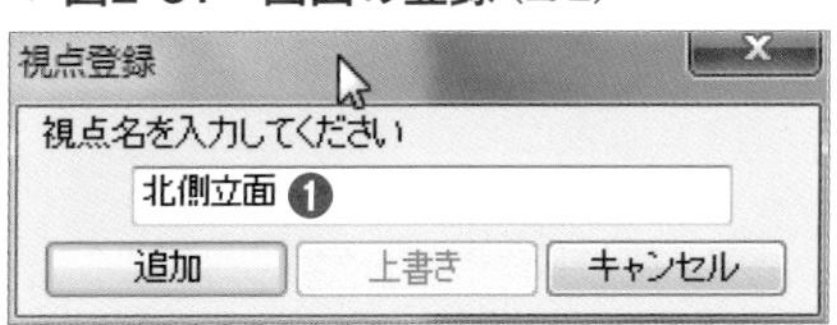

一周します。解除したい場合はチェックを外します。

## Step 2 画面の登録 （図2-80）（図2-81）

1［現在の視点］の▼から［北側から］を選択する
2画角［0°］を選択する
3望遠になるので、部分拡大などで拡大する
4画角の右隣のカメラマークをクリックする
5視点名を「北側立面」と入力して［追加］をクリックする（❶）

カメラマークをクリックすると今見えている視点で登録できます。

▼図2-82 内観確認

▼図2-83 鳥瞰マルチビュー

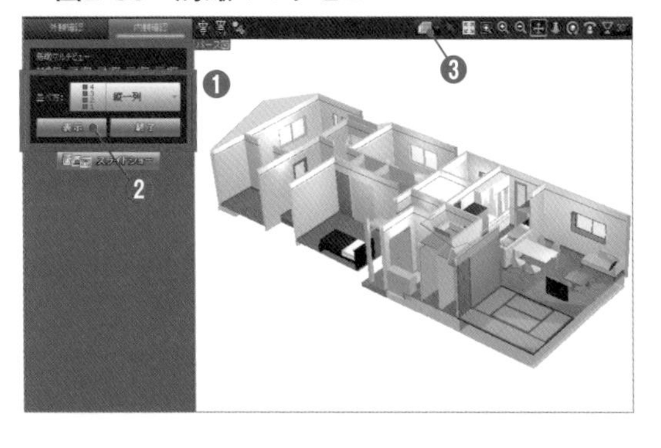

# 2-16 各種カメラワークの確認

## Step 1 内観確認 （図2-82）

1［内観確認］をクリックする（❶）

自動的に「二面図」となり、パース図のとなりに平面が現れます。

2フロアータブ［2階］を選択して表示階を切り替える（❷）

## Step 2 鳥瞰マルチビュー （図2-83）

1並べ方［縦一列］を選択する（❶）
2［表示］をクリックする（❷）
3［壁表示］➡［手前の外壁を非表示］を選択する（❸）

パース図の表示範囲の関係で［縦一列］のときでも［横一列］に並ぶことがあります。

## Step 3 カメラの方向を指定し各部屋のパースを確認

（図2-84）（図2-85）（図2-86）

1［簡単ムービー］➡［内観確認］を選択し（❶）、フロアータブ［2階］を選択する（❷）
2［立つ位置と見る位置を決める］をクリックする（❸）
3立つ位置［視点：カメラの位置］（❹）と見る方向［視線方向］（❺）をクリックする
4画角［90°］を選択する（❻）

画角を大きくしすぎるとパースがゆがみます。

▼図2-84 カメラの方向を指定し各部屋のパースを確認（1/3）

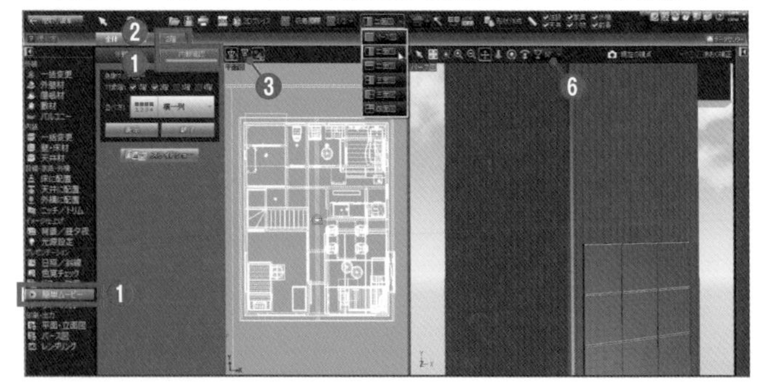

▼図2-85 カメラの方向を指定し各部屋のパースを確認（2/3）

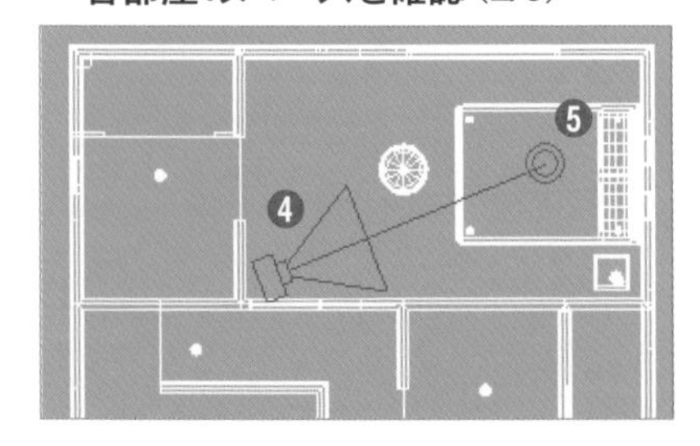

カメラの根本にマウスを合わせドラッグすると、立つ位置［視点：カメラの位置］を変えれます。同様に、赤◎［見る方向（視線方向）］をドラックすると視線方向を変更できます。

3面図にすると断面図が現れます（**図2-86**）。現在のカメラは視点、方向ともに、同じ高さだとわかります。カメラの位置を変えれば見上げたり、見下げたりすることも可能です。

▼図2-86　カメラの方向を指定し各部屋のパースを確認（3/3）

## 2-17 外壁仕上げの変更

### Step 1 一括変更 （図2-87）

**1** 外装の［一括変更］を選択する（❶）
**2** スタイルを選択する（❷）

既定のスタイルを選択すると、立体化直後のスタイルに戻ります。

▼図2-87　一括変更

### Step 2 フロアーごとの変更 （図2-88）

**1**［外装材］を選択し（❶）、［メーカー情報なし］➡［外壁O428］を選択する（❷）
**2** パース図の外壁を選択する（❸）

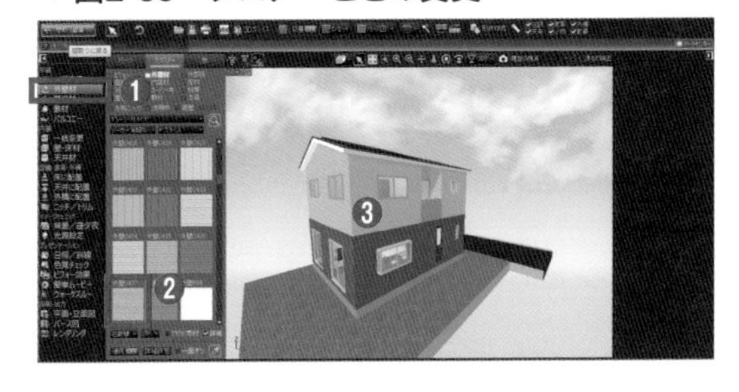
▼図2-88　フロアーごとの変更

### Step 3 一面ずつの変更 （図2-89）（図2-90）

**1**［一面ずつ］にチェックする（❶）
**2** 外壁材を選択して（❷）、貼る面をクリックする（❸）

連続で貼り付けたい場合は、［連続OFF］をクリックして［ON］に変更しておきます。

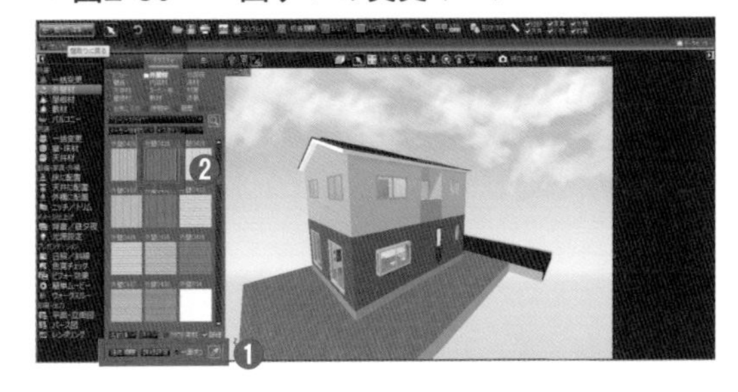
▼図2-89　一面ずつの変更（1/2）

▶図2-90　一面ずつの変更（2/2）

### Step 4 元のテクスチャを抽出 （図2-91）（図2-92）（図2-93）

**1**［スポイト］をクリックする（❶）
**2** パース図上の抽出する外壁をクリックし（❷）、変更したい壁をクリックする（❸）
**3** 画面を回転して、東側バルコニーの壁もクリックする（❹）

### Step 5　ポーチのテクスチャを貼る

（図2-94）（図2-95）

**1** ［外部床］➡［外床O061］を選択する（❶）
**2** ［連続ON］［一面ずつ］にチェックを入れ、ポーチの上面および側面をクリックする（❷）

パース図上でマウスの右ボタンでドラッグすると回転します。

▼図2-91　元のテクスチャを抽出（1/3）

連続 OFF　詳細設定　一面ずつ　❶

▼図2-92
元のテクスチャを抽出（2/3）

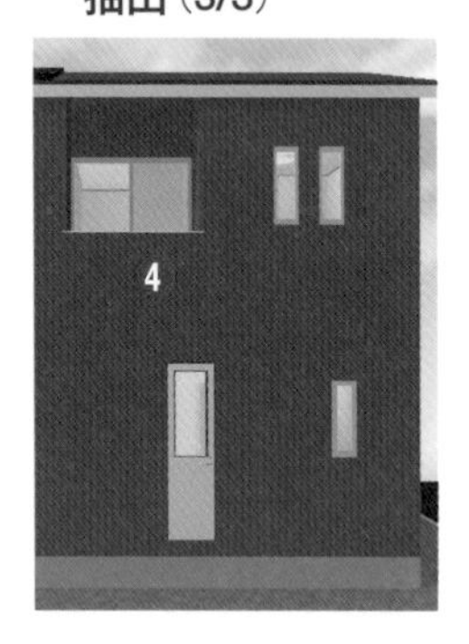


▼図2-93
元のテクスチャを抽出（3/3）

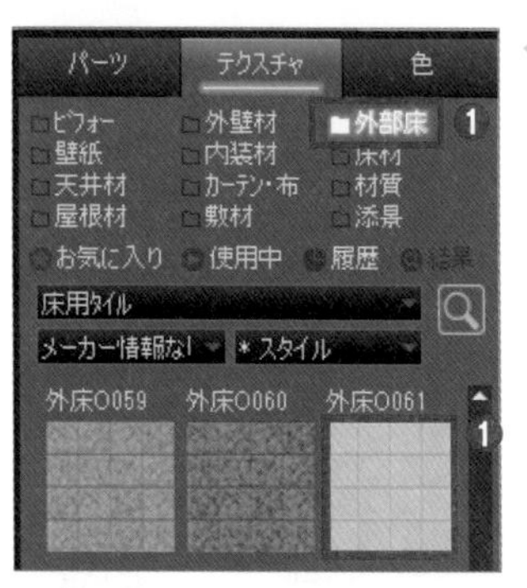


◀図2-94
ポーチのテクスチャを貼る（1/2）

▼図2-95　ポーチのテクスチャを貼る（2/2）

## 2-18　建物全体の内装スタイルの変更

### Step 1　室内の一括変更

（図2-96）

**1** 内装の［一括変更］を選択する（❶）
**2** 対象［家全体］になっていることを確認し（❷）、スタイルを選択する（❸）

［既定のスタイル］を選択すると、立体化直後のスタイルに戻ります。対象を［部屋毎］にすることもできます。

### Step 2　壁紙・天井・床材の部屋毎の変更

（図2-97）

**1** ［壁・床材］を選択する
**2** 視点を［2階子供室］に変更する
**3** ［テクスチャ］➡［壁紙］➡［壁紙V166］を選択する

メーカー情報なし、白系で絞り込みしています。

**4** 壁の上でクリックする

床をクリックしてもテクスチャは変更されます。

### Step 3　壁4面が見えるように視点変更

（図2-98）

**1** 選択ツールでパース図の部屋（2階の子供室）を選択する
**2** 視点［真上から］を選択する（❶）

### Step 4　建具枠を同じ色に変更

（図2-99）

窓枠・廻縁・クローゼット枠の色を変更します。

**1** スポイト（❶）を選択し、色を抽出する。建具枠（❷）をクリックする
**2** 抽出された色をクリックして色変更する枠をクリックする

▼図2-96　室内の一括変更

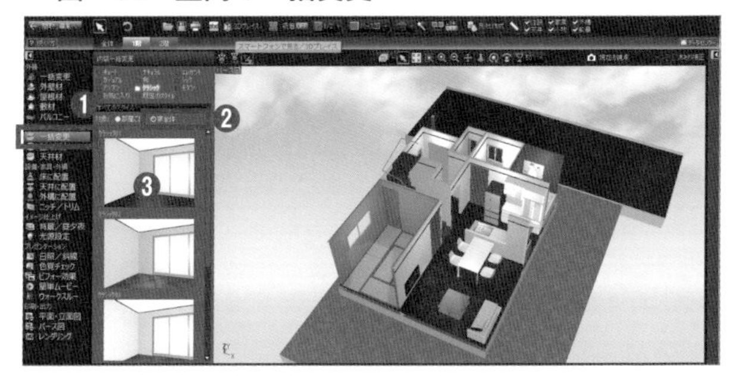

▼図2-97　壁紙・天井・床材の部屋毎の変更

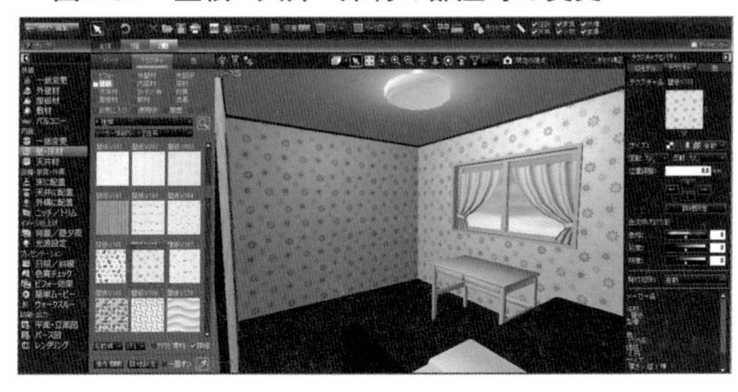

▼図2-98　壁4面が見えるように視点変更

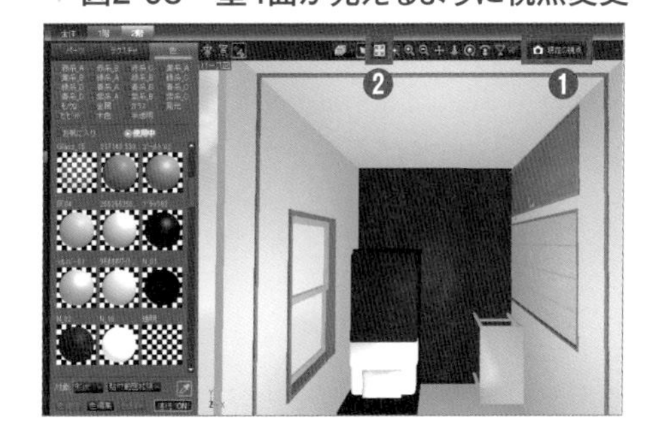

▼図2-99　建具枠を同じ色に変更

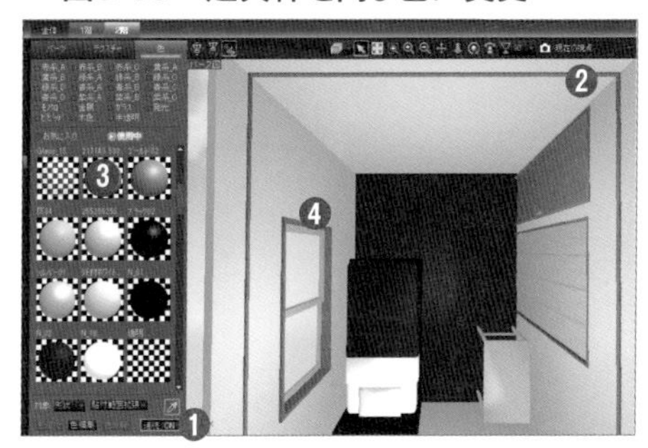

## Step 5 クローゼット扉のテクスチャを変更 (図2-100)

❶スポイトで抽出元の扉をクリックする（❶）
　テクスチャがあればテクスチャタブに切り替わります（色だけの場合もあります）。
❷4枚あるので［連続ON］にする
❸抽出した色を選択し、クロゼットの扉の上で4枚をクリックする

▼図2-100　クローゼット扉のテクスチャを変更

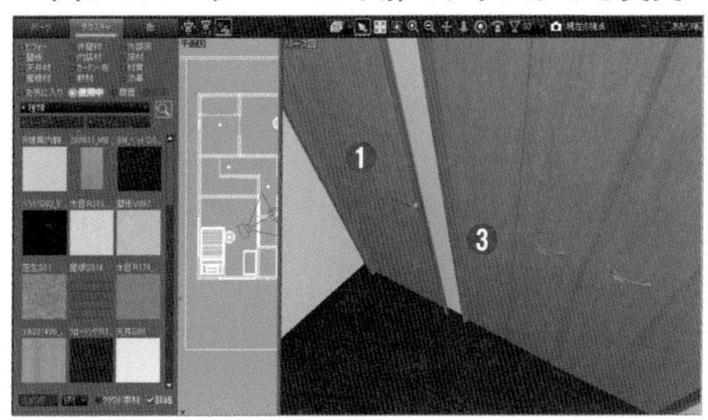

### ［3Dレイアウトの画面切替］

［パース図］［四面図］を選択することで、レイアウト画面を切り替えることができます。ナビコマンドを選ぶと自動的に変わることがあります。レイアウトの境界にマウスを合わせてドラッグすることで、レイアウト枠の大きさを変更できます。

▼図2-101　3Dレイアウトの画面切替

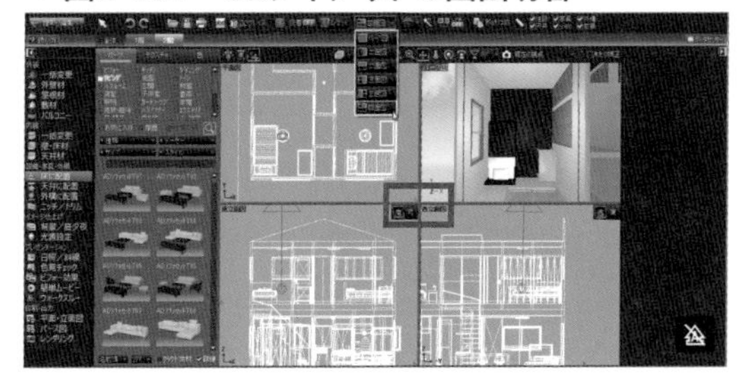

▼図2-102　子供部屋にソファーを配置（1/2）

▼図2-103
子供部屋にソファーを配置（2/2）

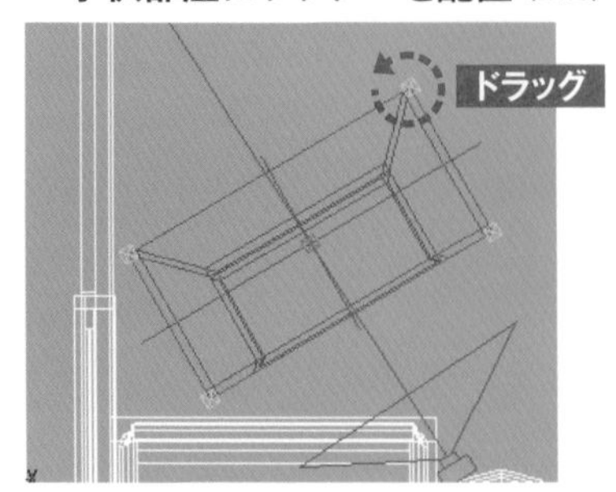


▼図2-104　家具の色を変更（1/2）

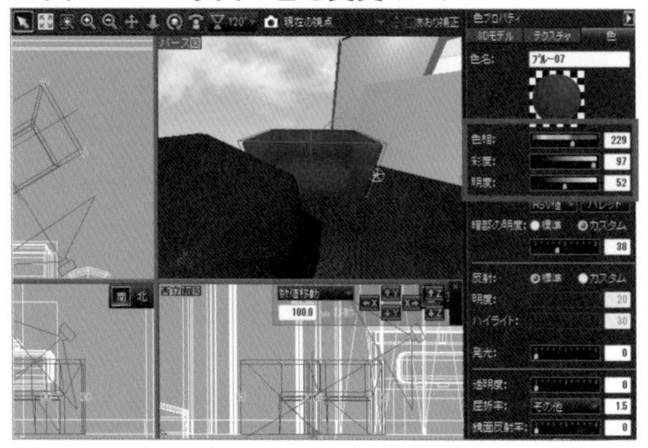

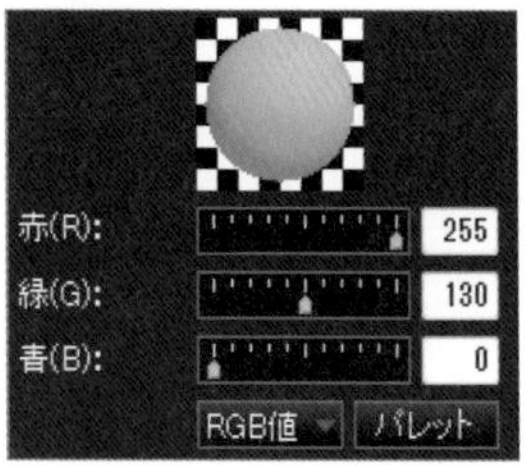

◀図2-105
家具の色を変更
（2/2）

## 2-19 家具の配置

### Step 1 子供部屋にソファーを配置

（図2-102）（図2-103）

**1**［床に配置］を選択する（❶）

照明など天井に配置したい場合は［天井に配置］を選択して始めてください。

**2** カテゴリー［子供室］からソファを選択する（❷）

**3** 平面図で部屋の床をクリックする（❸）

パース図の上でも同じ結果になります。

**4** 必要に応じて、平面図もしくはパース図上でソファーをドラッグして位置を移動する

立面図上でドラッグすると、床から離れ宙に浮く可能性があります。

**5** 回転させるため、平面図上の四隅の水色ハンドルにマウスを合わせドラッグする

パーツには原点（紫のポイント）があり、原点を中心に回転します。側面図の水色ハンドルでは回転できません。

### Step 2 家具の色を変更

（図2-104）（図2-105）

**1** ソファーをクリックして選択する

**2** 色プロパティを選択して、HSV値からRGB値に切り替える

**3**「赤：255」「緑：130」「青：0」に設定する（図2-105）

## 2-20 テクスチャの調整

### Step 1 既存のテクスチャの修正

（図2-106）（図2-107）

**1**［床に配置］を選択した後、フロアタブの［1階］を選択する

**2** 視点の［1階リビング］を選択し、テーブルを選択する

**3** 天板が見えるように、画面を動かして調整する

視点登録（ショートカットキー Ctrl ＋ R ）をしておくと便利です。

**4**［テクスチャ］➡［材質］➡種類［木目］から「木目D01」を選択し、天板の上でクリックする

**5** プロパティから回転「90°」、彩度を「約30」に上げる

色やテクスチャの貼りつく範囲は、パーツの構造によって異なります。PRO9から、プロパティパレットで貼り付ける大きさや向き、色相、彩度へ変更できるようになりました。

### [ HPの画像を貼付 ]

HPのカタログの見本や、壁紙にしたい画像をHPで表示したのち、HP上の画像から直接パース図の壁などにドラッグするとその画像を貼りつけることができます。

## Step 2 パーツ階層に入りダイニングセットを修正 (図2-108)(図2-109)

パーツ階層に入りダイニングセットのイスのみの回転を行います。

**1** リビングのダイニングセットを選択後、右クリック［このパーツ階層へ移る］を選択する（❶）

ダイニングセットのみが表示されます。

**2**［選択］で椅子をクリックする（❷）

**3**［全体表示］をクリックし（❸）、青のハンドルをドラッグする（❹）

**4**［床に配置］を選択する（❺）

他のナビを選択しても［階層］から出ることができます。

# 2-21 光源の切り替え

寝室に2つある光源を設定します。

## Step 1 光源の選択 (図2-110)(図2-111)

**1**［光源設定］を選択し（❶）、平面図上で2階寝室の床をクリックして、［全体表示］をクリックする

**3**［場所］から2階の［＋］をクリックして、［寝室］を選択し（❷）、光源が現れるので、［スタンドライトJ13］を選択する（❸）

光源が選択され、赤色の球で表示されます。

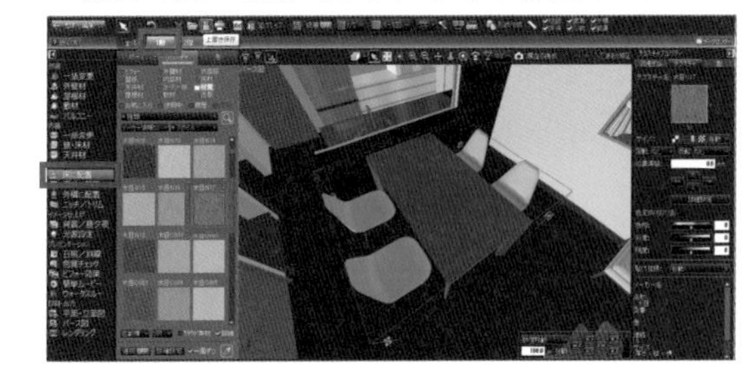

▼ 図2-106　既存のテクスチャの修正（1/2）

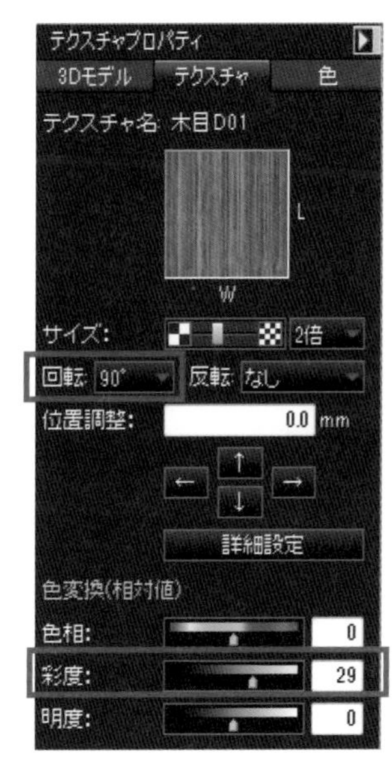


◀ 図2-107　既存のテクスチャの修正（2/2）

▼ 図2-108　パーツ階層に入りダイニングセットを修正（1/2）

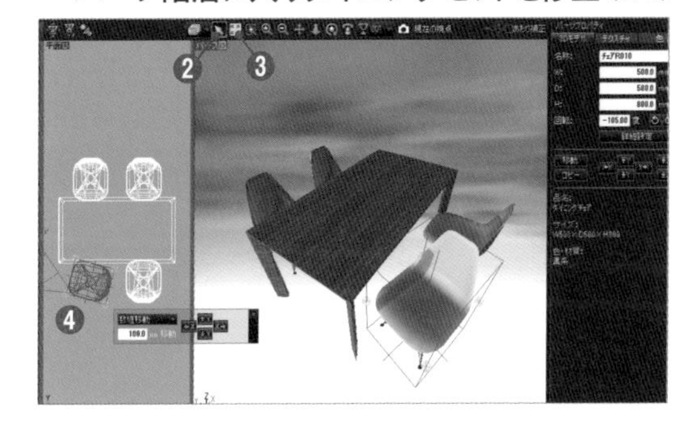


▼ 図2-109　パーツ階層に入りダイニングセットを修正（2/2）

▼図2-110　光源の選択（1/2）

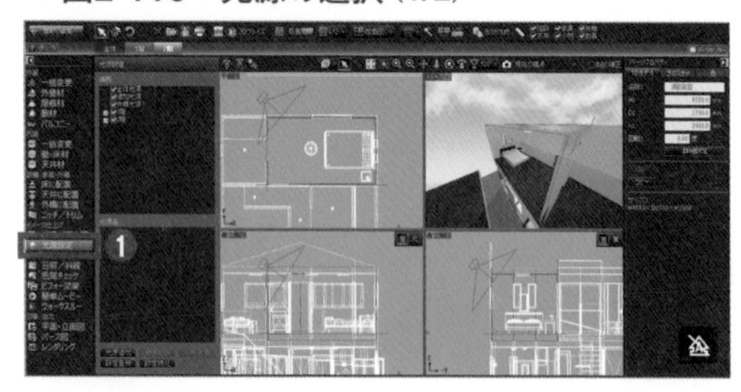


▼図2-111
光源の選択（2/2）

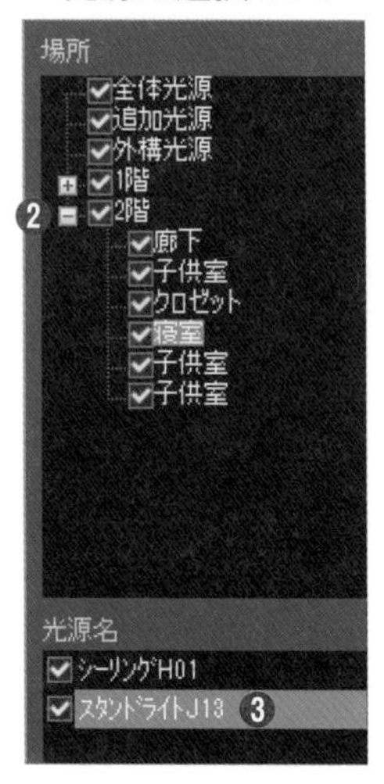


▼図2-112
光源の種類を変更

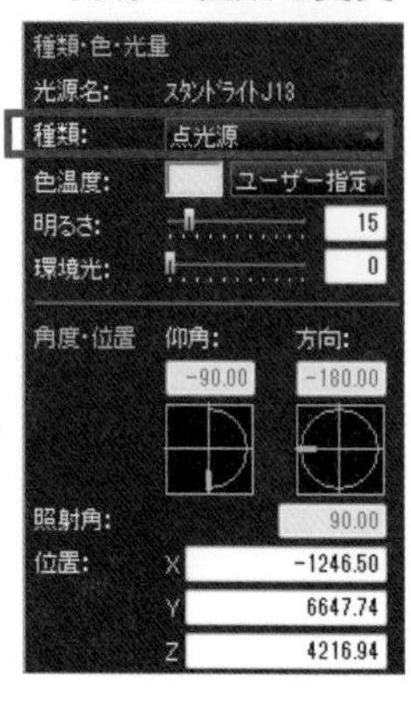


▼図2-113　太陽光源の設定（1/2）

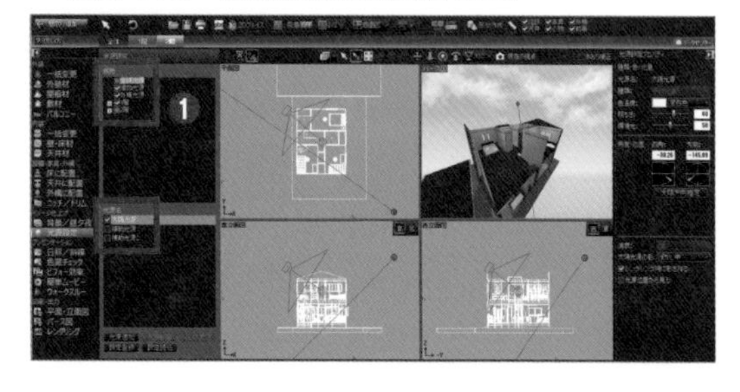


▼図2-114　太陽光源の設定（2/2）

## Step 2　光源の種類を変更　（図2-112）

**1** プロパティの種類を［点光源］から［スポットライト］に変更する

光源名のチェックを外すと、消灯します。光源の種類は次の3通りです

- 平行光源：太陽のように平行に光が当たる
- 点光源：電球のように全方向に光が当たる
- スポットライト：光が当たる方向と範囲が限定される

## Step 3　太陽光源の設定　（図2-113）（図2-114）

**1**［光源設定］➡［場所］➡［全体光源］を選択する（❶）

**2**［光源名］の［太陽光源］を選択する

光源が「赤い球」で表示されます。

**3**［太陽方向指定］をクリックする

**4** 季節、時刻、所在地を選択して［OK］をクリックする（❷）

季節時刻所在地を変えれば、自動的に仰角・方向が変わります。［太陽光源］は、平行光源の強い光です。［補助光源］は太陽光源とは逆で弱く、太陽光源が直接当たらない側が暗くならないようにする補助的な光です。したがって、OFFにすると全体が暗くなる傾向があります。［補助光源2］は非常に弱い光です。

# 2-22　外構の配置

## Step 1　車・樹木・ウッドデッキを配置

（図2-115）

**1**［外構に配置］の［乗り物］［エクステリア］［人・動物］から、自動車、自転車、ウッドデッキ、人物を配置する

**2** 回転や移動で位置を調整する

## 2-23 背景・前景・朝昼夕の調整

### Step 1 背景の配置 (図2-116)

**1** [背景・昼夕夜] を選択する (❶)

**2** [背景設定] ➡「空U06」を選択する (❷)

デジタルカメラで撮影した建築予定地の画像を配置する際は、参照から画像を選択します。画像ファイルの種類は「*.jpg」「*.bmp」「*.mbp」の3種類です。「*.mbp」とはパノラマ背景画像であり、円筒型の内側に画像を貼っているイメージです。ただしファイルサイズが大きくなるため、あまり現実的ではありません。

### Step 2 前景を設定 (図2-117)

**1** [前景設定] ➡ [樹木03] を選択する

**2** パース図を拡大して前景に合わせて視点を調整する

PRO9からの新機能です。前景は、2種類まで選択できるので [レンズフレアー] と [樹木] を選択します。参照可能な画像ファイルの種類は「*.png」のみです。

### Step 3 昼夕夜の切り替え (図2-118)

**1** [昼夕夜切替] を選択する

**2** [昼] を選択する

昼夕夜を切り替えると、パース図の影の落ち方や太陽光源、室内光源の設定も自動的に変化します。パース図にも反映されますが、実際の光源の効果はレンダリングを行って確認してください。

## 2-24 斜線制限の確認 (図2-119)

**1** [日射/斜線] を選択する

**2** [斜線確認] を選択する

PRO9からの新機能です。リアルタイムで道路斜線制限のボリュームが表示されます。緩和措置は考慮されていません。

▼図2-115 車・樹木・ウッドデッキを配置

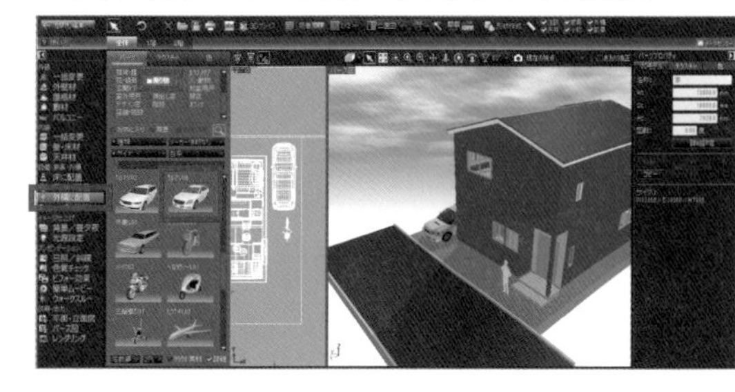

▼図2-116 背景の配置

▼図2-117 前景を設定

▼図2-118 昼夕夜の切り替え

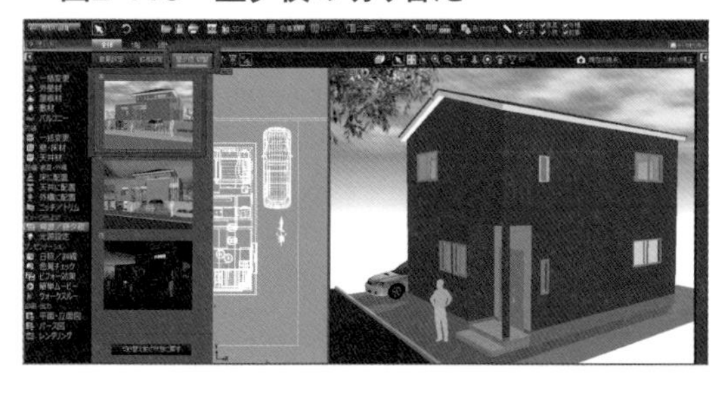

▼図2-119 斜線制限の確認

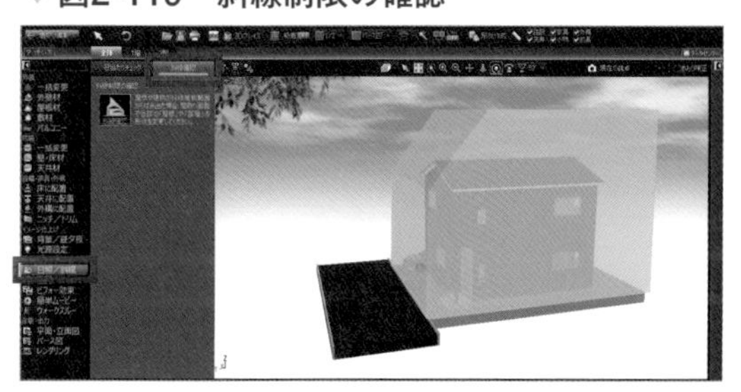

▼図2-120　建具装飾

▼図2-121　パース図を画像保存 (1/3)

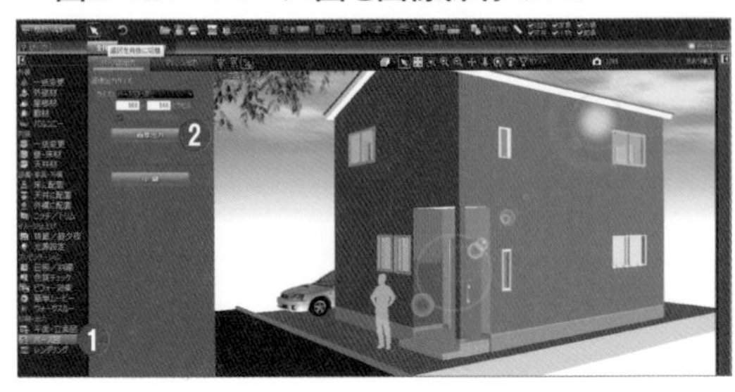

▼図2-122　パース図を画像保存 (2/3)

▼図2-123　パース図を画像保存 (3/3)

[ 斜線制限 ]

道路斜線、隣地斜線、北側斜線などの斜線制限が建築基準法で定められています。道路境界線や隣地境界線の距離に応じて建物の高さを制限することにより、通風・採光、または道路上空の空間を確保し、良好な環境を保つことが目的です。

## 2-25 建具の装飾 (図2-120)

1 [ニッチ/トリム] を選択する (❶)
2 [建具装飾] を選択する (❷)
3 「トリム (細) ＋付け柱」を選び、建具の上でクリックする (❸)
4 削除する場合は、選択して Delete を押す
PRO9から新機能です

## 2-26 各種出力の作成

### Step 1 パース図を画像保存

(図2-121) (図2-122) (図2-123)

1 [パース図] を選択する (❶)
2 背景・前景や光源を設定してパース図の構図を調整し [画像出力] を選択する (❷)
3 [保存する場所] [ファイル名] [ファイルの種類] [サイズ] を設定し、[保存] をクリックする (❸)

ファイルの種類はビットマップファイルが初期設定です。光源の数やファイの容量によってパース図の作成時間は異なります。内観で画角が広いときは、[あおり補正] のチェックを入れてください。

### Step 2 絵具アレンジで画像出力 (図2-124)

1 [パース図] ➡ [アレンジ出力] を選択する (❶)
2 アート効果から [色鉛筆] を選択し (❷)、出力サイズを設定して [アレンジ開始] をクリックする (❸)
3 [画像出力] をクリックして保存する

▼図2-124　絵具アレンジで画像出力

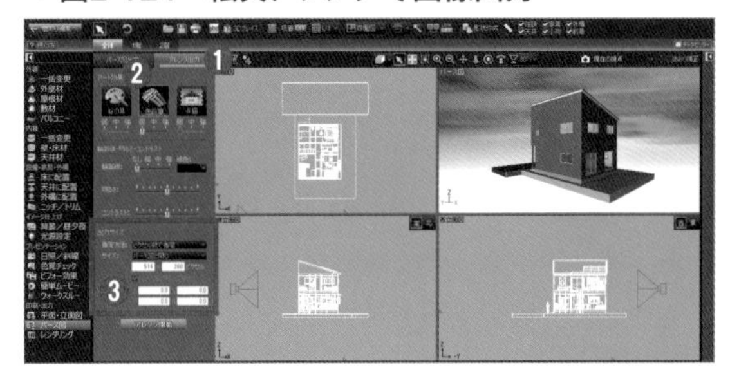




▼図2-125　立面図をカラー画像で保存（1/2）

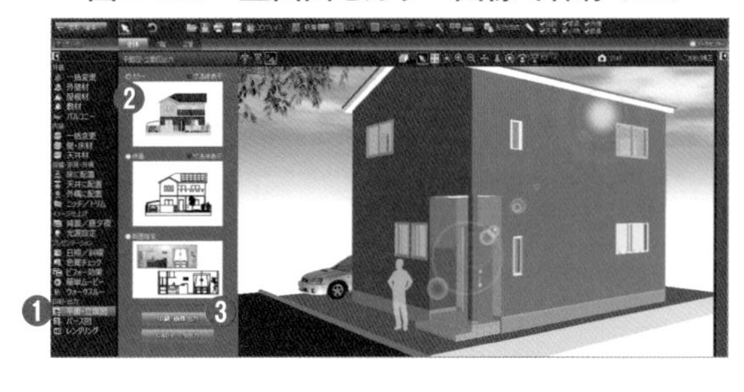


## Step 3　立面図をカラー画像で保存

（図2-125）（図2-126）

**1**［平面・立面図］（❶）➡［カラー］（❷）➡［印刷・画像出力］（❸）を選択する

**2** 用紙の［サイズ］を選択し、［出力する図面］として［南立面］を選択、［タイトルを印刷する］のチェックを外す（❹）

**3**［画像出力］をクリックする（❺）

用紙サイズに合わせ、自動的に縮尺が変更されます。出力方法で「寸法線を出力できる」「線画にする」ことも可能です。

**4**［保存する場所］を選択し、ファイルの種類をJPEGに変え、下部の保存サイズを選び（今回は解像度大（印刷加工用300dpi）、ファイル名「南立面図」を入力して、［保存］をクリックする

▼図2-126　立面図をカラー画像で保存（2/2）

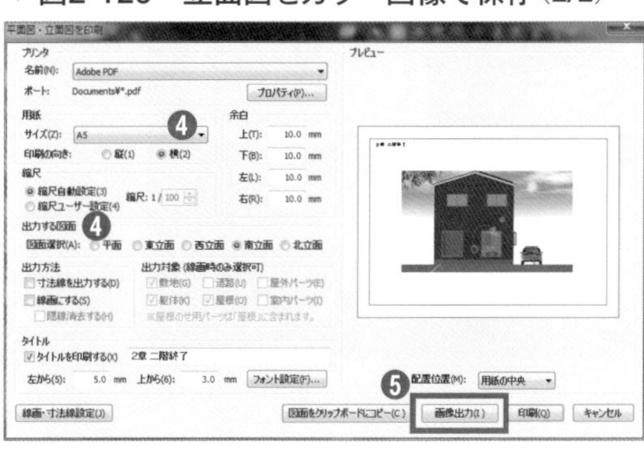


## 2-27 レンダリング（図2-127）（図2-128）

**1** レンダリングの対象として［視点］から［1階リビング］を選択し、パース図の構図を調整する

**2**［レンダリング］を選択する

**3**［レイトレースレンダリング］を選択し（❶）、［次へ］をクリックする

**4**［レンダリングサイズ］の［用紙サイズ］を選択し、［用紙の向き］「横」に設定し、［開始］をクリックする

レイトレーシングレンダリングのウインドウが現れ、レンダリングが開始されます。作成時間はウィンドウの右下に目安として表示されていて、出力サイズ、光源量などによって作成時間が異なります。

▼図2-127　レンダリング（1/2）

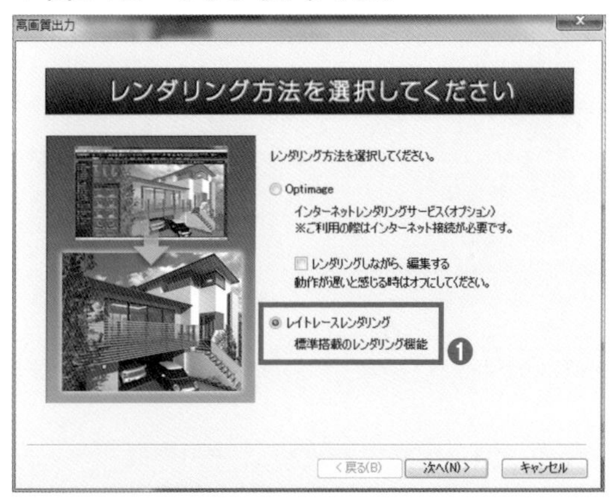


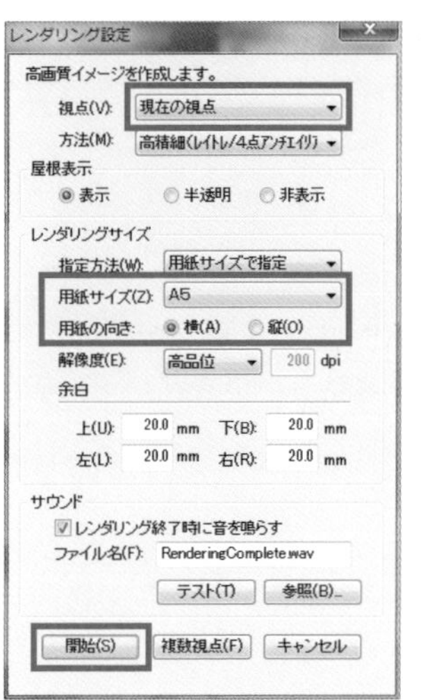


◀図2-128
レンダリング（2/2）

▼図2-129
自動ウォークスルーの作成（1/2）

▼図2-130
自動ウォークスルーの作成（2/2）

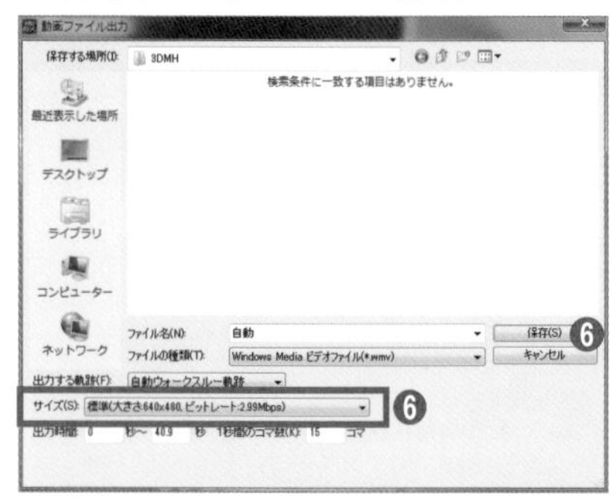


▼図2-131　手動ウォークスルーの作成

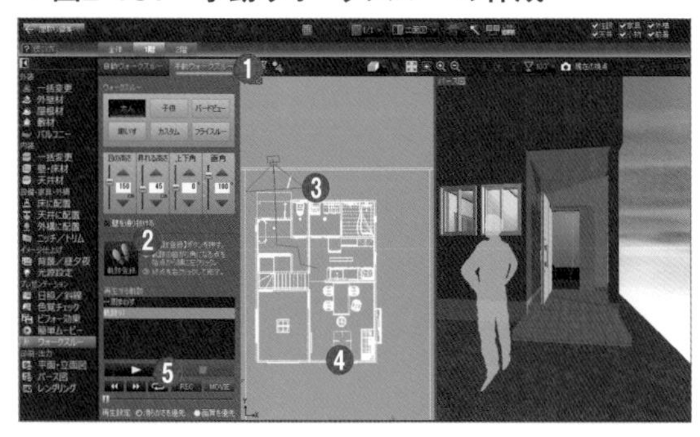

## 2-28 ウォークスルーの作成

### Step 1 自動ウォークスルーの作成

（図2-129）（図2-130）

**1** [ウォークスルー]（❶）➡ 作成するフロアー[2階]（❷）を選択する

**2** 目的地をクリックすると、赤点が付き、赤ライン（軌跡）が自動的に作成される（❸）

**3** 順に目的地をクリックする（❹）

間違えたときは「目的地を一つ戻す」をクリックします。開口部がない壁で閉じた部屋には目的地を設定できません。階段や吹抜けの位置には目的地を設定できないので、階段の上り下りはできません。

**4** [ウォークスルー再生] をクリックする（❺）

内観標準画角80°を超えて120°にしておくと、内観動画を作成する際には人の目に近いと感じます。

**5** 保存する際は、[MOVIE] を選択し、[保存する場所][ファイル名] を入力し [サイズ] を選択してから [保存] をクリックする（❻）

### Step 2 手動ウォークスルーの作成（図2-131）

**1** [手動ウォークスルー]（❶）➡ [軌跡登録]（❷）を選択する

**2** 軌跡の曲がり角になる点を、平面図上でクリックする（❸）

**3** 最後の点で右クリックする（❹）

再生する軌跡に「軌跡01」ができます。壁を通り抜けるにチェックが入っていなければ、階段をクリックすると2階に上がることもできます。2階に上がるときは、クリックする際に階のタブを切り替えてください。

**4** 再生ボタンをクリックすれば再生される（❺）

作成した動画の削除や編集は、メニューバー[ウォークスルー] で行います。

Chapter 3

# プレゼンテクニック

本章では、前章のモデルを使用してスライドショー、断面パース、インターネットの活用、プレゼンボード作成など、プレゼンテーションのさまざまな場面で活用できるツールを学びます。

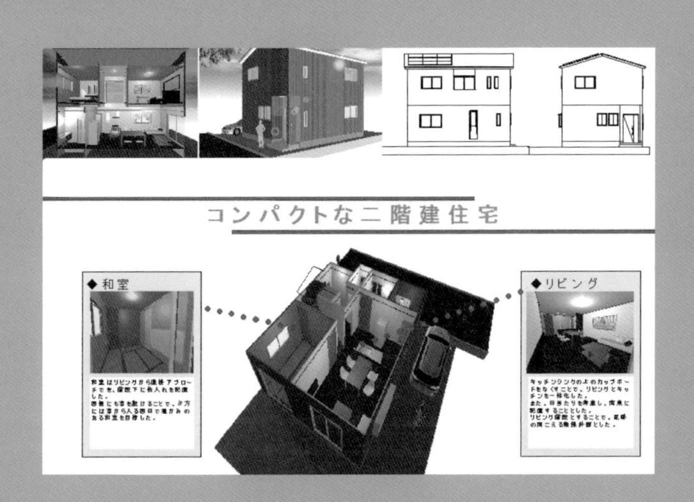

## 3-1 スライドショー

登録した視点のスライドショーを再生できます。

### Step 1 スライドショー再生 (図3-1)

1 Chapter 2で作成した住宅のファイルを読み込む

2［簡単ムービー］➡［スライドショー］を選択する

3［スライドショー開始］をクリックする

［スライドショー開始］のためには視点登録が必要です。初期設定では再生リストの順に5秒毎にスライドが切り替わります。

再生中にキーボードの［←］［→］キーでスライドが切り替わります。再生中に［Z］を押すと壁の表示状態を変更できます。途中で終了するには［Esc］を押します。

### Step 2 再生する順番の変更 (図3-2)

1［簡単ムービー］➡［スライドショー］を選択する

2 再生リストの下にある［再生リストの編集］を選択する

3 視点を選択し、上下移動ボタンで順序を変更する

視点のチェックを外せば再生されません。プレビューをクリックすれば、視点を確認できます。

▼図3-1　スライドショー再生

▼図3-2　再生する順番の変更

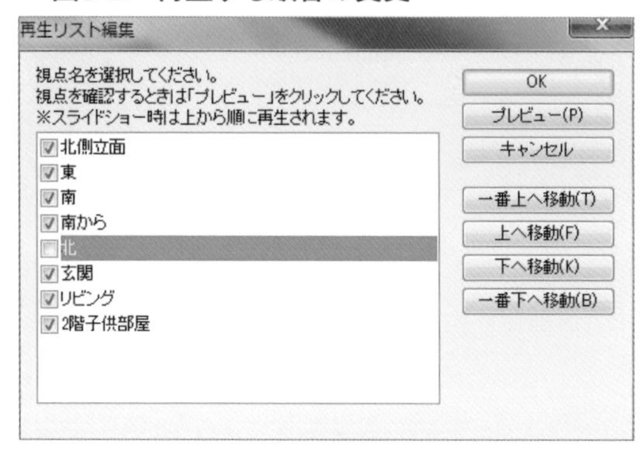


▼図3-3　断面パースを表示（1/2）

▼図3-4　断面パースを表示（2/2）

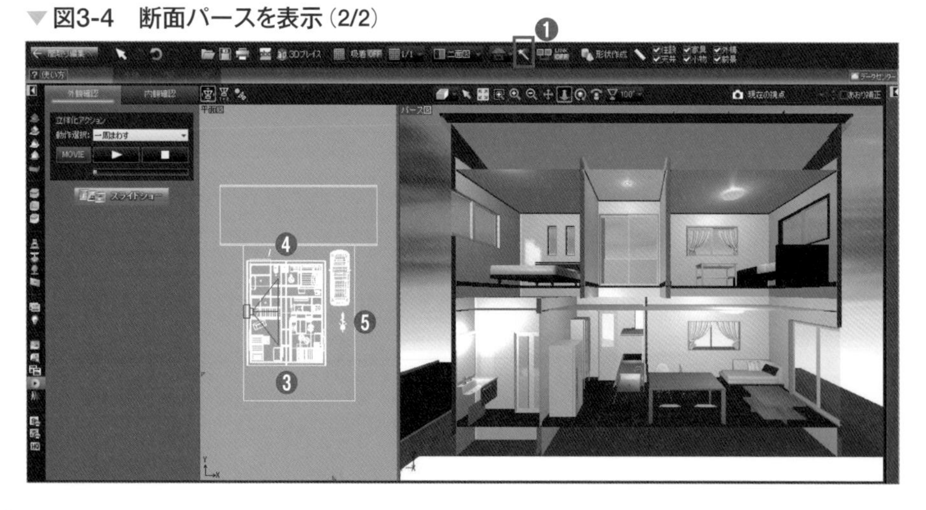

## 3-2 断面パース

特殊効果をONにすることで、断面パースを表示できます。

### Step 1 断面パースを表示 （図3-3）（図3-4）

**1** ［パース図］を選択して、ツールバーの［特殊効果］（❶）を選択して**図3-3**を表示する

**2** ［断面］（❷）にチェックを入れて［OK］をクリックする

画面が2面図になります。

**3** **図3-4**の平面図上で、断面線の「始点（❸）」「終点（❹）」「表示する方向（❺）」の順にクリックする

［Shift］を押しながら終点（❹）をクリックすると角度が固定されます。

### Step 2 断面パースを保存 （図3-5）

**1** メニューバーの［ファイル］➡［イメージ保存］➡［パース図］を選択する

**2** ［保存する場所］［ファイルの種類］［サイズ］を選択し、ファイル名を入力して［保存］をクリックする

## 3-3 インターネットの活用

作成した住宅の3Dデータをサーバーにアップロードすると、モバイル端末用の無料アプリから閲覧できるようになります。

### Step 1 3Dデータをサーバーにアップロード

（図3-6）（図3-7）（図3-8）（図3-9）

**1** **図3-6**のメニューバーの［3Dプレイス］➡［オープンエリア］を選択して、**図3-7**を開く

**2** ［データの登録］を選択する

**3** **図3-8**の［登録者］と［データ名］を入力して［背景］を選択して、［登録］をクリックする

**4** 登録完了の通知（**図3-9**）が表示されたら［OK］をクリックする

▼ 図3-5　断面パースを保存

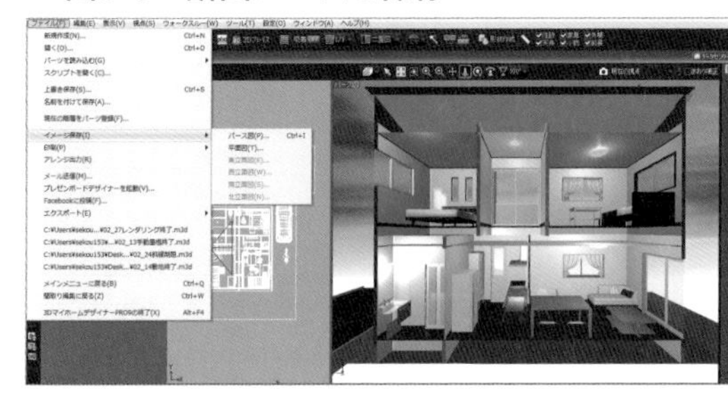

▼ 図3-6
3Dデータをサーバーにアップロード（1/4）

▼ 図3-7
3Dデータをサーバーにアップロード（2/4）

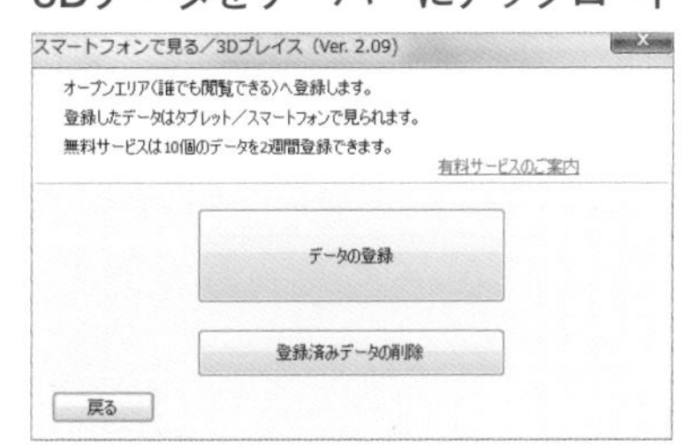


▼ 図3-8
3Dデータをサーバーにアップロード（3/4）

▼ 図3-9
3Dデータをサーバーにアップロード（4/4）

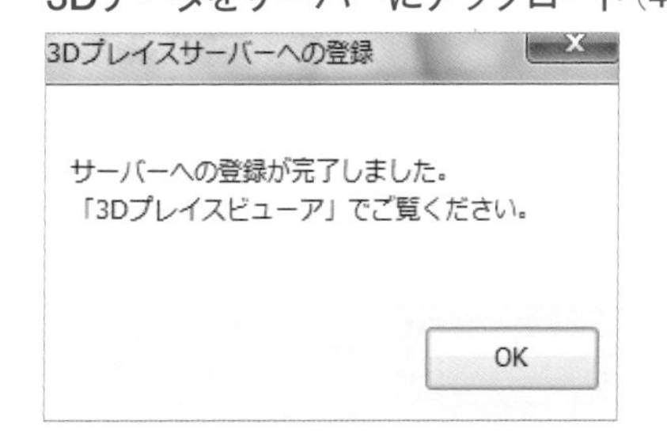

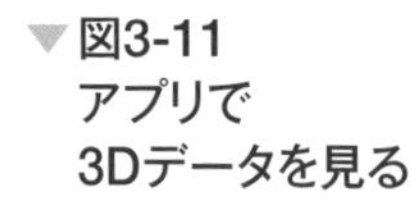

▼図3-10　モバイル端末に閲覧アプリをインストール

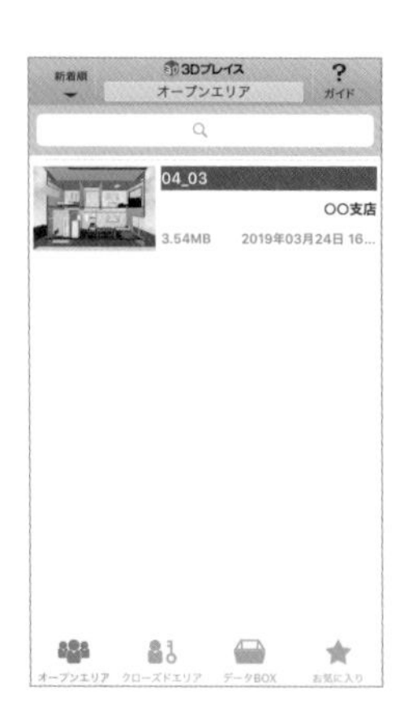


▼図3-11　アプリで3Dデータを見る

## Step 2　モバイル端末に閲覧アプリをインストール（図3-10）

**1**「3Dプレイスビューア（無料）」をメガソフトのホームページからダウンロードしてインストールする

iPhone／iPad版、Android版、Windows版の無料アプリが提供されています。

## Step 3　アプリで3Dデータを見る（図3-11）

**1**「3Dプレイスビューア」を起動する

**2** 左下［オープンエリア］のモデルリストから閲覧したいデータを選択する

データがダウンロードされると3Dモデルが表示されます。視点変更操作で自由にモデルを確認できます。画面下部の［部屋リスト］から部屋名を選ぶと部屋に入って確認できます。

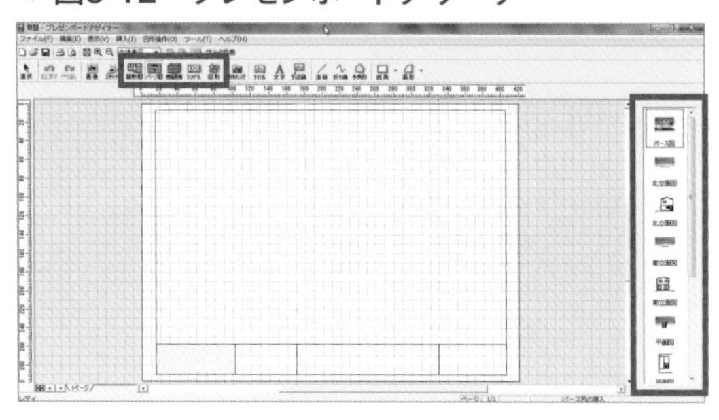

▼図3-12　プレゼンボードデザイナー

# 3-4　プレゼンボードデザイナーによるプレゼンテーション

プレゼンボードデザイナー（**図3-12**）は3Dマイホームデザイナーで立ち上げている3Dモデルデータをもとに、間取り図、パース図、商品画像などを貼り付けてプレゼンボードを簡単に作成できます。

ツールバーの［間取り図］［パース図］［商品画像］のアイコンを選択すると、画面右側に画像リストが表示されます。

▶図3-13　プレゼンボードデザイナーの起動（1/2）

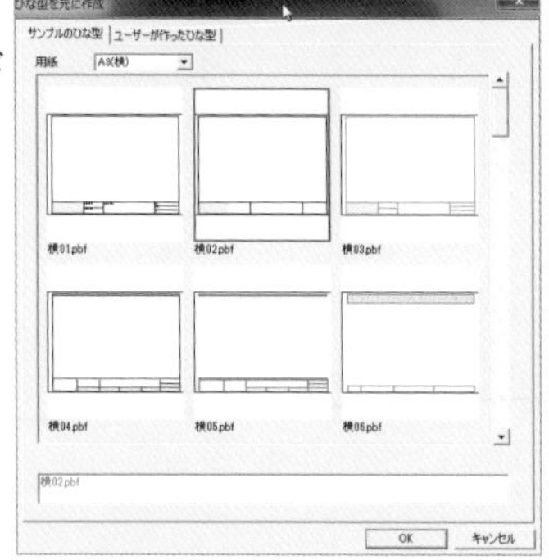


▶図3-14　プレゼンボードデザイナーの起動（2/2）

## Step 1　プレゼンボードデザイナーの起動（図3-13）（図3-14）

**1** 3D画面もしくは間取り画面で、ツールバーの［プレゼンボードデザイナーを起動］（pbd）を選択する

**2** **図3-13**の［ひな形を元に作成する］を選択する

**3** **図3-14**の［用紙］➡［A3（横）］のリストから「横02.pdf」を選択し［OK］をクリックする

［プレゼンボードデザイナーを起動］を選択すると3Dパース図、間取り図がプレゼンボード用の画像リストに自動的に読み込まれます。

## Step 2 間取りの配置 （図3-15）

**1** ツールバーの［間取り図］（間取り図アイコン）を選択する

**2** 右側の画像リストの［1階］を用紙上にドラッグ&ドロップする（**図3-15**）

配置する画像の縮尺は、メニューバーの［ツール］［間取り図とシンボルの縮尺の設定］で設定された縮尺になります。配置後、間取り画像四隅の緑ハンドルをドラックすると、縮尺表示を見ながらサイズを変更できます。

## Step 3 パース図の配置 （図3-16）

**1** ツールバーの［パース図］（パース図アイコン）を選択する

**2** 右側の画像リストの［パース図］を用紙上にドラッグ&ドロップする（**図3-16**）

## Step 4 別パース図の読み込み （図3-17）（図3-18）

**1** Step 3で配置したパース図上で右クリックメニューの［お気に入りに登録］➡［お気に入り1］を選択する

更新したパース図を読み込むと、画像リストのパース図に上書きされます。したがって、更新前に元の画像をお気に入りに登録することをお勧めします。

**2** デスクトップのタスクバーで3Dマイホームデザイナーに切り替え、プレゼンボードに取り込みたい構図になるようにパース図を調整する

**3** メニューバーの［ファイル］➡［プレゼンボードデザイナーを起動］を選択する（**図3-17**）

ツールバーの（pbdアイコン）でも構いません。パース図が更新されます。

**4** ツールバーの［パース図］を選択し、右側の画像リストの［パース図］を用紙上にドラッグ&ドロップする（**図3-18**）

▼ 図3-15　間取りの配置

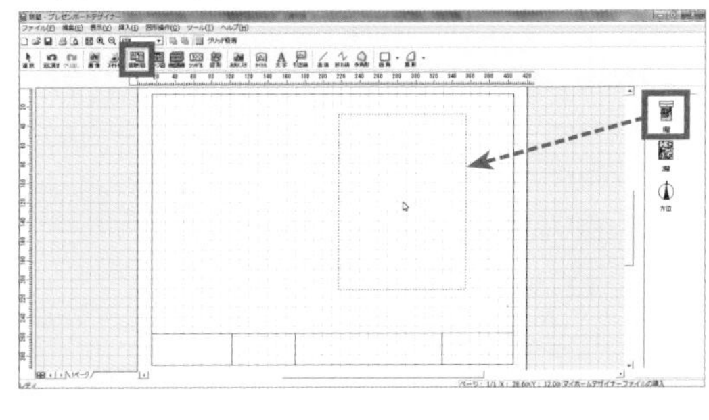

▼ 図3-16　パース図の配置

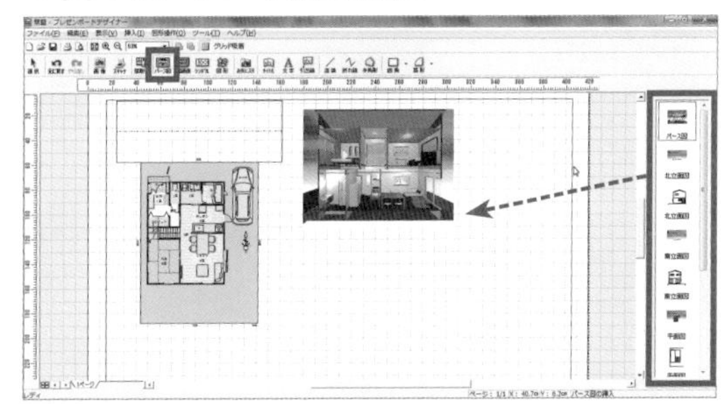

▼ 図3-17　別パース図の読み込み（1/2）

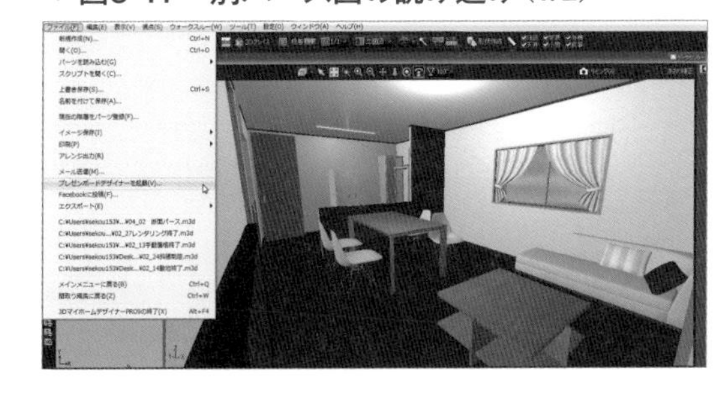

▼ 図3-18　別パース図の読み込み（2/2）

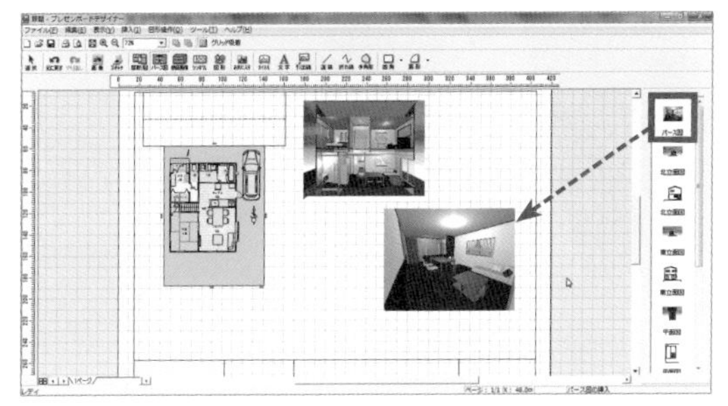

▼図3-19 線を作成

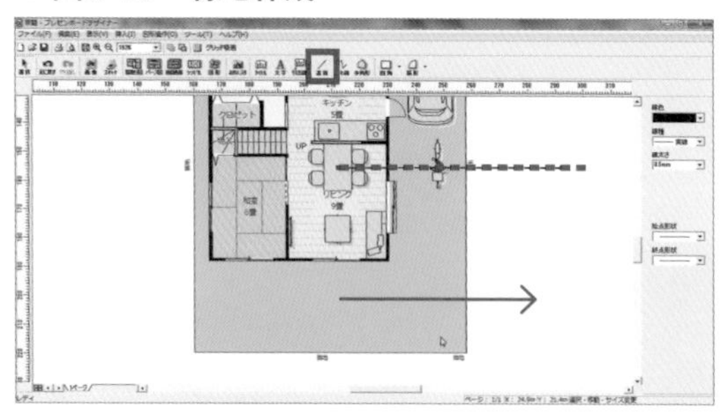

## Step 5 線を作成 （図3-19）

**1** ツールバーの［直線］（直線）を選択する

**2** 図3-19の右側のパレットで線の属性を設定する（ここでは、線種：点線、線幅：5mm、線色：赤）

**3** 間取り図のリビングを始点としてパース図までドラックして線を引く

Shift を押しながらドラッグすると角度固定できます。線属性は作図後変更することができます。

**4** 空白部でクリックして作図を確定する

▼図3-20 文字を作成

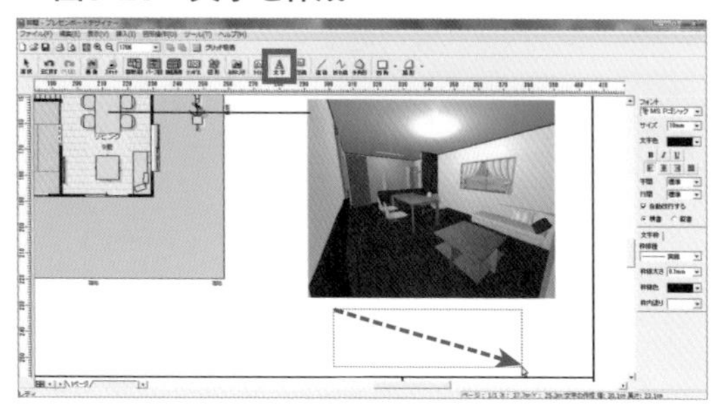

## Step 6 間取りの配置 （図3-20）

**1** ツールバーの［文字］（文字）を選択する

**2** 右側のパレットで文字枠の属性を設定する（ここでは初期のままにしておく）

**3** 用紙上の配置位置に文字枠の範囲をドラッグする（図3-20）

文字枠の大きさは後で変更できます。

**4** 文字枠のカーソル位置に文字を入力する（ここでは「リビング」とする）

**5** 入力後は文字枠の外側をクリックする

入力後の文字をダブルクリックすると文字編集や属性変更ができます。

▼図3-21 図形の重なり調整と整列

## Step 7 図形の重なり調整と整列 （図3-21）

図3-21のような図形や文字枠が重なった図形を作成します。重なり調整や整列方法を習得します。

**1** ツールバーの［四角］（四角）で背景の四角を作成する

**2**［タイトル］を「◆リビング」とし、［文字］にコメントを入力する

**3** パース図を背景の四角上にドラッグし、四角内に納まるよう大きさを調整する

**4** 図形、文字枠を右クリックし［前面へ移動］または［背面へ移動］を選択して重なり順番を変更する

**5** 背景の四角、パース図、コメントを Shift を押しながらクリックして複数同時に選択する

**6** 右クリックメニューの［整列］➡［左右中央を揃える］を選択する

**7** 背景の四角全体をドラッグ選択し、右クリックメニューの［グループ操作］➡［グループ化］を選択する

## Step 8 図形書式のコピーと変更 （図3-22）

**1** Step 7 でグループ化した図形を Ctrl ＋ Shift ＋ドラッグで所定の位置にコピー貼り付ける

ドラッグするとき Ctrl ＋でコピー、Shift ＋で角度固定になります。右クリックメニューの［コピー］または［貼り付け］でも同様に操作できますが、位置関係を揃えたい場合はこの方法が効率的です。

**2** 貼り付けた図形を右クリックして［グループ操作］➡［グループ解除］を選択する

**3** 文字やパース図を変更する

## Step 9 ページを増やす （図3-23）（図3-24）

**1** メニューバーの［挿入］➡［新ページ追加］➡［白紙ページを追加］を選択し、ページを追加する（**図3-23**）

図枠付きのページを増やしたい場合は［このページのひな型をコピーして追加］を選択します。作図画面左下に追加したページ番号のタブが作成されます（**図3-24**）。

## Step 10 ページを削除 （図3-25）

**1** 左下にある［ページ一覧］（田）をクリックする（またはメニューバーの［表示］➡［ページ一覧］を選択する）

**2** **図3-25**で削除したいページを選択して［ページ削除］をクリックする

**3**［編集画面に戻る］をクリックする

▼ 図3-22　図形書式のコピーと変更

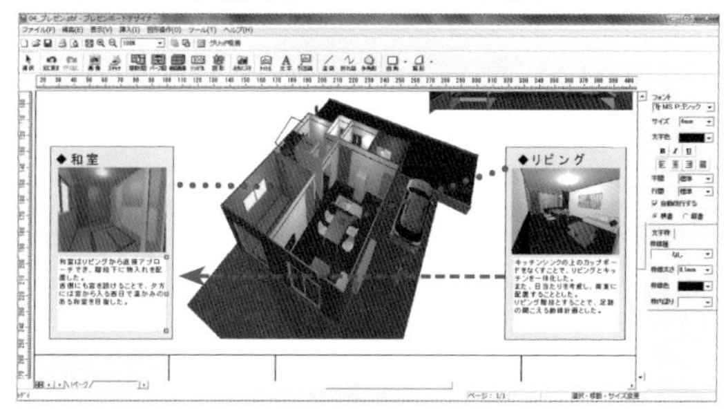


▼ 図3-23　ページを増やす（1/2）

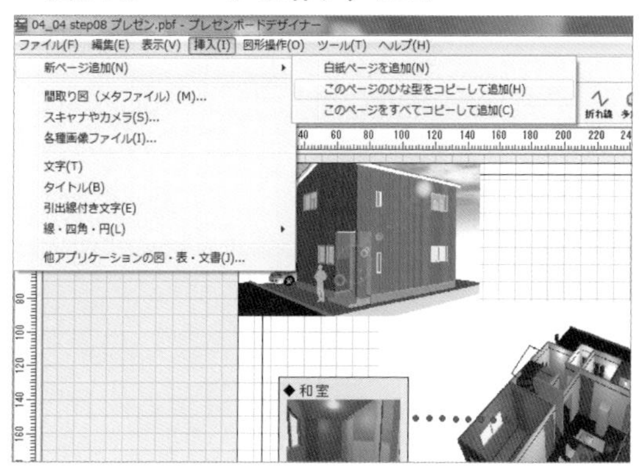


▼ 図3-24　ページを増やす（2/2）

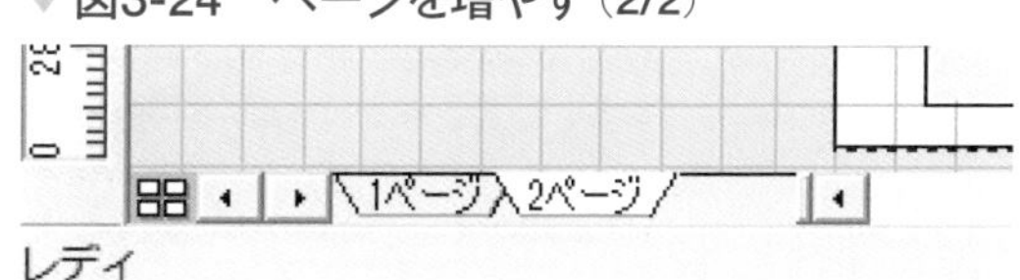


▼ 図3-25　ページを削除

▼図3-26　印刷（1/2）

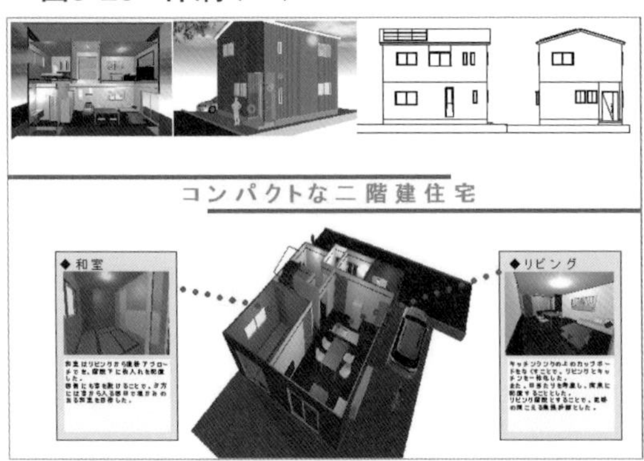


▼図3-27　印刷（2/2）

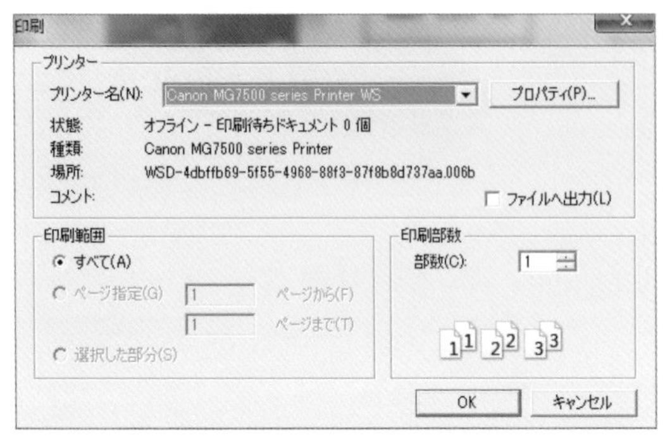


▼図3-28　保存

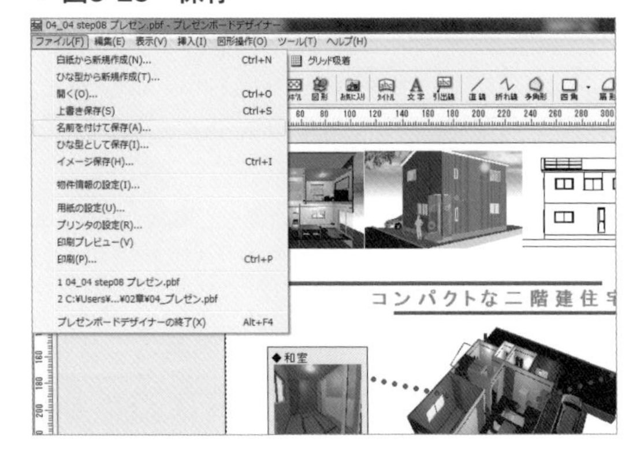


## Step 11　印刷　（図3-26）（図3-27）

**1** メニューバーの［ファイル］➡［印刷プレビュー］を選択し、印刷イメージ（**図3-26**）を確認する

あらかじめ［プリンタ設定］でプリンタを選んでおきます。

**2**［印刷］ボタンをクリックする

**3** 印刷ページの範囲や部数を設定し［OK］をクリックする（**図3-27**）

## Step 12　保存　（図3-28）

**1** メニューバーの［ファイル］➡［名前を付けて保存］を選択する（**図3-28**）

**2** 保存する場所とファイル名を入力して［保存］をクリックする

プレゼンボードデザイナーファイル（.pbf）として保存されます（PDFではありません）。

**3** 物件情報を入力できるが、今回はそのまま［OK］をクリックする

画像で保存したい場合は、全体表示して［ファイル］➡［イメージ保存］を行ってください。

# Chapter 4

# 実践テクニック（前編）

本章では、変形した敷地に2章の住宅よりさらに複雑な3階建て住宅のモデリングをとおして三斜入力による敷地作成 、各種屋根の作成、吹き抜け、ロフトなど、実践的なテクニックを学びます。

本章で利用するデータはダウンロードすることができます。ダウンロード方法やダウンロードに必要なパスワードなどは本書のP.2（「はじめに」の左ページ）を参照してください。

## 4-1 モデルプラン作成の準備

登録した視点のスライドショーを再生できます。

### Step 1 間取りから新規作成 図4-1

1 メインメニューの［間取りから新規作成］を選択する

▼図4-1 メインメニュー

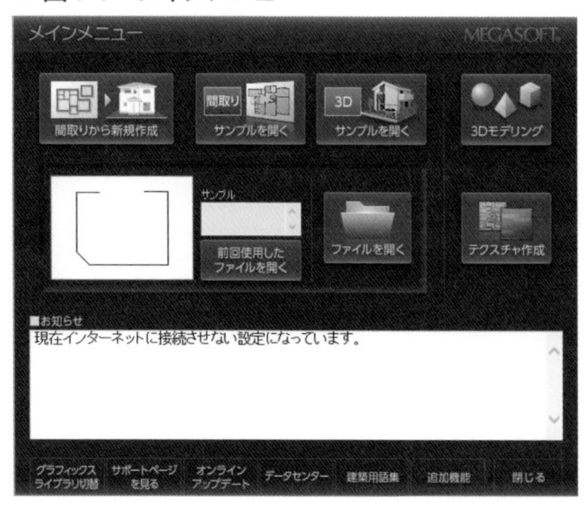


### Step 2 家の設計の基本単位を設定 図4-2

1［標準的な尺モジュール（910mm）］を選択して［次へ］をクリックする

▼図4-2 家の設計の基本単位を設定

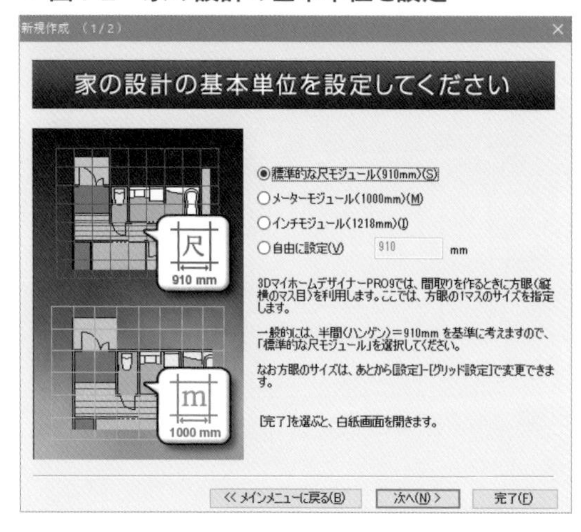


### Step 3 間取り図の作成方法の選択 図4-3

1［白紙から作る］を選択する
2［完了］をクリックする

▼図4-3 間取り図の作成方法の選択

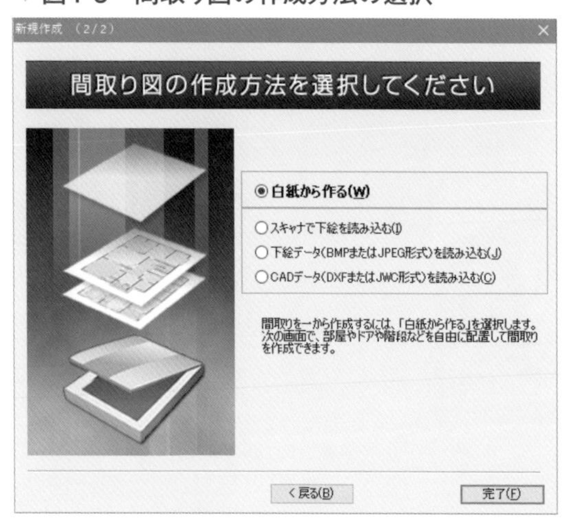


### ［間取りサンプルの活用］

メインメニューの［間取りサンプルを開く］を選択すると「広さや向き」「ライフスタイル」からサンプルを選択できます（**図4-4**）。さらに「絞り込み条件」を使用すると、より希望に近い間取りの検索ができ、効率良く間取りプランを作成できます。

▼図4-4 間取りサンプル

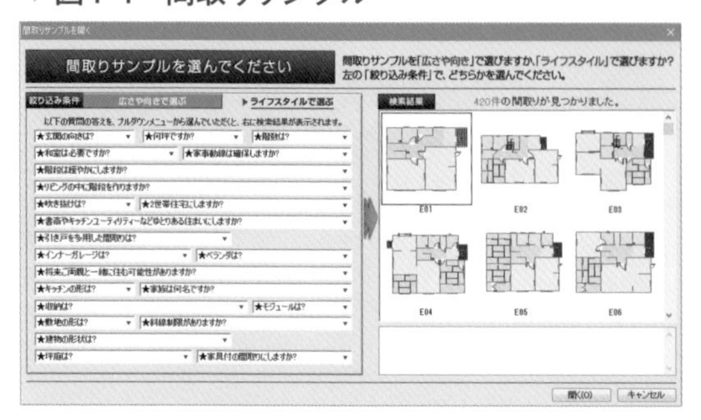

# 4-2 敷地作成の準備

## Step 1 敷地図の確認 （図4-5）

**図4-5**を参考に作成するモデルプランの敷地図を確認します。

## Step 2 方位の設定 （図4-6）（図4-7）

1. メニューバーの［設定］➡［方位設定］を選択して**図4-6**を表示する
2. ［方位設定］➡［角度］に「22.5」を入力して［OK］をクリックする

## Step 3 ガイド線の設定 （図4-8）（図4-9）（図4-10）（図4-11）

1. 初期表示の東側ガイド線［ルーラー］（**図4-8の❶**）をクリックして［移動・コピー］を選択する
2. ［現在位置から右へ］を選択して「3750」を入力して［コピー］をクリックする（**図4-9**）
3. 同様の操作で南側のガイド線を下へ「3750㎜」（**図4-10の❷**）の間隔でコピーする（**図4-11**）
5. メニューバーの［表示］➡［ガイド線］の表示を「オフ」に設定して、一旦非表示にする

▼ **図4-10　ガイド線の設定**（3/4）

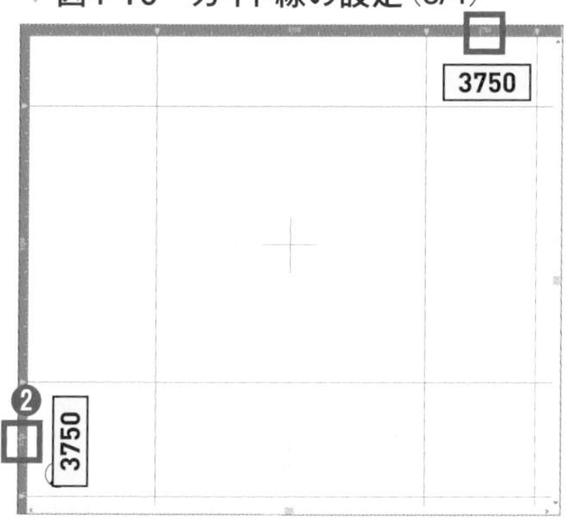


▼ **図4-11　ガイド線の設定**（4/4）

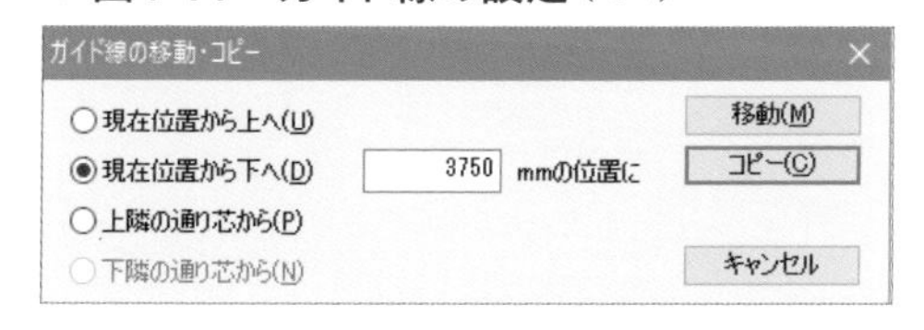


▼ **図4-5　敷地図の確認**

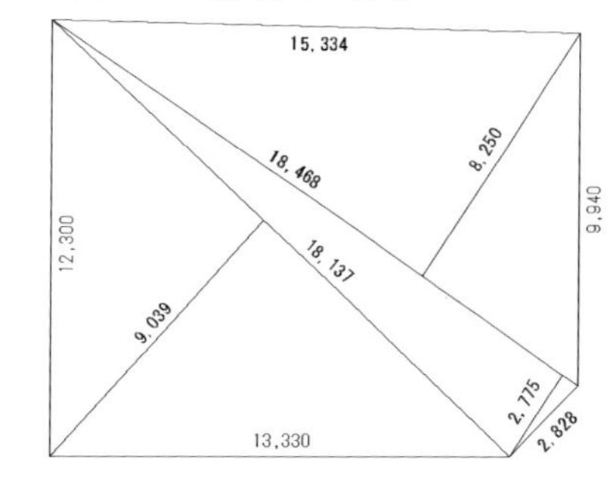


▼ **図4-6　方位の設定**（1/2）

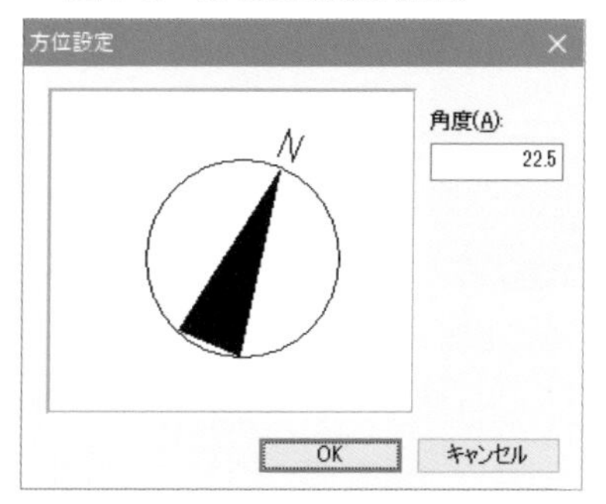


▼ **図4-7　方位の設定**（2/2）

▼ **図4-8　ガイド線の設定**（1/4）

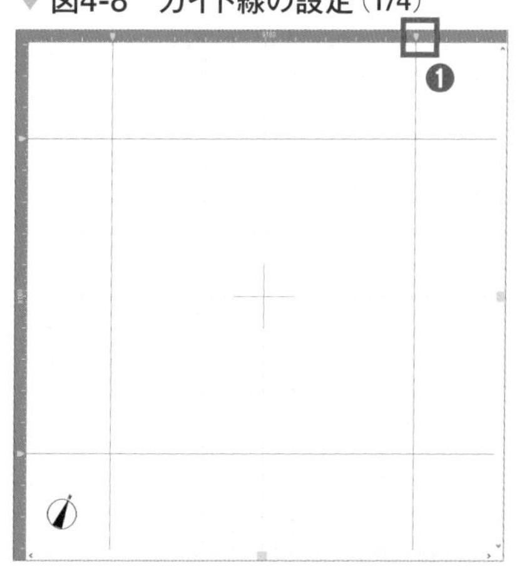


▼ **図4-9　ガイド線の設定**（2/4）

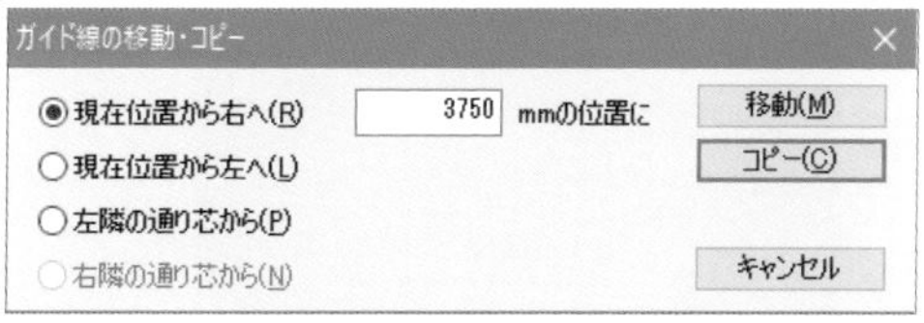

ガイド線の移動・コピー
◉現在位置から右へ(R)　3750　mmの位置に　移動(M)
○現在位置から左へ(L)　コピー(C)
○左隣の通り芯から(P)
○右隣の通り芯から(N)　キャンセル

▼図4-12　敷地の基準線配置（1/3）

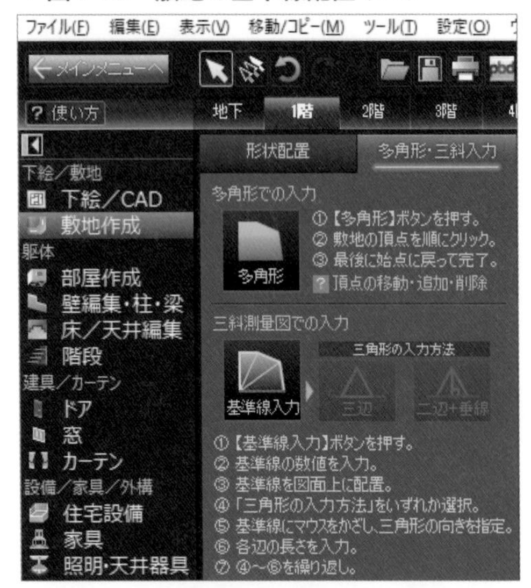


▼図4-13　敷地の基準線配置（2/3）

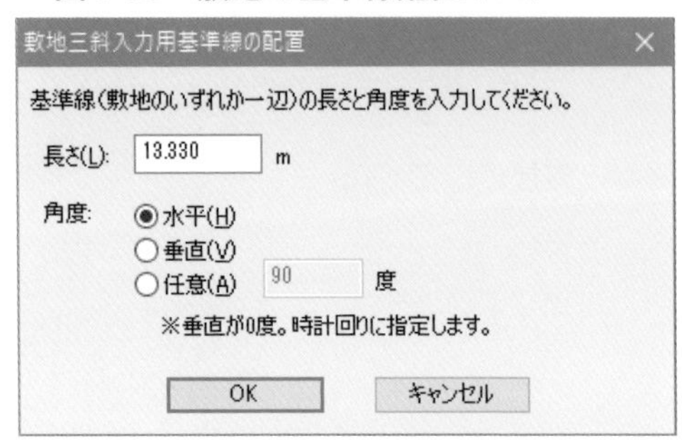


▼図4-14　敷地の基準線配置（3/3）

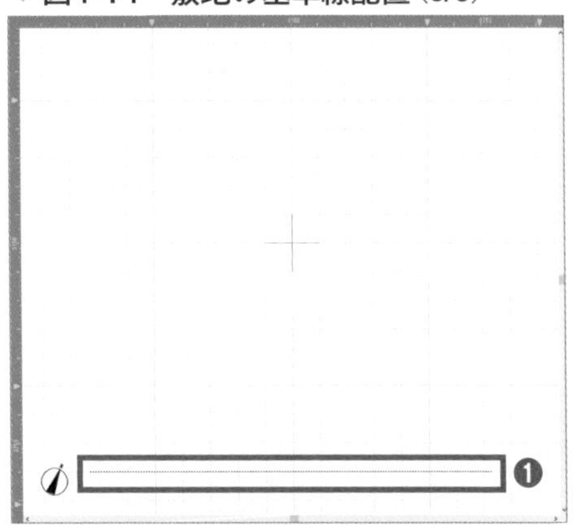


▼図4-15　［二辺+垂線］タイプの入力（1）（1/3）

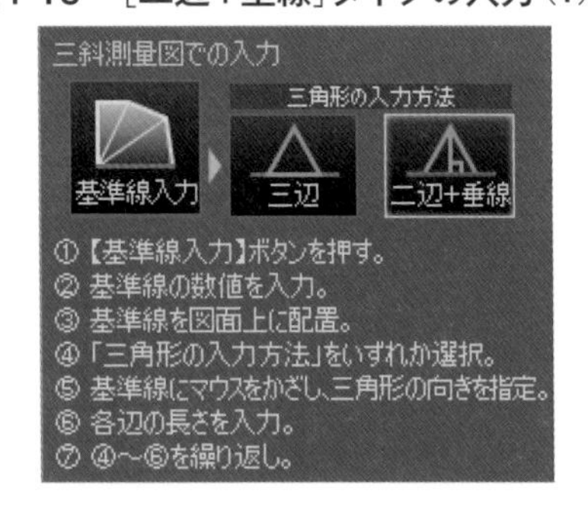


## 4-3 三斜入力での敷地作成

### Step 1 敷地の基準線配置

（図4-12）（図4-13）（図4-14）

1 ［敷地作成］➡［多角形・三斜入力］➡［基準線入力］を選択する（**図4-12**）

2 **図4-13**の［長さ］に「13.330」を入力し、［角度］を「水平」として［OK］をクリックする（**図4-13**）

3 基準線の配置位置として作図画面の中央下（❶）をクリックする

### Step 2 ［二辺+垂線］タイプの入力（1）

（図4-15）（図4-16）（図4-17）

1 ［三角形の入力方法］➡［二辺+垂線］を選択する（**図4-15**）

2 敷地の基準線にマウスを合わせ、三角形の作図方向（**図4-16の❶**）をクリックする

3 **図4-17**の［敷地三斜入力］➡［タイプ4］を選択し、［Bの長さ］に「18.137」、［Hの高さ］に「9.039」を入力して［OK］をクリックする

▼図4-16　［二辺+垂線］タイプの入力（1）（2/3）

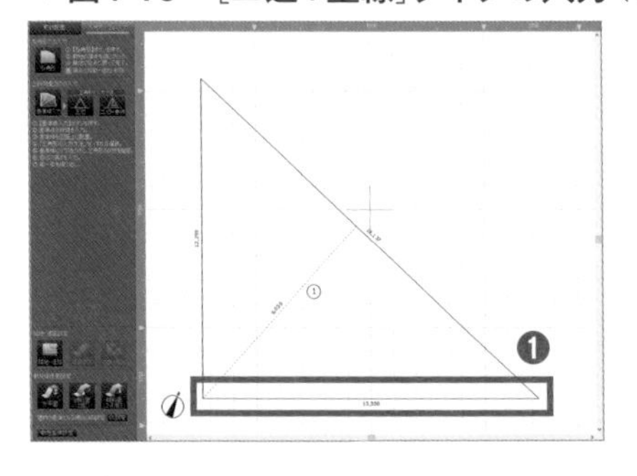


▼図4-17　［二辺+垂線］タイプの入力（1）（3/3）

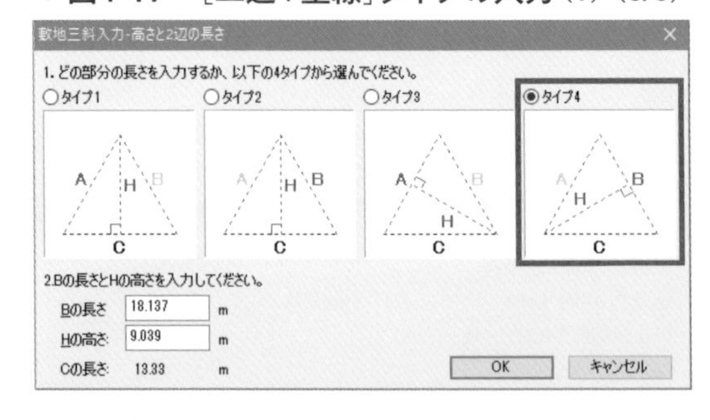

## Step 3　［二辺＋垂線］タイプの入力（2）

（図4-18）（図4-19）

**1** 同様に**図4-15**の［二辺＋垂線］を選択する
**2** 先に作成した敷地辺にマウスを合わせ、三角形の作図方向（**図4-18の❶**）をクリックする
**3** **図4-19**の［敷地三斜入力］➡［タイプ3］を選択し、［Aの長さ］に「18.468」、［Hの高さ］に「2.775」を入力して［OK］をクリックする

## Step 4　［二辺＋垂線］タイプの入力（3）

（図4-20）（図4-21）（図4-22）

**1** 同様に**図4-15**の［二辺＋垂線］を選択する
**2** 先に作成した敷地辺にマウスを合わせ、三角形の作図方向（**図4-20の❶**）をクリックする
**3** **図4-21**の［敷地三斜入力］➡［タイプ1］を選択し、［Aの長さ］に「15.334」、［Hの高さ］に「8.250」を入力して［OK］をクリックする

### ［その他の入力］

**図4-15**の［三辺］タイプも同様の操作手順で敷地を作成できます（**図4-22**）。

▼**図4-18**　［二辺＋垂線］タイプの入力（2）（1/2）

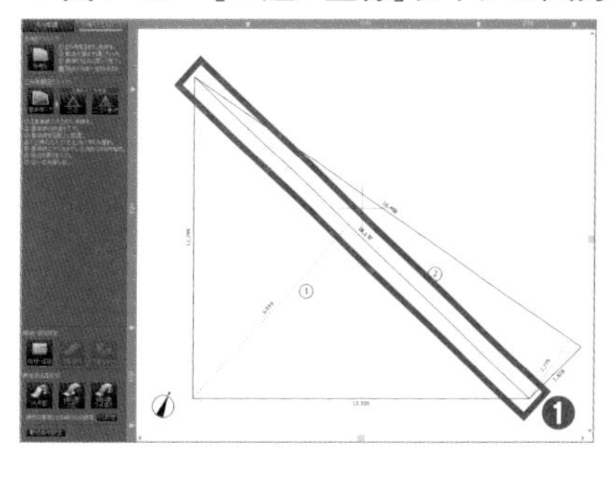


▼**図4-19**　［二辺＋垂線］タイプの入力（2）（2/2）

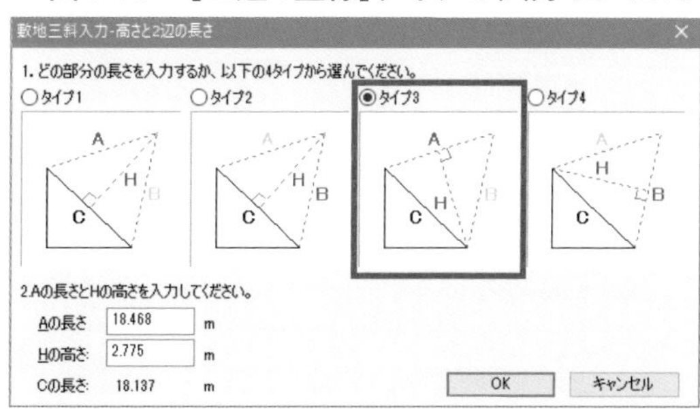


▼**図4-20**　［二辺＋垂線］タイプの入力（3）（1/2）

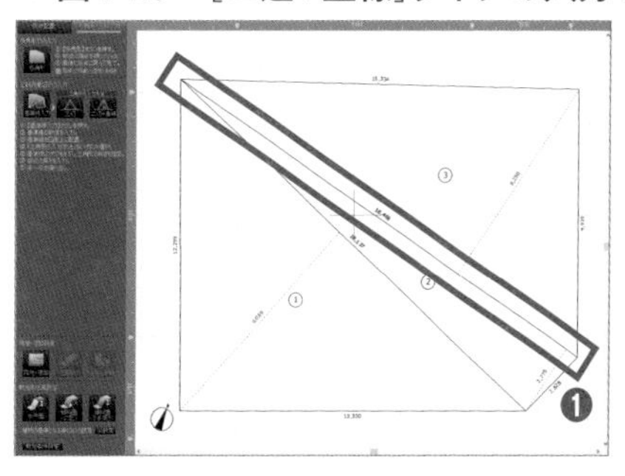


▼**図4-21**　［二辺＋垂線］タイプの入力（3）（2/2）

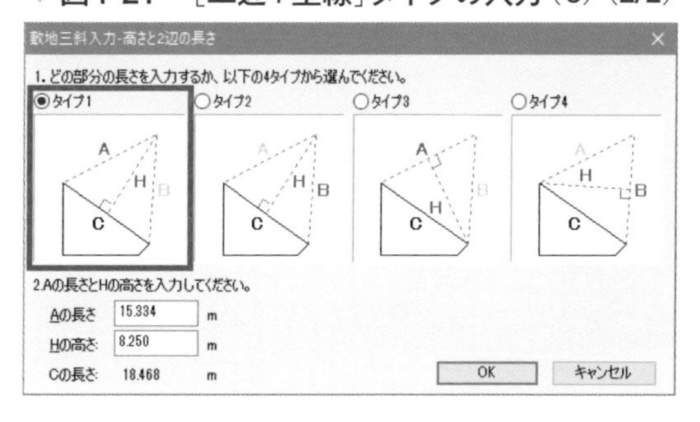


▼**図4-22**　［三辺］タイプの入力

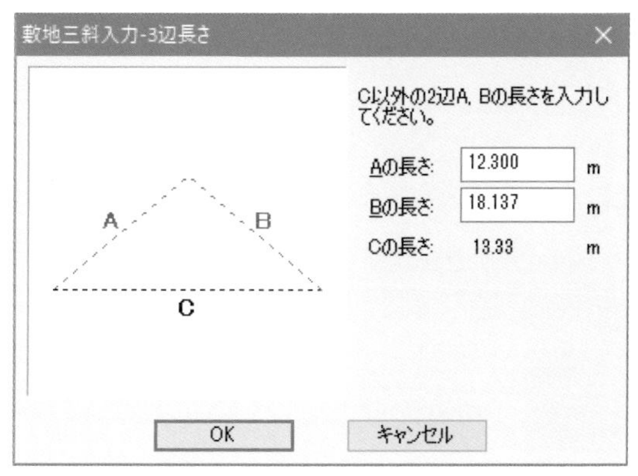


Chapter 1 2 3 4 5 6 7 8 9
実践テクニック（前編）

▼図4-23　前面道路の作成（1/3）

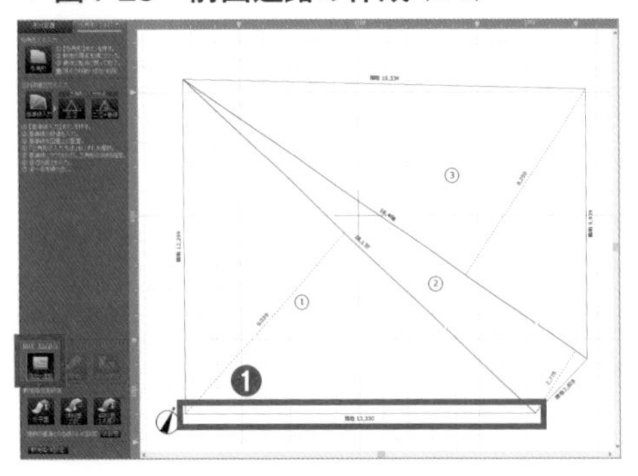

▼図4-24　前面道路の作成（2/3）

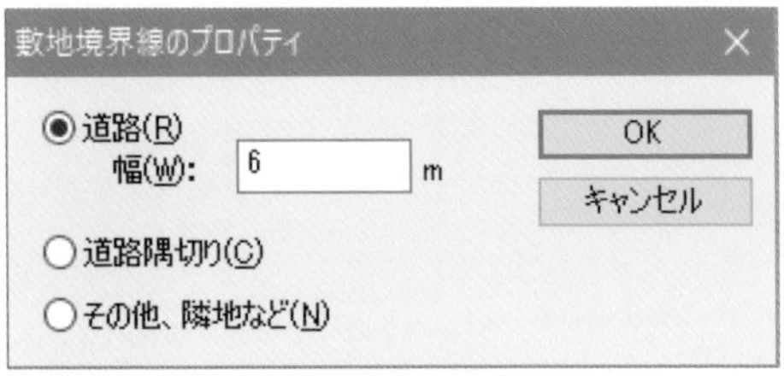

敷地境界線のプロパティ
◉道路(R)
幅(W): 6 m
OK
キャンセル
○道路隅切り(C)
○その他、隣地など(N)

▼図4-25　前面道路の作成（3/3）

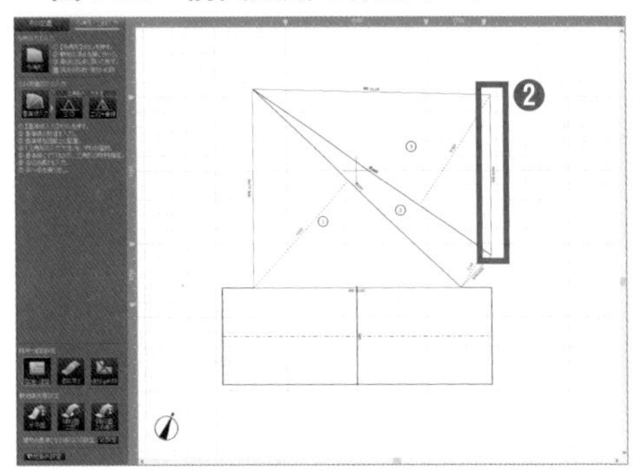

▼図4-26　道路隅切りの設定（1/3）

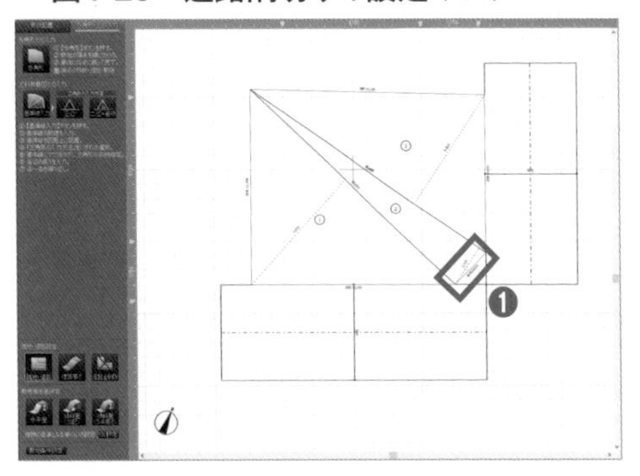

▼図4-27　道路隅切りの設定（2/3）

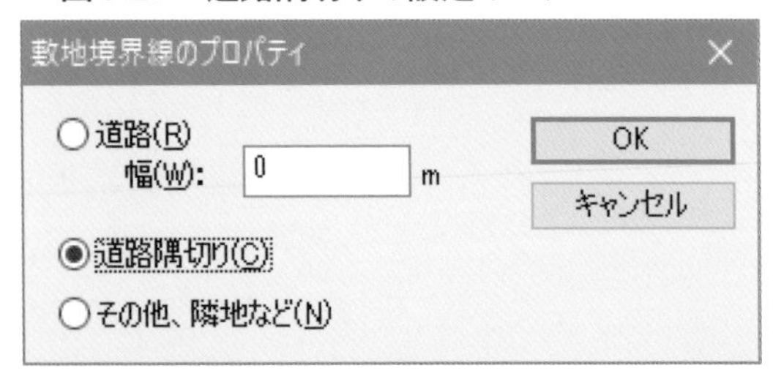


## 4-4 道路の設置

前面道路（6m）と道路隅切りの設定を行います。

### Step 1 前面道路の作成

（図4-23）（図4-24）（図4-25）

1. 図4-23の［隣地・道路］を選択して、南側の境界線上（❶）をクリックする
2. ［敷地境界線のプロパティ］の［道路］を選択し、［幅］に「6」を入力して［OK］をクリックする（図4-24）
3. 同様の操作で敷地東側（図4-25の❷）に6mの道路を作成する

### Step 2 道路隅切りの設定

（図4-26）（図4-27）（図4-28）

1. 隅切りの境界線上（図4-26の❶）をクリックする
2. 図4-27の［道路隅切り］を選択して［OK］をクリックする

図4-28のように表示されます。

## 4-5 敷地の移動 （図4-29）（図4-30）

間取りの配置作業を効率的に行うために、作成した敷地を、追加したガイド線に沿わせて移動します。

1. メニューバーの［表示］➡［ガイド線］の表示

▼図4-28　道路隅切りの設定（3/3）

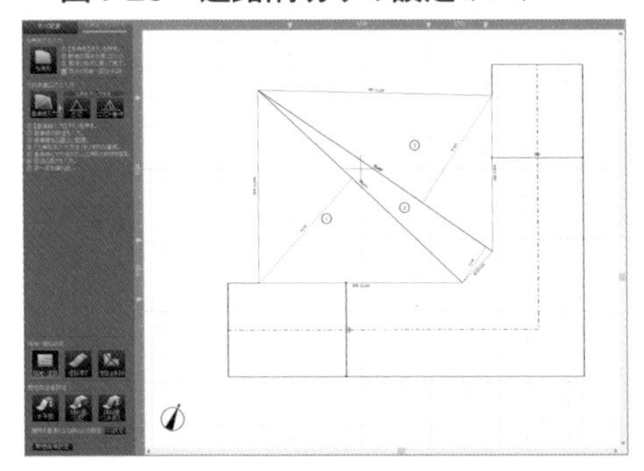

▼図4-29　敷地の移動（1/2）

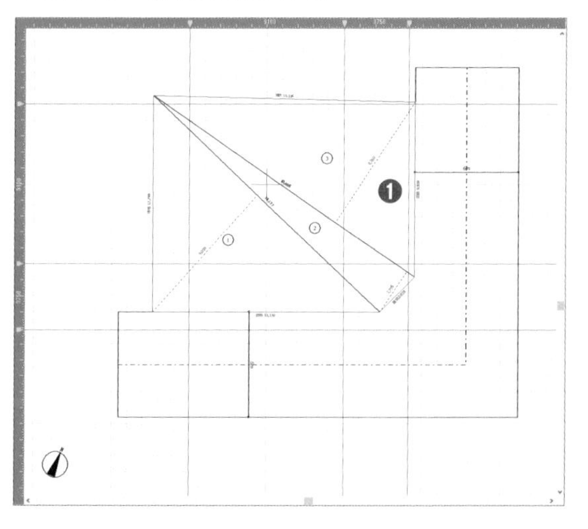

▼図4-30　敷地の移動（2/2）

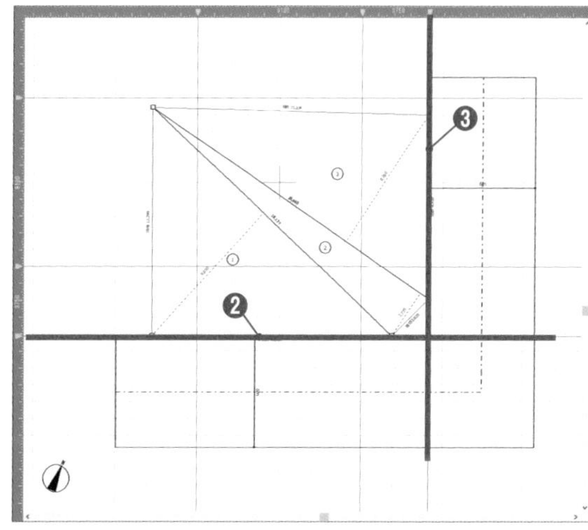

▼図4-31　階高の設定（1/2）

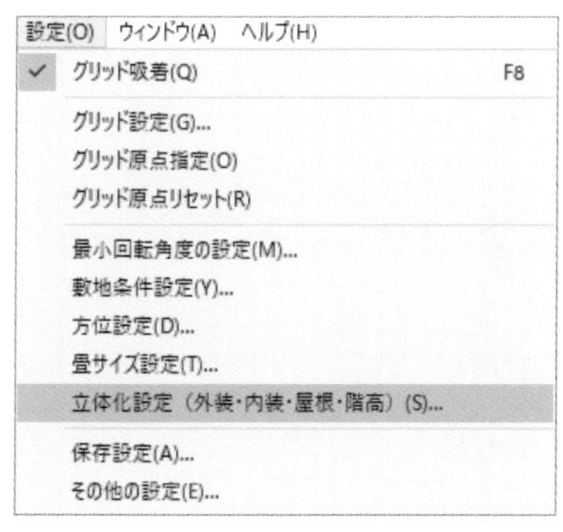


▼図4-32　階高の設定（2/2）

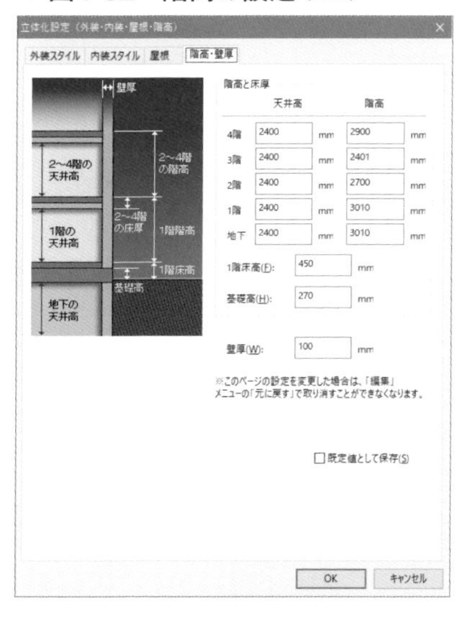


▼表4-1
階高・壁厚の設定

| 項目 | 値（mm） |
|---|---|
| 基礎高 | 270 |
| 1階床高 | 450 |
| 1階階高 | 3010 |
| 2階階高 | 2700 |
| 3階階高 | 2401 |
| 4階階高 | 2900 |
| 各階の天井高 | 2400 |

を「オン」に設定する

ガイド線の表示を確認します。

**2** ツールバーの［選択］ツールで、移動させる敷地（**図4-29の❶**）をクリックする

**3** 選択された敷地を、南側のガイド線に合わせてドラッグする（**図4-30の❷**）

道路は、敷地に合わせて自動で移動します。

**4** 同様に敷地を東側のガイド線に合わせてドラッグする（**❸**）

## 4-6 階高の設定

図4-31　図4-32　表4-1

住宅各部の高さを設定します。

**1** メニューバーの［設定］➡［立体化設定］を選択する（**図4-31**）

**2** **図4-32**の［階高・壁厚］を選択して、各設定項目に**表4-1**の数値を入力して［OK］をクリックする

▼図4-33 間取り作成の準備

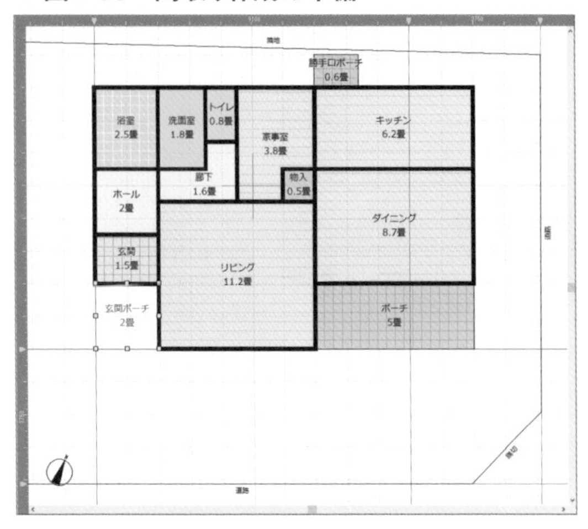


▼表4-2 配置する部屋

| 部屋名 | 広さ |
|---|---|
| 玄関ポーチ | 2畳 ：2×2 |
| 玄関 | 1.5畳 ：2×1.5 |
| ホール | 2畳 ：2×2 |
| 勝手口ポーチ | 0.6畳 ：1×1.25 |
| リビング | 11.2畳 ：5×4.5 |
| ダイニング | 8.7畳 ：5×3.5 |
| ポーチ | 5畳 ：5×2 |
| キッチン | 6.2畳 ：5×2.5 |
| 物入 | 0.5畳 ：1×1 |
| トイレ | 0.8畳 ：1×1.75 |
| 洗面室 | 1.8畳 ：1.5×2.5 |
| 浴室 | 2.5畳 ：2×2.5 |

▼図4-34 部屋配置（四角形入力）

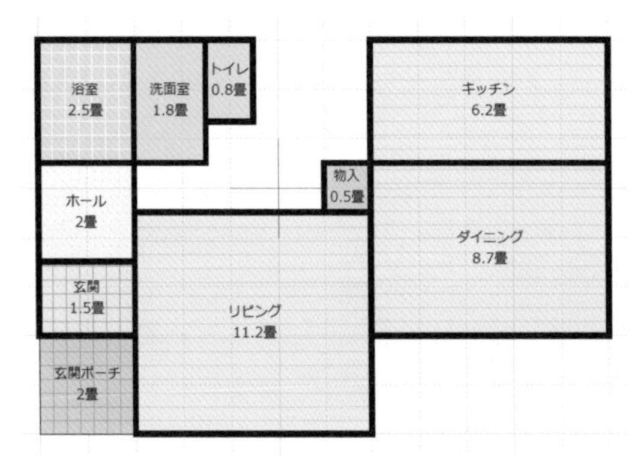


▶図4-35
部屋配置（多角形入力）

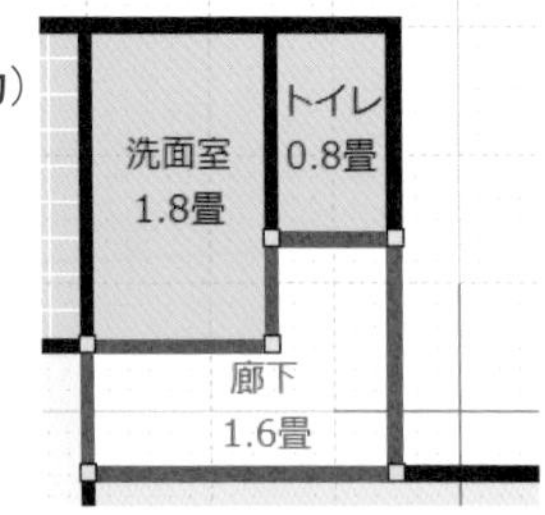


## 4-7 1階の間取り作成

### Step 1 間取り作成の準備 （表4-2）（図4-33）

**図4-33**を参考に、1階の間取りを確認します。「玄関ポーチ」の配置位置を、初期表示のガイド線の交点として間取りします（**表4-2**）。

### Step 2 部屋配置（四角形入力） （図4-34）

1 ［部屋作成］を選択する
2 ［四角形・多角形］ ➡ ［部屋］リストから配置する部屋を選択し、作図エリアの配置位置でクリックする
3 黄色のハンドルをドラッグしてサイズを調整する

同様の操作で四角形の部屋を配置します（**図4-34**）。

### Step 3 部屋配置（多角形入力） （図4-35）

1 ［多角形］を選択し、作図エリアで廊下の形状にクリックする
2 ［部屋種類］で［廊下］を選択して［OK］をクリックする（**図4-35**）

### Step 4 部屋を多角形に変換

（図4-36）（図4-37）（図4-38）（図4-39）

1 ［部屋］リストの［家事室］を選択し、作図エリアの配置位置でクリックする
2 赤の壁線内（❶）で右クリックし、右クリックメニューの［多角形に変換］を選択する
3 ［物入］と［家事室］の壁線が重なる右上（❷）と左下の隅（❸）をクリックする
5 右下の頂点を［物入］の左上の隅に重なるようにドラッグする（❹）

## 4-8 1階壁の編集

（図4-40）（図4-41）（図4-42）

1階の不要な壁を削除します。

▶ 図4-36
部屋を多角形に変換（1/4）

▶ 図4-37
部屋を多角形に変換（2/4）

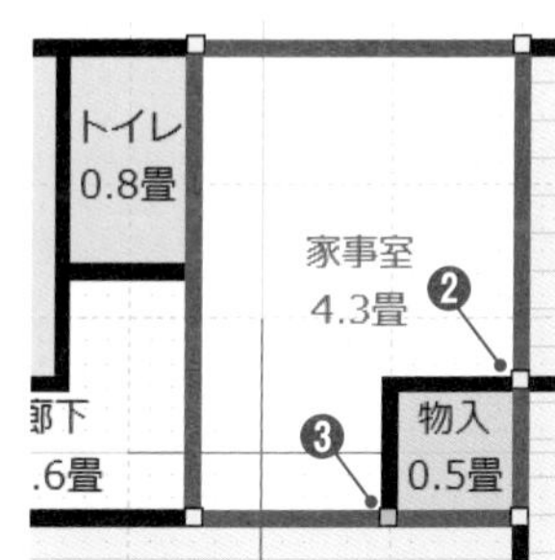


▶ 図4-38
部屋を多角形に変換（3/4）

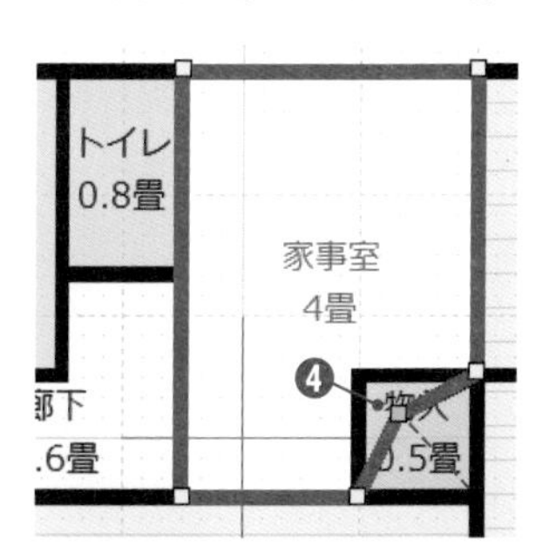


▶ 図4-39
部屋を多角形に変換（4/4）

▶ 図4-40
1階壁の編集（1/3）

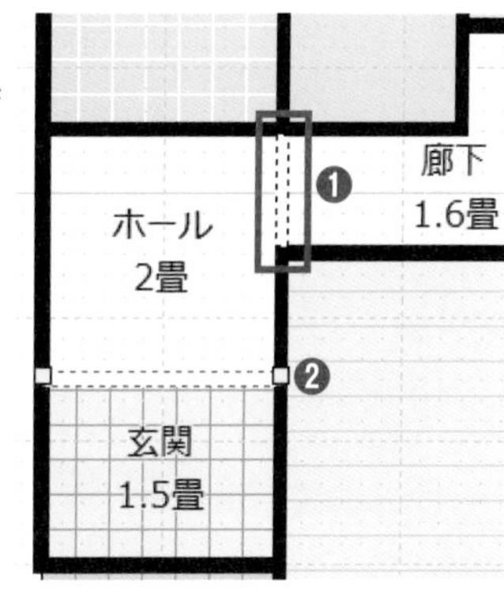


▶ 図4-41
1階壁の編集（2/3）

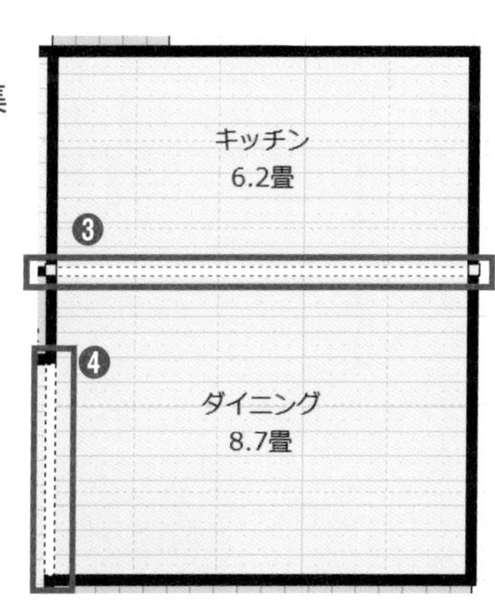


▼ 図4-42　1階壁の編集（3/3）

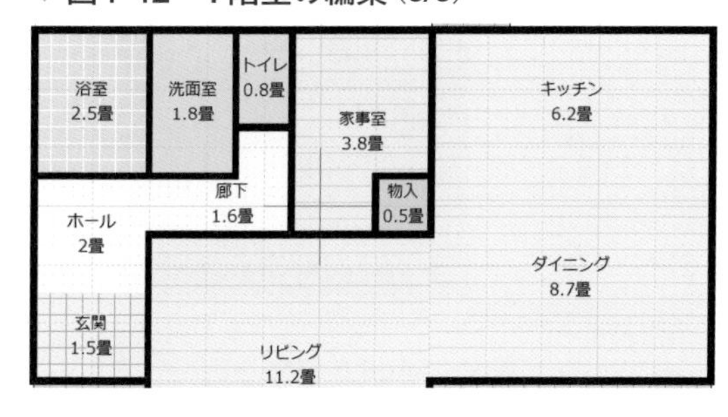


1 ［壁編集・柱・梁］➡［壁削除］（ ）を選択する
2 玄関とホールの間の壁をクリックする（**図4-40**の❶）
3 ホールと廊下の間の壁をクリックする（❷）
4 キッチンとダイニングの間の壁をクリックする（**図4-41**の❸）
5 リビングとダイニングの間の壁をクリックする（❹）
6 空白部をクリックする

点線の壁に変更され、壁が削除されているか確認します（**図4-42**）。

## 4-9 1階階段の配置

### Step 1 階段の選択と配置 図4-43 図4-44

1 ［階段］を選択する
2 **図4-43**の［内階段］➡［直進］を選択し、仮配置位置をクリックする
3 仮配置した階段を右クリックして「右90度回転」を選択する
4 階段を所定の位置（**図4-44**の❶）にドラッグする

▼図4-43　階段の選択と配置（1/2）

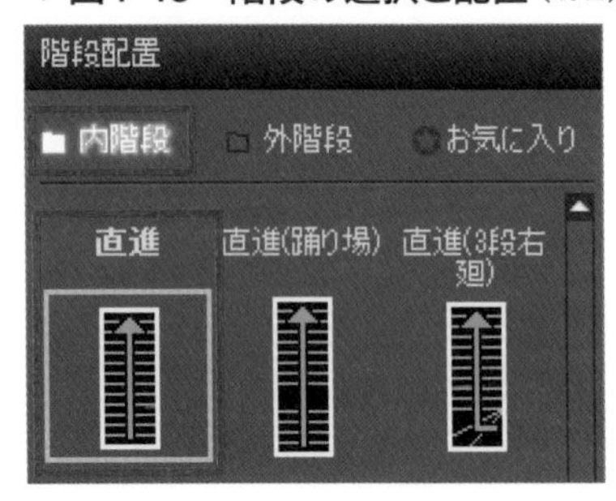


▼図4-44　階段の選択と配置（2/2）

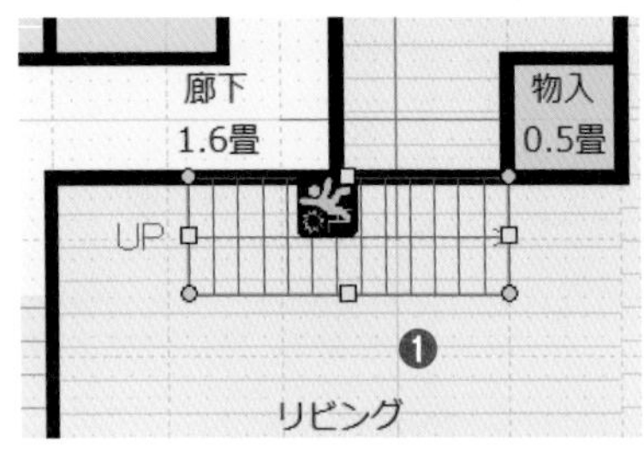


▶図4-45
階段の選択と配置（1/2）

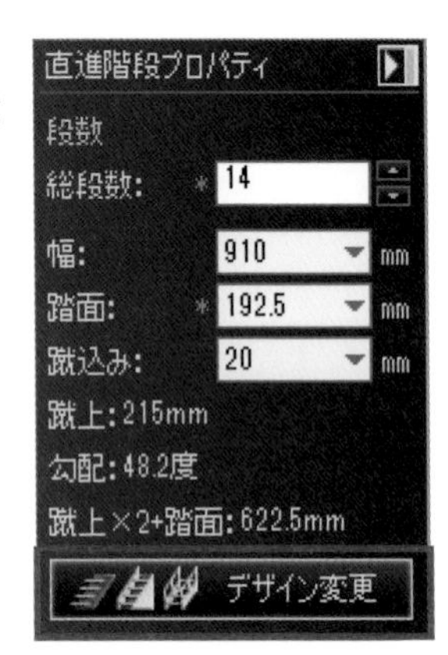


▼図4-46　階段の選択と配置（1/2）

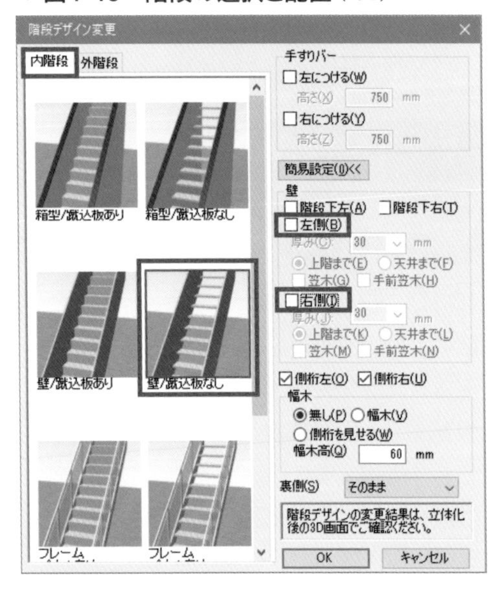


### Step 2　階段デザインの変更 （図4-45）（図4-46）

1. ［直進階段プロパティ］（**図4-45**）の［デザイン変更］を選択する
2. **図4-46**の［内階段］➡［壁／蹴込板なし］を選択し、［詳細設定］を選択する
3. ［壁］➡［左側］と［右側］のチェックを解除して、［OK］をクリックする

## 4-10　1階建具の配置

### Step 1　階段の選択と配置 （図4-47）

1. ［ドア］を選択し、［玄関ドア］➡［種類］➡［玄関片開き］を選択する
2. リストより「TS玄関片開S04」を選択する
3. 配置したい壁上（❶）をクリックする
4. 「開閉方向」が表示されるので、マウスで方向（❷）を指示してクリックする

#### ［ 検索機能の活用 ］

3Dマイホームデザイナーには非常に多くのパーツが登録されています。あらかじめ配置するパーツが決まっている場合は検索機能を活用すると便利です。

1. ［検索］（　）をクリックして**図4-48**を表示する
2. 「検索語句」に配置する建具の種類（分類・品番）を入力し［検索］をクリックする
3. 表示されたリストより建具を選択して配置する

▼図4-47　階段の選択と配置

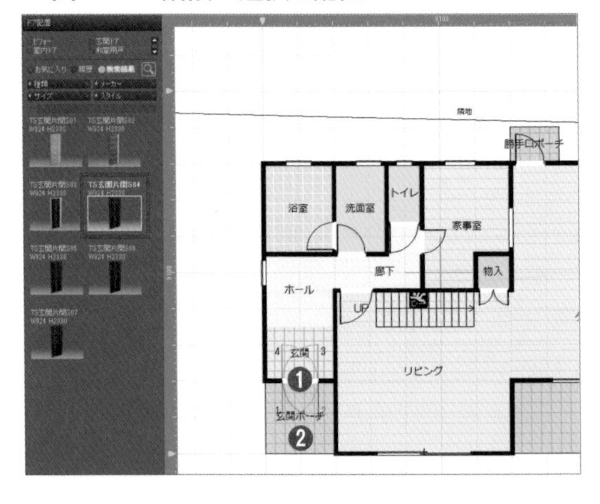

▼図4-49　1階ドアの配置図

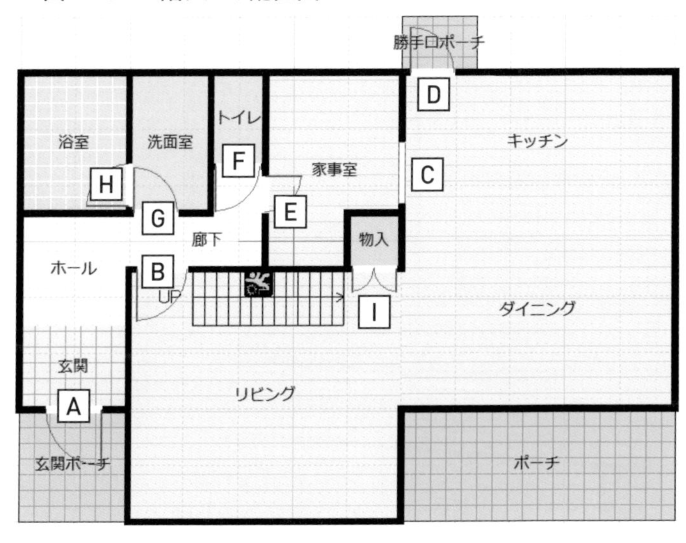


▼図4-48　検索機能の活用

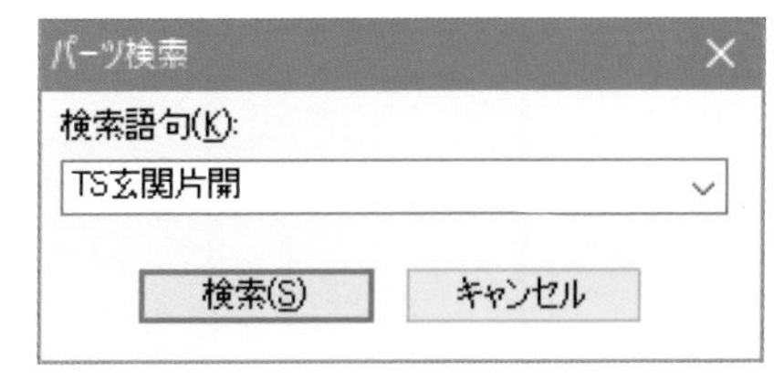


▼表4-3　1階ドア

| No | 分類 | 品番 |
|---|---|---|
| A | 玄関ドア／TS玄関片開 | S04 |
| B | 室内ドア／室内片開 | B_U078L |
| C | 室内ドア／壁開口 | L06 |
| D | 室内ドア／ST勝手口 | K03L |
| E | 室内ドア／片開 | PB_Q01 |
| F | 室内ドア／トイレ戸 | B_R02 |
| G | 室内ドア／片開 | MB_Q03 |
| H | 室内ドア／浴室 | J07 |
| I | 室内ドア／DK室内両開 | S02 |

▼図4-51　1階窓の配置図

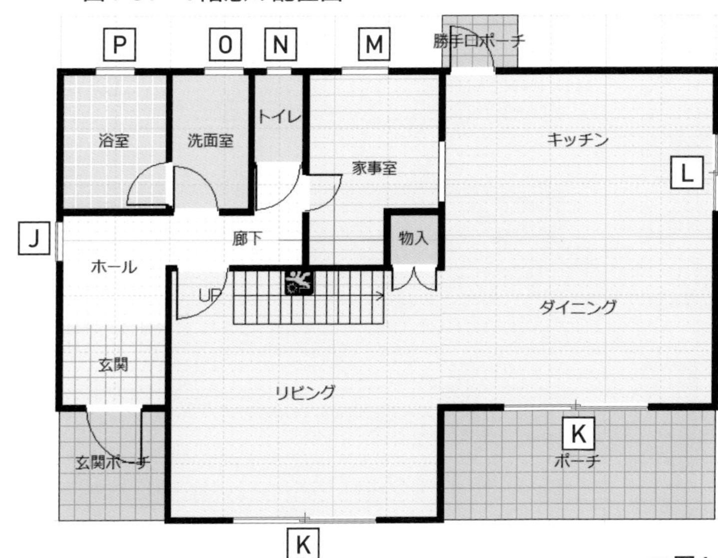


▼表4-4　1階窓

| No | 分類 | 品番 |
|---|---|---|
| J | デザイン窓／装飾窓 | R33 |
| K | 掃き出し窓／掃窓 | R009 |
| L | 腰窓／ST腰窓 | S11 |
| M | デザイン窓／装飾窓 | R35 |
| N | デザイン窓／オーニング窓 | R06 |
| O | デザイン窓／装飾窓 | R33 |
| P | デザイン窓／オーニング窓 | R12 |

## Step 2　1階ドアを配置　（図4-49）（表4-3）

配置図（**図4-49**）と**表4-3**を参考に、ほかの1階ドアを配置します。

## Step 3　1階窓の配置

（図4-50）（図4-51）（表4-4）

▼図4-50　1階窓の配置

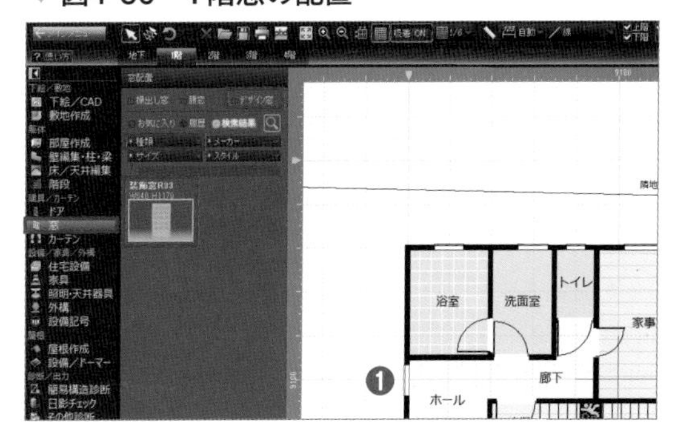


**1** **図4-50**の［窓］➡［デザイン窓］➡［種類］➡［装飾窓］を選択し、リストから「装飾窓R33」を選択する

**2** 配置したい壁上（❶）をクリックし、「内／外」が表示されるので、マウスで室外側を指示してクリックする

**3** 配置図（**図4-51**）と**表4-4**を参考に、ほかの1階窓を配置する

▼図4-52　2階の間取り

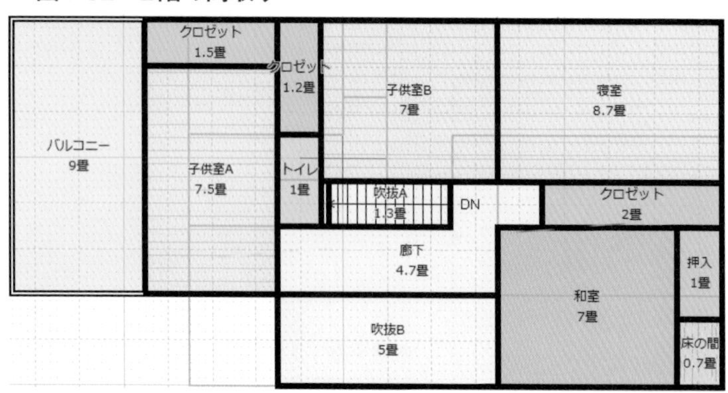


▼表4-5　2階に配置する部屋

| 部屋名 | 広さ |
|---|---|
| 子供室A | 7.5畳 ： 3×5 |
| 子供室B | 7畳 ： 4×3.5 |
| 寝室 | 8.7畳 ： 5×3.5 |
| 和室 | 7畳 ： 4×3.5 |
| 床の間 | 0.7畳 ： 1×1.5 |
| 押入 | 1畳 ： 1×2 |
| 吹抜A | 1.5畳 ： 3×1 |
| 吹抜B | 5畳 ： 5×2 |
| 廊下 | 4.7畳 |
| バルコニー | 9畳 ： 3×6 |
| クロゼット | 1.2〜2畳 |

▼図4-53　床の間の垂れ壁

## 4-11 2階の間取り作成

（図4-52）（表4-5）

作図する階（［2階］）を選択して、**図4-52**と**表4-5**を参考に2階の部屋を配置します。

## 4-12 2階壁の編集

2階の不要な壁の削除と、床の間の垂れ壁（**図4-53**）を設定します。

### Step 1 壁の削除

（図4-54）

**1**「吹抜A」の右側と下側の壁（❶と❷）を削除する

**2**「吹抜B」と廊下の間の壁（❸）を削除する

▶図4-54 壁の削除

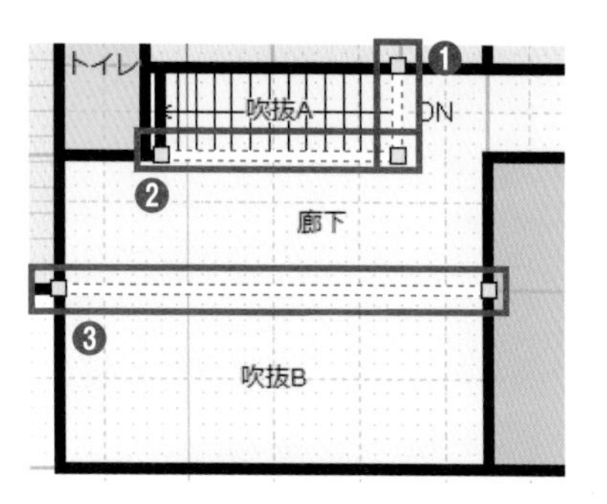


### Step 2 壁開口の編集

（図4-55）（図4-56）

**1**［壁編集・柱・梁］➡［壁開口］（ ）を選択する

**2**［和室］と［床の間］の間の壁（❶）をクリックする

**3**「壁編集プロパティ」（**図4-56**）の［開口高］に「2000」、［FLから］に「0」を入力する

▶図4-55 壁開口の編集（1/2）

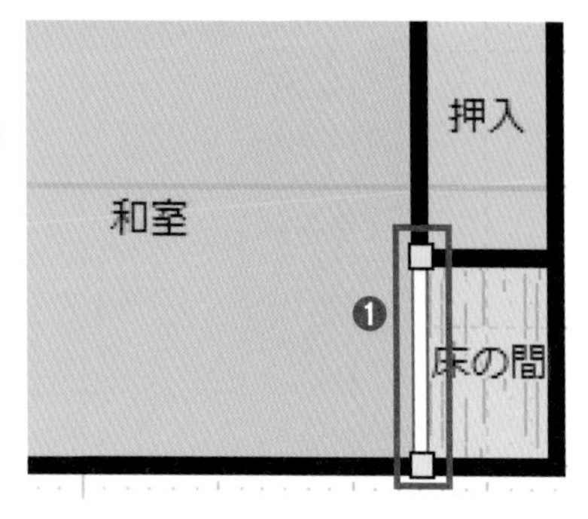


▼図4-56　壁開口の編集（2/2）

| | | | |
|---|---|---|---|
| 開口高: | H | 2000 | mm |
| FLから: | L | 0 | mm |

▶ 図4-57
2階階段

▼ 図4-58 階段の選択と配置（1/2）

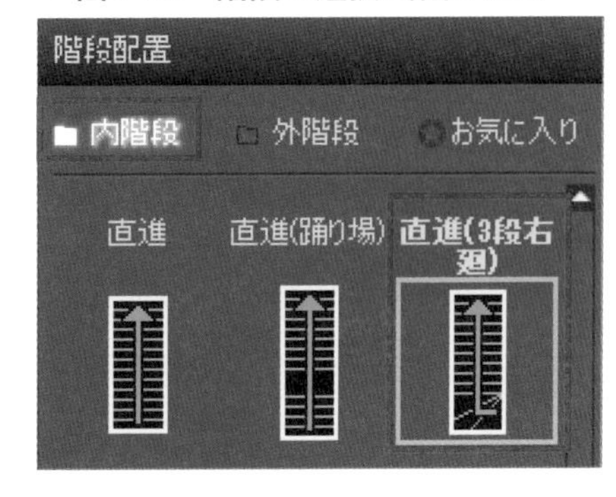


▼ 図4-59 階段の選択と配置（2/2）

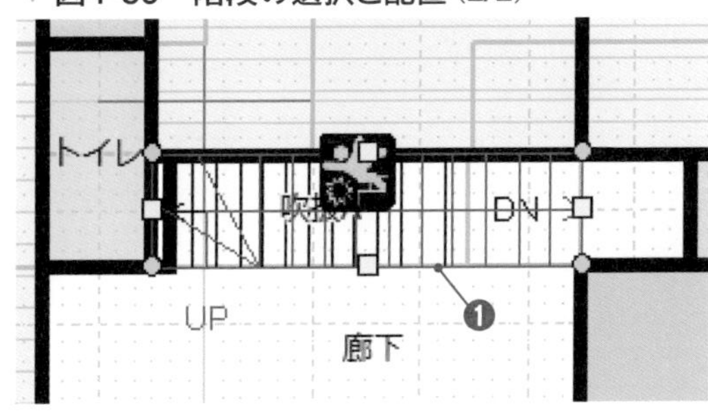


## 4-13 2階階段の配置

図4-57のような階段を配置します。

### Step 1 階段の選択と配置 （図4-58）（図4-59）

**1** 図4-58の［内階段］➡［直進（3段右廻）］を選択する

**2** 階階段と同様に「右90度回転」して（図4-59の❶）の位置に配置する

### Step 2 デザインの変更と詳細設定 （図4-60）

**1** 配置した階段を右クリックして［デザイン変更］を選択する

**2** 図4-60の［内階段］➡［壁／蹴込板なし］を選択し、［詳細設定］を選択する

**3**［壁］➡［左側］と［右側］のチェックを解除して、［OK］をクリックする

▼ 図4-60 デザインの変更と詳細設定

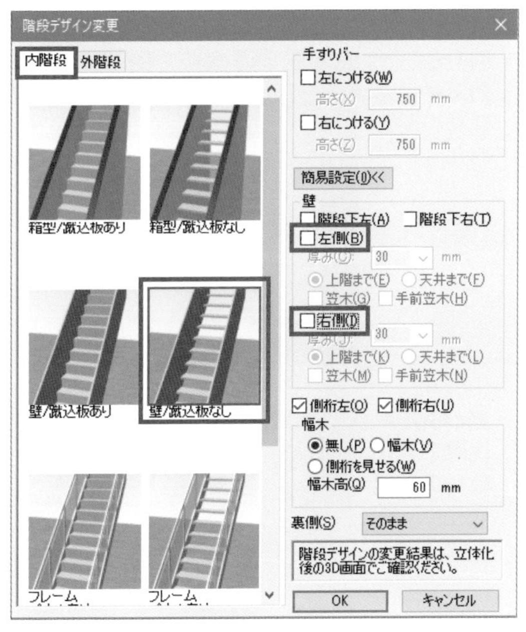


#### ［ 階段安全チェック機能 ］

「住宅性能表示制度」の基準に対して、配置した階段が「急勾配な階段」「踏み面が狭い」など、階段の安全性が保たれているかをチェックする機能です。［階段プロパティ］の［警告表示］のチェックボックスを「オフ」にすると「危険マーク」（**図4-61**）は表示されません。

▶ 図4-61
危険マーク

▼図4-62 2階建具の配置図

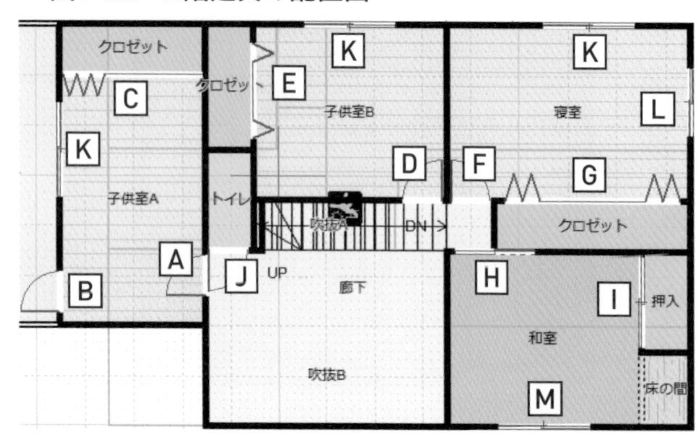


▼図4-63 ドアプロパティの場所

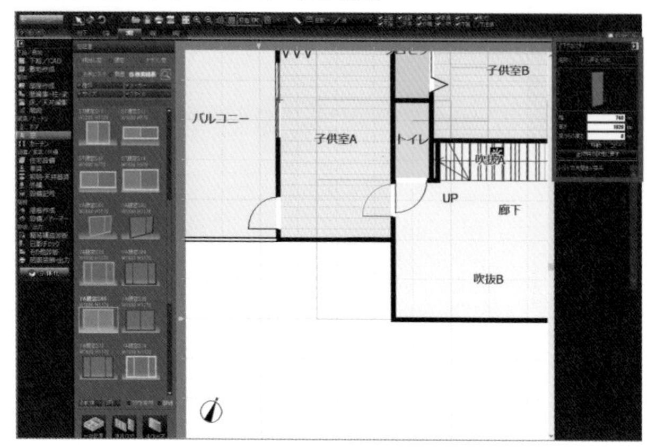


▼表4-6 2階ドア・窓(場所は図5-11)

| No | 分類 | 品番 | 備考 |
|---|---|---|---|
| A | 室内ドア/トイレ戸 | B_R04 | 幅:740、高さ:1820 |
| B | 室内ドア/ST勝手口 | K03 | |
| C | 室内ドア/室内折戸 | B_R35 | 幅:2600、高さ:2200 |
| D | 室内ドア/トイレ戸 | B_R04 | 幅:740、高さ:1820 |
| E | 室内ドア/DK室内折戸 | S14 | 幅:1720、高さ:2200 |
| F | 室内ドア/トイレ戸 | B_R04 | 幅:740、高さ:2030 |
| G | 室内ドア/室内折戸 | B_U014 | 幅:3240、高さ:2200 |
| H | 室内ドア/DK室内片引 | Q02 | 幅:1500、高さ:2045 |
| I | 室内ドア/襖 | R06 | |
| J | 室内ドア/STトイレ戸 | O02 | 幅:750、高さ:2030 |
| K | 腰窓/腰 | 2W4060 | 幅:1700、高さ:1060 |
| L | 腰窓/ST腰窓 | S11 | |
| M | 腰窓/YA腰窓 | S05 | |

▶図6-64 内障子付き建具の配置(1/5)

▶図4-65 内障子付き建具の配置(2/5)

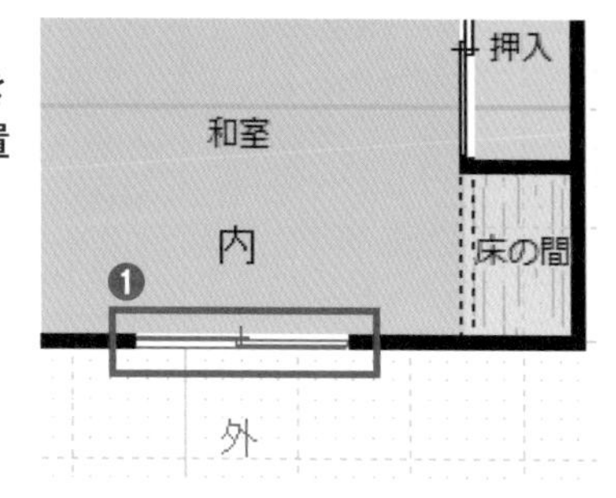


▶図4-66 内障子付き建具の配置(3/5)

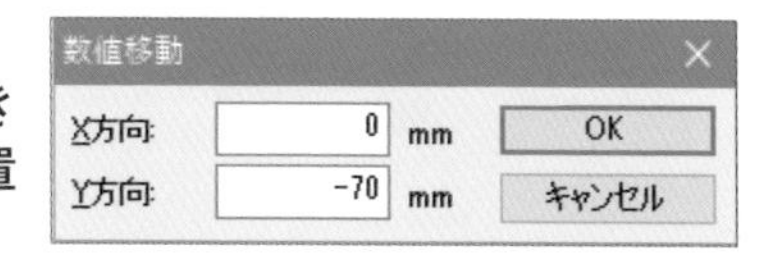


## 4-14 2階建具の配置

1階建具と同様の操作手順で、2階の建具を配置します。

### Step 1 建具の配置とサイズ変更

(図4-62)(表4-6)(図4-63)

1. 配置図(図4-62)と表4-6を参考に、2階建具を配置する
2. [ドアプロパティ](図4-63)の[幅]と[高さ]を表4-6のサイズを参考にして変更する

### Step 2 内障子付き建具の配置

(図4-64)(図4-65)(図4-66)(図4-67)(図4-68)

内障子付き建具(図4-64)を配置します。

1. 和室に配置した腰窓(M)(図4-65の❶)を選択する

▼図4-67
内障子付き建具の配置（4/5）

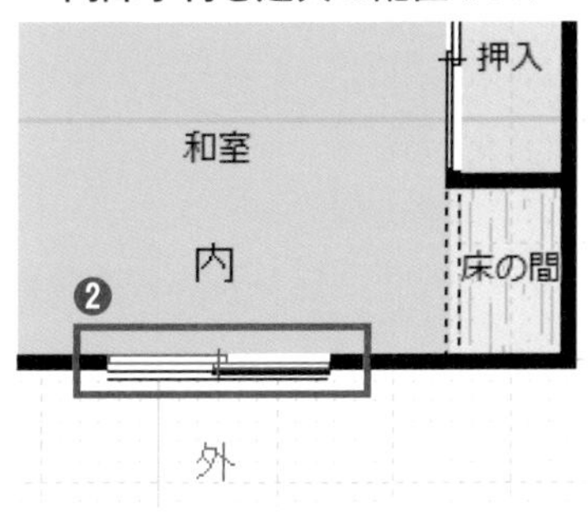


▼図4-68
内障子付き建具の配置（4/5）

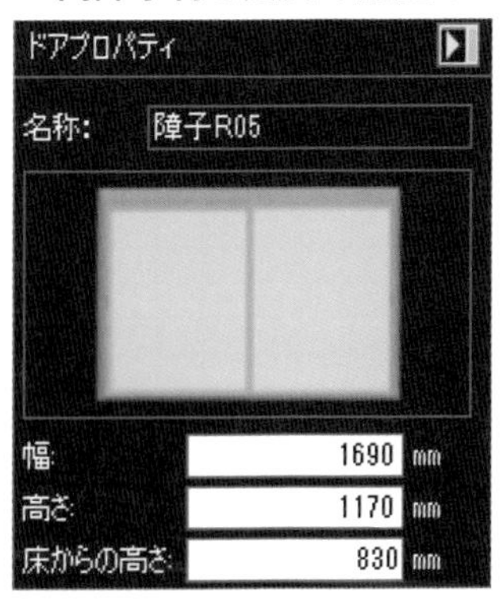


▼図4-69
転落防止用の手すり

**2** メニューバーの［移動／コピー］➡［数値移動］を選択する

**3** 図4-66の［Y方向］に「−70」を入力して［OK］をクリックする

点線の壁に変更され、壁が削除されているか確認します。

**4**［ドア］➡［和室用戸］の［種類］➡［障子］を選択して、リストから「障子R05」を選択する

**5** 移動した腰窓の室内側（**図4-67の❷**）に障子を配置する

**6**［ドアプロパティー］（**図4-68**）の［床からの高さ］に「830」を入力する

床からの高さを腰窓に合わせます。

## 4-15 2階手すりの設置

階段と吹抜に面する位置に、転落防止用の手すり（**図4-69**）を設置します。

### Step 1 手すりの選択と配置

（図4-70）（図7-71）（図4-72）

**1**［家具］を選択して、［パーツ検索］で「テスリ」を検索する（**図4-70**）

**2** リストより「吹抜用テスリ07」（**図4-71**）を選択する

**3** **図7-72**を参考に「吹抜用テスリ07」を「吹抜A」の下側（❶）に配置する

**4** 同様に「吹抜用テスリ08」を「吹抜B」と「廊下」間（❷）に配置する

▶図4-70
手すりの選択と配置（1/3）

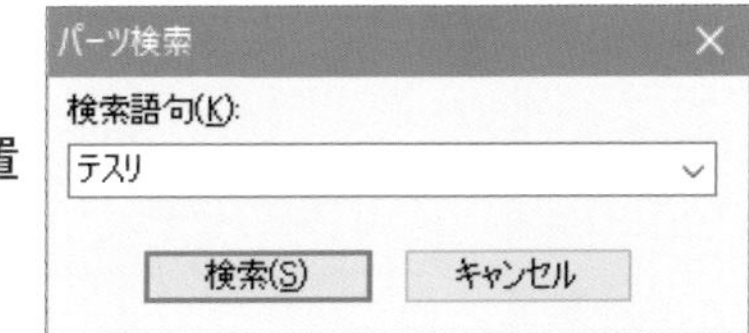


▶図4-71
手すりの選択と配置（2/3）

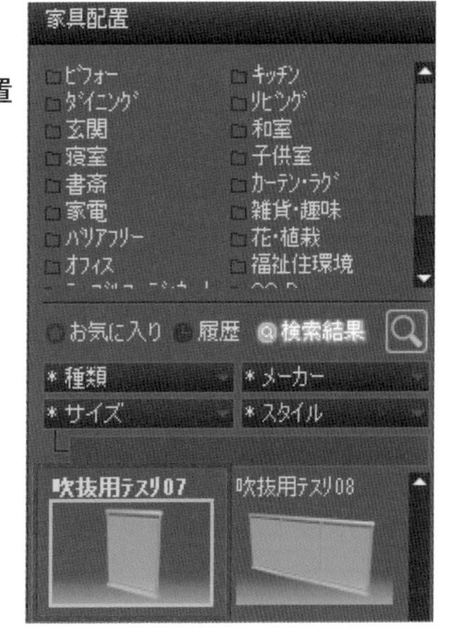


▶図4-72
手すりの選択と配置（3/3）

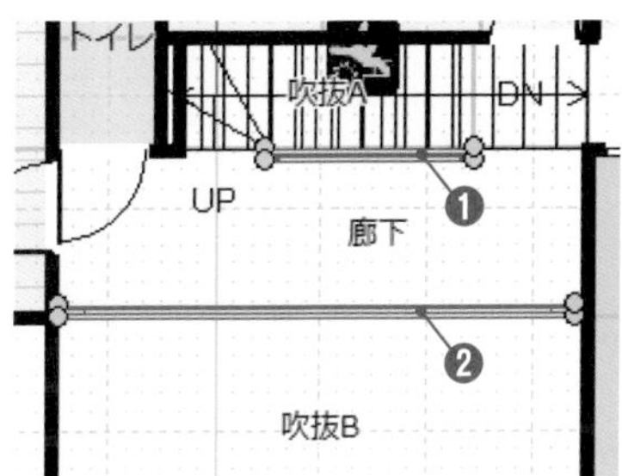

▼ 図4-73　手すりのサイズ変更（1/2）

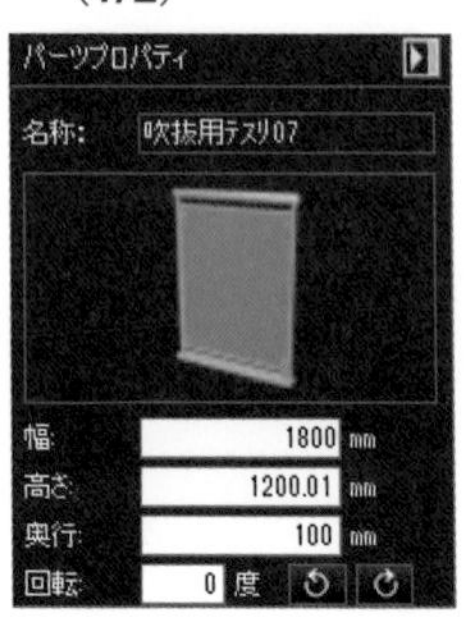


▼ 図4-74　手すりのサイズ変更（2/2）

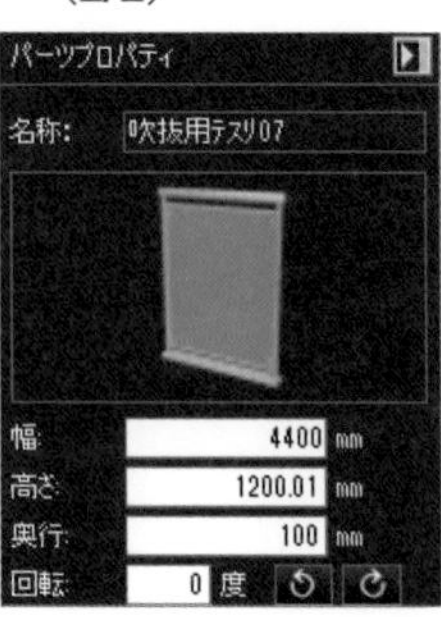


▼ 図4-75　3階の間取り

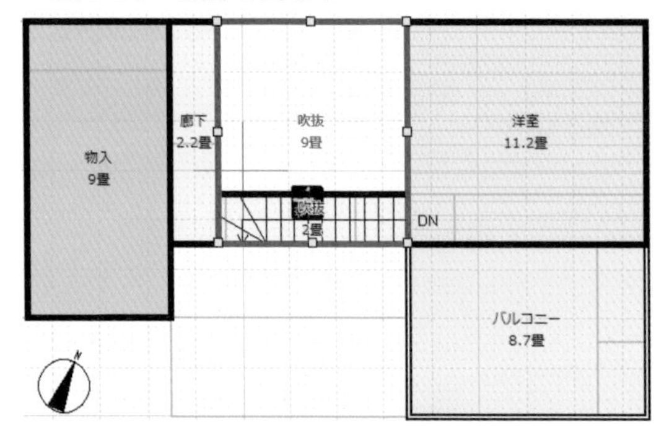


▶ 表4-7　3階に配置する部屋

| 部屋名 | 広さ |
|---|---|
| 廊下 | 2.2畳 ： 1×4.5 |
| 洋室 | 11.2畳 ： 5×4.5 |
| 吹抜 | 9畳 ： 4×4.5 |
| 物入 | 9畳 ： 3×6 |
| バルコニー | 8.7畳 ： 5×3.5 |

▼ 図4-76　部屋名の変更（1/2）

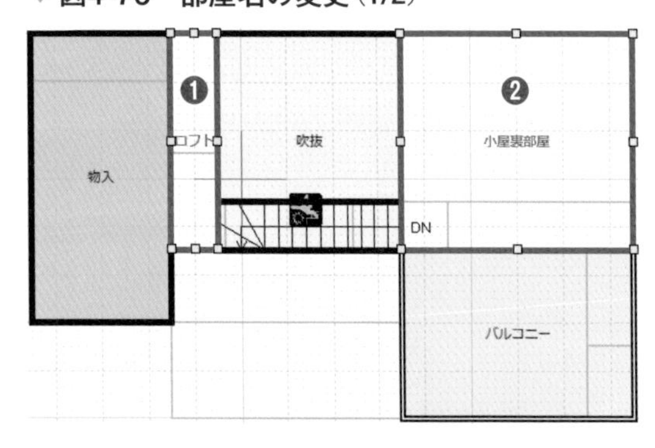


▶ 図4-77　部屋名の変更（2/2）

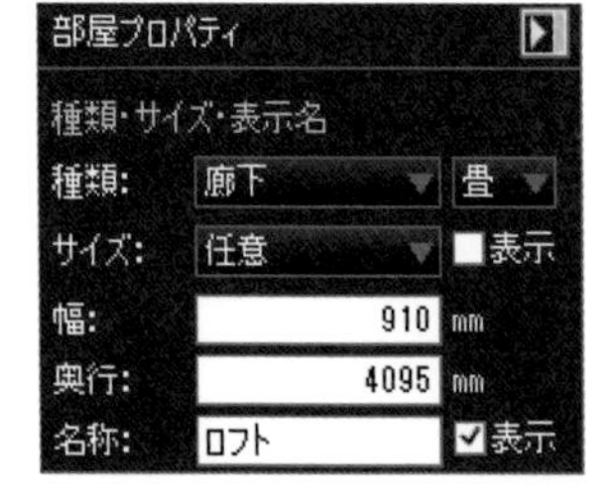


## Step 2　手すりのサイズ変更（図4-73）（図4-74）

**1** 配置した「吹抜用テスリ07」を選択して、[パーツプロパティ]（**図4-73**）の[幅]に「1800」を入力し、マウスで位置を調整する

**2** 同様に「吹抜用テスリ08」（**図4-74**）の[幅]に「4400」を入力し、マウスで位置を調整する

# 4-16　3階の間取り作成（図4-75）（表4-7）

作図する階（[3階]）を選択して、**図4-75**と**表4-7**を参考に3階の部屋を配置します。

## Step 1　部屋名の変更（図4-76）（図4-77）

**1** 配置した「廊下」（**図4-76の❶**）を選択して、[部屋プロパティ]（**図4-77**）の[名称]に「ロフト」を入力する

**3** 同様の操作で「洋室」（**❷**）を選択し、名称を「小屋裏部屋」を入力する

## Step 2　部屋のサイズ変更（図4-78）（図4-79）

**1** 配置した「バルコニー」を選択する

**2** [部屋プロパティ]（**図4-78**）の[幅]に「4500」を入力する

点線の壁に変更され、壁が削除されているか確認します。

**3**「バルコニー」を、東側の外壁（**図4-79の❶**）に揃うようにドラッグして、位置を調整する

▶ 図4-78　部屋のサイズ変更（1/2）

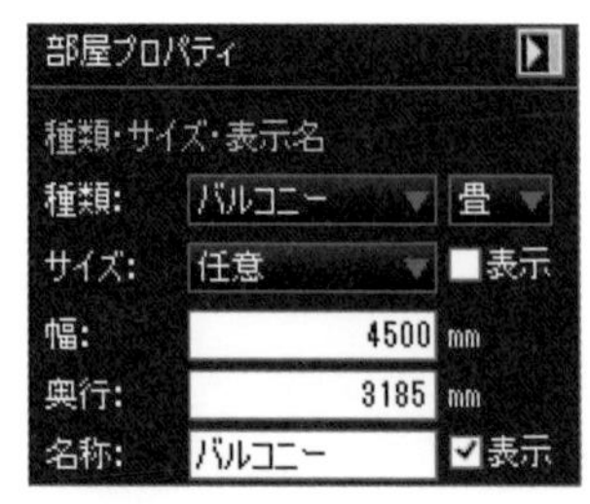

▶ 図4-79
部屋のサイズ変更（2/2）

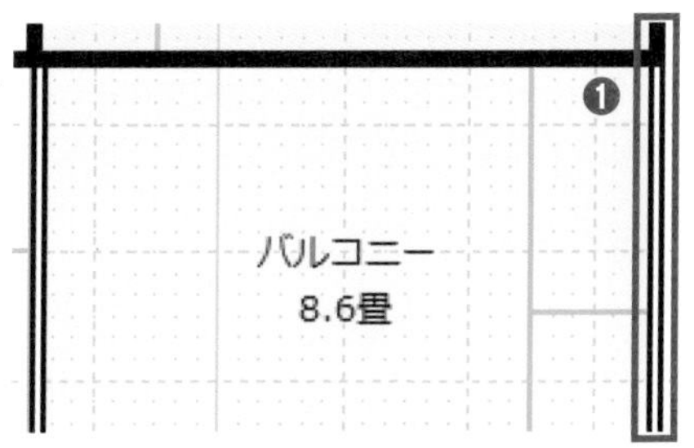


▼ 図4-80　壁の削除



## 4-17　3階壁の編集

3階の不要な壁の削除と、壁高さを調整します。

### Step 1　壁の削除　（図4-80）

1 「ロフト」の左側の壁（❶）を削除する
2 「吹抜」の左側、右側、下側の壁（❷～❹）を削除する

### Step 2　壁高さの変更

（図4-81）（図4-82）（図4-83）（図4-84）（図4-85）

ドーム屋根の形状に合わせた外壁の高さに変更します。

1 ［壁編集・柱・梁］➡［壁高さ］（ ）を選択する
2 ［ロフト］の下側の壁を選択する（図4-81）
3 選択した壁をドラッグして［小屋裏部屋］の東側外壁まで拡張する（図4-82）
4 壁編集プロパティの［壁高さ設定］➡［高さ］に「1700」を入力（図4-83）
5 同様の操作で3階の他の外壁へ壁を配置する（図4-84の❸～❼）。併せて、壁の［高さ］に「50」を入力する（図4-85）

▶ 図4-85
壁高さの変更（5/5）

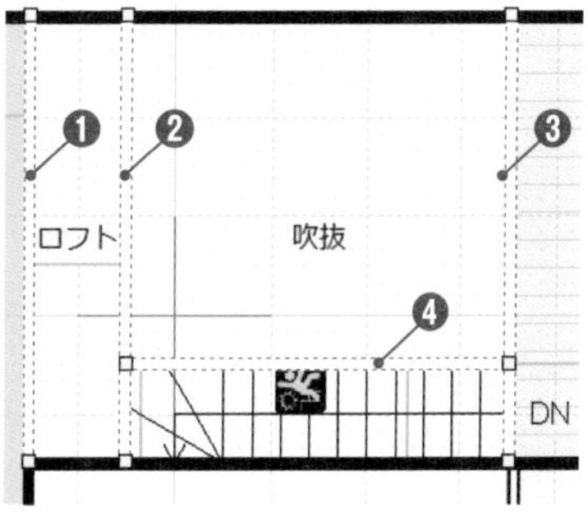

▼ 図4-81　壁高さの変更（1/5）

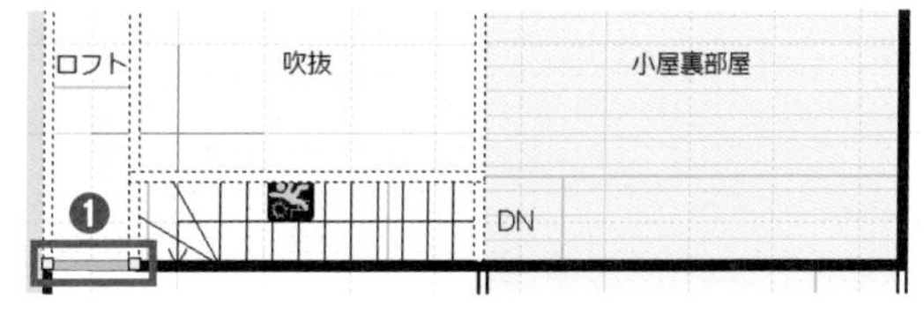


▼ 図4-82　壁高さの変更（2/5）

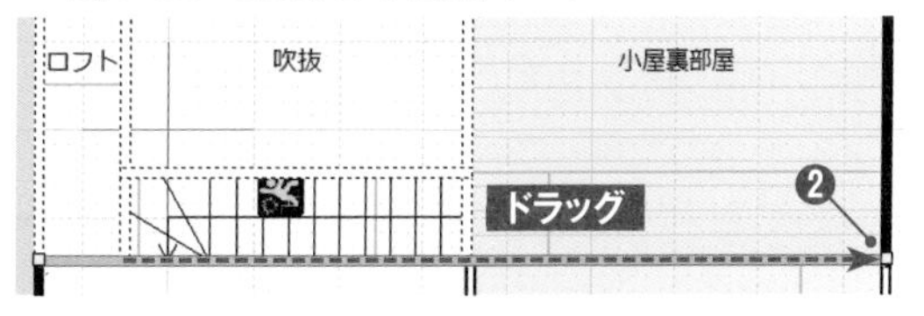


▶ 図4-83
壁高さの変更（3/5）

▼ 図4-84　壁高さの変更（4/5）

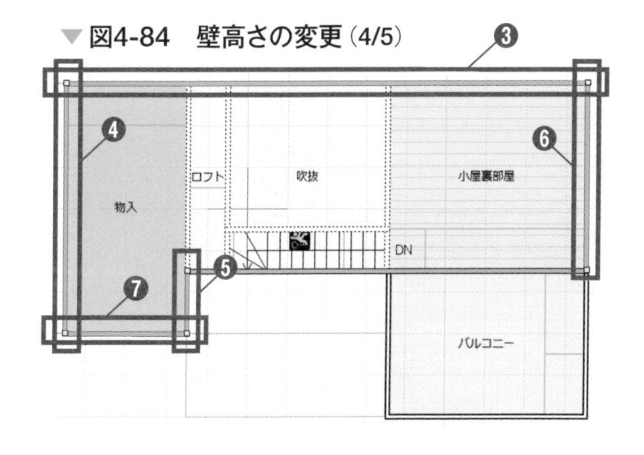

▼図4-86　建具の配置とサイズ変更（1/2）

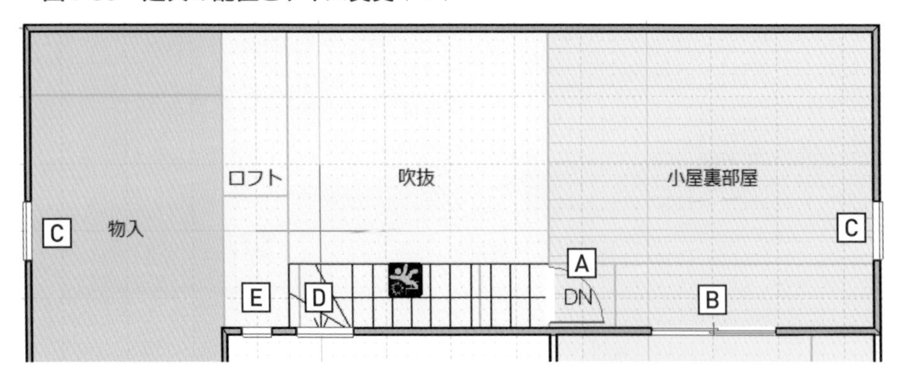


▼表4-8　3階ドア・窓（場所は図5-35）

| No | 分類 | 品番 | 備考 | 床からの高さ |
|---|---|---|---|---|
| A | 室内ドア／室内片開 | B_R01 | 幅：750、高さ：1680 | 0 |
| B | 腰窓／腰窓ステン | H18 | 幅：1700、高さ：1365 | 100 |
| C | デザイン窓／FIX窓 | R087 | 幅：780、高さ：780 | 1000 |
| D | デザイン窓／ルーバー窓ステン | H15 | 幅：800、高さ：1160 | 100 |
| E | デザイン窓／ルーバー窓ホワイト | H03 | 幅：400、高さ：600 | 150 |

▼図4-87　建具の配置とサイズ変更（2/2）

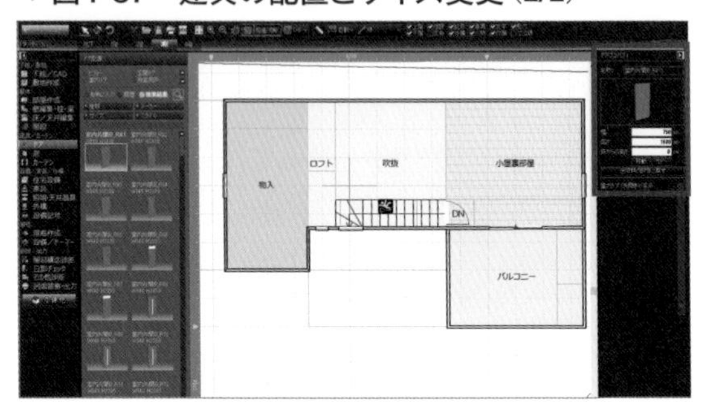

▼図5-88　転落防止用の手すり

▶図4-89 手すりの選択と配置

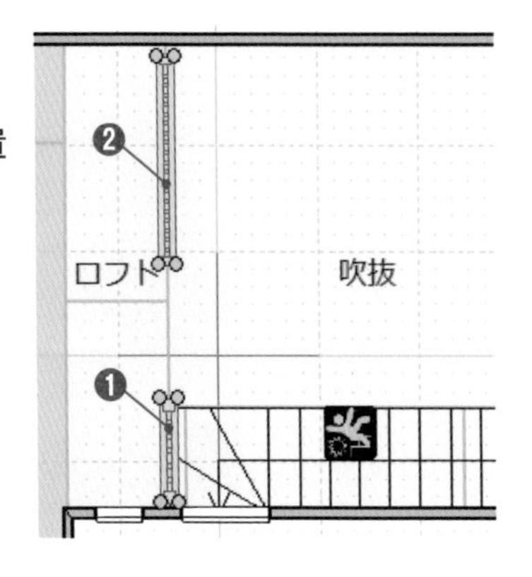


▼図4-90 手すりのサイズ変更（1/2）

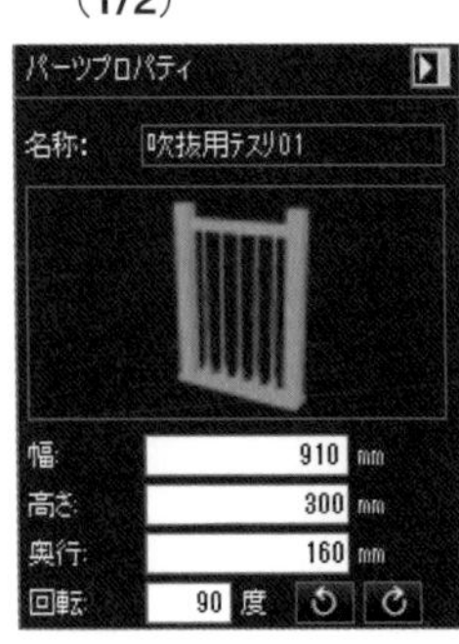


▼図4-91 手すりのサイズ変更（2/2）

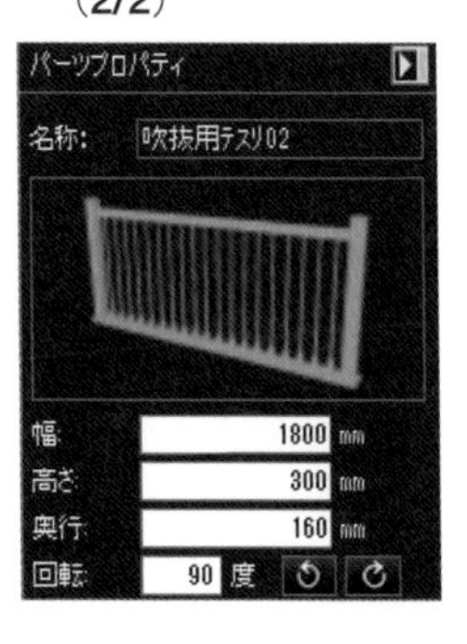


## 4-18 3階建具の配置

1階、2階と同様の操作手順で、3階の建具を配置します。

### Step 1 建具の配置とサイズ変更

（図4-86）（表4-8）（図4-87）

**1** 配置図（**図4-86**）と**表4-8**を参考に、3階建具を配置する

**2** ［ドアプロパティ］（**図4-87**）の［幅］［高さ］［床からの高さ］を**表4-8**を参考にして変更する

## 4-19 3階手すりの設置

2階手すりと同様の操作手順で、「ロフト」の「吹抜」側に転落防止用の手すり（**図4-88**）を設置します。

## Step 1 手すりの選択と配置 (図4-89)

1 [吹抜用テスリ01] を選択し、ロフトの階段側（❶）に配置する
2 [吹抜用テスリ02] を選択し、ロフトの吹抜側（❷）に配置する

## Step 2 手すりのサイズ変更 (図4-90) (図4-91)

1 配置した [吹抜用テスリ01] を選択し、[パーツプロパティ]（**図4-90**）の [高さ] に「300」を入力する
2 同様に [吹抜用テスリ02] を選択し、[パーツプロパティ]（**図4-91**）の [幅] に「2200」、[高さ] に「300」を入力して位置を調整する

# 4-20 2階屋根の作成

1階の吹抜部分（**図4-92**）に作成します。

## Step 1 自動作成屋根の削除

(図4-93) (図4-94) (図4-95)

1 [屋根作成] を選択して、[フロアタブ] の [2階] を選択する

自動作成屋根の削除は、屋根作成パレットの[手動屋根] を選択し、手動に切り替えてから行います。

2 [手動屋根]（**図4-93**）を選択し、[確認メッセージ]（**図4-94**）で [はい] をクリックする
3 手動屋根の作成状態を Esc を押して解除する
4 自動作成屋根（**図4-95の❶**）をクリックして、Delete で削除する

## Step 2 屋根作成の準備

(図4-96) (図4-97) (図4-98) (図4-99)

作成する屋根と壁の境界を指定するために、ガイド線を壁芯から50mmずらした位置に追加します。

▼ 図4-92 1階の吹抜部分の屋根

▶ 図4-93 自動作成屋根の削除 (1/3)

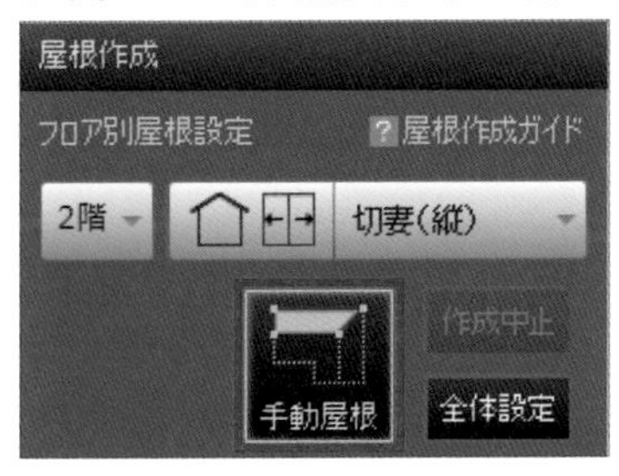


▼ 図4-94 自動作成屋根の削除 (2/3)

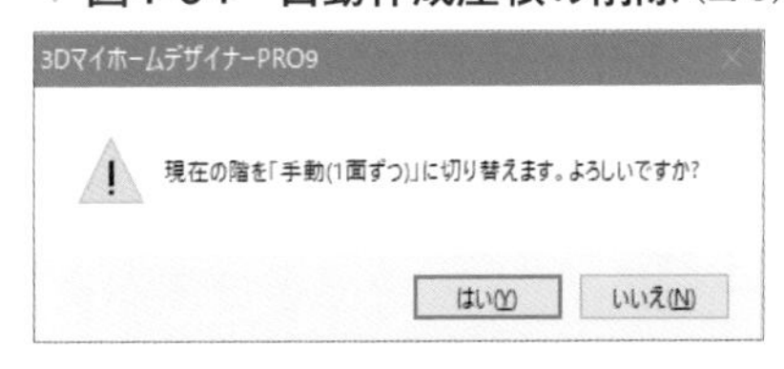


▼ 図4-95 自動作成屋根の削除 (3/3)

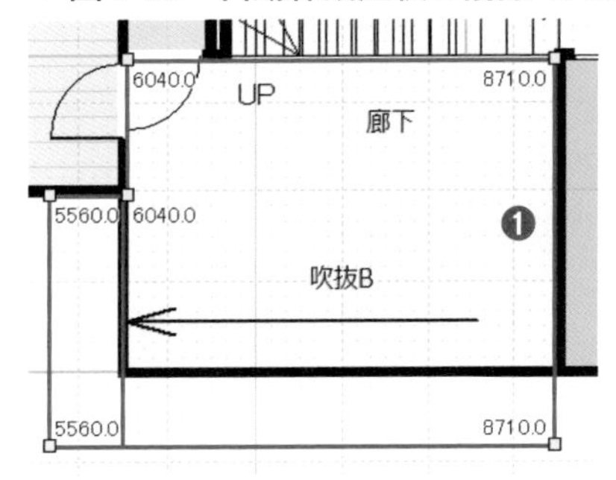


▼ 図4-96 屋根作成の準備 (1/4)

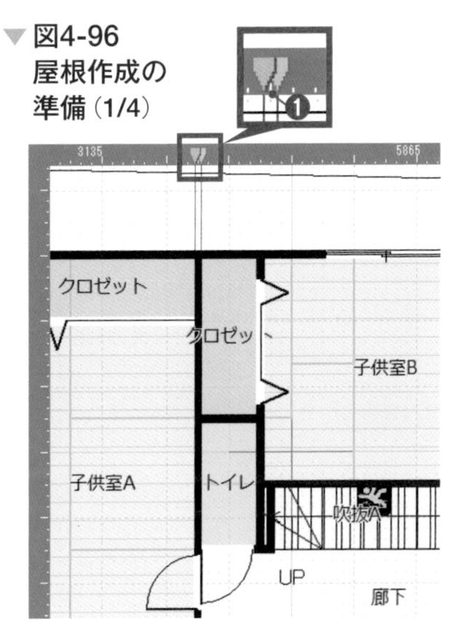

▼図4-97　屋根作成の準備（2/4）

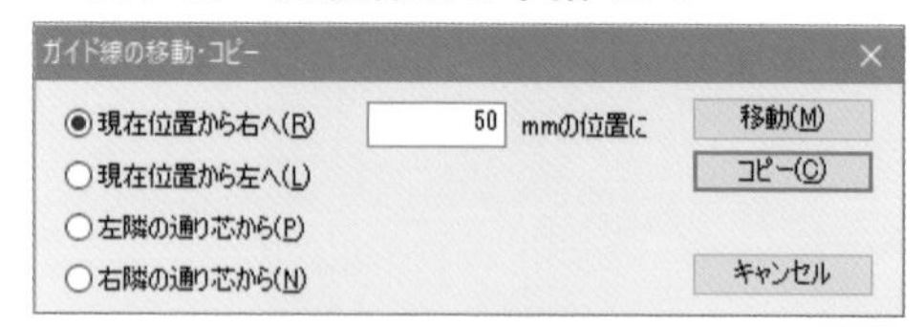


▼図4-98　屋根作成の準備（3/4）

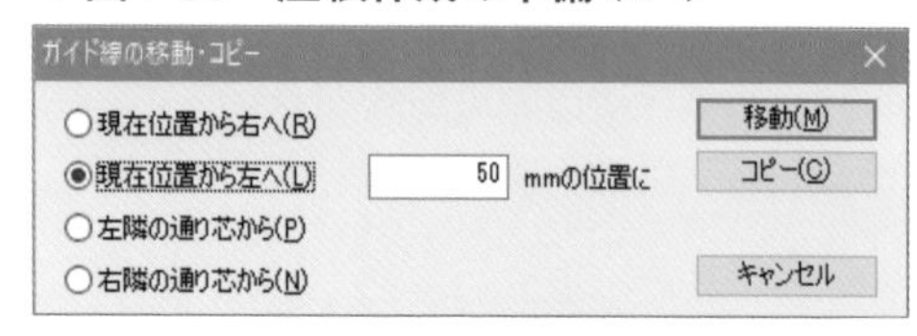


▼図4-99　屋根作成の準備（4/4）

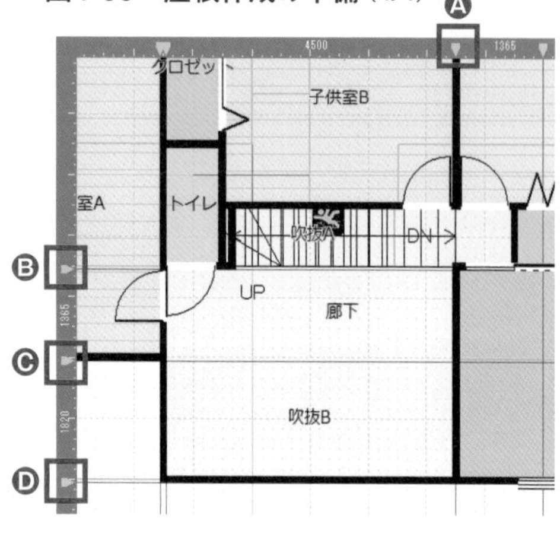


**1**［ガイド線］の表示を「オン」にして「クロゼット」間の壁芯位置のルーラー（図4-96の❶）をクリックする

**2** プルダウンメニューの［移動・コピー］を選択する

**3**［現在位置から右へ］を選択して「50」を入力し、［コピー］をクリックする（図4-97）

**4** 再び、壁芯位置のルーラー（❶）をクリックして、さらに［現在位置から左へ］で「50」を入力し、［移動］をクリックする（図4-98）

壁厚100mmのガイド線が作成されます。

**5** 図4-99を参考に、同様の操作で屋根作成に必要なガイド線を作成する

和室側は、上部のバルコニーをあらかじめ50mmずらして配置しているので壁芯位置に作成します。

A：壁芯の位置
B：壁芯より下へ50mm
C：壁芯より下へ50mm
D：壁芯より下へ50mm

## Step 3　屋根の作成（手動）

（図4-100）（図4-101）（図4-102）

**1**［手動屋根］を選択する

**2** 図4-100の軒先になる2点（A→B）を先にクリックした後、残りの点（C→D→E→F）をクリックして、最後に始点（A）をクリックする

**3** 空白部で右クリックし、［GLからの基準位置の高さ］に「4250」を入力して［OK］をクリックする（図4-101）

**4**［2階手動屋根プロパティ］➡［軒天］で「軒天なし」を選択する（図4-102）

▼図4-100　屋根の作成（手動）（1/3）

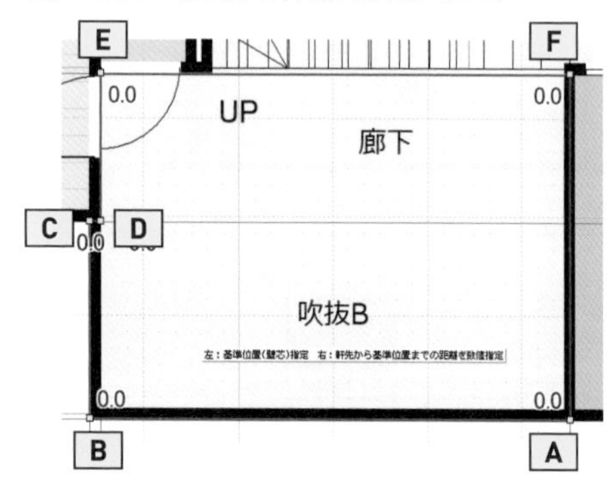


▼図4-101　屋根の作成（手動）（2/3）

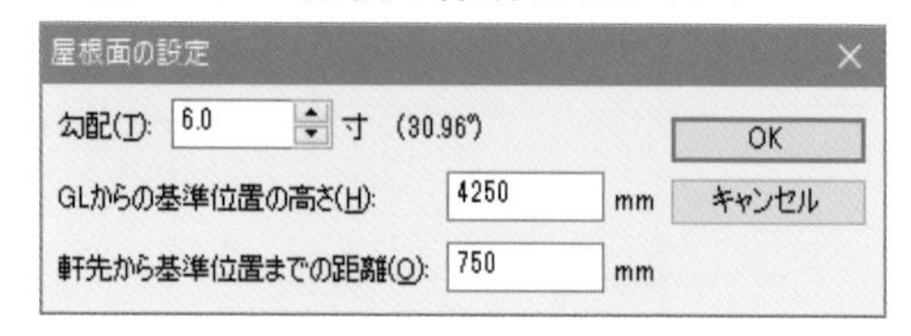

▶図4-102　屋根の作成（手動）（3/3）

## Step 4 その他の2階屋根の作成

(図4-103)(図4-104)

壁の自動生成を行うために［和室］にも屋根を作成します。

1 ［手動屋根］を選択する
2 図4-103の和室Aの2点（A→B）を先にクリックした後、残りの点（C→D）をクリックして、最後に始点（A）をクリックする
3 空白部で、右クリックし、［勾配］に「0」、［GLからの基準位置の高さ］に「6000」を入力して［OK］をクリックする

## Step 5 パラペットの設定

(図4-105)

勾配が「0寸」のときに有効になるパラペットの設定をします。

1 2階手動屋根プロパティの［パラペット（陸屋根）設定］（図4-105）の［立上り］と［立下り］に「1」を入力する

# 4-21 玄関ポーチ屋根の作成

(図4-106)(図4-107)(図4-108)

玄関ポーチの屋根（図4-106）を作成します。

1 フロアタブの［1階］を選択する
2 ［手動屋根］で「玄関ポーチ」の位置（図4-107）に、［勾配］「2」（❶）、［GLからの基準位置の高さ］「3050」（❷）で屋根を作成する（図4-108）

▼図4-103　その他の2階屋根の作成（1/2）

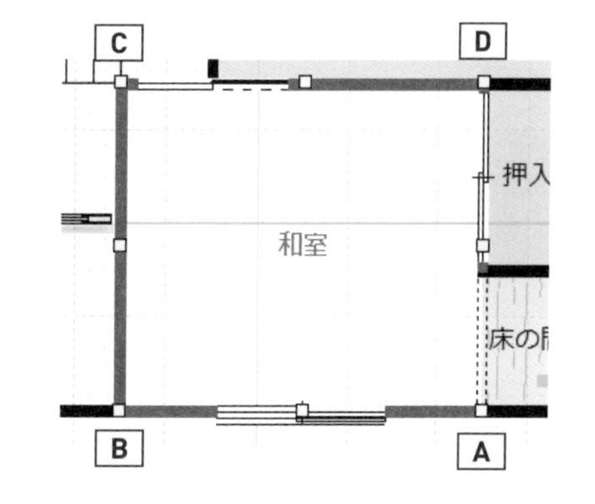


▼図4-104　その他の2階屋根の作成（2/2）

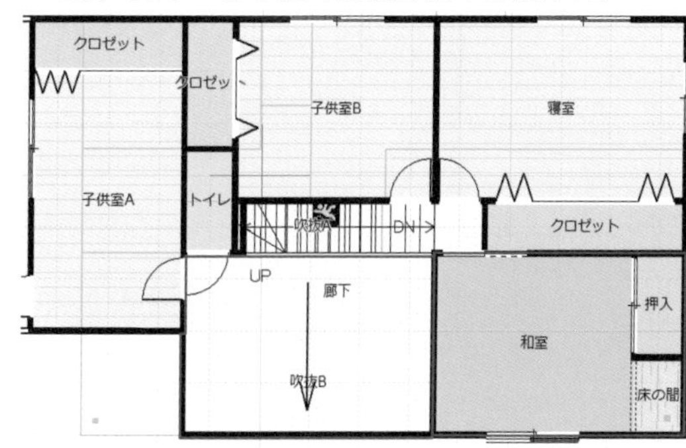


▼図4-105
パラペットの設定

パラペット(陸屋根)設定
立上り: 1 mm
立下り: 1 mm
※勾配が0の時に有効

▼図4-106
玄関ポーチ屋根の作成（1/3）

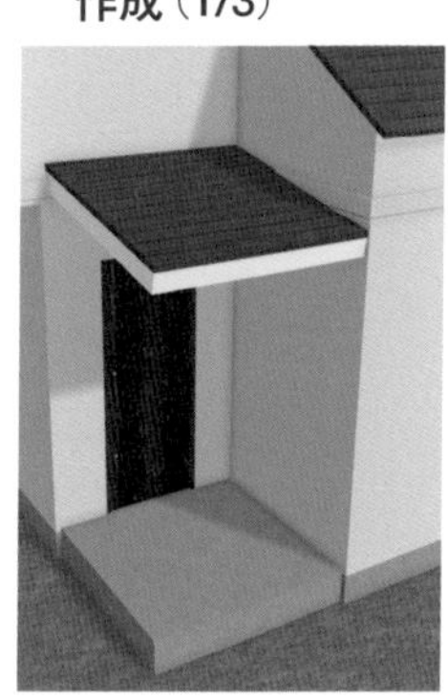

▼図4-107
玄関ポーチ屋根の作成（2/3）

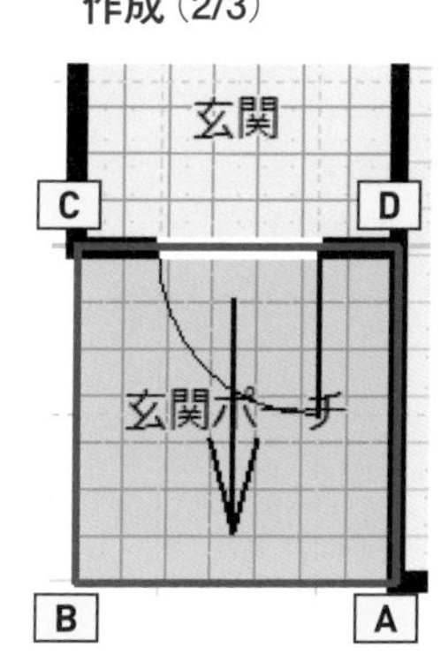


▼図4-108　玄関ポーチ屋根の作成（3/3）

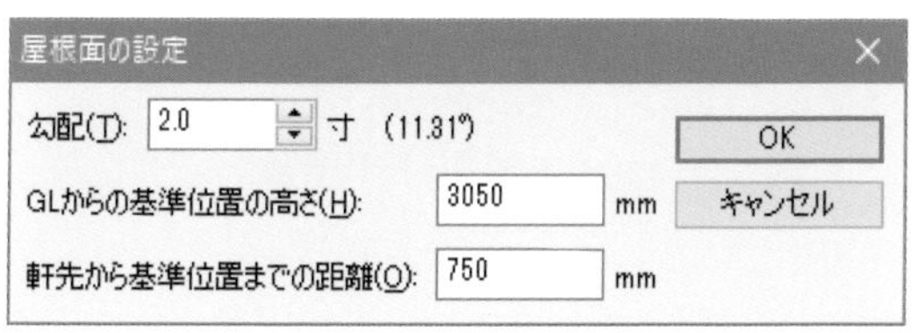
屋根面の設定
勾配(T): 2.0 寸 (11.31°)
GLからの基準位置の高さ(H): 3050 mm
軒先から基準位置までの距離(O): 750 mm
OK
キャンセル

▼図4-109 玄関ポーチ、ポーチ、バルコニーの柱

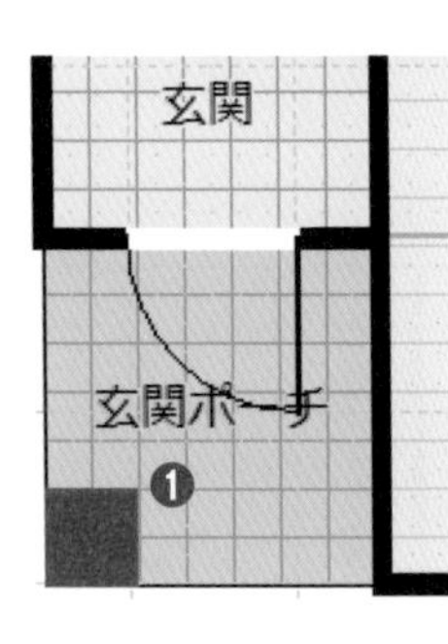


◀図4-110
ポーチ柱の配置（1/5）

▼図4-111
ポーチ柱の配置（2/5）

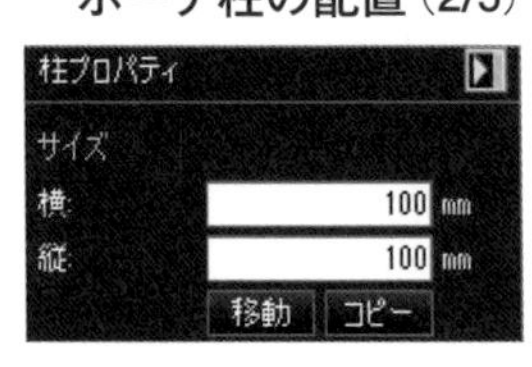


▼図4-112
ポーチ柱の配置（3/5）

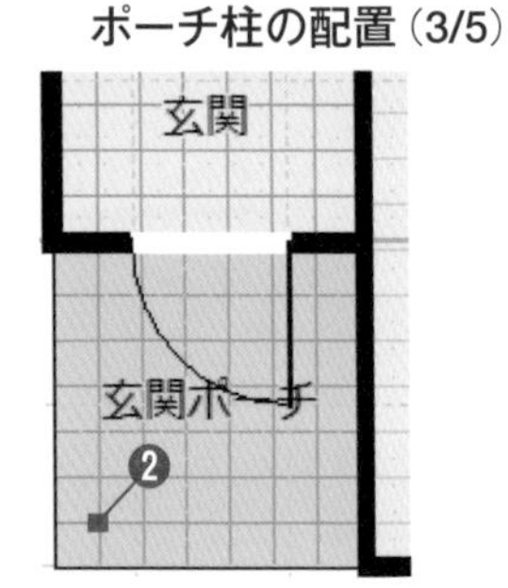


▼図4-113 ポーチ柱の配置（4/5）

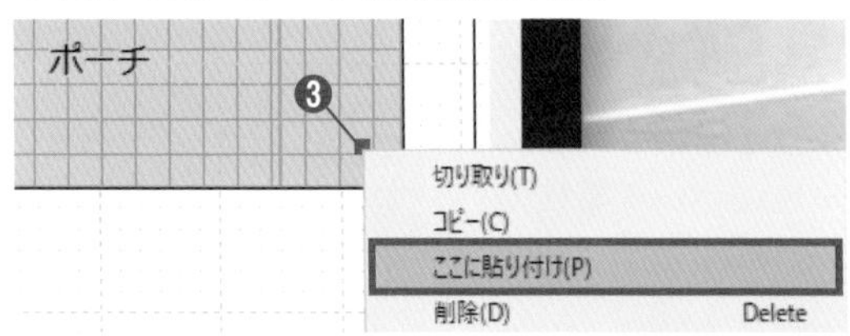


▼図4-114
ポーチ柱の
配置（5/5）

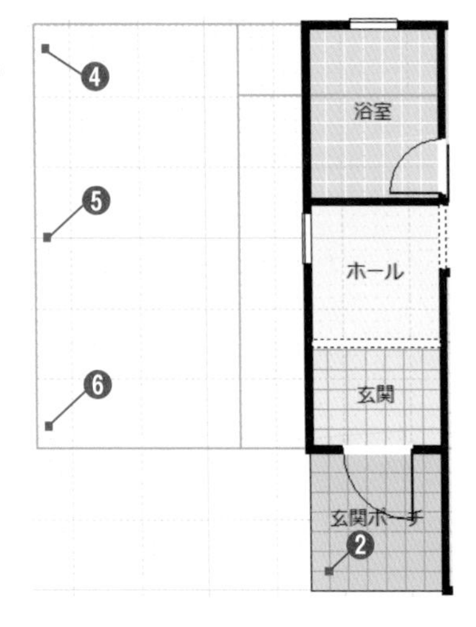


## 4-22 ポーチ柱の設置

玄関ポーチ、ポーチ、バルコニーの柱（図4-109）を設置します。

### Step 1 ポーチ柱の配置 （図4-110）（図4-111）（図4-112）（図4-113）（図4-114）

1. ［壁編集・柱・梁］➡［四角柱］（ ）を選択する
2. 玄関ポーチ屋根の軒先（**図4-110の❶**）をクリックする
3. ［柱プロパティ］の［サイズ］で［横］に「100」、［縦］に「100」を入力する（**図4-111**）
4. **図4-112**を参考に柱を移動する（❷）
5. 玄関ポーチに配置した柱（❷）をコピーし、**図4-113**を参考に1階東側「ポーチ」（❸）に貼り付ける
6. 同様に、コピーした柱（❷）を2階「バルコニー」下部（**図4-114の❹〜❻**）に貼り付ける

## 4-23 3階屋根の作成

3階にヴォールト型の屋根（**図4-115**）を作成します。ここでは、3Dモデリング機能でヴォールト型の屋根パーツを作成する方法を紹介します。

ヴォールト型の屋根を作成する前に、部屋の配置により自動生成される天井の設定変更と屋根の削除を行います。

### Step 1 天井の設定変更 （図4-116）（図4-117）

1. フロアタブの［3階］を選択する
2. ［物入］（**図4-116の❶**）を右クリックし、［プロパティ］を選択する
3. **図4-117**の［立体化設定］タブを選択し、［天井高］に「0」を入力して［OK］をクリックする
4. 同様に「ロフト」「吹抜」「小屋裏部屋」の［天井高］を変更する

▼図4-115　ヴォールト型の屋根

## Step 2 自動生成屋根の削除 （図4-118）

**1** ［屋根作成］➡［手動屋根］を選択する
**2** 手動屋根作成の状態を Esc で解除する
**3** 3階の自動作成屋根（**図4-118**）をクリックして Delete で削除する

## Step 3 躯体データ保存

屋根パーツ作成に移る前に、ここまでの躯体データを保存します。

**1** メニューバーの［ファイル］➡［名前を付けて保存］を選択する
**2** 任意の保存先を選択しファイル名を入力して保存する

▼図4-116　天井の設定変更（1/2）

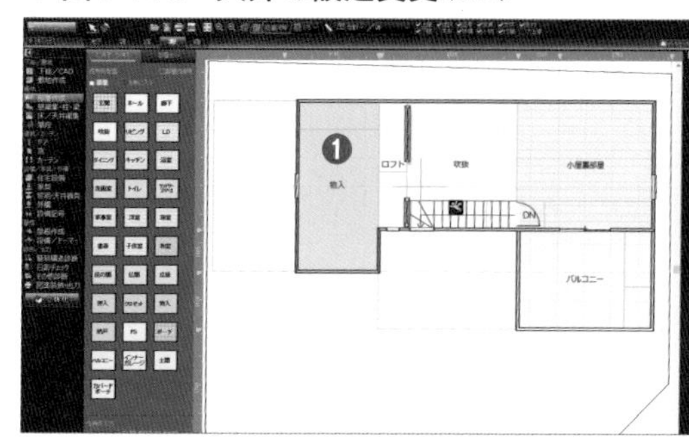


▼図4-117　天井の設定変更（2/2）

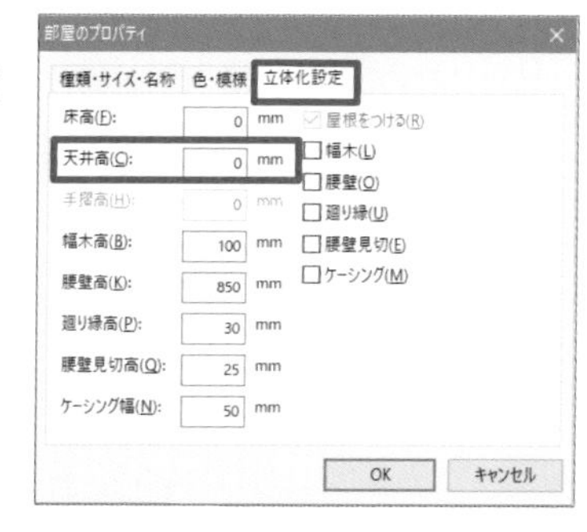


▼図4-118　自動生成屋根の削除

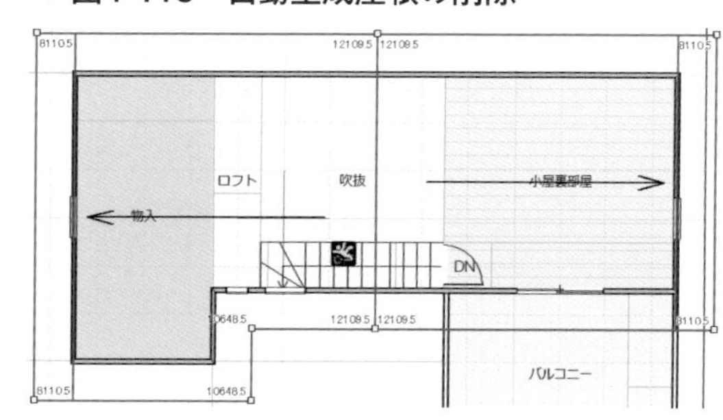

# Chapter 5

# 実践テクニック（後編）

本章では、前章でモデリングした3階建て住宅に3D形状作成ツールを使った複雑なヴォールト型屋根の作成、テクスチャーの設定、トップライトの配置、外構の作りこみ、ウォークスルーの手動作成などを学びます。

本章で利用するデータはダウンロードすることができます。ダウンロード方法やダウンロードに必要なパスワードなどは本書のP.2（「はじめに」の左ページ）を参照してください。

▼ 図5-1　形状作成ツール

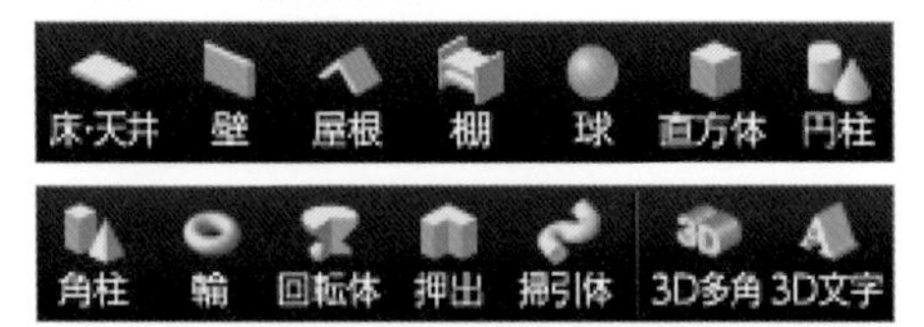


▼ 図5-2　屋根作成の準備（1/3）

▼ 図5-3　屋根作成の準備（2/3）

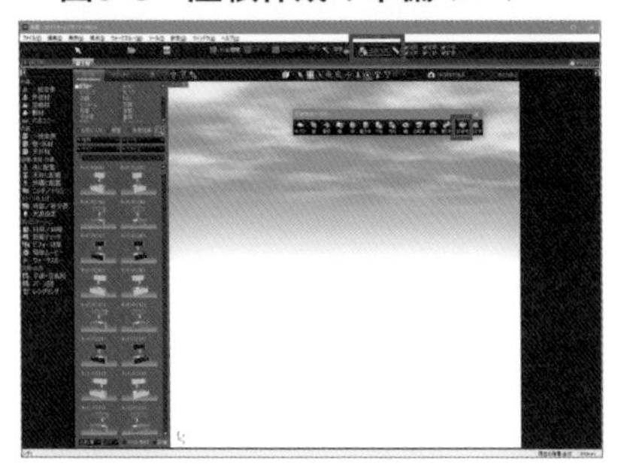

▼ 図5-4　屋根作成の準備（3/3）

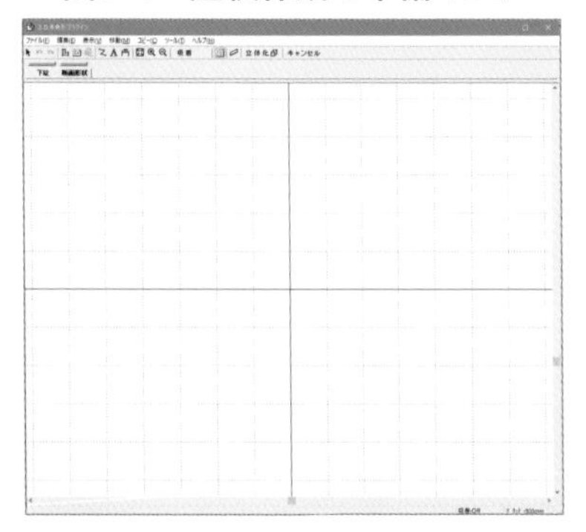

▼ 図5-5　モデリングツールによる屋根作成

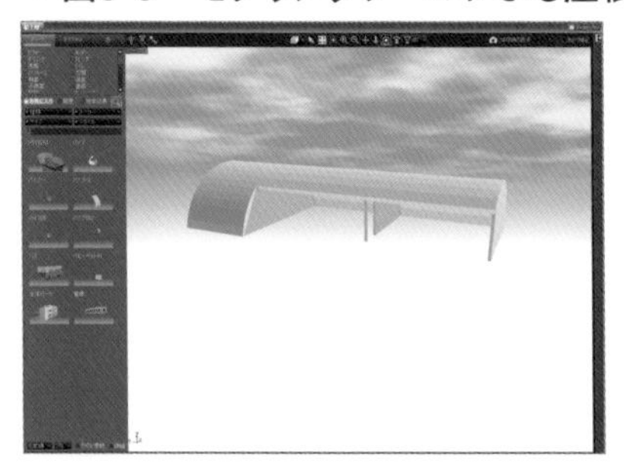

## 5-1 3Dパーツを作成するツール

パーツを作成するために形状作成ツール（図5-1）が準備されています。

### Step 1 屋根作成の準備

図5-2 図5-3 図5-4

「3Dモデリング」を使用して屋根パーツを作成します。3Dモデリングで作成したパーツは登録することができます。

**1** 3Dマイホームデザイナーを起動する

**2** メインメニューの［3Dモデリング］をクリックする

**3** ツールバーの［形状作成］をクリックする

**4** 表示される［形状作成ツールバー］➡［3D多角］を選択する

3D多角形プラグインが起動します。

### Step 2 モデリングツールによる屋根作成

図5-5

**図5-5**を参考にヴォールト形状の屋根を作成します。

**1**［下絵］データ（屋根パーツ（下絵）.dxf）を読み込む

**2** 3D多角形プラグイン画面で［下絵］タブをクリックする

**3** メニューバー［ファイル］をクリックして［DXFファイルを読み込む］を選択する

**4** **2**の下絵データファイルを指定する

下絵の図形データが取り込まれます。

### Step 3 屋根パーツAの作成

図5-6 図5-7 図5-8 図5-9

**1** 3D多角形プラグインでタブの［断面形状］タブをクリックする

**図5-6**を参考に円弧の左側を作成します。

**2** ツールバーの［多角形入力］を選択する

▼図5-6　屋根パーツAの作成（1/4）

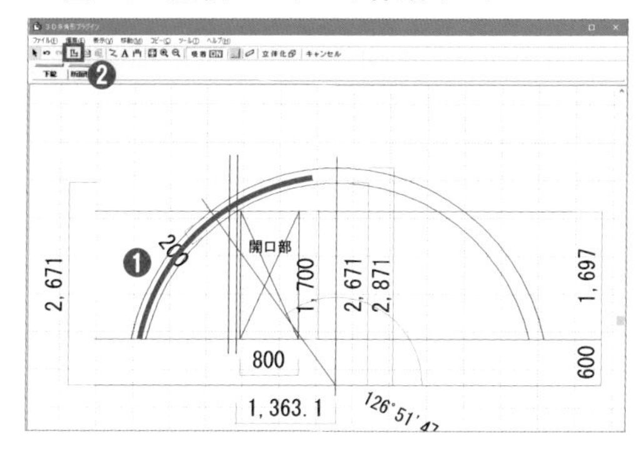

▼図5-7　屋根パーツAの作成（2/4）

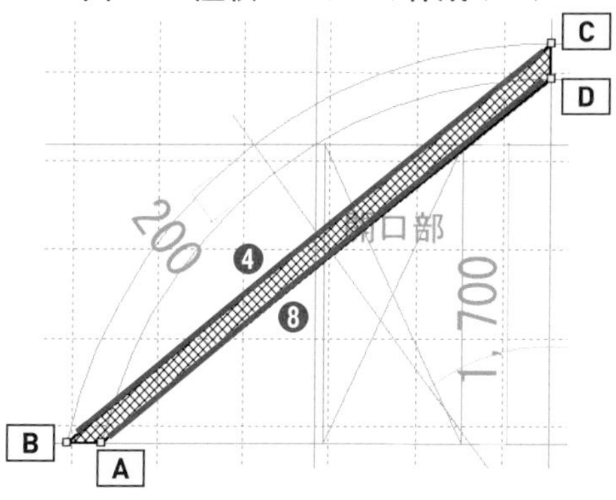


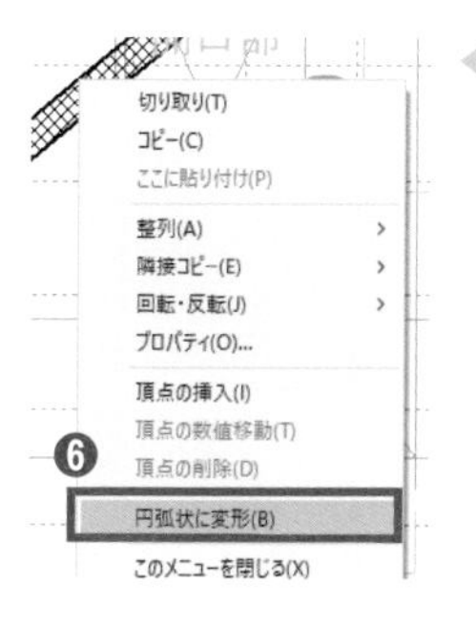


◀図5-8　屋根パーツAの作成（3/4）

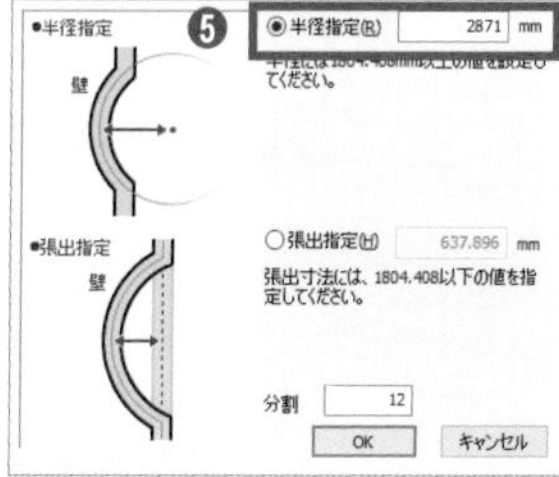


▶図5-9　屋根パーツAの作成（4/4）

❸下絵を基準に頂点（A）から順番に残りの点（B→C→D）をクリックして、最後に始点（A）をクリックする

❹上辺の線上をクリックする

❺ショートカットメニューより［円弧状に変形］を選択する

❻［半径指定］を選択し「2871」を入力する

❼円弧を配置する方向を指示してクリックする

❽同様に下辺の線上をクリックして［円弧状に変形］を選択し、［半径指定］に「2671」を入力する

## Step 4　パーツの編集

（図5-10）（図5-11）（図5-12）（図5-13）（図5-14）

作成したパーツを編集し円弧状のパーツを完成させます。

❶パーツ上でショートカットメニューを表示する

❷［隣接コピー］➡［右へコピー］をクリックする

▼図5-10　パーツの編集（1/5）

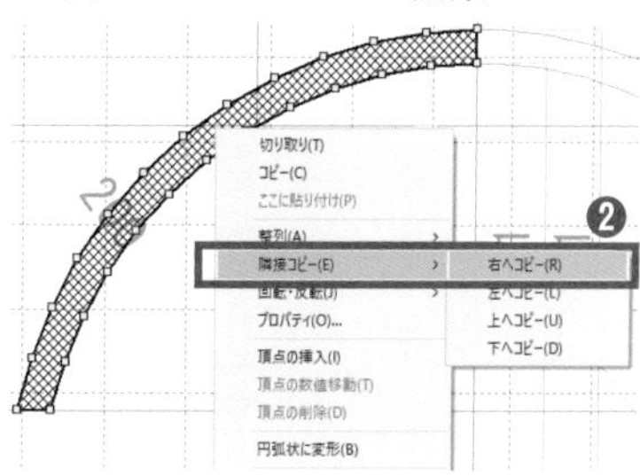


▼図5-11　パーツの編集（2/5）

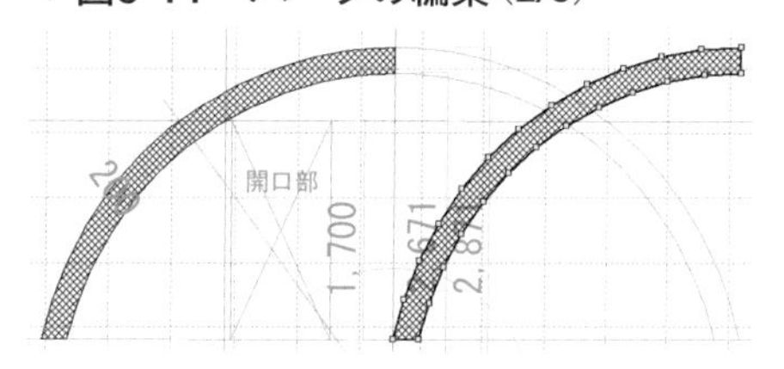

▼図5-12　パーツの編集（3/5）

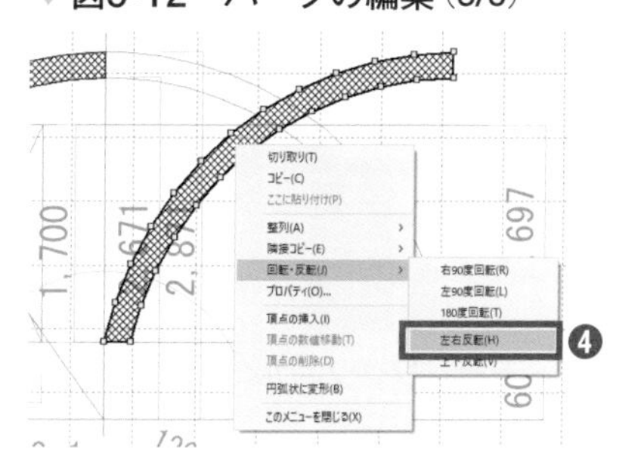


▼図5-13　パーツの編集（4/5）

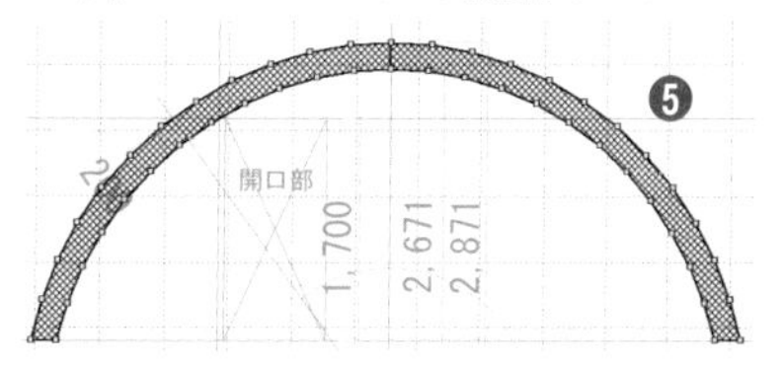

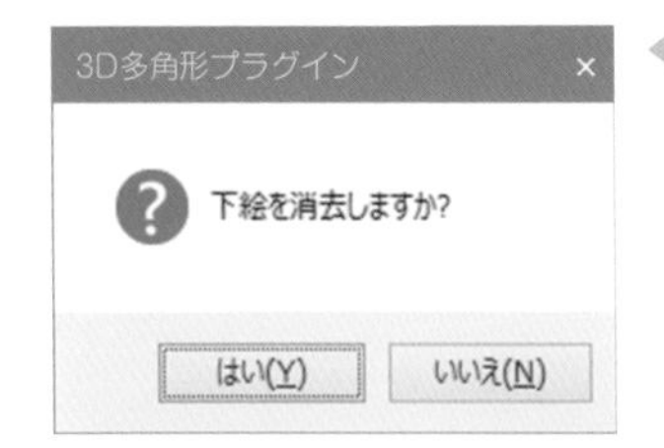


◀ 図5-14 パーツの編集（5/5）

▼ 図5-15　形状・サイズの設定（1/5）

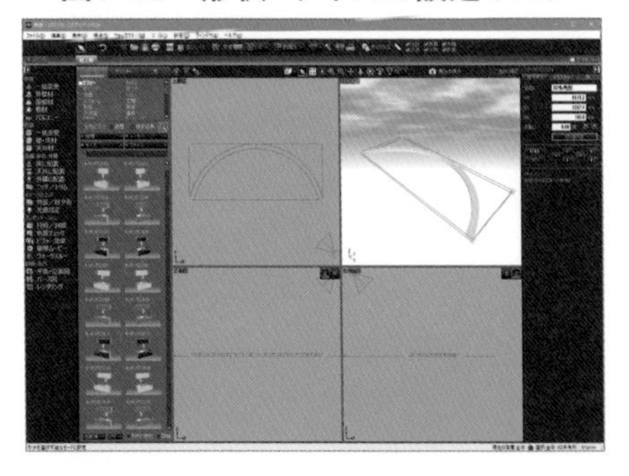

▼ 図5-16　形状・サイズの設定（2/5）

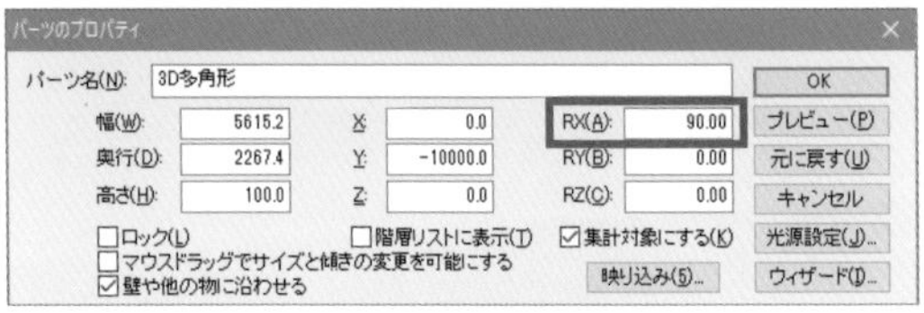

▼ 図5-17　形状・サイズの設定（3/5）

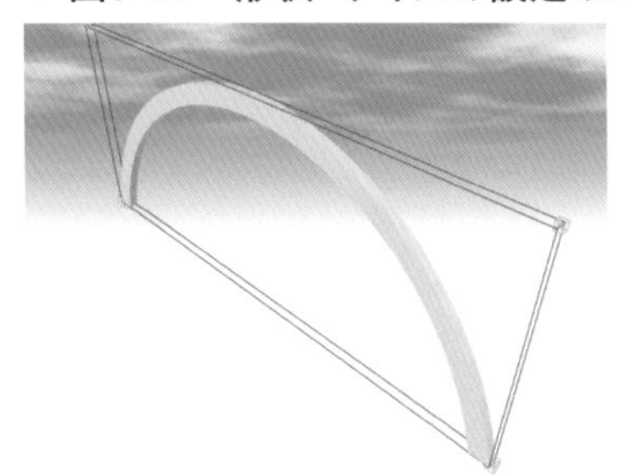

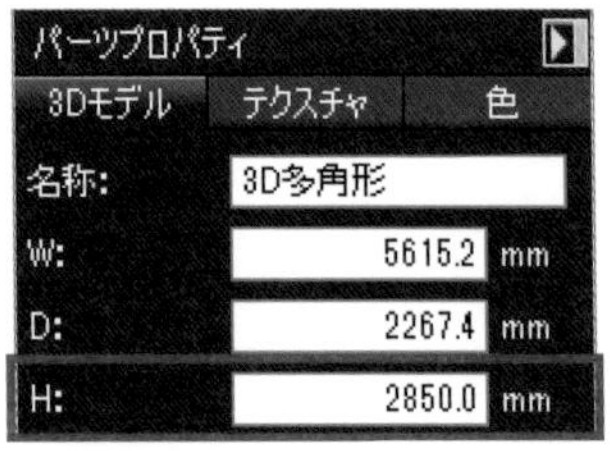

◀ 図5-18 形状・サイズの設定（4/5）

▼ 図5-19　形状・サイズの設定（5/5）【パーツA】

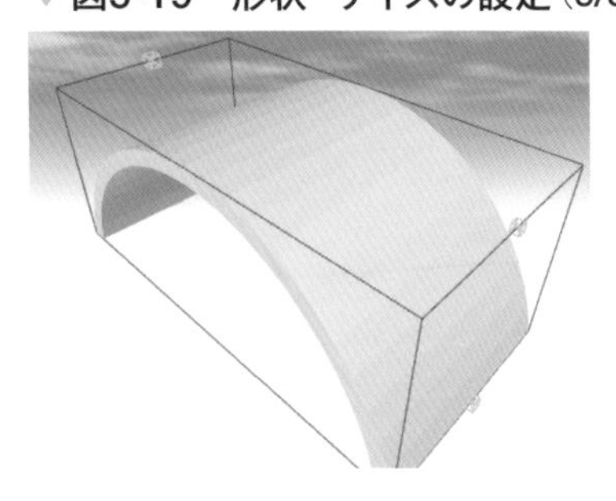

3 コピーしたパーツ上でショートカットメニューを表示し、［左右反転］をクリックする

4 Ctrl を併用して両方のパーツを選択する

5［立体化］（立体化）をクリックする

6 3D多角形プラグインのダイアログボックス（下絵を消去しますか?）で［はい］をクリックする

## Step 5 形状・サイズの設定 （図5-15）（図5-16）（図5-17）（図5-18）（図5-19）

1 パーツプロパティの［詳細設定］をクリックする

2［RX］に「90」を入力して、画面切り替えで［全体表示］（ ）をクリックする

作成したパーツの基準が垂直方向（90°）に変更されます（**図5-17**）。

3 パーツプロパティの［H］に「2850」を入力する

屋根パーツAが完成します。

## Step 6 屋根パーツBの作成 （図5-20）（図5-21）（図5-22）（図5-23）（図5-24）（図5-25）

1 **Step 2**の操作手順で［下絵］の図形データを読み込む

2 3D多角形プラグインでタブの［断面形状］を選択する

3 ツールバーの［多角形入力］をクリックする

4 下絵を基準に頂点（**A**）から順番に残りの点（**B→C→D**）をクリックして、最後に始点（**A**）をクリックする

5 上辺の線上をクリックする

6 ショートカットメニューの［円弧状に変形］を選択する

7［半径指定］を選択して「2871」を入力する

8 円弧を配置する方向を指示してクリックする

9 同様に下辺の線上をクリックする

10［円弧状に変形］を選択して［半径指定］に「2671」を入力する

11［立体化］をクリックする

12 パーツプロパティ［詳細設定］➡［RX］に「90」を入力する

▼図5-20　屋根パーツBの作成（1/6）

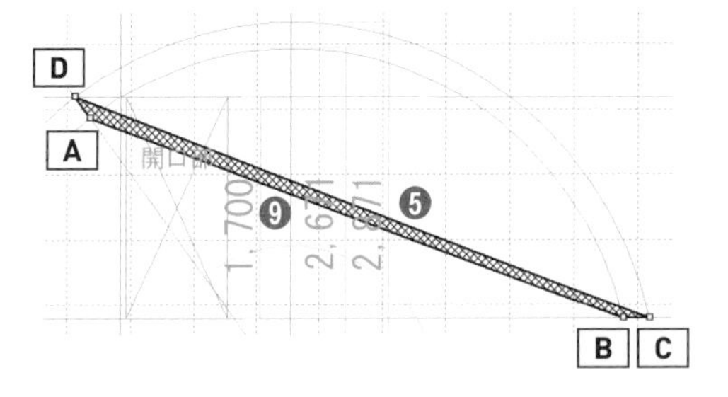


▼図5-21　屋根パーツBの作成（2/6）

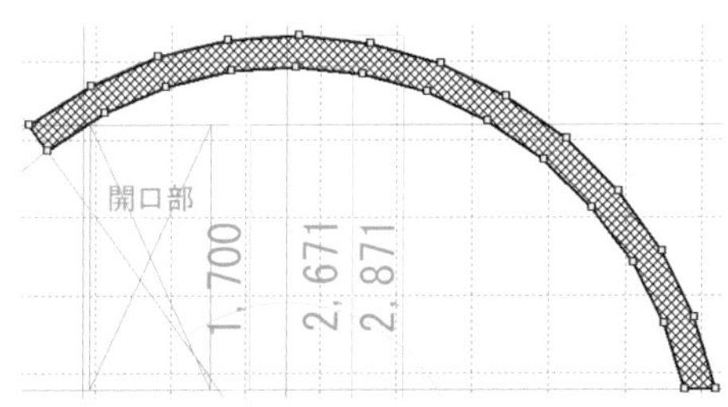


作成したパーツを移動します。

13［数値移動］に「2850」を入力し、上向きのZボタンをクリックする

14画面切り替えで［全体表示］をクリックする

15パーツプロパティの［H］に「9070」を入力する

## Step 7 屋根パーツCの作成 （図5-26）（図5-27）（図5-28）（図5-29）（図5-30）

1 Step 2の手順で［下絵］の図形データを読み込む

2 3D多角形プラグインでタブの［断面形状］を選択する

3 ツールバーの［多角形入力］を選択する

4 下絵を基準に頂点（A）から順番に残りの点（B→C）をクリックして、最後に始点（A）をクリックする

5 上辺の線上をクリックする

6 ショートカットメニューの［円弧状に変形］を選択する

7［半径指定］を選択して「2671」を入力する

8 円弧を配置する方向を指示してクリックする

Step 4の手順を参考にします。

9 ショートカットメニューの［隣接コピー］➡［右

▼図5-22　屋根パーツBの作成（3/6）

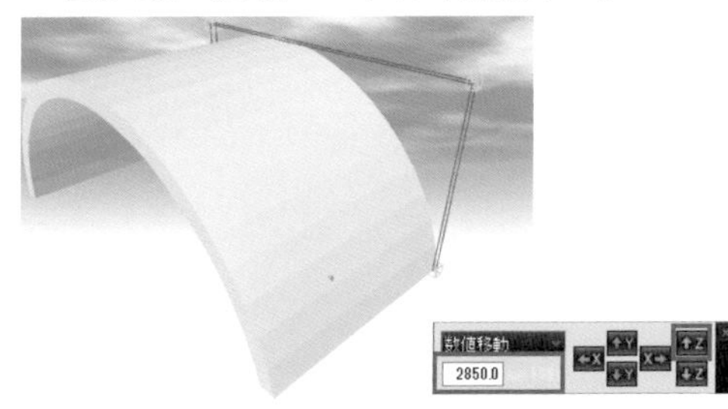


▼図5-23
屋根パーツBの作成（4/6）

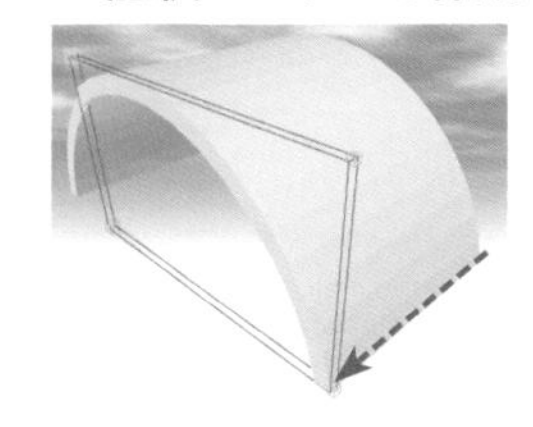

▼図5-24
屋根パーツBの作成（5/6）

| 名称: | 3D多角形 |
|---|---|
| W: | 4170.7 mm |
| D: | 2266.0 mm |
| H: | 9070.0 mm |

▼図5-25
屋根パーツBの作成（6/6）【パーツB】

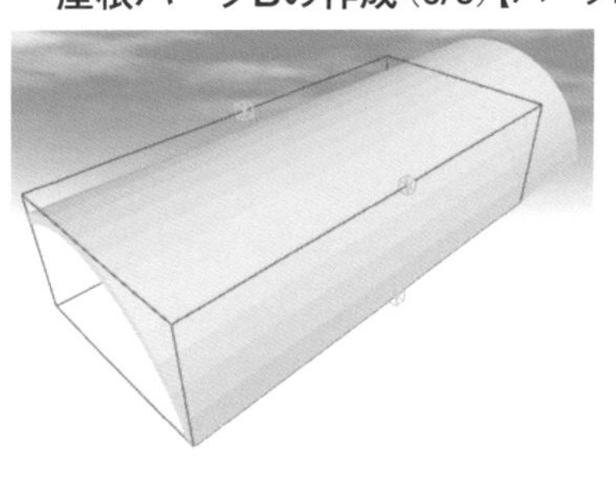

▼図5-26　屋根パーツCの作成（1/5）

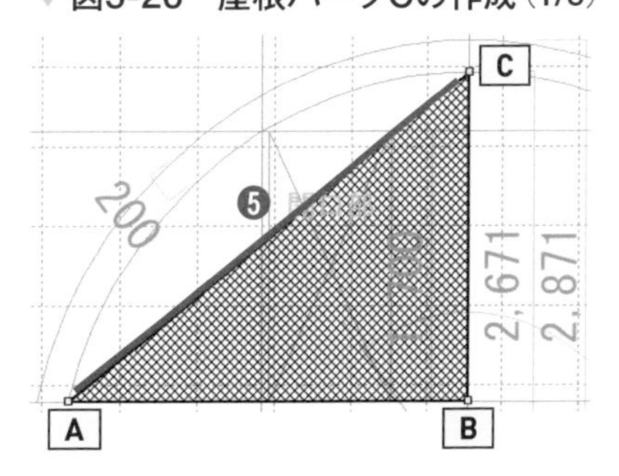


▼図5-27　屋根パーツCの作成（2/5）

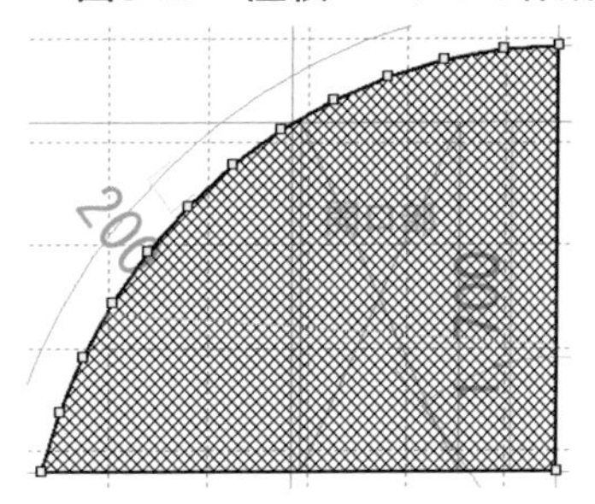

▼図5-28　屋根パーツCの作成（3/5）

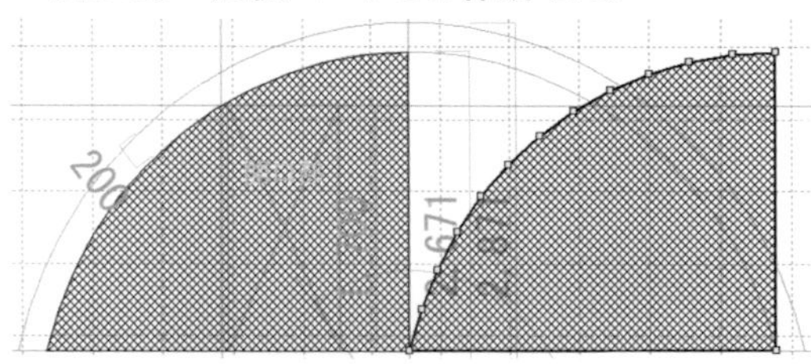

▼図5-29　屋根パーツCの作成（4/5）

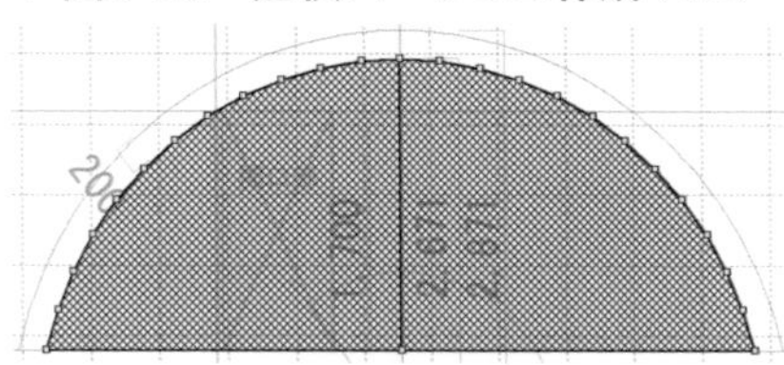

▼図5-30　屋根パーツCの作成（5/5）【パーツC】

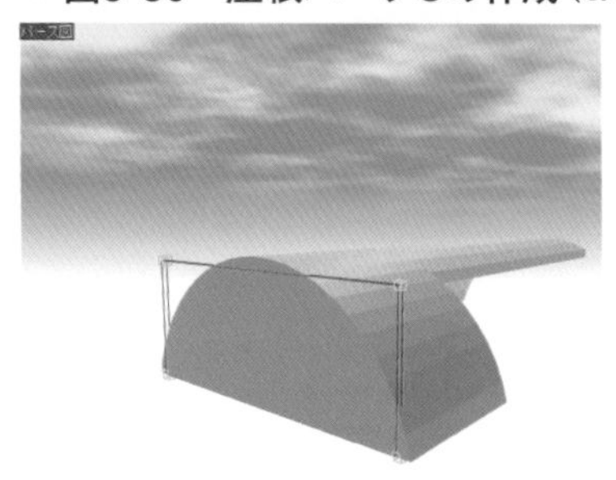

▼図5-31　屋根パーツDの作成（1/3）

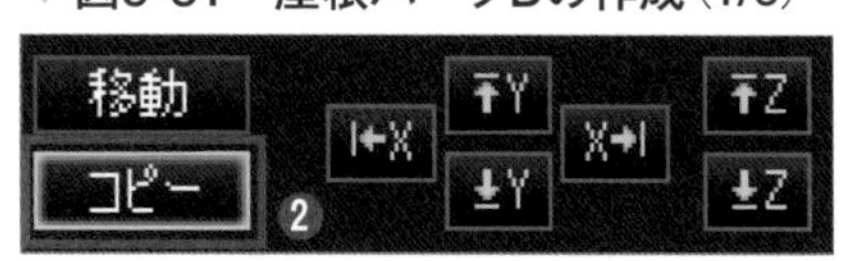


▼図5-32　屋根パーツDの作成（2/3）

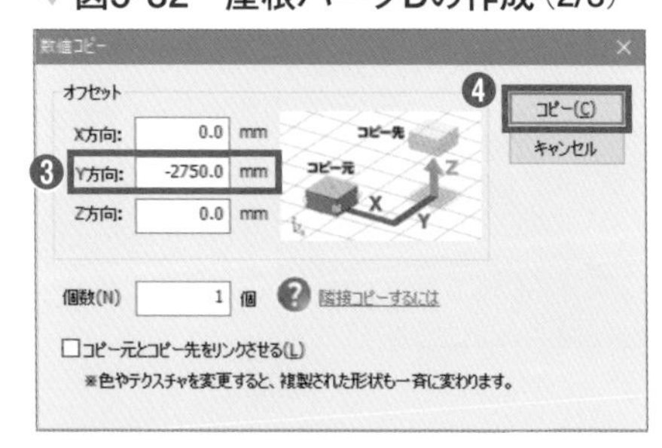


▼図5-33　屋根パーツDの作成（3/3）【パーツD】

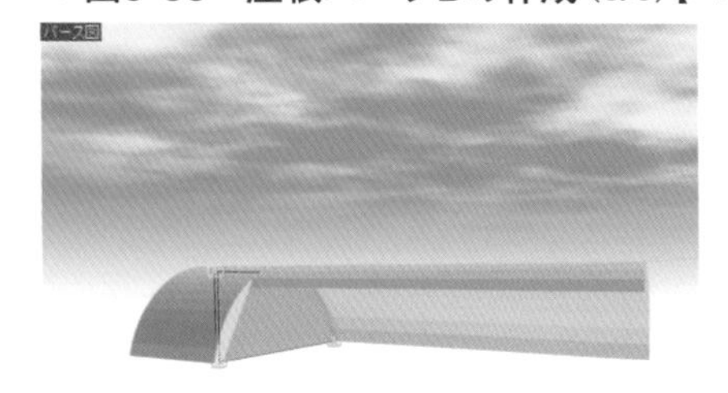

へコピー］をクリックする

10 同様に［左右反転］をクリックする

11 Ctrl を併用して両方のパーツを選択する

12［立体化］をクリックする

13 パーツプロパティの［詳細設定］➡［RX］に「90」を入力する

## Step 8　屋根パーツDの作成

（図5-31）（図5-32）（図5-33）

作成したパーツCをコピーし、パーツDを配置します。

1 パーツCを選択する

2 パーツプロパティの［コピー］をクリックする

3［数値コピー］ダイアログボックスが表示されるので、［Y方向］に「-2750」を入力する

4［コピー］をクリックする

## Step 9　屋根パーツEの作成

（図5-34）（図5-35）（図5-36）

1 **Step 2**の手順で［下絵］の図形データを読み込む

2 3D多角形プラグインでタブの［断面形状］を選択する

3 ツールバーより［多角形入力］を選択する

4 下絵を基準に頂点（**A**）から順番に残りの点（**B→C**）をクリックして、最後に始点（**A**）をクリックする

5 上辺の線上を右クリックする

6 ショートカットメニューの［円弧状に変形］を選択する

7［半径指定］を選択して「2671」を入力する

8 円弧を配置する方向を指示してクリックする

9［立体化］をクリックする

10 パーツプロパティの［詳細設定］➡［RX］に「90」を入力する

11［数値移動］に「11820」を入力し、上向きの［Z］ボタンをクリックする

▼図5-34　屋根パーツEの作成（1/3）

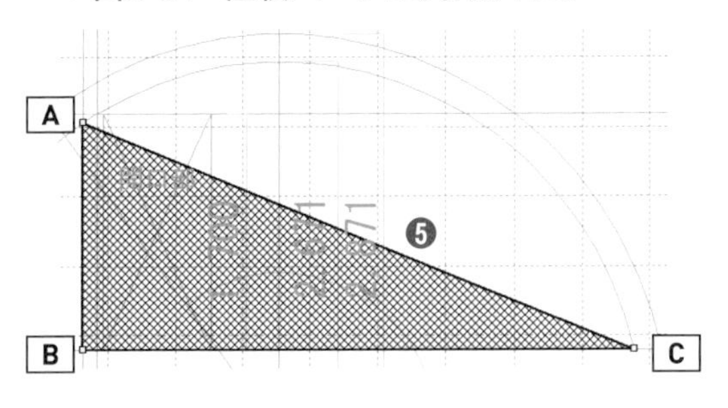


▼図5-35　屋根パーツEの作成（2/3）

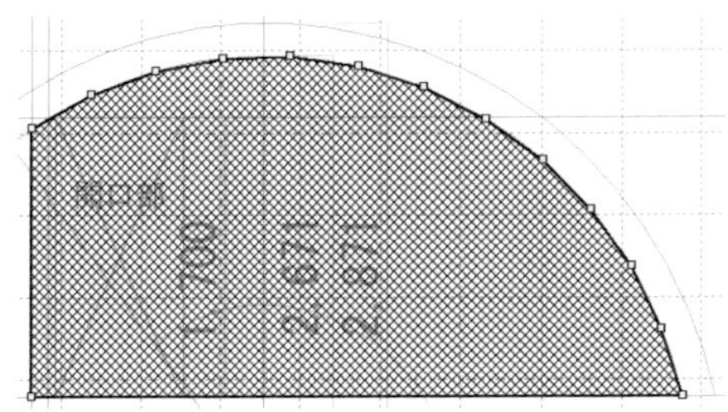

▼図5-36　屋根パーツEの作成（3/3）【パーツE】

▼図5-37　屋根パーツFの作成（1/3）

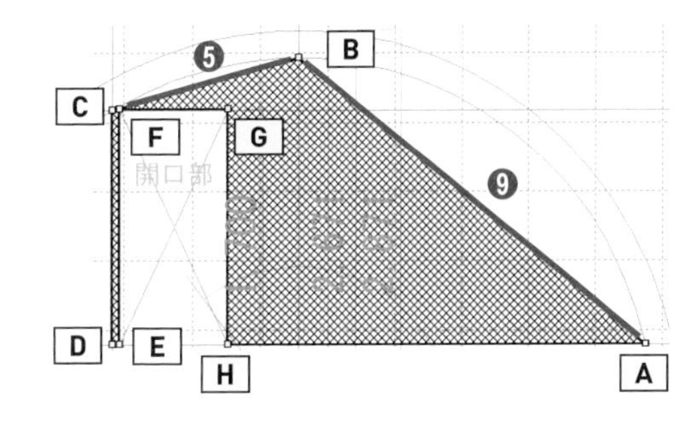


▼図5-38　屋根パーツFの作成（2/3）

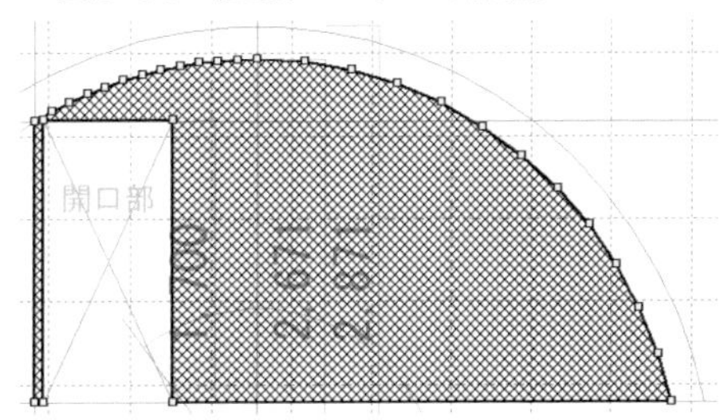

▼図5-39　屋根パーツFの作成（3/3）【パーツF】

## Step 10 屋根パーツFの作成

（図5-37）（図5-38）（図5-39）

1 Step 2の手順で［下絵］の図形データを読み込む
2 3D多角形プラグインでタブの［断面形状］を選択する
3 ツールバーの［多角形入力］を選択する
4 下絵を基準に頂点（**A**）から順番に残りの点（**B→G**）をクリックして、最後に始点（**A**）をクリックする
5 左上辺の線上を右クリックする
6 ショートカットメニューの［円弧状に変形］を選択する
7［半径指定］を選択して「2671」を入力する
8 円弧を配置する方向を指示してクリックする
9 同様に右上辺の線上を右クリックする
10 ショートカットメニューの［円弧状に変形］を選択する
11［半径指定］を選択して「2671」を入力する
12 円弧を配置する方向を指示してクリックする
13［立体化］をクリックする
14 パーツプロパティの［詳細設定］➡［RX］に「90」を入力する
15［数値移動］に「7320」を入力し、上向きの［Z］ボタンをクリックする

## Step 11 屋根パーツの登録

（図5-40）（図5-41）（図5-42）（図5-43）

作成したすべてのパーツを一括選択し、部品として登録します。

**1** 画面切り替えの［上面図］でドラッグする

**2** ショートカットメニューの［グループ化］をクリックする

**3** メニュー［ファイル］➡［現在の階層をパーツ登録］を選択する

▼ **図5-40　屋根パーツの登録（1/4）**

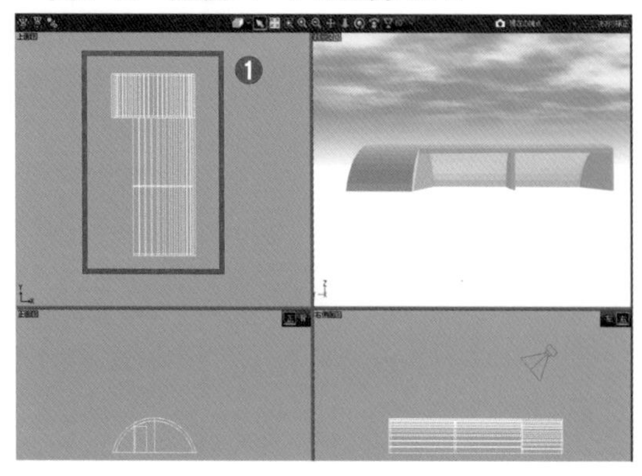

▼ **図5-41　屋根パーツの登録（2/4）**

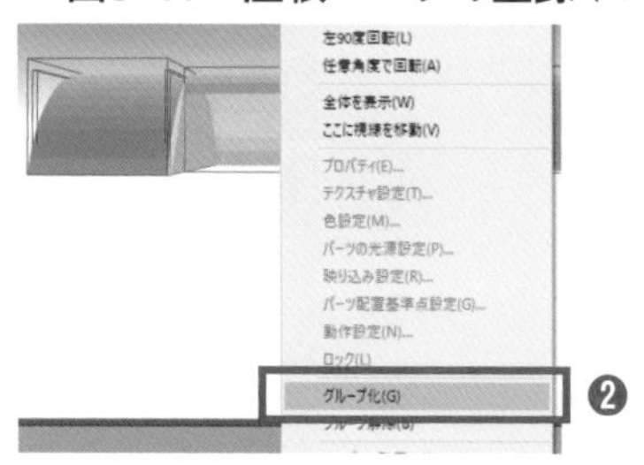


▼ **図5-42　屋根パーツの登録（3/4）**

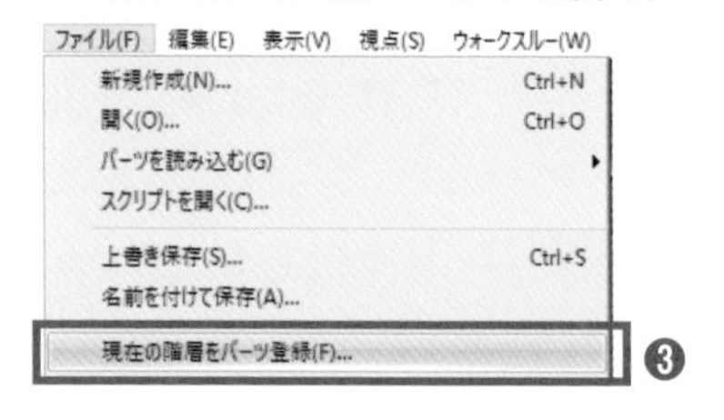


▼ **図5-43　屋根パーツの登録（4/4）**

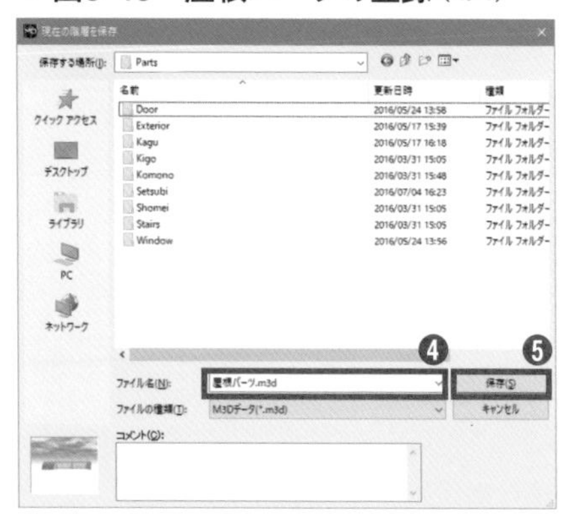


**4**［現在の階層を保存］にファイル名を入力する

- ファイル名：屋根パーツ
- 保存場所：任意のフォルダ内

**5**［保存］をクリックする

## Step 12 屋根の設置 （図5-44）（図5-45）（図5-46）（図5-47）（図5-48）（図5-49）（図5-50）

**1** メニューの［ファイル］より［パーツを読み込む］［M3Dパーツを読み込む］をクリックする

- 読み込むファイル名：屋根パーツ

**2** 操作ボタンの［全体表示］（ ）をクリックする

パーツを全体表示に切り替え、画面切り替えの［平面図］を用いて、パーツの向きを合わせます。

**3** パーツを選択し、ショートカットメニューより［左90度回転］をクリックする

**4**［平面図］と［立面図］を用いて、モデル躯体に屋根パーツを揃えて配置する

調整は「数値移動ツール」（**図5-49**）と「パーツプロパティ」（**図5-50**）を用いると便利です。

▼ **図5-44　屋根の設置（1/7）**

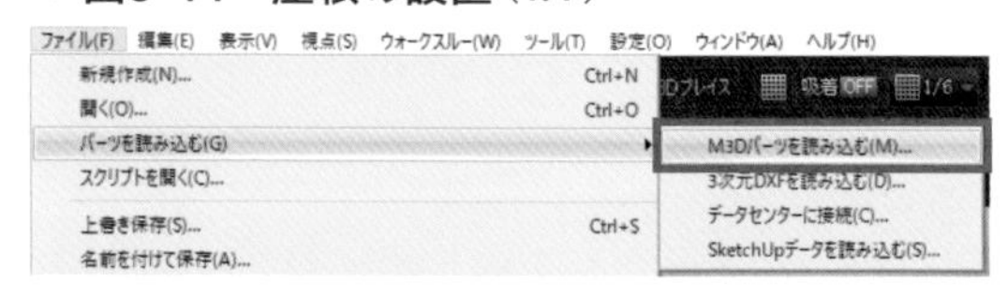


▼ **図5-45　屋根の設置（2/7）**

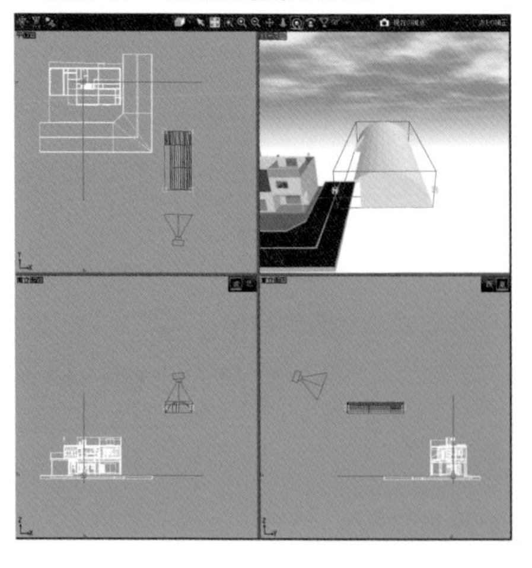

▼図5-46　屋根の設置（3/7）

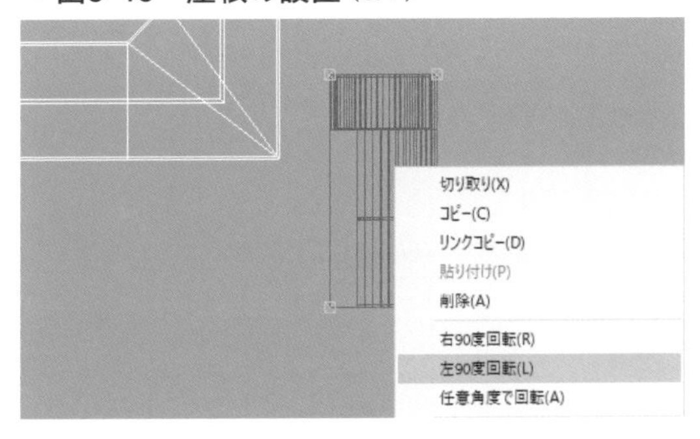


▼図5-47　屋根の設置（4/7）

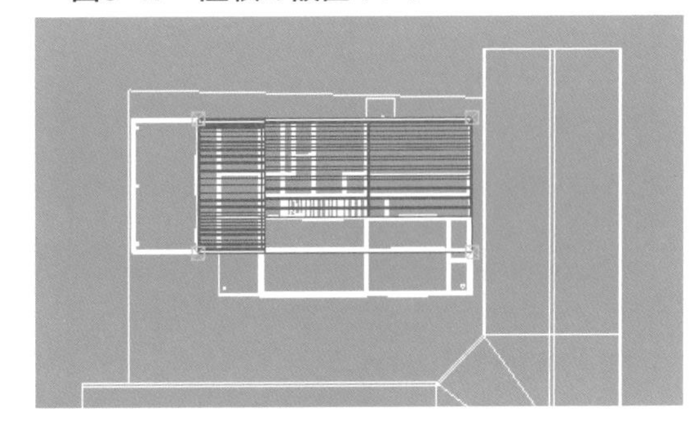

▼図5-48　屋根の設置（5/7）

▼図5-49　屋根の設置（6/7）

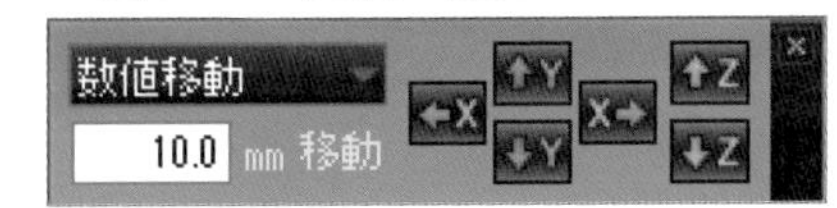


▼図5-50　屋根の設置（7/7）

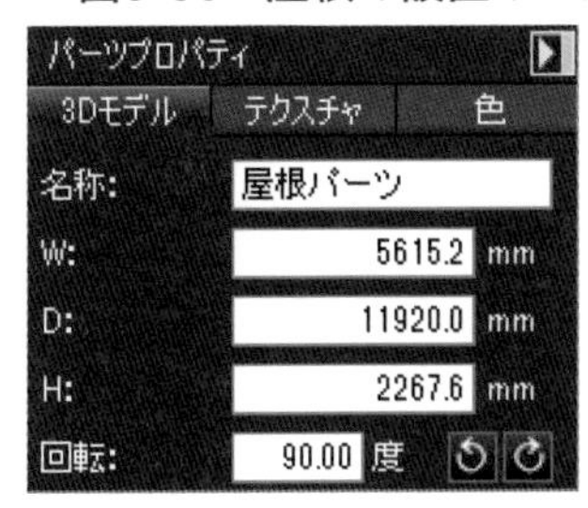


▼図5-51　設備・家具の設置（1/5）

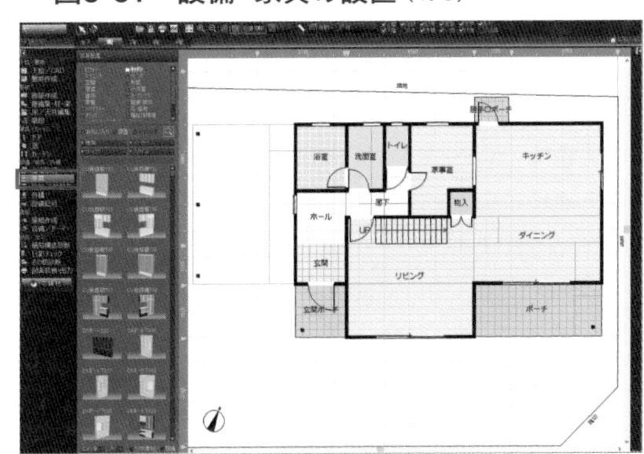


▼図5-52　設備・家具の設置（2/5）

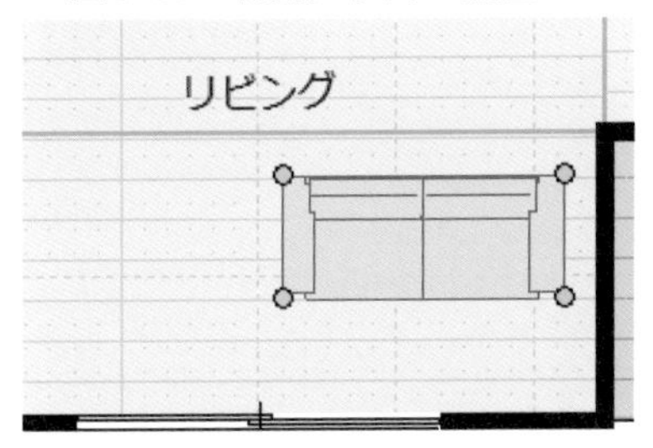

## 5-2 設備・家具の設置

配置図と設備・家具リストを参照し、1階に設備・家具を配置します。

**1** 作図ナビより［家具］を選択する

**2**「KWソファN05」を検索する

設備・家具の配置も検索機能を使用すると便利です（**図5-53**）。

**3** 検索表示されたリストより建具を選択する

**4** 配置図を参考に「右90度」回転して配置する

**5** パーツプロパティの「幅・高さ・奥行き」を確認する

▼図5-53　設備・家具の設置（3/5）

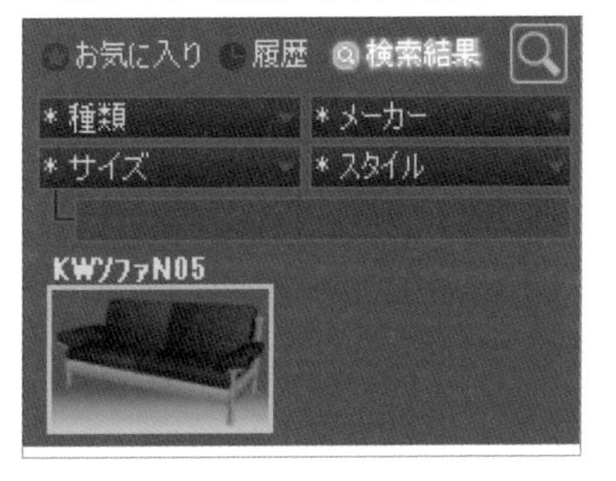

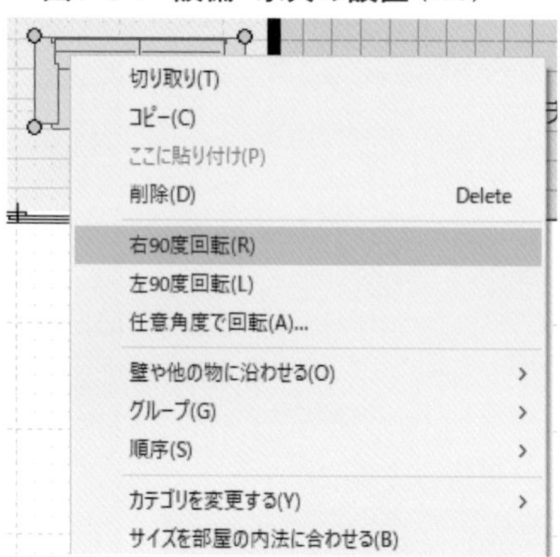


▼図5-54 設備・家具の設置（4/5）

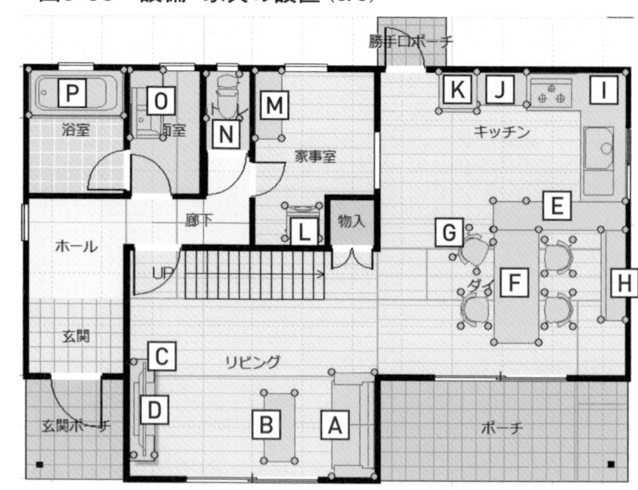


▼図5-55 設備・家具の設置（5/5）

▼表5-1 設備・家具（場所は図5-55）

| No | 分類 | 品番 | 備考 |
|---|---|---|---|
| A | 家具／KWソファ | N05 | |
| B | 家具／TMテーブル | O06 | |
| C | 家具／MGボード | N01 | |
| D | 家具／PIテレビ | N05 | |
| E | 家具／PM食器棚 | S05 | |
| F | 家具／TYテーブル | S05 | |
| G | 家具／KWチェア | G06 | |
| H | 家具／KM棚 | G03 | |
| I | 住宅設備／CUキッチン | T41 | |
| J | 家具／ボード | N03 | |
| K | 家具／MS冷蔵庫 | O01 | |
| L | 家具／MS洗濯機 | R05 | |
| M | 家具／カウンター | A003 | |
| N | 住宅設備／TTトイレ | G04 | |
| O | 住宅設備／CUセンメン台 | T04 | |
| P | 住宅設備／TTバスタブ | T01 | 820×420×1720 |

**6** その他の設備・家具を配置図（**図5-55**）と設備・家具リスト（**表5-1**）を参考に配置する

## 5-3 照明器具の配置

### Step 1 1階に設置する照明器具の選択

図5-56 図5-57 図5-58 表5-2

配置図と照明リストを参照し、1階に照明器具を配置します。

**1** 作図ナビより［照明・天井器具］を選択する

**2** ［スポットライトA009］を検索する

照明器具の配置も検索機能を使用すると便利です。

**3** 検索表示されたリストより照明器具を選択する

**4** パーツプロパティの「幅・高さ・奥行き」を確認する

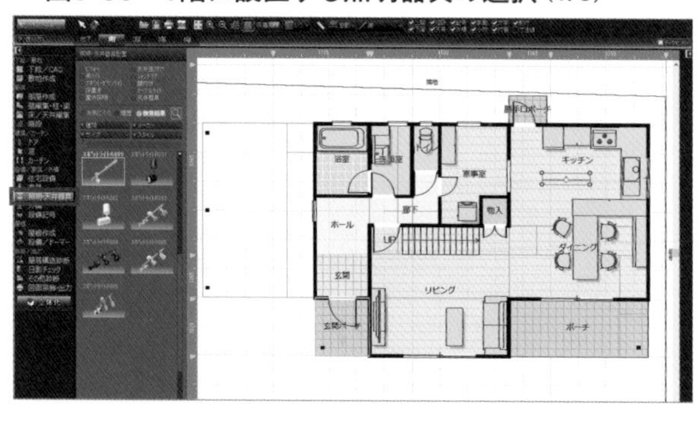

▼図5-56 1階に設置する照明器具の選択（1/3）

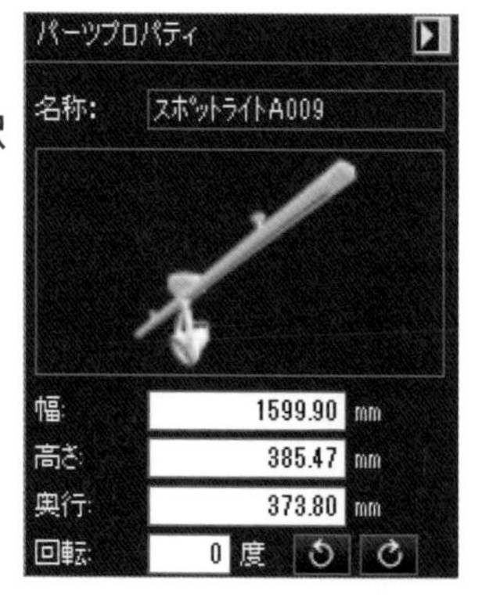


▶図5-57 1階に設置する照明器具の選択（2/3）

▼図5-58　1階に設置する照明器具の選択（3/3）

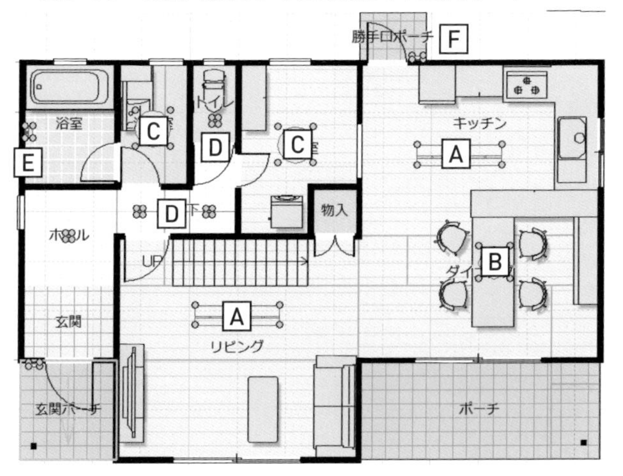


▼表5-2　1階照明器具（場所は図5-58）

| No | 分類 | 品番 | 備考 |
|---|---|---|---|
| A | スポット・ダウンライト／スポットライト | A009 | 1599×385×373 |
| B | 吊ライト／吊ライト | A004 | 600×1200×600 |
| C | 天井直付け／KZシーリング | S01 | 664×146×664 |
| D | スポット・ダウンライト／ダウンライト | D02 | 120×10×120 |
| E | 壁付け／LPブラケット | T05 | 225×225×153 |
| F | 屋外照明／ポーチライト | 03 | 198×198×70（1800） |

▼図5-59　2階に設置する照明の選択

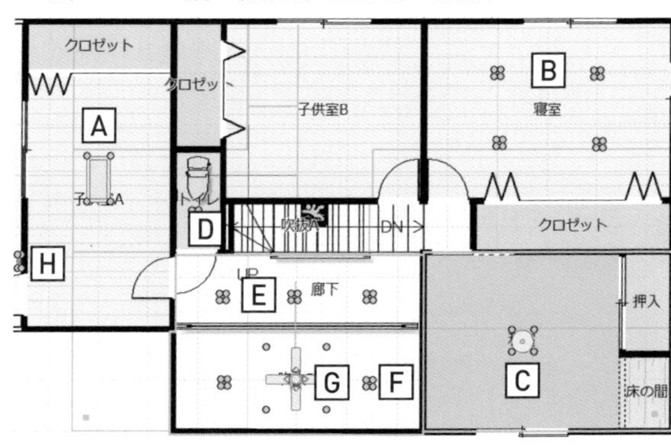


▼表5-3　2階照明器具（場所は図5-59）

| No | 分類 | 品番 | 備考 |
|---|---|---|---|
| A | 天井直付け／ケイコウトウ | J02 | 800×72×427 |
| B | スポット・ダウンライト／ダウンライト（4） | D02 | 120×10×120 |
| C | 吊ライト／吊ライト | R11 | 400×910×400 |
| D | スポット・ダウンライト／ダウンライト | D02 | 120×10×120 |
| E | スポット・ダウンライト／ダウンライト（3） | D02 | 120×10×120（1840:RX 31） |
| F | スポット・ダウンライト／ダウンライト（2） | D02 | 120×10×120（900:RX 31） |
| G | シャンデリア／天ファン | O04 | 1100×1250×1100（-370） |
| H | 屋外照明／ポーチライト | 04 | 235×235×75 |

**5** その他の照明器具を配置図（**図5-58**）と1階照明器具リスト（**表5-2**）を参考に配置する

## Step 2　2階に設置する照明の選択

（図5-59）（表5-3）

配置図と照明リストを参照し、2階に照明器具を配置します。

**1** 照明器具を配置図（**図5-59**）と2階照明器具リスト（**表5-3**）を参考に配置する

表5-3のサイズを参考に「配置高」や「取付角度」を調整します。

### ［照明の設定変更］

照明器具の設置で「配置高」や「取付角度」の調整が必要なときは、パーツプロパティの［詳細設定］で設定します。

## Step 3　3階に設置する照明器具の選択

（図5-60）（表5-4）

配置図と照明リストを参照し、3階に照明器具を配置します。

**1** 照明器具を配置図と【3階照明器具】リストを参考に配置。

**表5-4**のサイズを参考に「配置高」や「取付角度」を調整します。

▼図5-60　3階に設置する照明の選択

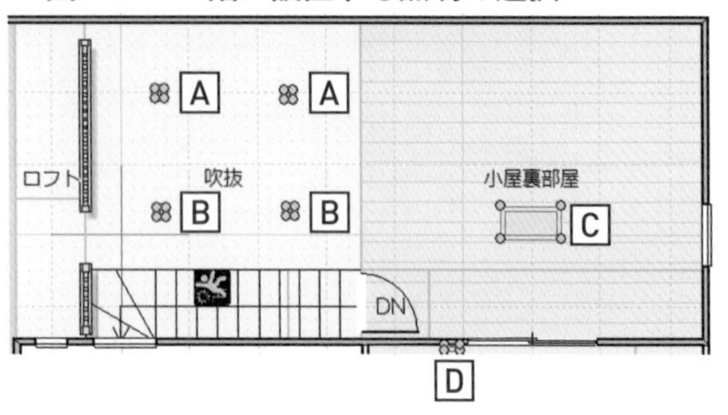


▼表5-4　3階照明器具（場所は図5-60）

| No | 分類 | 品番 | 備考 |
|---|---|---|---|
| A | スポット・ダウンライト／ダウンライト | D02 | 120×10×120（1320:RX -40） |
| B | スポット・ダウンライト／ダウンライト | D02 | 120×10×120（2080:RX -5） |
| C | 天井直付け／ケイコウトウ | J02 | 800×72×427（2030） |
| D | 屋外照明／ポーチライト | 03 | 198×198×70（1500） |

▼図5-61　外観の確認（1/2）

▼図5-62　外観の確認（2/2）

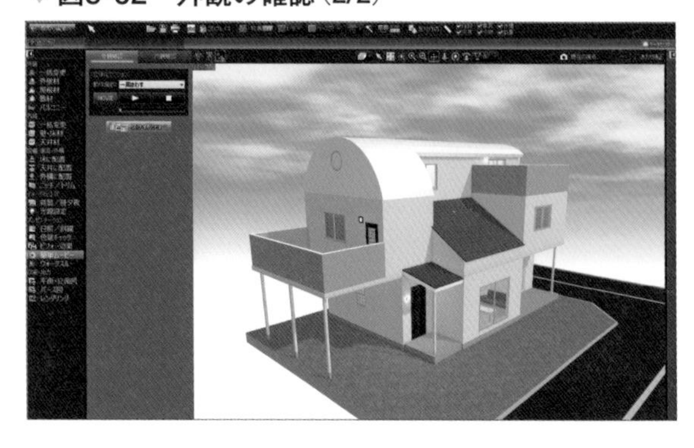

## 5-4 立体化

立体化による建物の外観と内観を確認します。

### Step 1 外観の確認 （図5-61）（図5-62）

**1** 作成ナビの［立体化］をクリックする

視点の向きや方向を変更して、表示された建物の外観パースを確認することができます（図5-62）。

### Step 2 内観の確認 （図5-63）（図5-64）

**1**［内観確認］をクリックする

内観パース（鳥瞰図）が表示され、各階ごとに切り替えて確認できます（図5-63）。

## 5-5 テクスチャの配置

外装や内装の各部テクスチャを変更できます。

### Step 1 外装の変更 （図5-65）（図5-66）（図5-67）

**1** 作図ナビの［外壁材］を選択する

**2**［テクスチャ］タブを選択し、登録されているスタイルをクリックする

**3** 設定する外壁や屋根をクリックする

テクスチャを連続して設定する場合は［連続ON］にしておきます。

▼図5-63　内観の確認（1/2）

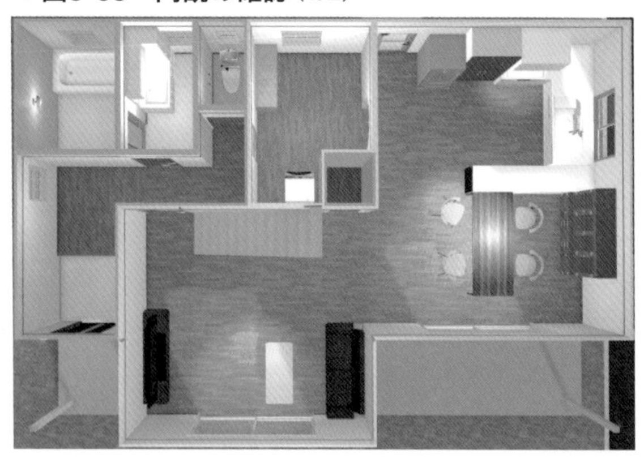

▼図5-64　内観の確認（2/2）

▼図5-65　外装の変更（1/3）

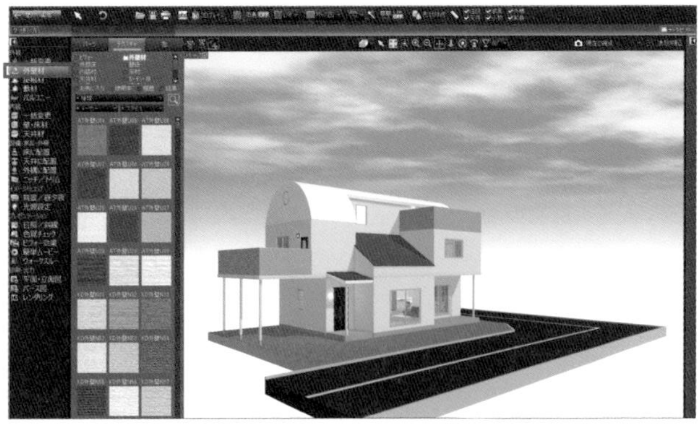

▼図5-66　外装の変更（2/3）

## Step 2 内装の変更

（図5-68）（図5-69）

**1** 作図ナビの［壁・床材］を選択する

登録されているテクスチャを項目ごとに選択できます。

**2**［壁紙］➡［壁紙U010］を選択する

**3** 設定する内壁をクリックする

# 5-6 その他の設定

## Step 1 トップライトの設置

（図5-70）（図5-71）（図5-72）

**1** フロアタブの［2階］を選択する

**2** 作図ナビの［設備・ドーマー］を選択する

**3**「屋根設備配置」➡［天窓］をクリックする

**4**［天窓R15］を選択する

**5** **図5-71**を参考に2階屋根をクリックする

**6**「天窓プロパティ」の幅に「1400」、高さに「1340」を入力する（勾配に合わせる）

## Step 2 バルコニーの変更

（図5-73）（図5-74）（図5-75）

**1**［立体化］をクリックする

**2** 作図ナビの［バルコニー］を選択する

**3**［手摺10］を選択する

**4** 変更するバルコニーをクリックする

既存のバルコニーをクリックすると変更できます。

▼図5-67　外装の変更（3/3）

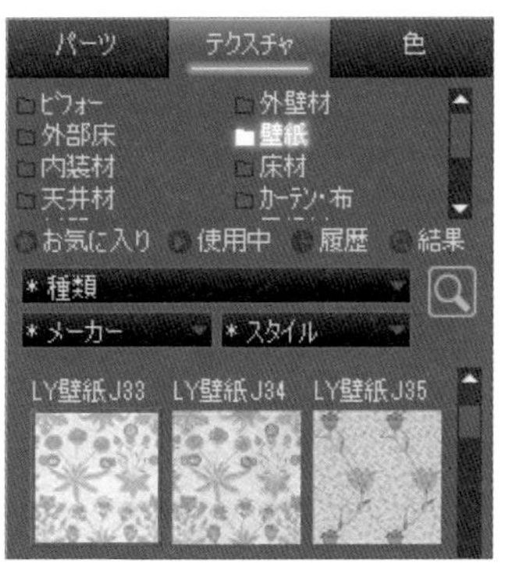


◀図5-68 内装の変更（1/2）

▼図5-69　内装の変更（2/2）

▼図5-70
トップライトの設置（1/3）

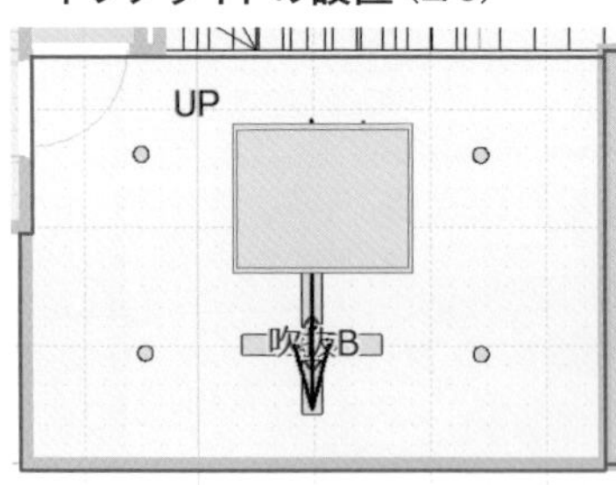


▼図5-71
トップライトの設置（2/3）

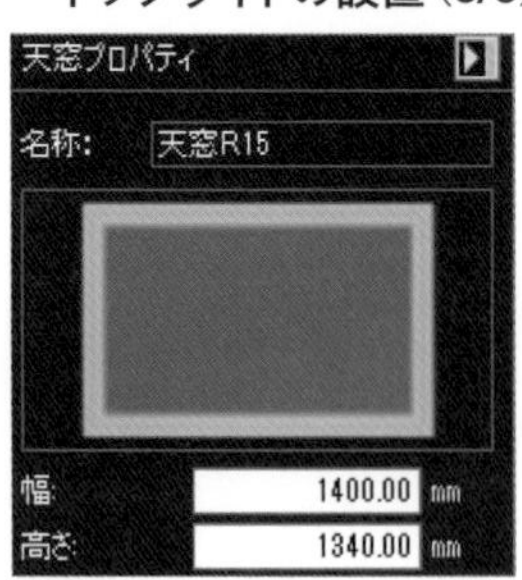


▼図5-72
トップライトの設置（3/3）

▼図5-73　バルコニーの変更（1/3）

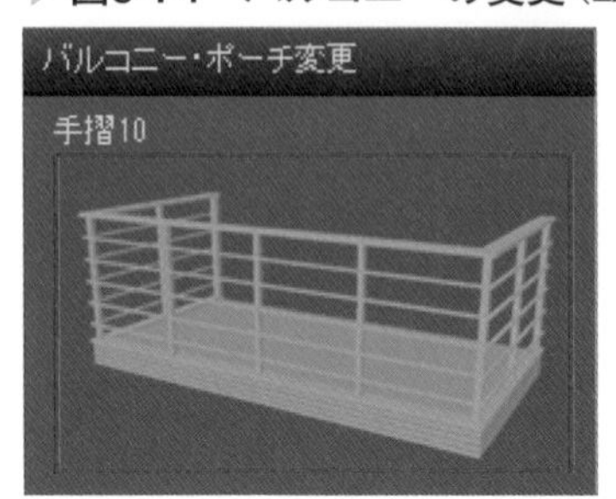


▶図5-74　バルコニーの変更（2/3）

▼図5-75　バルコニーの変更（3/3）

▼図5-76　ハシゴの設置（1/4）

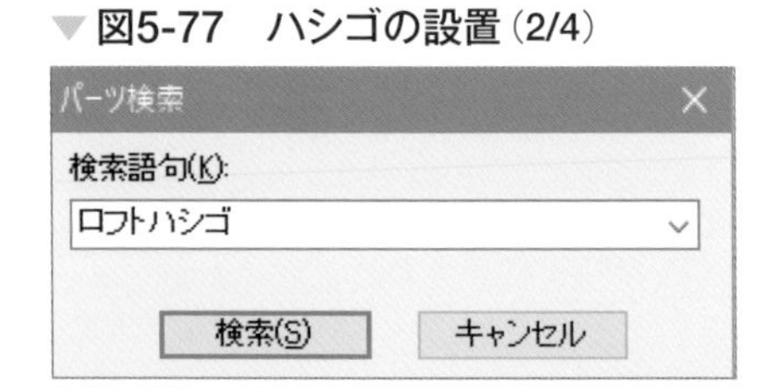


▼図5-77　ハシゴの設置（2/4）

### Step 3　ハシゴの設置

図5-76　図5-77　図5-78　図5-79

ロフト用のハシゴ（**図5-76**）を設置します。

**1** 作図ナビの［床に配置］を選択する
**2**「ロフトハシゴ」で検索する
**3** フロアタブの［２階］を選択する
**4** 平面図の配置位置をクリックする
平面図で［子供室Ｂ］のロフトへ接するように配置します。
**5**［パーツプロパティ］の［W］に「750」、［H］に「2800」を入力する

## 5-7　外構の作成

門扉、門塀、フェンスを作成します（**図5-80**）。

### Step 1　門塀の作成

図5-81　図5-82　表5-5

**1** 形状作成ツールの［壁］を選択する
**2** 図5-82と表5-5を参考に壁を設置する

▼図5-78
ハシゴの設置（3/4）

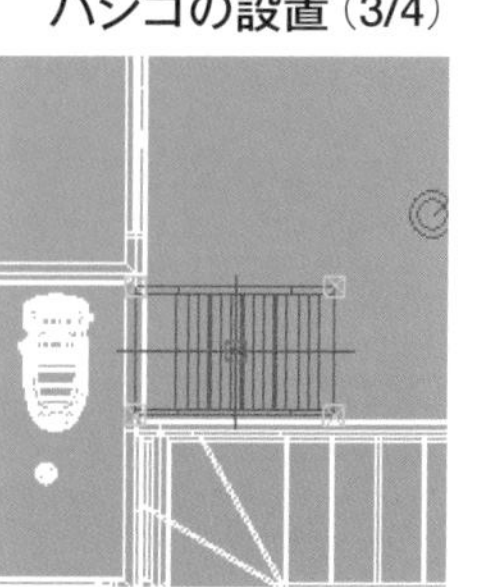

▼図5-79
ハシゴの設置（4/4）

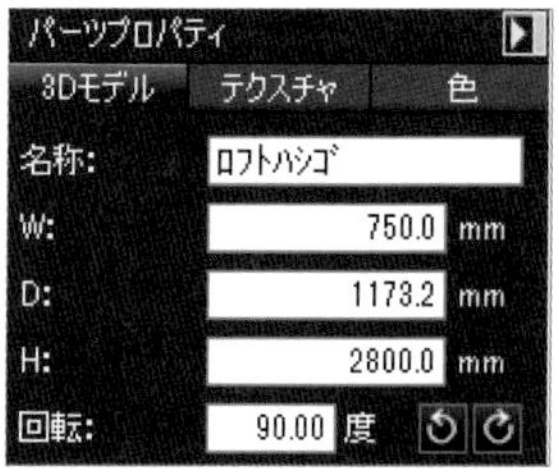

パーツプロパティ

| 3Dモデル | テクスチャ | 色 |
|---|---|---|
| 名称: | ロフトハシゴ | |
| W: | 750.0 | mm |
| D: | 1173.2 | mm |
| H: | 2800.0 | mm |
| 回転: | 90.00 | 度 |

▼図5-80　外構の作成

壁の作図は「立体化の表示分割」の［平面図］を利用してドラッグ操作で行います。

## Step 2 門扉の配置 （図5-83）（図5-84）

1 作成ナビの［外構に配置］を選択する
2 ［エクステリア］をクリックする
3 ［TX門扉O22］を選択する
4 ［平面図］上の設置位置をクリックする
門塀（B-C）の間隔に合わせます。

## Step 3 境界壁の配置 （図5-85）（図5-86）

敷地の境界に接する位置に境界壁とフェンスを配置します。

1 図5-86と表5-6を参考にStep 1と同様に形状作成ツールの［壁］を使用して境界壁を作成します。
「幅」「奥行」「高さ」は表5-6を参考にして調整します。

▼図5-81　門塀の作成（1/2）

▼図5-82　門塀の作成（2/2）

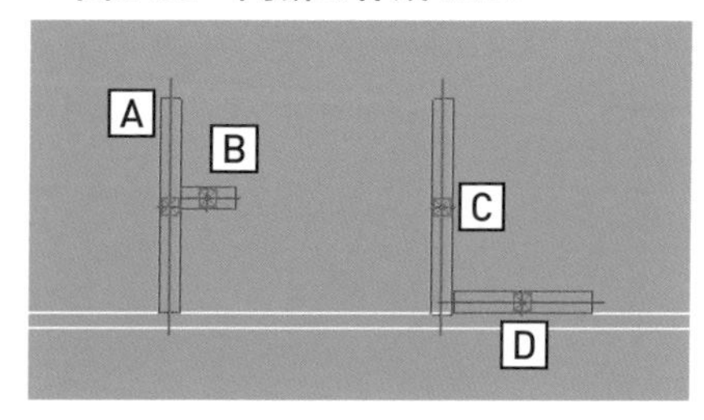


▼表5-5　各門塀のサイズ

| 部位 | 幅 | 奥行 | 高さ | Z座標 |
|---|---|---|---|---|
| A | 1500 | 150 | 1200 | 600 |
| B | 400 | 150 | 1200 | 600 |
| C | 1500 | 150 | 1200 | 600 |
| D | 1000 | 150 | 1200 | 600 |

▼図5-83　門扉の配置（1/2）

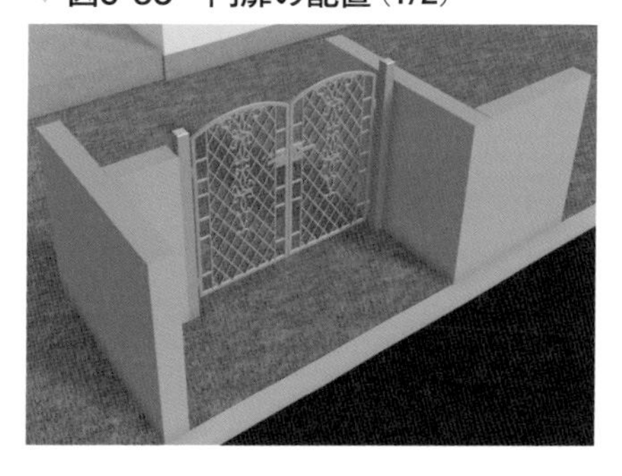

▼図5-84　門扉の配置（2/2）

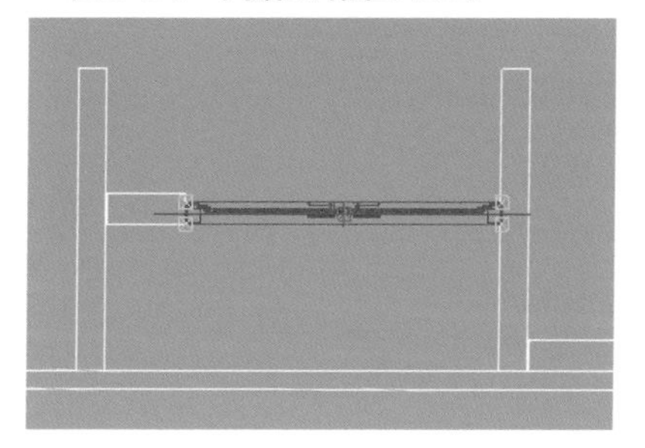

▼図5-85　境界壁の配置（1/2）

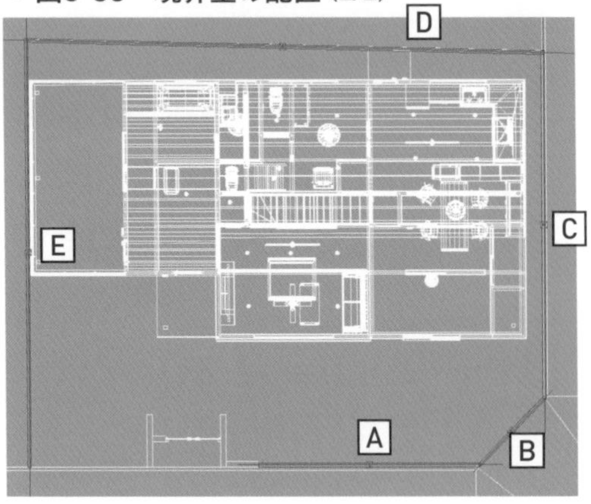


▼図5-86　境界壁の配置（2/2）

▼表5-6　境界壁のサイズ

| 部位 | 幅 | 奥行 | 高さ | Z座標 |
|---|---|---|---|---|
| A | 6600 | 100 | 400 | 200 |
| B | 2800 | 100 | 400 | 200 |
| C | 10000 | 100 | 400 | 200 |
| D | 15400 | 100 | 400 | 200 |
| E | 13000 | 100 | 400 | 200 |

▼図5-87　フェンスの配置（1/3）

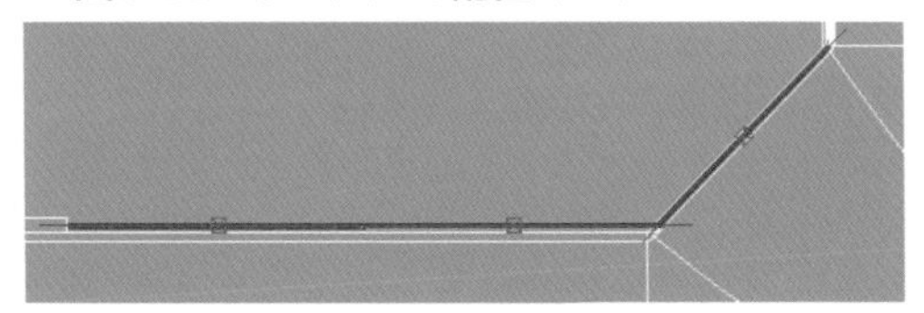

▼図5-88　フェンスの配置（2/3）

▼図5-89　フェンスの配置（3/3）

パーツのプロパティ
パーツ名(N): TXフェンスG07　OK
幅(W): 3300.0　X: 1509.2　RX(A): 0.00　プレビュー(P)
奥行(D): 55.0　Y: −8227.0　RY(B): 0.00　元に戻す(U)
高さ(H): 805.0　Z: 400.0　RZ(C): 0.00　キャンセル
□ロック(L)　□階層リストに表示(T)　☑集計対象にする(K)　光源設定(J)...
□マウスドラッグでサイズと向きの変更を可能にする　映り込み(S)...　ウィザード(I)...
□壁や他の物に沿わせる

## Step 4　フェンスの配置

（図5-87）（図5-88）（図5-89）

**1** 作成ナビの［外構に配置］を選択する

**2**［エクステリア］をクリックする

**3**［TXフェンスG07］を選択する

**4**［平面図］上の設置位置をクリックする

表示分割の［平面図］上で境界壁「A」から「E」の上に設置します。

**5**［パーツプロパティ］の［詳細設定］をクリックし、設置するパーツの［Z］（配置高）に「400」を入力する

複数配置する場合は、右クリックメニューの［コピー］を使用すると便利です。

## Step 5　土間コンクリートの設置

（図5-90）（図5-91）（図5-92）

玄関と駐車場に土間コンクリートの敷設と車庫用門扉を設置します。

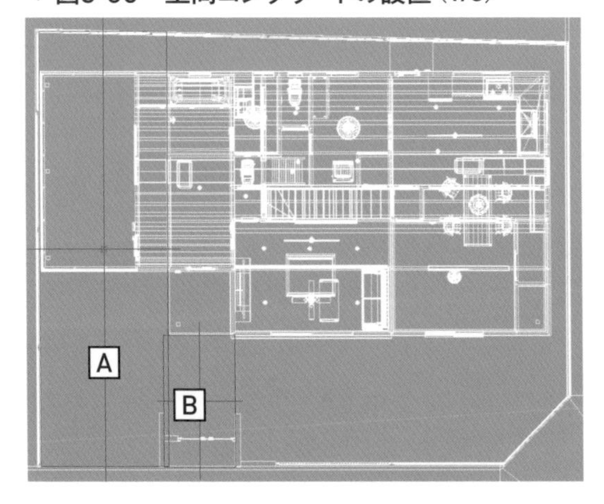


▼図5-90　土間コンクリートの設置（1/3）

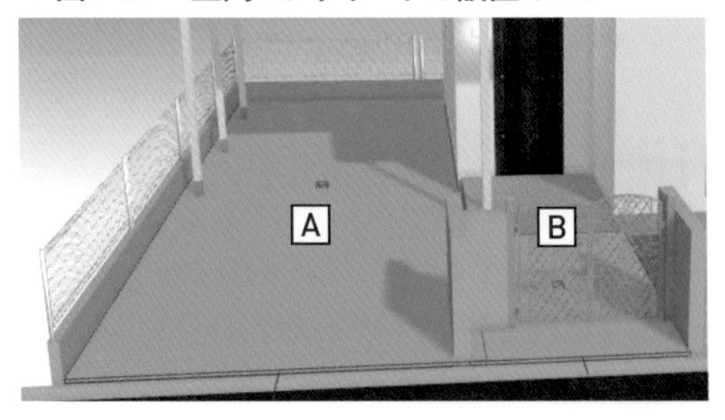


▼図5-91　土間コンクリートの設置（2/3）

**1** 形状作成ツールの［床・天井］を選択する

**2** 図5-90、図5-91を参考に駐車場と玄関に床を設置する

壁の作図は「立体化の表示分割」の［平面図］を利用してドラッグ操作で行います。

**3**［パーツプロパティ］の［詳細設定］➡［高さ］に「30」を入力する

**4** Step 2と同様の操作で［エクステリア］をクリックする

**5**［TX伸縮門R01］を選択する

**6**［平面図］上の設置位置をクリックする

門塀（A）と境界壁（E）の間隔に合わせます。

## Step 6 車の設置

(図5-93)(図5-94)(図5-95)(図5-96)

駐車場に車を配置します（図5-93）。

**1** 作成ナビの［外構に配置］を選択する

**2**［乗り物］をクリックする

**3**［クルマH02］を選択する

**4**［平面図］上の設置位置をクリックする

車の配置は「立体化の表示分割」の［平面図］を利用すると便利です。

**5**［パーツプロパティ］の［Z］に「30」を入力。する

## Step 6 植栽の配置

(図5-97)(図5-98)(図5-99)(図5-100)(図5-101)

庭に「芝」や「樹木」のテクスチャを配置します（図5-97、図5-98）。

**1** 作成ナビの［敷材］を選択する

**2**［芝生L01］を選択する

**3** 庭の作図エリアをクリックする

**4** 同様の操作で［花・植栽］を選択する

**5**［樹木02］を選択する

**6** 庭の作図エリアをクリックする

**7** その他の樹木も同様の操作で配置する

▼図5-92　土間コンクリートの設置（3/3）

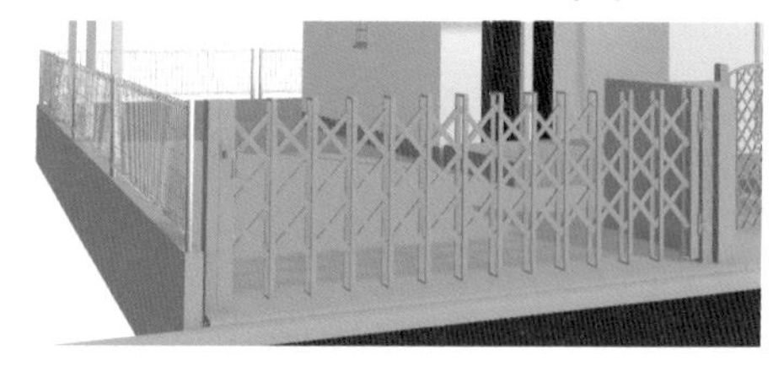

▼図5-93　車の設置（1/4）

▼図5-94　車の設置（2/4）

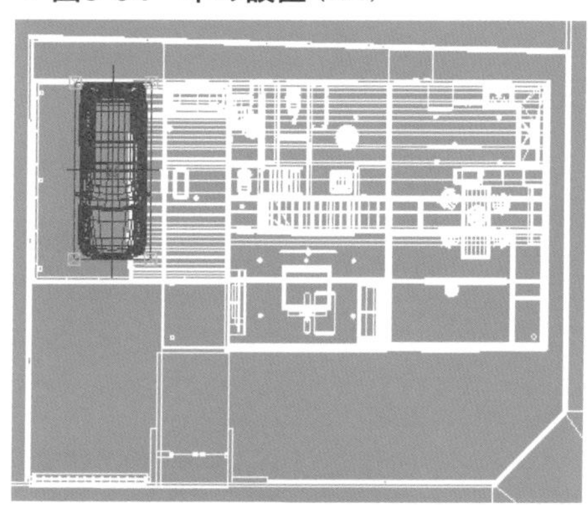

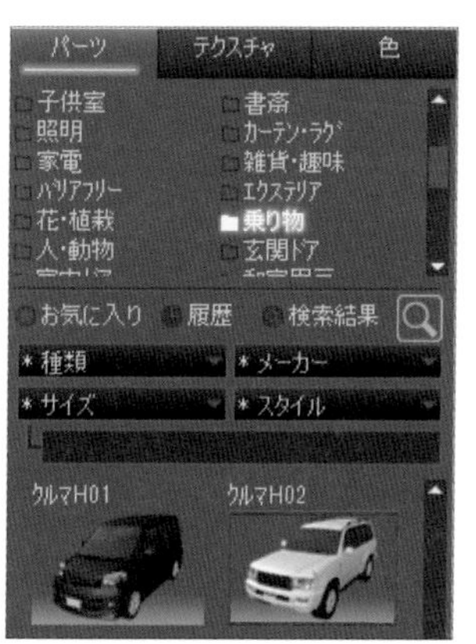


◀図5-95　車の設置（3/4）

▼図5-96　車の設置（4/4）

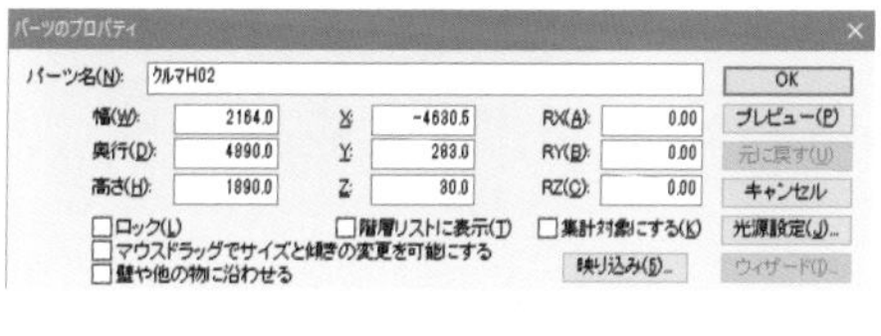

パーツのプロパティ

| | | | | | | |
|---|---|---|---|---|---|---|
| パーツ名(N): | クルマH02 | | | | | OK |
| 幅(W): | 2164.0 | X: | -4630.5 | RX(A): | 0.00 | プレビュー(P) |
| 奥行(D): | 4890.0 | Y: | 263.0 | RY(B): | 0.00 | 元に戻す(U) |
| 高さ(H): | 1890.0 | Z: | 30.0 | RZ(C): | 0.00 | キャンセル |

□ロック(L)　□階層リストに表示(T)　□集計対象にする(K)　光源設定(J)...
□マウスドラッグでサイズと傾きの変更を可能にする　映り込み(S)...　ウィザード(I)...
□壁や他の物に沿わせる

▼図5-97　植栽の配置（1/5）

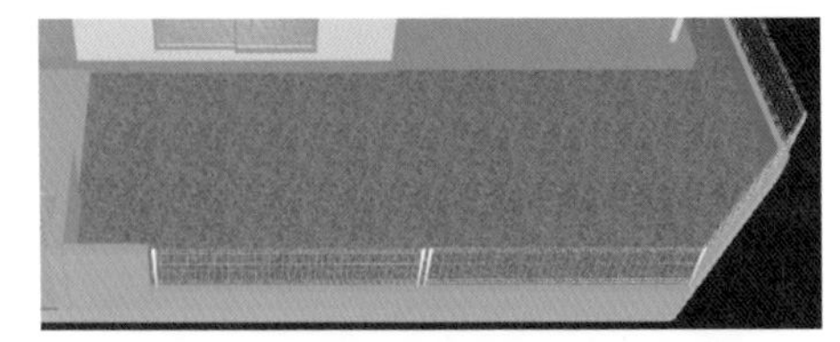

▼図5-98　植栽の配置（2/5）

▼図5-99　植栽の配置（3/5）

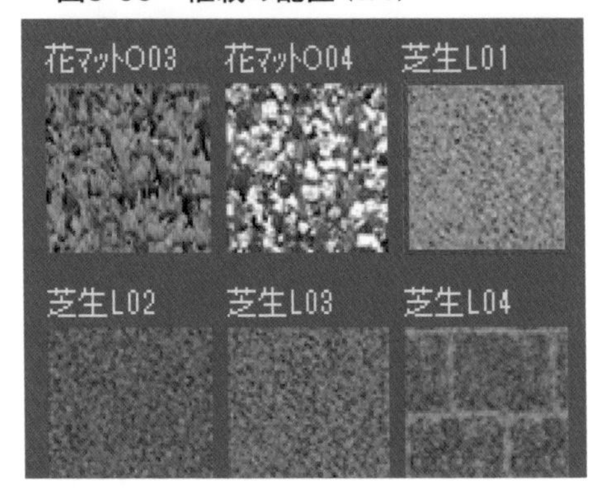


▼図5-100　植栽の配置（4/5）

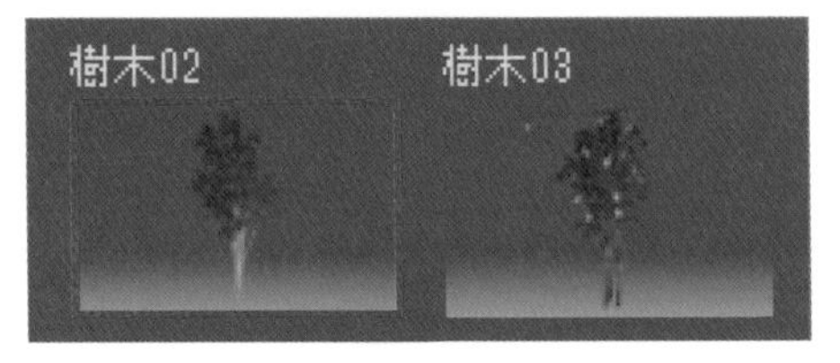


▼図5-101　植栽の配置（5/5）

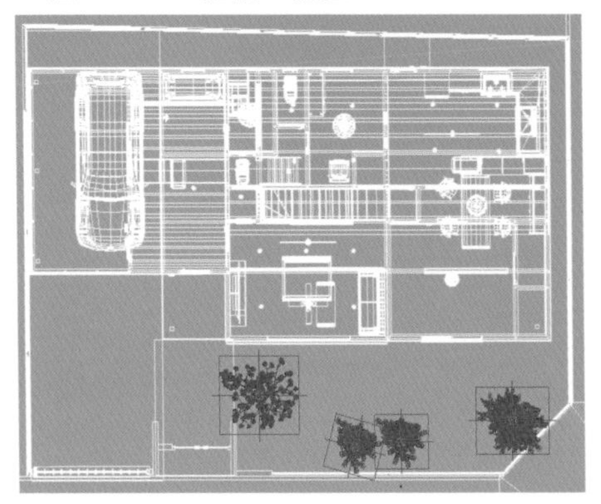

## 5-8 イメージ仕上げ

### Step 1 パノラマイメージ設定

図5-102 図5-103 図5-104

**1** 作図ナビの［背景／昼夕夜切替］を選択する

**2** 登録されている背景画像の［夕景03］をクリックする

選択をした時点で背景の設定が自動的に変更されます。

**3** タブの［前景設定］を選択する

登録されている前景画像を選択し、設定することができます。

**4** タブの［昼夕夜切替］を選択する

**5**［夜］をクリックする

「昼」「夕方」「夜」を簡単に切替えて背景設定を確認できます。

▼図5-102　パノラマイメージ設定（1/3）

▼図5-103　パノラマイメージ設定（2/3）

▼図5-104　パノラマイメージ設定（3/3）

▼図5-105　ウォークスルー（1/3）

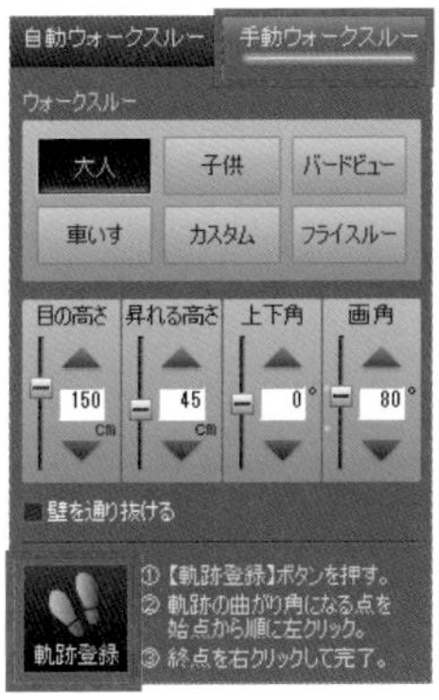

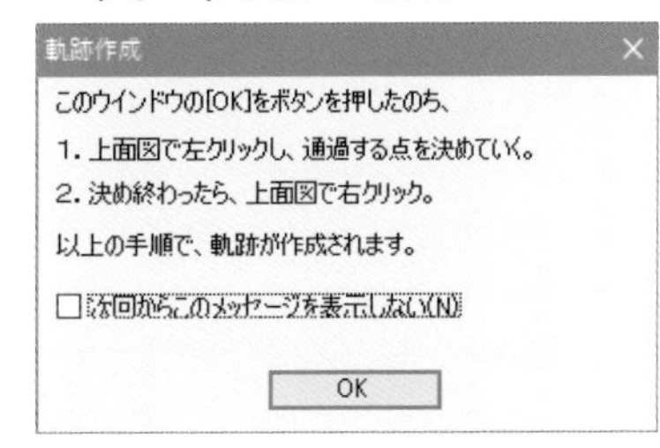

◀図5-106 ウォークスルー（2/3）

# 5-8 プレゼンテーションのアニメーション作成

## Step 1 ウォークスルー

(図5-105)(図5-106)(図5-107)

室内などを歩く軌跡を登録し、再生することができます。

**1** 作成ナビの［ウォークスルー］を選択する
**2** タブの［手動ウォークスルー］を選択する
**3**［軌跡登録］をクリックする
**4**「軌跡作成」を確認する

## Step 2 軌跡の設定

(図5-108)(図5-109)

**1**［平面図］上で開始位置から歩く順番（軌跡❶→❻）に図面上を左クリックする

歩く途中に［ドア］がある場合、マウスカーソルを建具に合わせクリックすると扉を開閉できます。

**2** 最終位置をクリックしたら、右クリックする
**3**「軌跡作成」を確認する

▼図5-107 ウォークスルー（3/3）

軌跡作成

このウインドウの[OK]をボタンを押したのち、
1. 上面図で左クリックし、通過する点を決めていく。
2. 決め終わったら、上面図で右クリック。
以上の手順で、軌跡が作成されます。
☐ 次回からこのメッセージを表示しない(N)
OK

▼図5-108　軌跡の設定（1/2）

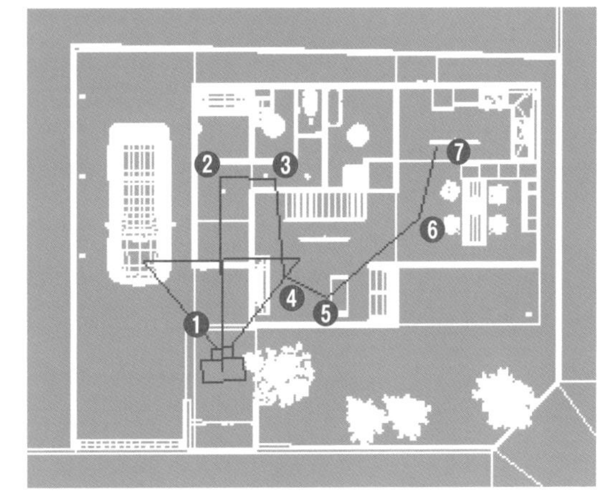

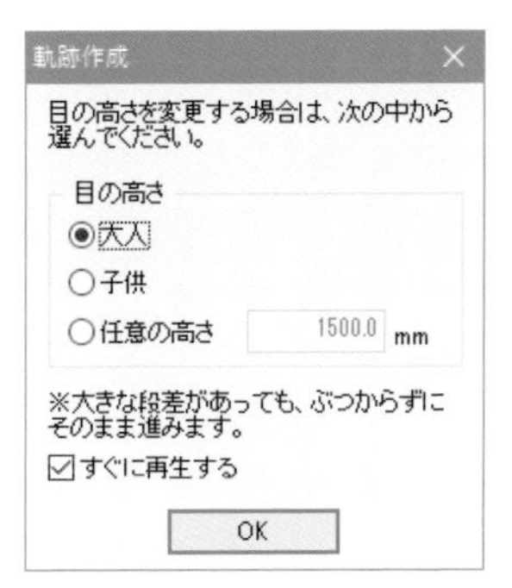

◀図5-109 軌跡の設定（2/2）

▼図5-110　軌跡の再生（1/2）

▼図5-111
軌跡の再生（2/2）

▼図5-112
方向パッド

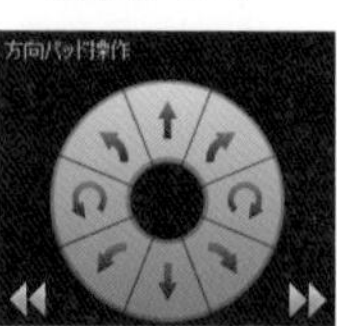

## Step 3 軌跡の再生 （図5-110）（図5-111）

1 パレットの［再生する軌跡］から再生させたいリストを選択する
2 ［再生］ボタンをクリックする

### ［ 方向パッドの操作 ］

ウォークスルーの作成は［方向パッド］（図5-112）でも行うことができます。

Chapter 6

# 住宅の設計
## 木造2階建て専用住宅の計画と設計

本章では、「将来の高齢化を考慮した2階建て専用住宅」の計画・設計演習をとおして住宅の計画から設計までの考え方やバリアフリー、エスキースの手順などを学びます。

本章で利用するデータはダウンロードすることができます。ダウンロード方法やダウンロードに必要なパスワードなどは本書のP.2（「はじめに」の左ページ）を参照してください。

## 6-1 設計条件

テーマは「将来の高齢化を考慮した専用住宅（木造2階建て）」です。将来の高齢化を考慮した専用住宅（車庫付き）を計画してください。計画に当たっては、次の点に留意してください。

- 1階部分を高齢者対応とし、高齢者の利用に十分配慮する
- 2階部分の廊下や階段なども、高齢者に配慮する
- リビング、夫婦室（寝室）、子供室は、日当たりに配慮する
- 道路から、駐車スペースおよび玄関への動線を考慮した配置計画にする
- 周囲の環境などを考慮して設計する

### 建物・敷地条件

- 建物用途：専用住宅
- 敷地　　：第一種低層住居専用地域（防火・準防火地域の指定はない）、建ぺい率50%以下、容積率100%以下。敷地は、平坦地で、地盤面と道路面および隣地との高低差はなく、地盤は良好。電気・水道・ガスの引き込みは可能で、公共下水道は完備
- 敷地面積：19m×16m（304$m^2$）
- 構造　　：木造2階建て
- 延べ面積：150$m^2$～170$m^2$
- 家族構成：夫婦、子供2人（女子大学生、男子高校生）

### 所要室

**表6-1**に挙げる所要室を設計してください。必要に応じて適宜追加しても構いません。

## 6-2 計画の進め方

本格的長寿社会を迎え、高齢者が安心して生

▼**表6-1　所要室**

| 所要室 | 設置階 | 特記事項 |
|---|---|---|
| 玄関 | 1階 | ●アプローチにはスロープを設ける |
| リビング | 1階 | ●リビング・ダイニング・キッチンを1室にまとめてもよい |
| ダイニング | 1階 | ●計23$m^2$以上とする |
| キッチン | 1階 | ●勝手口を設ける |
| 客室（和室） | 1階 | ●和室6畳以上とする |
| 夫婦室（寝室） | 1階 | ●洋室13$m^2$以上とし、シングルベット2台を置く<br>将来の高齢化に備え、バリアフリー対応とする |
| 浴室 | 1階 | ●3$m^2$以上とする。夫婦室の近くに配置する |
| 洗面脱衣室 | 1階 | ●3$m^2$以上とする。夫婦室の近くに配置する |
| （バリアフリー対応） | 1階 | ●幅は介助のスペースを含めて心々1,365mm以上とする |
| トイレ | 1階 | ●夫婦室の近くに配置する |
| 納戸 | 1階 | ●2畳以上とし、上下階に納戸を設けて、将来EV対応できるようにする |
| 子供室（2室） | 2階 | ●1室につき、洋室9$m^2$以上とする |
| 予備室（和室） | 2階 | ●和室6畳以上とする |
| 洗面室 | 2階 | ●コーナーでもよい |
| トイレ | 2階 | |
| 納戸 | 2階 | ●2畳以上とし、上下階に納戸を設けて、将来EV対応できるようにする |
| 駐車・駐輪スペース | | ●敷地内に小型乗用車（5人乗り）2台分（1台はバリアフリー対応）の<br>屋外駐車スペースを設ける<br>●敷地内に自転車3台分の屋外駐輪スペースを設ける |

（注1）廊下の幅は心々1,365mm以上、階段の幅は心々1.100mm以上とする　（注2）手すりを玄関、廊下、階段、浴室、トイレに設ける

▼表6-2　高齢者の身体機能の特徴

| 機能 | 特徴 | 対応 |
|---|---|---|
| 身体機能 | 骨格・筋力の低下 | 建築的には身体の安全性に対する確認が必要。各部の設計では、長寿設計対応指針を参考にする |
| 生理機能 | 生理的な適応力の低下 | 冷暖房・換気・日照・通風の確保・均一な室温・防音性能・遮音性能の検討が必要。室配置としては、トイレと寝室を近くに配置することや緊急通報システムの設置等がある |
| 生活スタイル | 余暇時間の増加 | 眺望・換気・日照・通風の確保・屋外への動線計画等が大切になる |
| 感覚機能 | 視覚・聴覚・味覚・臭覚・触覚の低下 | 照明・色彩・遮音・均一な室温・転倒防止・床暖房・専用のキッチン設置等が必要 |
| 心理機能 | 適応能力の低下 | 収納スペースの確保やわかりやすい操作機器等の計画が必要 |



活できるようにすることが、住宅政策の重要な課題となっています。高齢化社会とは、65歳以上の人口比率が7%以上である状態をいいます。

本テキストでは、2級建築士試験レベルの課題をとおしながら、木造2階建て住宅の設計の進め方について解説します。

## 設計の基本的な考え方

### [ 住宅計画の進め方 ]

課題は、将来の高齢化に対応する計画であり、夫婦2人・子供2人（女子大学生・男子高校生）を想定しています。接道の位置関係や方位について十分留意しながら、住宅の基本型を理解して平面計画を考える必要があります。

住宅計画の進め方としては、居住者の生活上のプライバシーを保ちながら、居住者の温かい家族を形成させるコミュニケーションスペースの計画、およびその住宅が外部環境などと調和を保つように計画しなければなりません。

また、家族の生活には、個人のプライバシー、家族のコミュニケーション、接客の3要素とこれらを支える家事サービス、生理衛生、レクリエーションなどの要素があります。

最初に考えなければならないのは、敷地や家族構成からの与条件に対して住宅として最低限必要な機能を満足することです。そのためには、「住宅としての基本型」を知る必要があります。

### [ 高齢者居住の考え方 ]

本来、住宅はあらゆる年齢や身体状況に対応しなければなりません。これからの住宅は、高齢者、幼児、妊婦、ハンディキャップを持つ人々に対する配慮を一般的な条件として扱っていくことが必要です。特に高齢化への配慮としては、次の3点が重要です。

- 安全に対する配慮
- 自立に対する配慮（車いすを使用するようになった場合）
- 介護に対する配慮（家族による介護や医療による住宅内介護が必要になった場合）

### [ 高齢者の身体機能の特徴とその対応 ]

配慮すべき点は**表6-2**のとおりです。

## 計画上の留意点

### [ 住宅の敷地条件 ]

一般的に、良好な住環境を得るための敷地条件は、**図6-1**のように整理できます。

### [ 住宅の機能と空間 ]

住宅の設計は、建物だけではなく外部空間も含めた敷地全体の空間で検討することが必要です。外部空間である庭やアプローチ、エントラ

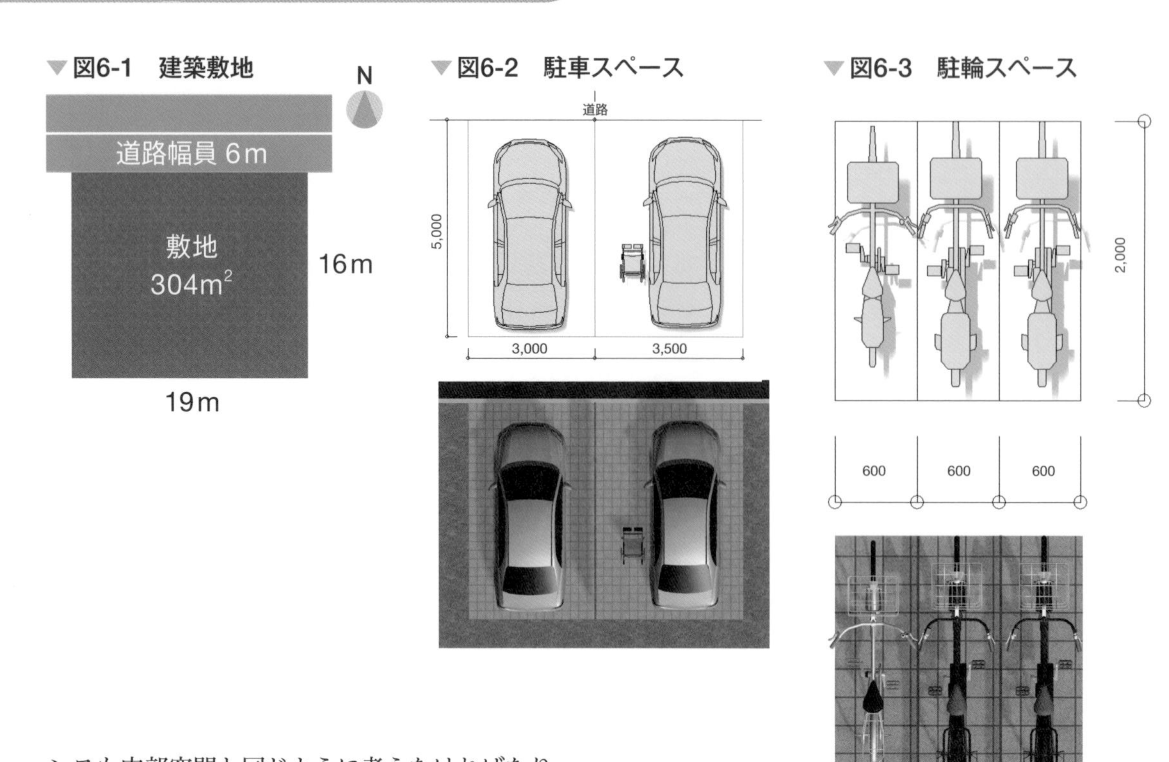


▼図6-1 建築敷地

▼図6-2 駐車スペース

▼図6-3 駐輪スペース

ンスも内部空間と同じように考えなければなりません。

## 所要室の機能と大きさ

### [ 駐車・駐輪スペース ] 図6-2 図6-3

一般的に駐車スペースは、玄関近くに配置して玄関までスムーズにアプローチできるよう計画します。駐車スペースと玄関が離れると雨の日や買い物後の荷物を運ぶ際も不便です。

敷地が2つの道路に面する角地、あるいは交差点等となっている敷地は、危険回避のために車の出入口を交差点から離すようにします。

セダンタイプの車の大きさは、幅1,800mm、長さ4,500mm程度です。両側が壁や建物の場合は、車の両側に乗り降りのためのスペースを確保すると、幅3,000mm、長さ5,000mmが必要になります。車いす使用の際は乗り降りにゆとりが必要なため、幅3,500mm以上必要になります。また、縦列駐車の場合は、長さが7,000mm以上必要となります。

駐輪スペースを道路に直接面して配置すると、盗難等の危険性が高くなります。そのため、一度敷地内に自転車を入れてから駐輪する計画としましょう。自転車置き場の前面には、2,000mm程度の空きスペースを確保すると、出し入れがスムーズに行えます。駐輪に必要なスペースは、1台当たり幅600mm、長さ1,800mm以上です。駐輪スペースも駐車スペースと同様に設計の早い段階で計画しておきます。

### [ リビング ] 図6-4

リビングは家族の団らん・娯楽の場であると共に、接客や食事など他の生活行為の場を含んで設ける場合もあります。リビングは家族の滞留する場で、そこでの過ごし方は家族の個性になることから、設計の満足度を左右するとても重要な空間です。

リビングの配置には、大別すると住宅の中央部に設ける場合と端部に設ける場合の2つがあります。中央部の場合は、建物の中心になり家族が集まりやすく、端部の場合は、独立性が高くなります。

居間の大きさは、最低15m²（10畳）以上にすることが望まれます。ただし、快適な空間とは、大きな空間を確保するだけではなく、その家族構成に見合った空間の大きさがあります。そのためには、人の動作寸法や家具の寸法も考慮して空間の大きさを決定しなければなりません。そのためには、リビングに設える家具類の基本寸法を把握しておく必要があります。

家全体の性質やイメージは家族構成にもよりますが、椅子座を用いる場合は、4人家族で3,640mm×5,460mm（12畳）程度の広さが必要で、床座の場合は、3,640mm×4,550mm（10畳）程度の広さが必要です。

ソファは、肘掛一人椅子の場合、800mm×800mmの大きさとなります。また、2人掛け3人掛けソファに関しては、コーナーおよび端部の場合、同様に800mm×800mmの大きさとなり、中間のソファは、600mm×800mmの大きさとなります。初学者は、ソファの大きさを間違って小さく捉える場合が多いので注意が必要です。

さらに、家具の配置について、次のとおり検討が必要となります。配置によっては、リビングの大きさが変わってきます。

- ソファの置き方の検討
- AV・TV等の設置場所の検討
- コミュニケーションの取り方（家族間だけでなく、来訪者への対応も検討）

また、配置の仕方としては、対面型、L型、I

▼図6-4　リビング

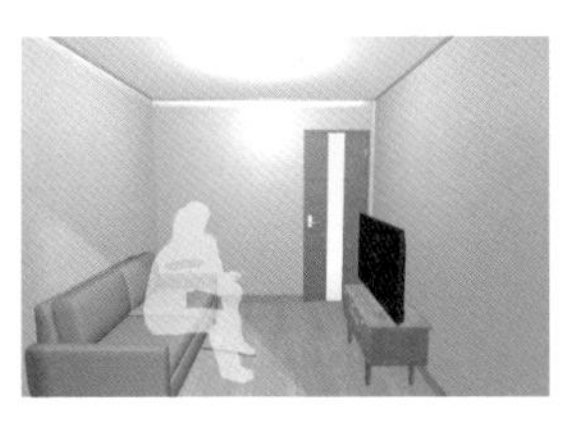

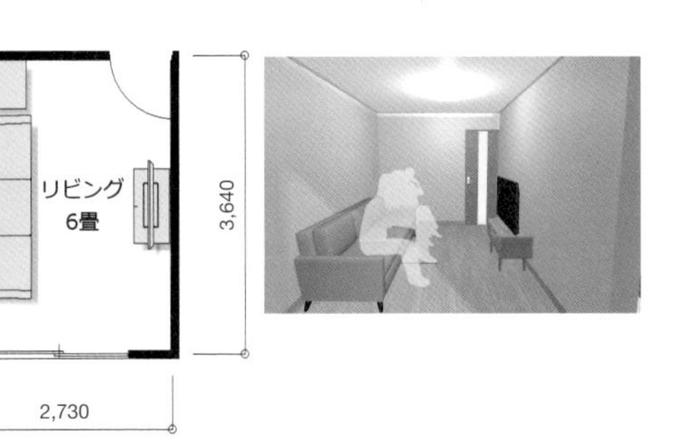


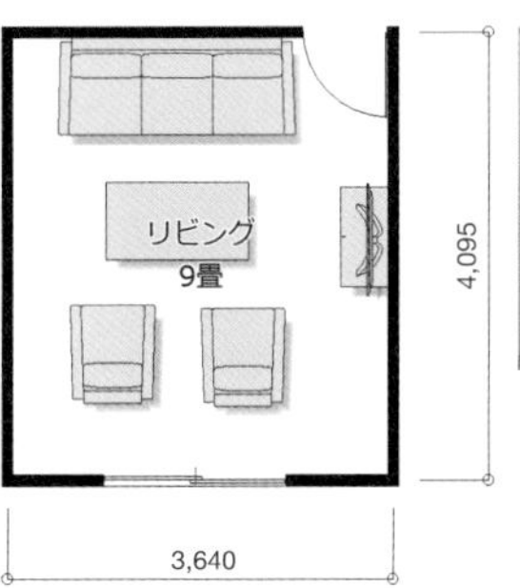

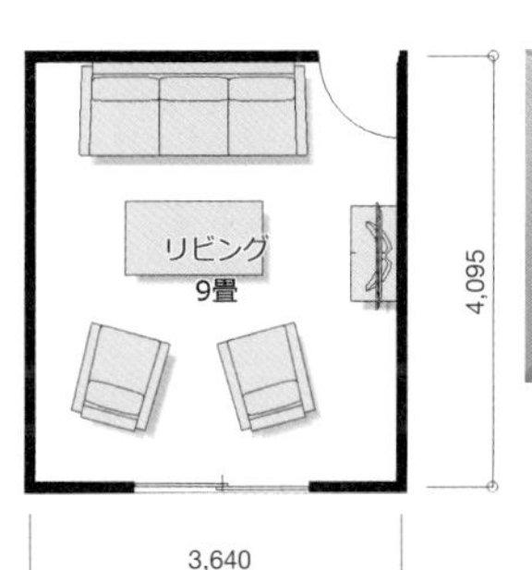

型があります。対面型は、お互いの視線が正面になるため、緊張感が出てくることから、寛ぎの空間とする場合は、L型あるいは対面型を崩して使用するほうが望まれます。

現代生活では、TVは欠かすことができないものになっているため、あらかじめ置き場所を考えておく必要があります。設計の最後に検討すると、ドアや窓、動線、空きスペースの関係で適切な設置場所がなくなるなど、大きな不都合が発生します。

▼図6-5 キッチン

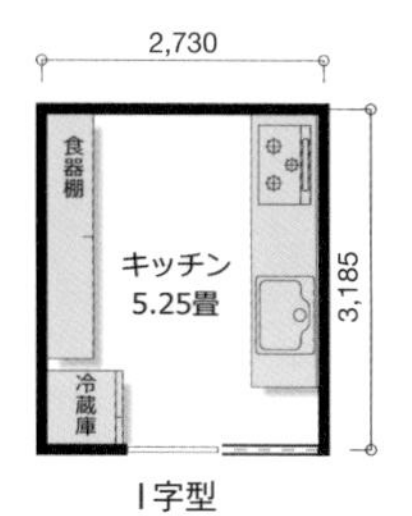

I字型

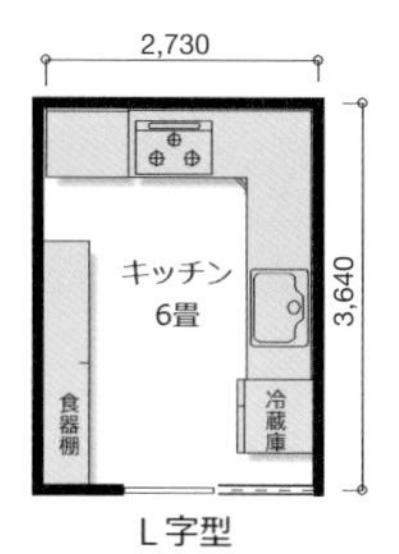

L字型

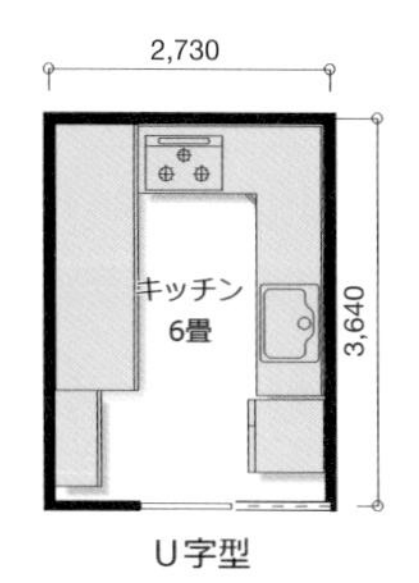

U字型

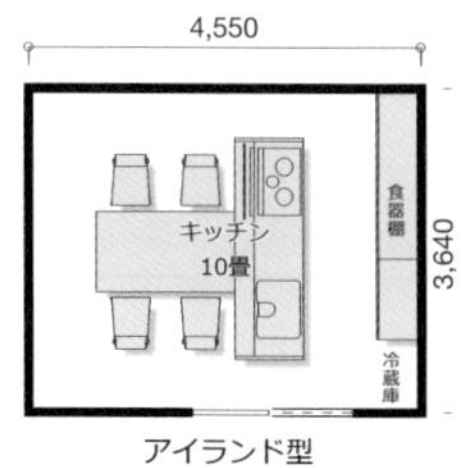

アイランド型

## [ キッチン ]

図6-5

キッチンの計画でもっとも重視されるのは、機能性と清潔さです。多くの家事仕事の中では、キッチンにおける家事労働は、古今東西問わず高い比率を占めています。家事労働を支援する電化製品の発達によって、いっそうキッチンでの家事労働の集約化を図る計画（ユーティリティースペースの設置等）が多くなってきました。そのため、キッチンに設える機器類の基本寸法は、理解しておく必要があります。

キッチンでの作業を考慮すると、冷蔵庫、シンク、調理台、レンジ、配膳の順に機器を並べると作業効率が良くなります。特に配膳のスペースがない場合は、調理したものを食器に盛り付けるスペースがないため使いにくくなります。

キッチンの一般的なワークトップの寸法は、奥行きが600mmで高さが800～900mmです。ワークトップの平面形状は、I型、L型、U型、II型、アイランド型などがあります。

もっともシンプルなI型では、ワークトップの長さが2,100mm～3,000mmのサイズが一般的です。昨今は、キッチンとダイニングがつながっている場合、シンクがダイニングの方向を向いている対面式が多くなっています。対面式は、洗い物をしているときに家族と会話ができ、コミュニケーションが取りやすくなります。また最近は、ガスコンロだけでなく電磁調理器（IH）も増えています。老人の場合は、火器の消し忘れなどがあるため、電磁調理器などが安全で効果的です。サイズは、ガスレンジと同じ大きさです。

冷蔵庫は、年々大きくなる傾向があります。冷蔵庫の奥行きが食器棚よりも300mm以上長いため、平面配置計画では、配置の仕方を考慮する必要があります。

キッチンには、流し台、配膳台、冷蔵庫、食器棚等を置く必要があることから2,730mm×3,640mm（6畳）以上の大きさが必要となります。

### ［ダイニング］ 図6-6

古来から日本の食事形態は、「床座」によるものが中心でしたが、近年は「いす座」による食事形態が定着してきました。どちらも、食事を行う部屋と寝室とを分ける「食寝分離」が大切です。

食事を行う空間は心地良い環境とすべきです。空間の質は、味覚にも影響を与えるため、採光・通風を取り入れた清潔感のある環境になるように計画することが望まれます。

動線を短くする目的で食事室をキッチンに併設するダイニングキッチン（D.K.）、団らんを重視して食事を居間の空間の中で行えるようにしたリビングダイニング（L.D.）、リビングとダイニング、キッチンを1つの空間としたリビング・ダイニング・キッチン（L.D.K.）などの形式があります。

ダイニングテーブルの大きさは、幅が650mm～800mm、長さが1,300mm～1,700mm程度です。平面上で配置計画を考える場合は、ダイニングチェアの寸法の他に配膳のための空きスペースも加えて計画してください。普段使う食器は、ダイニング側に収納するのではなく、キッチン内に収納します。

リビングと同じ1つの空間にする場合、リビングからの視線も考慮する必要があります。

### ［夫婦室（寝室）］ 図6-7

一般的には、和室に布団を敷く場合と、洋室にベッドを置く場合とがあります。洋室の場合には、二つのシングルベッドを配置することを基本に計画します。老人は和室と考えがちですが、起き上がりや介護のことを考えるとベッドが望まれます。

和室の場合には、昼間は居室や客間として転用することも可能ですが、食事空間との重複は衛生面からも避けなければなりません。

夫婦室は、プライベートの拠点となるために独立性があり、静かで安心できる空間でなければなりません。寝室の独立性を保つためには、遮音・防音に配慮しなければなりません。

▼図6-6　ダイニング

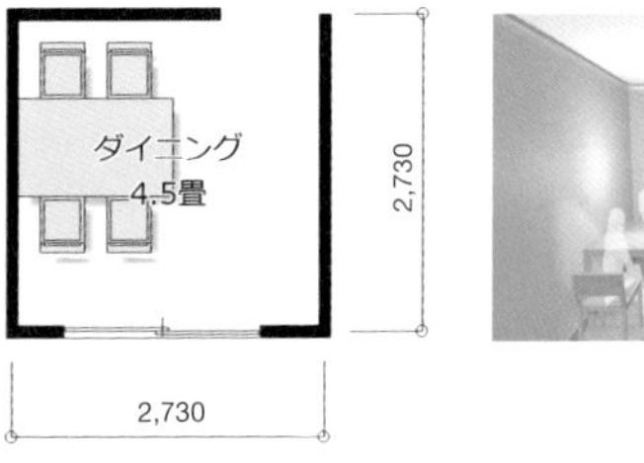

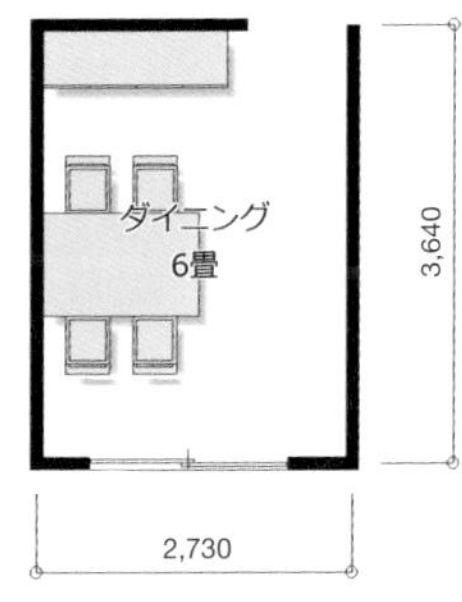

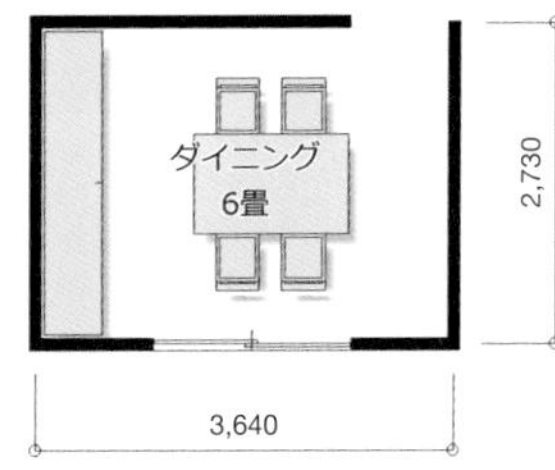

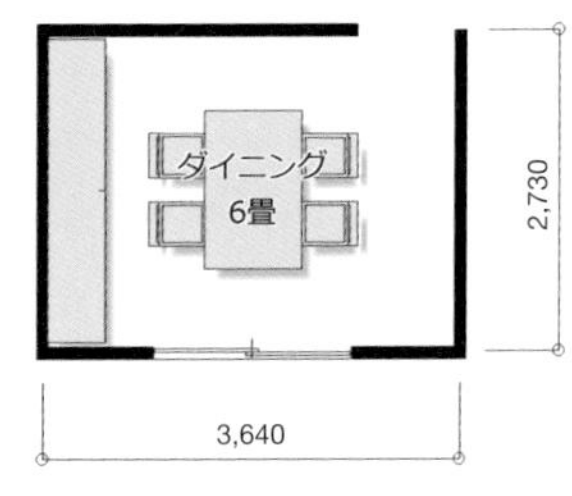

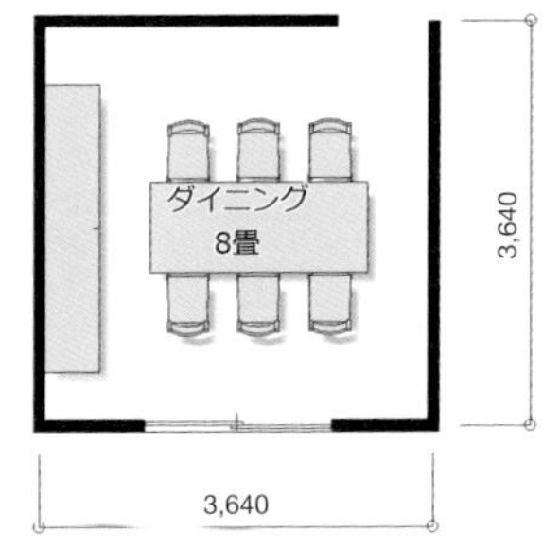

最近は、シックハウス対策のために24時間換気が義務付けられています。そのため、窓を閉め切りエアコンで室内温度を調整することが多くなりました。しかし、夏や気候の良いときは、できるだけ窓を開けて自然の通風ができるよう

▼図6-7 夫婦室（寝室）

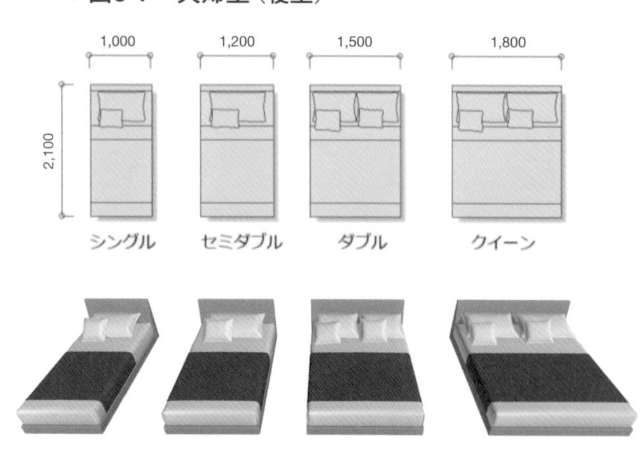


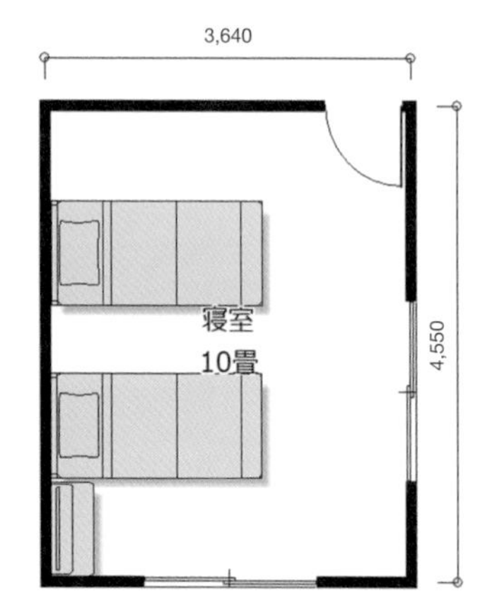

にし、可能な限りエネルギーを使わないように配慮することもこれからの住まいづくりに求められています。そのため、風の流れもイメージしながら設計をしましょう。

個室では着替えを伴うので、和室には押し入れ、洋室にはクロゼットやウォークインクロゼットなどの収納スペースが必要です。予め収納のスペースも考慮に入れながら設計を進めることが大事です。

夫婦寝室と子供室、老人室などに共通していることは、建築設計の段階でベッドやドレッサー、机などの配置を正確にレイアウトしておくことが重要です。ベッドメイキングがあるためにベッドの配置を壁に沿って置かないようにします。理想的には、枕の位置も、直射日光が枕に当たらないように計画しましょう。

夫婦寝室は3,640mm×4,550mm（10畳）に加えて、収納が1,820mm×1,820mm（2畳）以上のスペースを確保することが望まれます。

### [ 子供室 ]

図6-8 図6-9

子供室は単なる寝室ではなく、昼夜は活動をサポートする空間にもなるので、なるべく南側に配置し、日照と通風をできるだけよくします。**図6-8**と**図6-9**の上2つは悪い例です。

一方、学習を主として考える場合、南面の太陽光によるグレア（眩しさ）が生じて、見え方の妨げになる場合があります。また、ベッドの配置についてもヘッドボードが、南側の窓下にならないよう注意してください。そのため、一定量の採光を均一に得ることのできる北側に居室を設けるとよい場合もあります。

子供が小さいときは相部屋にするのもよく、成長と共に独立した部屋が望まれるようになってきます。そのため、成長に合わせて対応できるように大きさに余裕をもって計画する必要があります。

広さは、ベッドや机といった大きな家具が入るため、一般的に子供室の大きさを2,730mm×3,640mm（6畳）に加えて、収納スペースが910mm×1,820mm（1畳）以上必要です。

**memo** ● 寝室となる部屋の家具の配置を間違えると、コンセントやスイッチの位置が変わり、不便さを感じることになります。その結果、家の評価も低下します。住み方を明確にイメージして家具の配置計画を行ってください。

▼図6-8　子供室の机

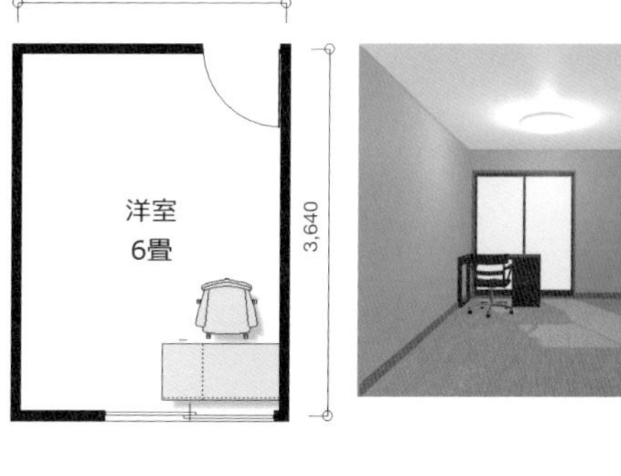


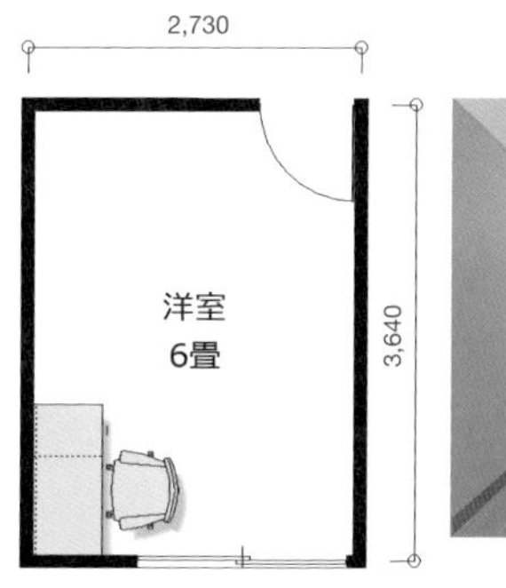

▼図6-9　子供室のベッド

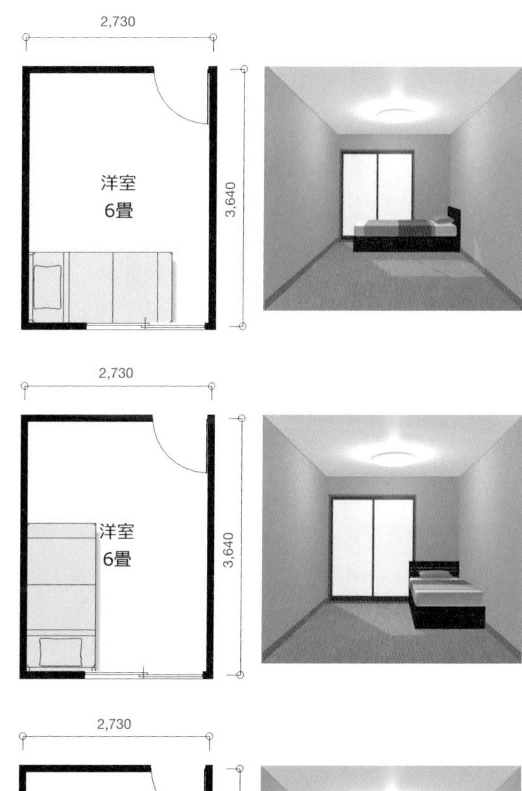


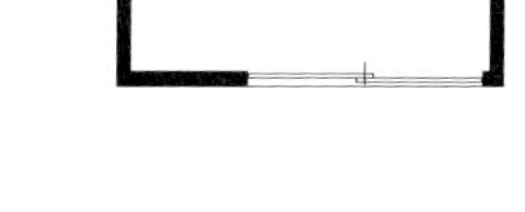

## ［浴室・洗面脱衣室（洗面室）］　図6-10

浴室・洗面脱衣室の位置は、設備配管の経済性や家事動線の合理性、各室との配置関係など、さまざまな条件に制約されます。一般的に浴室と一緒に洗面脱衣室を計画します。また、洗面脱衣室には、洗濯機や洗面台を設置します。この場合、2畳以上の大きさをとると機能的に使いやすくなります。配置計画では、浴室・洗面脱衣室の湿度が高くなるため、通風の確保が大切です。

浴室は、FRP（合成樹脂）製のユニットバスや防水床などの普及により、木造の住宅でも2階に設けることができるようになりました。で

▼図6-10　浴室・洗面脱衣室（洗面室）

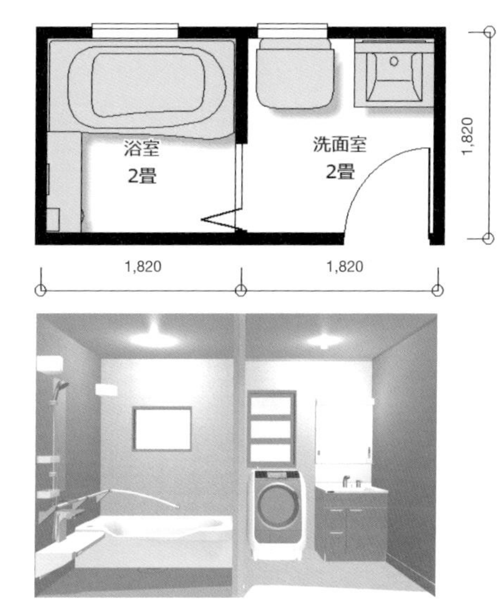

▼図6-11 トイレ

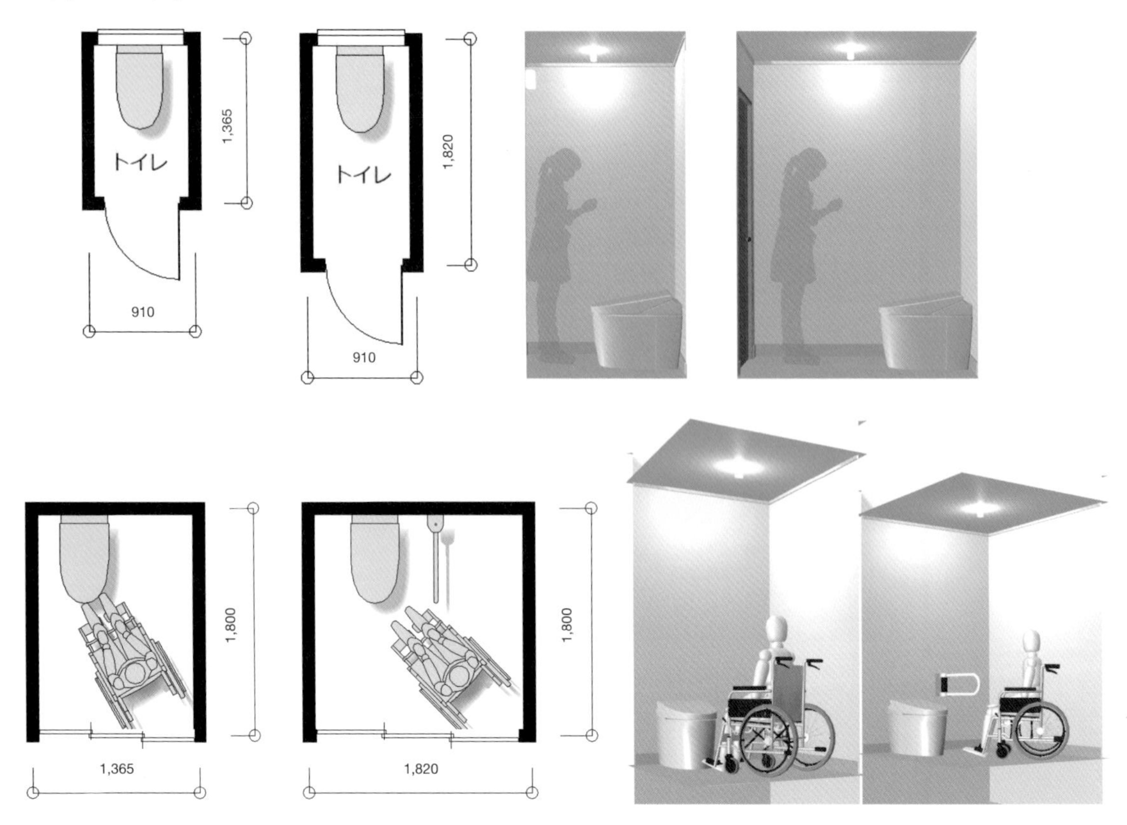


きる限り介助可能な広さを確保するために、広さを2畳以上とることが必要です。また、浴室には、立ち上がりや転倒防止のための手すりの設置も忘れてはなりません。

寝室と浴室は、高齢者にとって特に重要な動線となります。また、寝室と浴室は、心と体の疲れを癒すための寛ぎの空間です。リラックスできるような空間づくりをしましょう。

浴室では、急激な温度変化があるため、高齢者の心臓に過大な負荷をあたえます。またスリップによる浴室での事故も多く発生しています。浴室は、高齢者への配慮が必要な空間の1つです。

洗面脱衣室はトイレと隣接させ、洗面台を洗面脱衣室の出入り口付近に設けることにより、動線が短くなり機能的になります。生活動作の流れをイメージして配置計画を行うことが、使い勝手の良い空間を生み出すために必要不可欠です。

洗面・脱衣室は、廊下を介して北側に設けられることが多いため、洗面・脱衣室の窓は、通風にとても有効な窓となります。一方、トイレと同じく、人のシルエットに対する対策も必要です。

洗面脱衣室の大きさは、1,820mm×1,820mm（2畳）以上必要です。

### [ トイレ ]

図6-11

水洗式トイレの普及に伴って、音の問題を除けば、位置的制約はほとんどなくなりました。昨今は、1階、2階それぞれにトイレを計画することが多くなり、隠したい空間から快適な空間へと変化しています。

高齢者や障害者だけでなく、健常者にとって利用しやすいように（ユニバーサルデザイン）、手すりを設置するなど、室の大きさにゆとりをもった計画にしてください。

トイレの使用後には洗浄の音もあるので、リビングや寝室への配慮も考えて位置を決定する必要があります。

シックハウスのための24時間換気もトイレの第3種換気（排気のみ）を利用するケースも多くなったので、換気経路も検討する必要があります。

トイレ内での体調が悪くなるケースも多いことから、内開きにする場合、ブースの上部を空けることが必要です。一方、ブースが壁で密閉されている場合は、外開きとします。

トイレは、1日に何度も利用されるため、快適な環境となるように心掛けましょう。トイレに窓を設けないと、採光も自然換気も取り入れることができず、臭気の発生に加え薄暗く陰気な空間となります。そのため、窓などの開口部を設けるために、外壁に接してトイレを設置すると良いです。

トイレは、外開きとした場合でも、910mm×1,365mm（0.75畳）以上が必要です。余裕を見ると、910mm×1,820mm（1畳）となります。車椅子を使用する場合は、室内に車椅子のまま入るため、1,820mm×1,820mm（2畳）以上の大きさが望まれます。

### [ 廊下・出入口 ]

図6-12

廊下は、移動するだけの空間ではなく、中庭や外庭などと隣接させることにより、四季折々の移り変わりを楽しむことができます。

一方、敷地面積が厳しい場合や設計条件によっては、廊下が長くなると床面積が増えてしまいます。住宅全体のバランスを考えて設置します。

廊下は、大別すると、廊下の片側に所要室を設け、その反対側に外壁を設ける片廊下型と廊下の両側に所要室を設ける中廊下型があります。片廊下型の場合は、片方の壁が外気と接していることから窓が設置できるため、廊下への採光・換気が取りやすくなり、廊下を介しての通風も確保しやすくなります。

一方、中廊下の場合は、多くの部屋を廊下で接続することができます。1階は、洗面脱衣室や風呂、トイレ等を配置するため、中廊下になることが多くなります。ただし、中廊下は、採光や通風を取りにくくなるので、採光や通風を取り入れるための工夫が必要です。

廊下の幅は、最低でも壁の芯々で910mmの幅が必要となります。しかし、実際の有効幅は約750mmしかありません。さらに、手摺は100mm程度の出幅があるため、人がすれ違うには十分とは言えません。将来の車椅子利用を考えた場合、廊下幅は1,365mm以上必要となります。

### [ 階段 ]

図6-13

階段は、上下階をつなぐための機能だけではなく、豊かな空間を演出することができる装置にもなります。そのため、移動の手段としてだけではなく、魅力ある階段になるように心がけてください。

▼図6-12 廊下

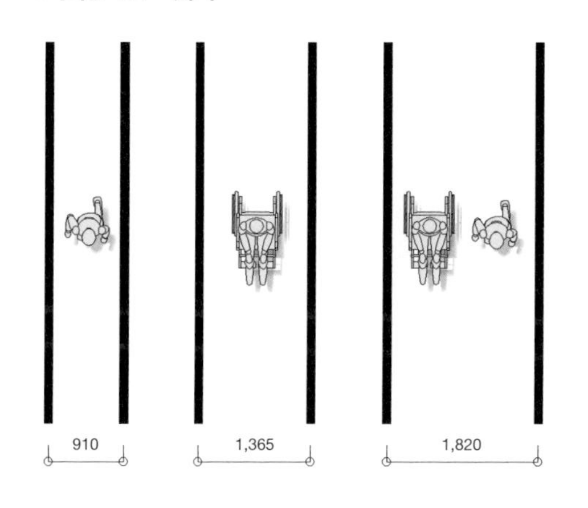

▼図6-13 廊下

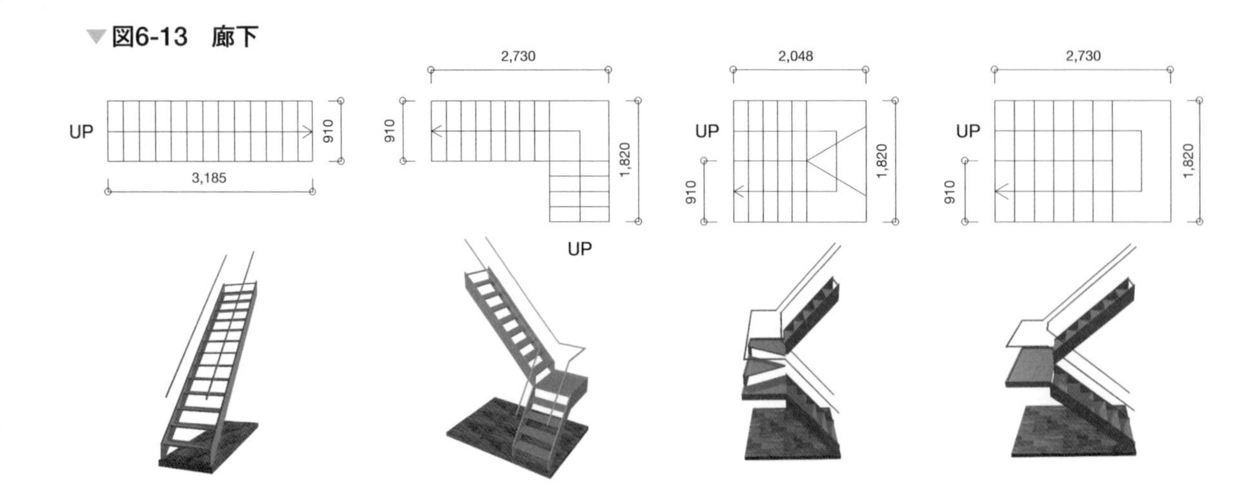


階段の設置場所は、廊下に接続するリビング外階段とリビング内階段など、設置場所によって、その機能や印象、生活スタイルが大きく変わります。夫婦寝室や子供室が2階にある場合、リビング内に階段を設置すると、普段から家族のコミュニケーションが取りやすくなります。一方、廊下に接続するリビング外階段とリビング内階段では設置場所によって音や暖冷房効率が悪くなるなどのデメリットが生じます。

廊下や階段を住宅の中央部に配置すると採光が取れなくなります。そのため、中廊下と同様に照明が必要になります。また、階段を玄関と反対側に配置すると廊下が長くなり、延べ床面積も増えてしまうので注意しましょう。

階段は、一般的に北側に配置するケースや玄関周りに配置するケース、L.D.K内に配置するケースがあります。

住宅の階段には、主に直階段、折り返し階段が使用されています。直階段は、最低の長さが2,730mmで他のタイプに比べてスペースを取りません。しかし、踊り場がない場合、転落したときの危険性がもっとも高く、上り口と降り口の平面上の位置が離れてくるため、プランが難しくなります。一方、折り返し階段は、コンパクトにまとまっているため、もっとも多く利用されています。折り返し階段の場合、最低でも1,820mm×1,820mm（2畳）以上の広さが必要です。

建築基準法では、蹴上を230mm以下、踏面を150mm以上に規定しています。しかし、住宅の階段の蹴上は180mm、踏面250mm程度が一般的です。また手すりは、原則として両側（上り下り用）に付けることが望まれます。

### ［ 予備室・納戸 ］

将来の高齢化への考慮として、介護室にリフォーム可能な予備室を計画します。多目的に活用できる和室にすると、来客の宿泊や不特定な利用に対応できるため、適用範囲が広がります。

また、大型物品や季節ものの電化製品などの収納スペースとしての納戸は、可能な限り計画してください。

### ［ 玄関 ］

図6-14

玄関は、下履きへの履き替えと来客への簡単な対応としての機能を備えておかなければなりません。一般住宅では、あまり広いスペースを必要としませんが、履物・傘・コート・買い物カート・ベビーカーなど室内に持ち込まないものの収納・置き場として考慮する必要があります。昨今は、シューズインクロゼット（クローク）(S.I.C.)にして玄関収納を効果的にする例もあります。そのため、玄関の広さも十分確保しておきましょう。

玄関の大きさは、間口1.365mm以上、奥行き1.365mm（1.75畳）以上が必要となります。さらに、高低差の解消・緩和も検討しておくことが大切です。

### [ 玄関ポーチ・バルコニーなど ] (図6-15)

玄関ポーチの大きさは、玄関ドアが外開きということを考えると、間口1.365mm以上、奥行き1.365mm (1.75畳) 以上が必要となります。車いす使用の場合は、間口1,820mm、奥行き1,820mm (2畳) 以上が必要となります。さらに、アプローチから玄関ポーチに上がる階段やスロープが必要になります。

室内からバルコニー、テラスへの段差は、フラットが望まれます。しかし木造住宅では、構造上の問題から、バルコニーへの出入り口は立ち上がりを跨いで外へ出る (跨ぎ越し段差) ようにするケースが多くなっています。

**memo** ● 玄関ポーチの広さや庇、屋根の計画において、柱がない場合は出寸法は1.2mまで、それ以上の玄関ポーチは柱の設置が必要です。1m以上出すと、先端から1m以上の部分が建築面積に算入されます。
バルコニーに屋根がかかっている場合、奥行きが2m以上になると、床面積に算入されるので注意が必要です。

### [ アプローチ・屋外空間など ] (図6-16)

住宅へのアプローチは、歩行および車いす利用に配慮した形状、寸法などが望まれます。敷地に高低差がある場合は、1/12以下の緩い勾配 (屋外は1/15の勾配以下) の傾斜路 (スロープ) や階段を設けるとともに、少なくとも片側に連続して手すりを設置します。また、階段を設ける場合は、蹴上　16cm以下、踏面30cm以上が必要です。

### [ ホームエレベーター ] (図6-17)

将来の高齢化に備えてホームエレベーター設置ができるように計画しておくことも必要です。1階と2階の同じ位置に納戸などを計画しておくことで対応できます。

▼図6-14　玄関

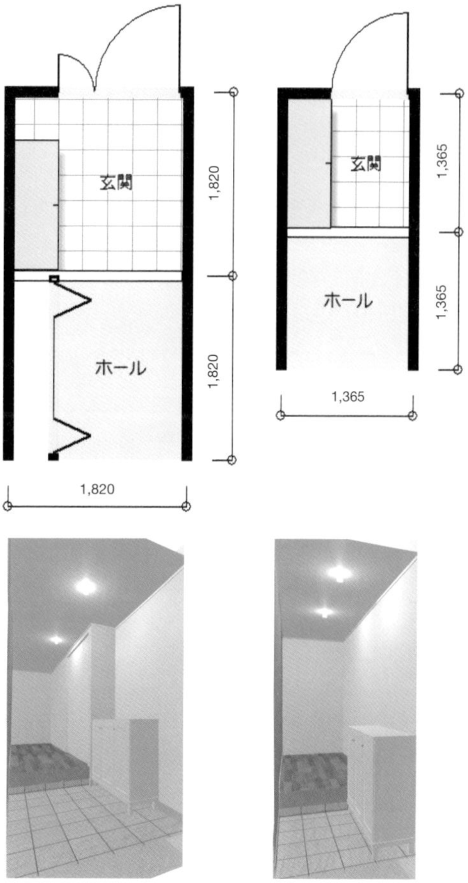

▼図6-15　玄関ポーチ

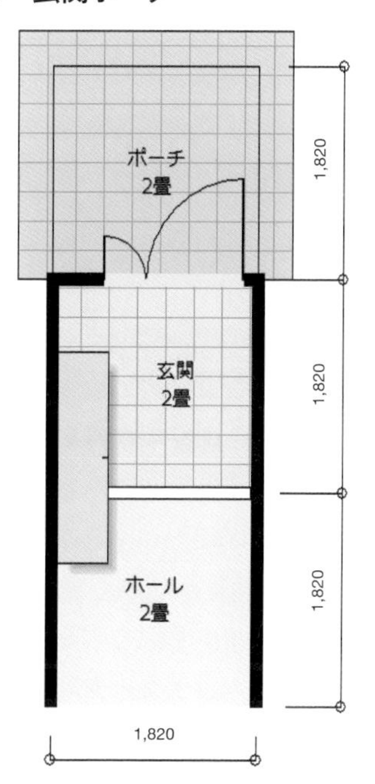

▼図6-16 アプローチ

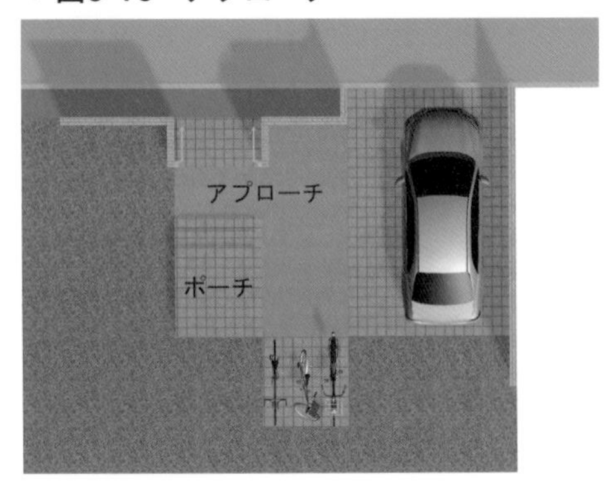


▼図6-17 ホームエレベーター

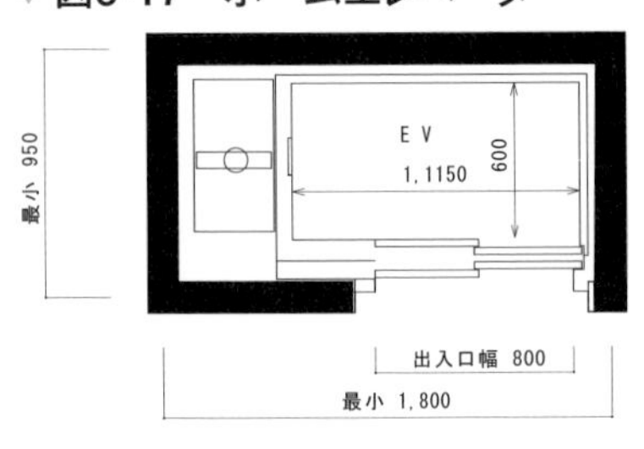


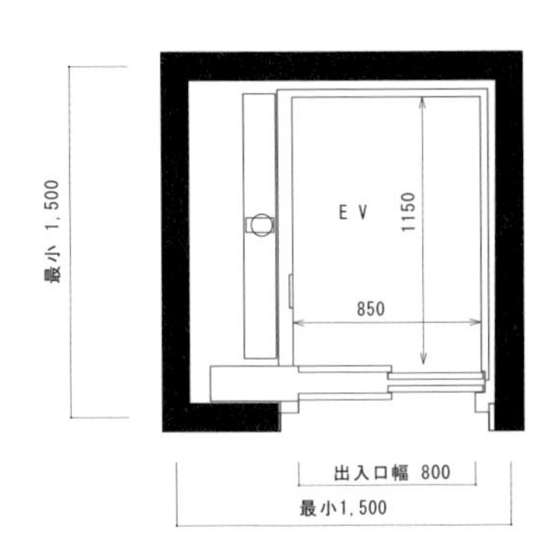


住宅用のホームエレベーターの大きさは、3人乗りで内法寸法1,500mm×1,500mm程度、2人乗りで1,250mm×1,500mm程度です。

## 6-3 エスキースの手順

設計者は、施主の背景や普段の生活内容をヒアリングしながら要望を聞き出し、内容を整理して試行錯誤を繰り返して建築空間を具現化していきます。その結果を図面や模型、CGなどを用いて意図する空間を提案します。

このプロセスは、初学者にとって非常にわかりにくい作業です。ここでは、この作業のプロセスをステップごとに解説していきます。

▼図6-18 屋外空間のゾーニング

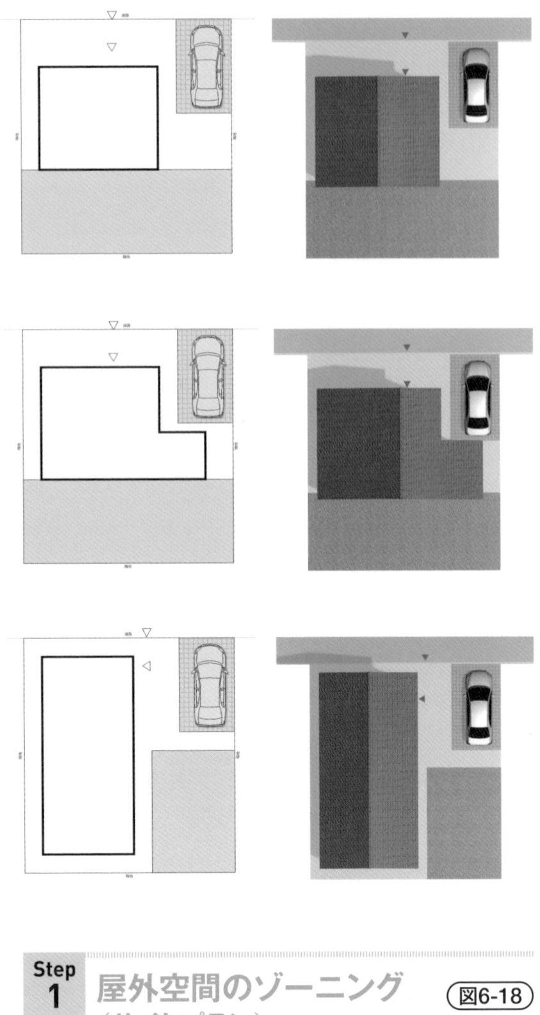

### Step 1 屋外空間のゾーニング（サイトプラン） 図6-18

建物の配置計画は、方位や道路の位置、敷地の形状や高低差、周囲の環境や建物の確認から始めます。次に、計画しようとする建物の大まかな形状、庭、通風・採光、景観などを総合的に考え計画します。

Step5でも詳細を説明しますが、建物の面積を大掴みに把握しておくことで設計の後戻りが少なくなります。

道路の位置と方位によって駐車スペースと駐輪スペースの位置が決まり、それが建物の位置や形状に影響を与えます。その際同時に道路から玄関までのアプローチも決まります。そのため、屋外空間のゾーニングをしっかりと計画することから始めないと設計の手戻りのみならず、無駄なスペースも発生しやすくなります。さら

▼表6-3　用途地域別の高さ制限

| | | 高さ制限 | | | | |
|---|---|---|---|---|---|---|
| | | 絶対高さ | 道路斜線 | 隣地斜線 | 北側斜線 | 高度斜線 |
| 用途地域 | 第一種低層住居専用地域 | ○ | ○ | | ○ | ○ |
| | 第二種低層住居専用地域 | ○ | ○ | | ○ | ○ |
| | 第一種中高層住居専用地域 | | ○ | ○ | ○ | ○ |
| | 第二種中高層住居専用地域 | | ○ | ○ | ○ | ○ |
| | 第一種住居地域 | | ○ | ○ | | |
| | 第二種住居地域 | | ○ | ○ | | |
| | 準住居地域 | | ○ | ○ | | |
| | 近隣商業地域 | | ○ | ○ | | |
| | 商業地域 | | ○ | ○ | | |
| | 準工業地域 | | ○ | ○ | | |
| | 工業地域 | | ○ | ○ | | |

に、家族関係や個々の趣味などについても検討しなければなりません。

## Step 2　北側斜線の確認

図6-19　表6-3　表6-4

建築基準法では、建物の高さ制限をするために、絶対高さ、道路斜線、隣地斜線、北側斜線、高度斜線が制定されています（**表6-3**）。

本課題の用途地域は、第一種低層住居専用地域であることから、絶対高さと北側斜線が適用されます。絶対高さの制限値は、10mもしくは12mのいずれかを地方自治体が都市計画で決めています。

北側斜線は、第一種・第二種低層住居専用地域と第一種・第二種中高層住居専用地域に適用されます。第一種・第二種低層住居専用地域における建物高さの制限を算定する場合は、隣地との距離に1.25を乗じて、5mを加えて計算します（**表6-4**）。本課題は、北側に道路があるため、道路の反対側の道路境界からの算定になります。

北側斜線の場合は、セットバック（建物後退距離）による緩和はありません。

## Step 3　所要室の整理

図6-20　表6-5

実務の設計では、設計者が計画の初期段階で施主へヒアリングしながら施主の要望を聞き出

▼図6-19　北側斜線の確認

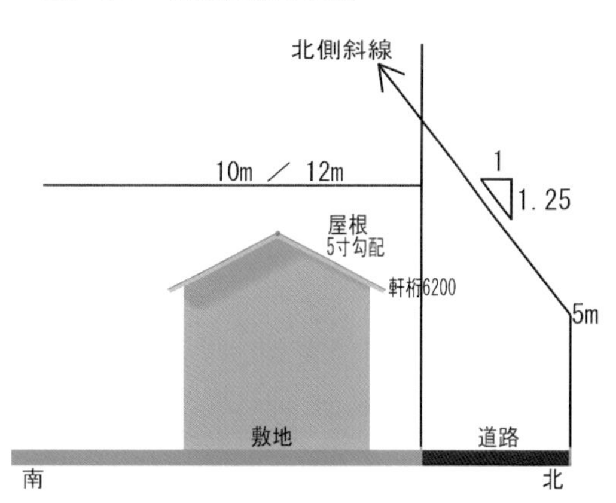


▼表6-4　建物高さの制限を算定方法

| 制限 | 地域 |
|---|---|
| 1.25×<br>隣地との距離＋5m | 第一種低層住居専用地域<br>第二種低層住居専用地域 |
| 1.25×<br>隣地との距離＋10m | 第一種中高層住居専用地域<br>第二種中高層住居専用地域 |

**memo** ● 都市などでは、良好な住環境を保持するために、北側斜線に加えて高度斜線が制定されています。北側斜線よりも厳しい制限です。第1種では、隣地との距離に0.6を乗じて、5mを加えて計算します。

▼図6-20 所要室のグルーピング

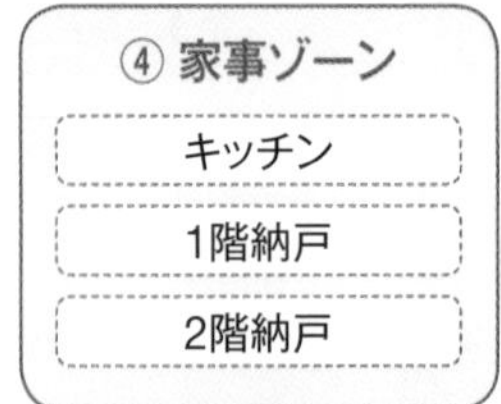
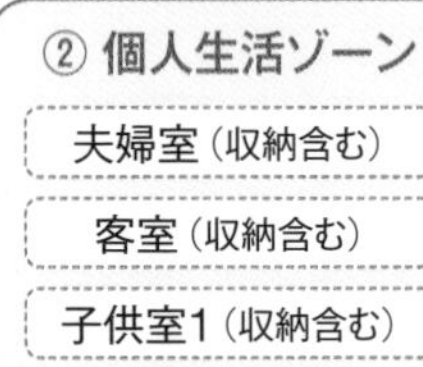
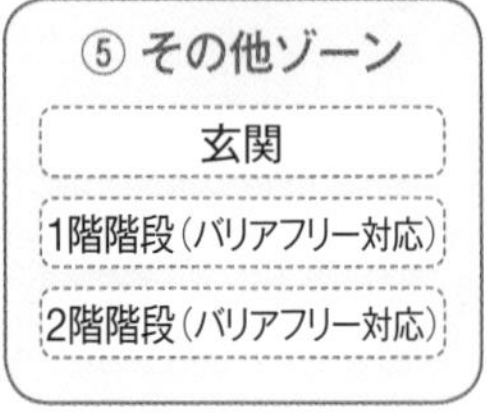
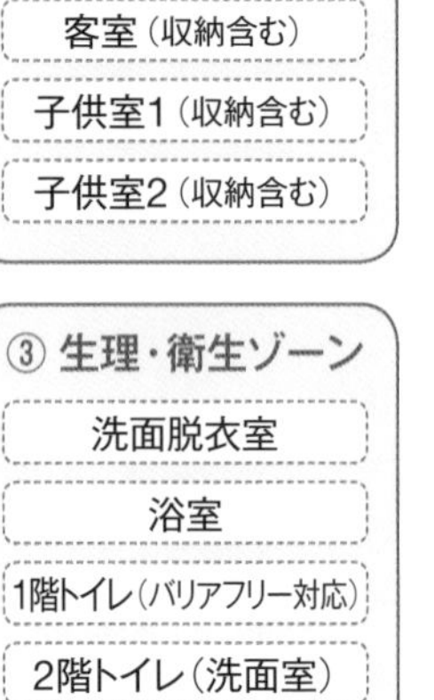


▼図6-21 機能図

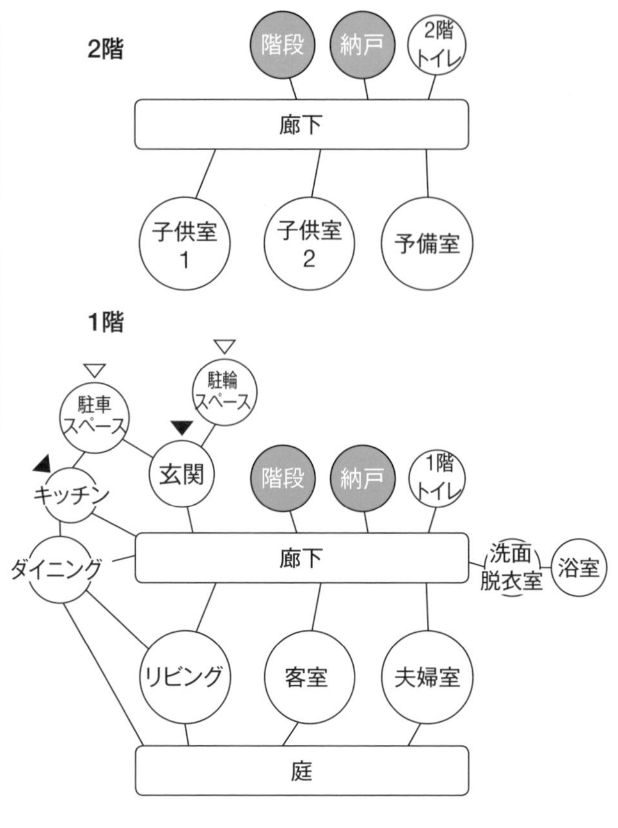


▼表6-5 所要室

| 設置階 | 所要室 |
|---|---|
| 1階 | 玄関<br>リビング<br>ダイニング<br>キッチン<br>客室(和室)<br>夫婦室(寝室)<br>浴室<br>洗面脱衣室<br>トイレ<br>納戸 |

| 設置階 | 所要室 |
|---|---|
| 2階 | 子供室1<br>子供室2<br>予備室(和室)<br>洗面室<br>トイレ<br>納戸 |
| 屋外 | 駐車・駐輪<br>スペース |

していき、必要な所要室を決定します。しかし、初学者への設計課題では、実際に建築する施主を確保することは困難で、さらにヒアリングも経験が必要となるため、本書では所要室がある程度決まっている一般的な住宅の課題をとおして説明を進めます。

所要室は、次のとおり機能上、5つのゾーンにグルーピングします。

①家族生活ゾーン
②個人生活ゾーン
③生理・衛生ゾーン
④家事ゾーン
⑤その他ゾーン

空間をグルーピングして配置することにより、関係する所要室が隣接するため、機能的なプランになりやすくなります。このとき、グルーピングせず、個々の所要室を1つひとつ配置すると、関係する空間相互が離れて配置され、動線が長くなって使いにくいプランになり、さらに建物が凸凹して無駄な空間が多くなります。

建物を計画する際は、建物内だけに限らず、屋外空間のゾーニングにおいて検討したことをベースに、屋外屋内を問わず、空間相互のつながりをイメージしながら進めてください。

## Step 4 機能図の作成 図6-21

機能図は、所要室の関係性やつながりを図化したもので、バブルダイアグラムとも言います。機能図は、施主の抽象的な設計条件を設計案として具現化する過程で描くもので、設計条件に合った空間のつながりを確認するために描きます。初学者は、ホールや廊下を1つの所要室としたほうがわかりやすく描くことができます。グルーピングした空間をできるだけ隣接させ、人や物の動線もこの段階で検討します。動線が交差しないように描くのがポイントです。

## Step 5 規模算定 図6-22 図6-23 図6-24

Step4までに所要室が明確になり、機能図の作成も終え、大まかな建物の粗筋ができ上がりました。ここですぐに空間を配置したいところですが、グルーピングされた所要室を配置する前に規模を算定しておくことで、その後の配置ブロック（グルーピングされ、大きさを持った空間群の配置）をするときにスムーズに進めることができます。もし、規模を把握せずにゾーニングすると、後に面積オーバや不要なスペースが出てきて設計の手戻りが生じます。

面積の算定（ボリュームの検討）は、次のとおりです。

### [ 所要室の面積 ]

一般的には、設計経験で所要室の大きさを割り出しますが、慣れるまでは**図6-22**を使い、希望する部屋の大きさを選んでください。ここで選んだ大きさは、後に変わることがありますので、暫定だと考えてください。ここでの大きさの考え方は、日本人の大きさの概念としてわかりやすい畳の数とします。

### [ 収納の面積 ]

収納は、所要室と別に算定するのではなく、所要室に付け加えて算定します。ここからは**図6-23**を見ながら確認してください。

### Column 動線計画

建築空間において、人が移動して描いた軌跡を動線といいます。

例えば、L.D.K.（キッチン・ダイニング・リビング）の場合、キッチンで料理をして、ダイニングで食事を行います。そして食後にリビングでくつろぐというイメージができます。これは、キッチン➡ダイニング➡リビングの動線となります。同様に、L.D.K.から風呂に入るという動作の場合、L.D.K.➡廊下➡トイレ➡廊下➡洗面脱衣室➡浴室となります。

これらの1つひとつの動線がすべて長いと、使いにくいという評価になります。動線は、単純でまとまりがあり、交差せずに距離の短いものが、生活しやすい動線となります。

例えば、6畳の部屋であれば収納を入れて7.5～8畳、8畳の部屋であれば、10畳とします。

### [ 畳数をコマに変換 ]

一般的な概念として、畳数でイメージしましたが、在来木造住宅は、910mmのグリッドを使ったグリッドプランニングで進めます。そのため、畳数に2を乗じてコマ数にします。例えば、7.5畳であれば、15コマです。

### [ コマ数を$m^2$に変換 ]

コマ数では、延べ面積がわかりませんので、コマ数に0.8281（0.91m×0.91m）を乗じて㎡にします。最後に、切り上げて小数点以下第2位程度にします。ここで切り上げるのは、少しでも計画時に余裕を見ておくためです。

### [ 廊下係数の算定 ]

規模算定した面積（延べ面積）は、137.48㎡となりました。目標の床面積は、150～170㎡なので、計画ができるかどうか150㎡と170㎡で確認します。150㎡を137.48㎡で除した値は1.09、170㎡を137.48㎡で除した値は1.24となります。この値をここでは、廊下係数と呼ぶことにしま

▼図6-22 所要室の大きさ(1P:910mm)

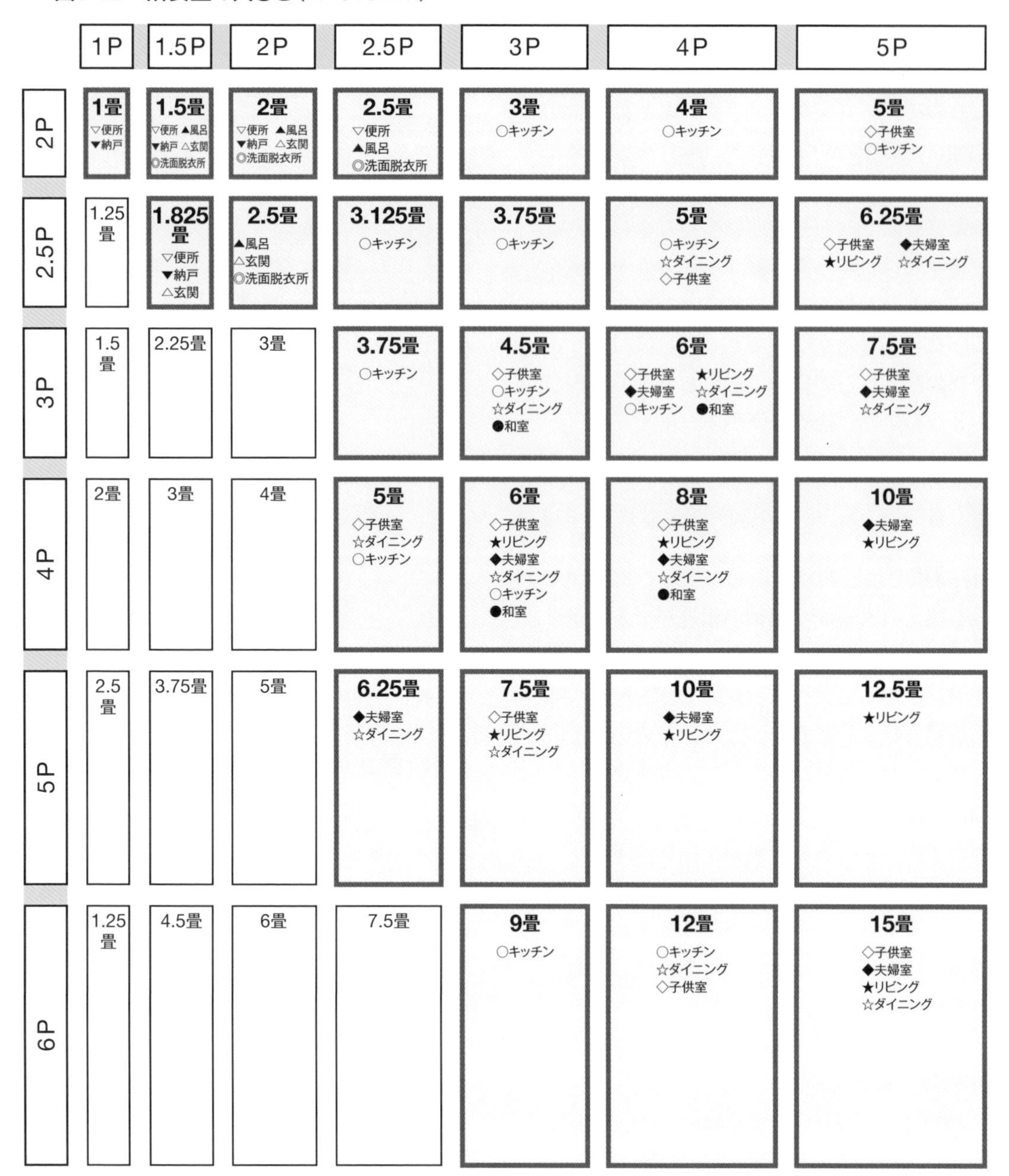


す。この値から1減じた値0.09と0.24が廊下の面積となります。この廊下係数により、次のとおり設計の進め方が異なります。

- 1.5以上 ：余裕をもって設計できる
- 1.5〜1.3：余裕はないが、無駄を少なくすれば所要室が納まる
- 1.3以下 ：余裕がないうえに、ときには所要室の大きさを見直す必要がでてくる

つまり、この規模算定のまま進めると、余裕がないうえに所要室の大きさを見直す必要がでてくる可能性があると判断し、無駄なスペースが生じないように設計しなくてはならないと考えて設計を先へ進めます。

### [ 建ぺい率・容積率の確認 ]

ここで建ぺい率と容積率の確認をしておきます。本課題は、建ぺい率50%以下、容積率100%

▼図6-23　規模の算定

| 階数 | 部屋名 | 畳数 | コマ数 | 床面積(㎡) | ≒（切り上げ） |
|---|---|---|---|---|---|
| 1階 | リビング | 8 | 16 | 13.2496 | 13.25 |
| | ダイニング | 6 | 12 | 9.9372 | 9.94 |
| | キッチン | 6 | 12 | 9.9372 | 9.94 |
| | 夫婦室（収納含む） | 10 | 20 | 16.562 | 16.57 |
| | 客室（収納含む） | 8 | 16 | 13.2496 | 13.25 |
| | 洗面脱衣室 | 2 | 4 | 3.3124 | 3.32 |
| | 浴室 | 2 | 4 | 3.3124 | 3.32 |
| | トイレ（バリアフリー対応） | 2 | 4 | 3.3124 | 3.32 |
| | 納戸 | 2 | 4 | 3.3124 | 3.32 |
| | 玄関 | 2 | 4 | 3.3124 | 3.32 |
| | 階段（バリアフリー対応） | 4 | 8 | 6.6248 | 6.63 |
| | 1階床面積合計 | | | 86.1224 | 86.13 |
| | | | | | 0 |
| 2階 | 子供室1（収納含む） | 8 | 16 | 13.2496 | 13.25 |
| | 子供室2（収納含む） | 8 | 16 | 13.2496 | 13.25 |
| | 予備室（収納含む） | 8 | 16 | 13.2496 | 13.25 |
| | 納戸 | 2 | 4 | 3.3124 | 3.32 |
| | トイレ（バリアフリー対応） | 1 | 2 | 1.6562 | 1.66 |
| | 階段（バリアフリー対応） | 4 | 8 | 6.6248 | 6.63 |
| | 2階床面積合計 | | | 51.3422 | 51.35 |
| | 延べ面積 | | | 137.4646 | 137.48 |

廊下係数

| | | | |
|---|---|---|---|
| 延べ面積の上限（設計条件） | 170 | 延べ面積の上限／延べ面積 | 1.24 |
| 延べ面積の下限（設計条件） | 150 | 延べ面積の下限／延べ面積 | 1.09 |

建ぺい率の確認

| | |
|---|---|
| 法規上の最大建築面積(19m×16m×50%=152㎡) | 152.00㎡ |
| | ▽ |
| 想定する1階の床面積（86.13×1.24≒106.80㎡） | 106.80㎡ |

容積率の確認（上限の延べ面積とした場合）

| | | |
|---|---|---|
| 法規上の最大延べ面積(19m×16m×100%=304.00㎡) | 304.00㎡　> | 170.00㎡ |

以下です。

建ぺい率は、建物面積を敷地面積で除して100を乗じます。法規上の最大建築面積が152.00 $m^2$（19.0m×16.0m×50%＝152.00 $m^2$）、想定する1階の床面積が106.80 $m^2$（86.13×1.24≒106.80 $m^2$）なので、法規上の最大建築面積のほうが大きい値になるため、計画可能という予想になります。

容積率は、想定する延べ面積を敷地面積で除して100を乗じます。法規上の最大延べ面積が304.00 $m^2$（19m×16m×100%＝304.00 $m^2$）、延べ面積の上限が170.00 $m^2$なので、法規上の最大延べ面積のほうが大きい値になるため、計画可能という予想になります。

## ［ 規模算定が計画条件を超える場合 ］

規模算定により設計する建物の面積が計画条件を超える場合、次の内容を検討して、建物全体の大きさ（床面積）を調整します。

▼図6-24　所要室

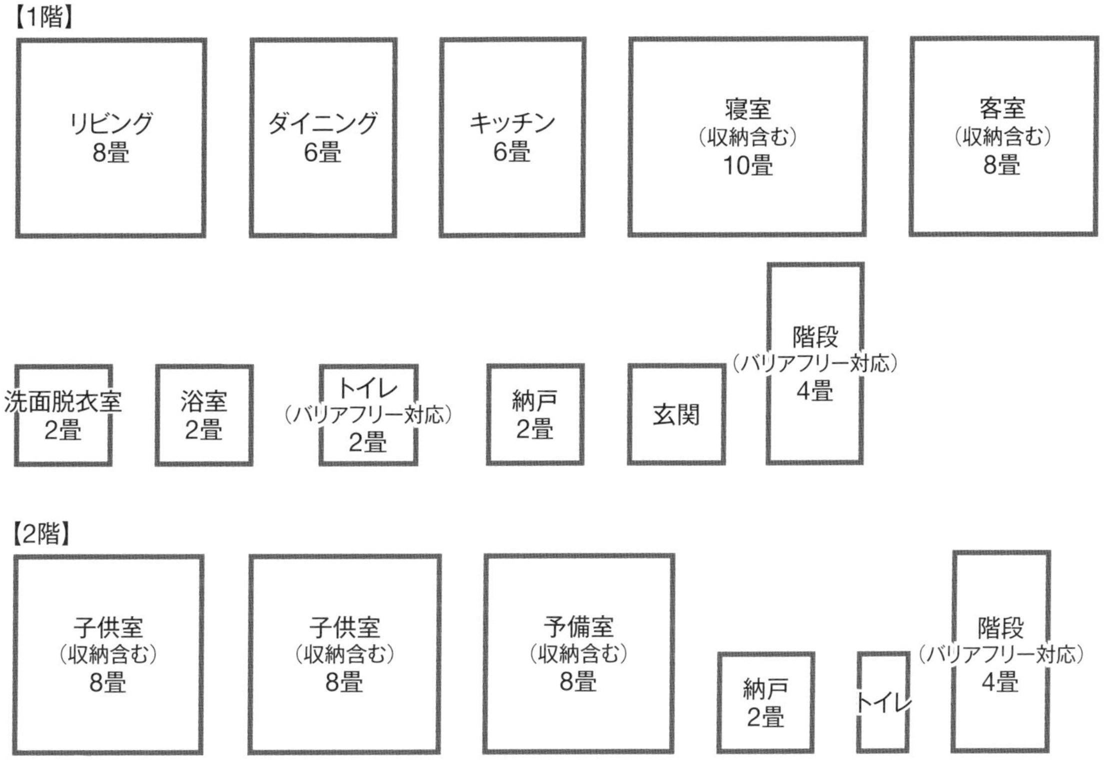

【1階】

寝室
（収納含む）
10畳

客室
（収納含む）
8畳

洗面脱衣室
2畳

浴室
2畳

トイレ
（バリアフリー対応）
2畳

納戸
2畳

玄関

階段
（バリアフリー対応）
4畳

【2階】

子供室
（収納含む）
8畳

子供室
（収納含む）
8畳

予備室
（収納含む）
8畳

納戸
2畳

トイレ

階段
（バリアフリー対応）
4畳

- 類似した機能を持つ空間を組み合わせる
- 大きな空間をコンパクトにする
- 所用室が必要かどうか再度見直す（課題の場合は、条件となる所要室は削ることができません）

**Column グリッドプランニング（モデュール）**

日本の在来木造工法は、尺（303mm）の倍数を基本としています。そのため、メートル単位の部材も流通されていますが、今もなお木構造や建築部材は、尺単位が使われています。

長さは、1尺の約3倍である910mm（909mmではなく、読みやすさから910mmとしてます）を基本モデュールとしています。本テキストでは、910mm×910mmを1コマ（1P）と呼びます。そのため、1畳は2コマとなります。このような考え方を尺モデュールのグリッドプランニングといいます。分割する場合は、1Pを1/2、1/3、1/4とします。

▼図6-25　屋内空間のゾーニング

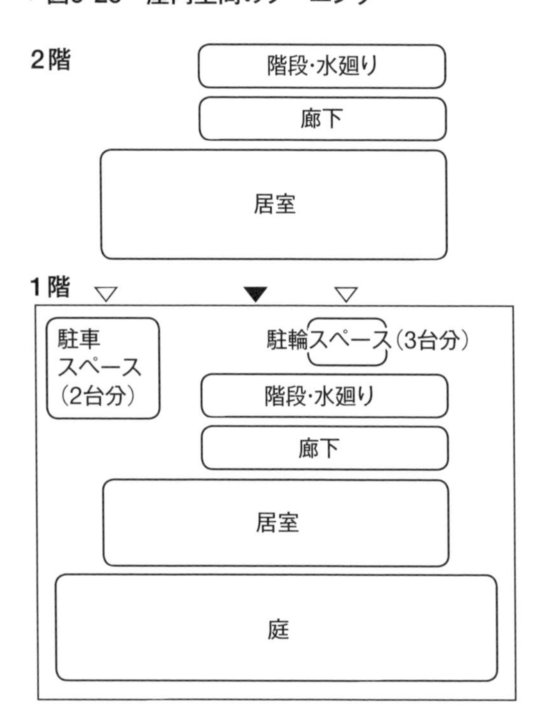


## Step 6 屋内空間のゾーニング （図6-25）

規模算定が終わったところで、住宅内部の設計にあたり、グループごとの所要室を配置する前に、大まかな建物の使い方を検討するのがゾーニングです。一般的には、屋外空間の南側に空地として庭を配置します。南側の配置が難しければ、次は東側を検討します。通常、北側と西側には庭を配置しません。

次に屋内空間のゾーニングを行います。一般的には、南側にリビング、ダイニング、夫婦寝室、子供室などの居室を配置し、北側に水回りや階段、納戸などを配置します。南側には、子供室や老人室などを優先して配置します。夫婦寝室や予備室などは北側でも可能です。

屋内の配置を考える際、居室は庭とも関係するので、屋内と庭のつながりを作るために同時に検討しなければなりません。

## Step 7 空間の配置（配置ブロックプラン） （図6-26）

いよいよグルーピングした所要室群をゾーニングに基づいて配置します。しかし、必ずしもグルーピングした所要室群のボリュームが、そのまま配置できるとは限りません。一般的には、予定よりも面積が大きくなりがちです。そのため、所要室の大きさや形、位置など、さまざまな調整が必要になります。そのときに大切なのは、動線をしっかりとイメージすること、生活のシーンを明確に感じ取ること、スケール感について正しく感じ取ること（例えば、実際の1mをイメージの中で大きな誤差なく感じ取れること）、柔軟に思考することです。

## Step 8 建具・設備・家具・照明の検討 （図6-27）

空間の配置が終わったところで、大まかな空間の構成が見えてきました。しかし、未だ内部のドアや襖、外壁に取り付ける窓やドアなどが明確になっていません。

建物の躯体に加え、設備や家具の配置も重要です。室外・室内建具を決める際に、家具の種類と配置が重要になります。例えば、家具の置き方によって、開口部の位置はどこか、引き戸なのか開き戸なのかなどの建具の種類、ドアの開く方向（開き勝手）はどちら側なのか、照明設備はどのような種類のものをどこに何個設置するのか、スイッチやコンセントの位置をどこに何個、どれくらいの容量のものをつけるのか、すべてに影響します。これらの設計を良好に行えないと、施主からのクレームになります。これらの内容を決定するのは、すべて設計者が想像する生活シーンのイメージからです。次の手順で設計を進めます。

**a**）室内建具の配置
**b**）室外建具の配置
**c**）家具の配置
**d**）照明器具の配置
**e**）スイッチ・コンセントの配置（ここでは行いません）

適切な配置になるまで**a**～**e**の作業を繰り返し行います。

▼**図6-26**
**空間の配置**
**（配置ブロックプラン）**

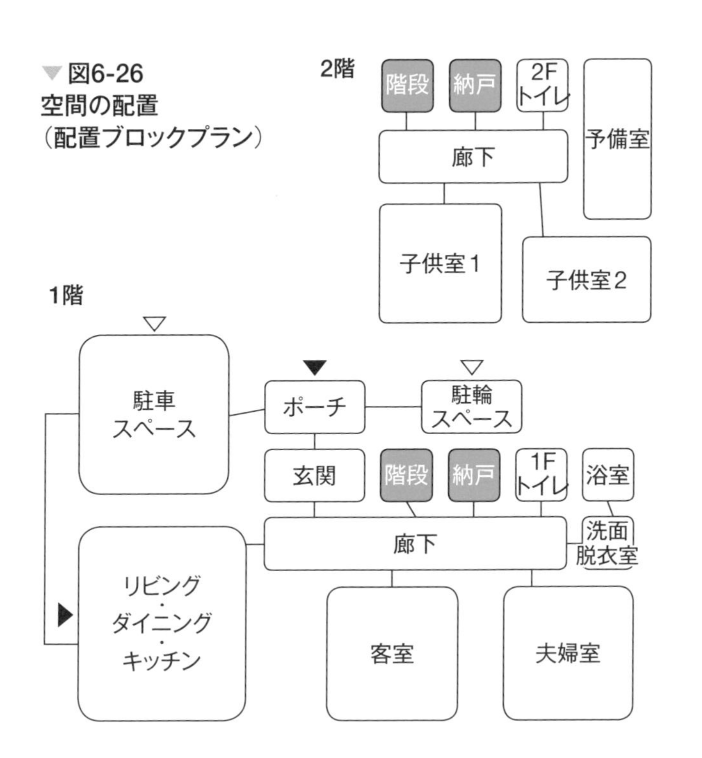


▼**図6-27　建具・設備・家具・照明の検討**

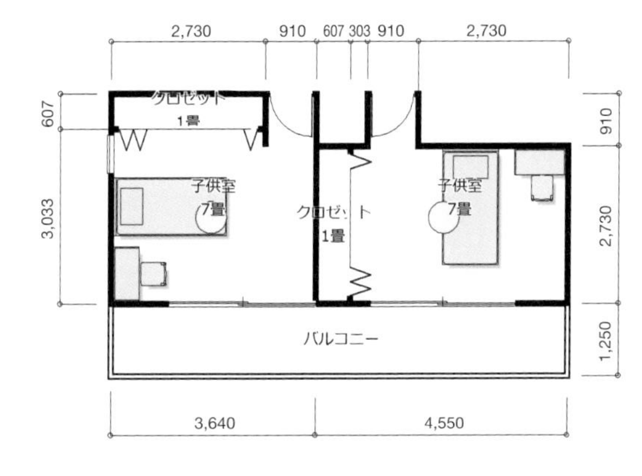


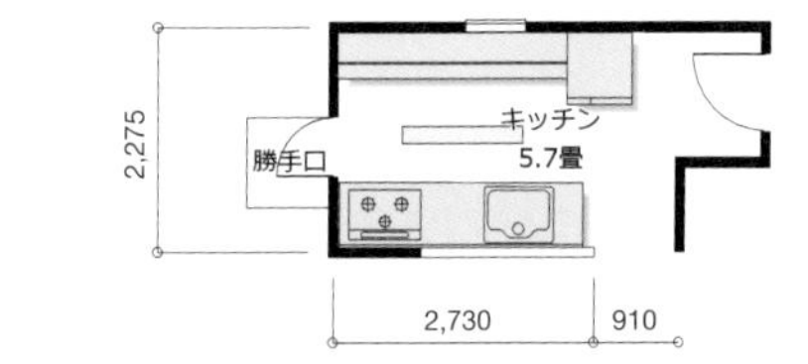


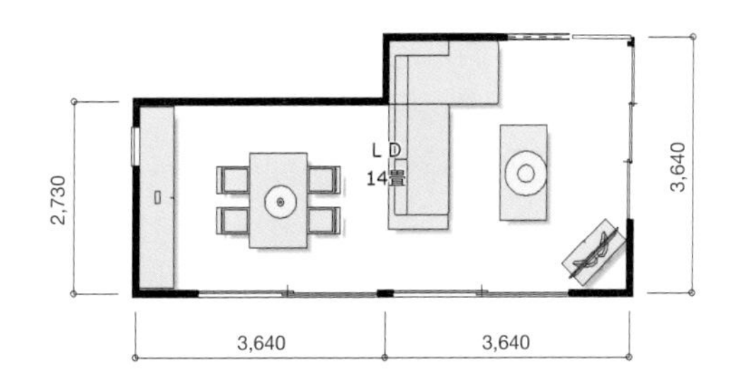


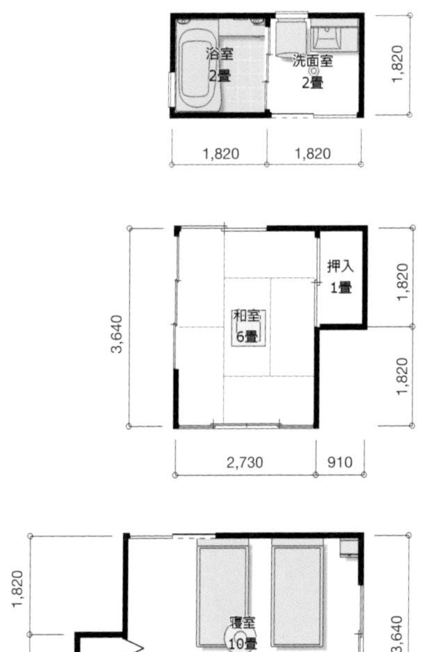

## 6-4 3Dモデルの作成

エスキースが終ったところで3Dモデルの作成を行います。一般的な設計では、エスキースを手描きで行い、描く内容が完成したところで、CADなどを使い図面を描きます。3Dマイホームデザイナーでは、空間の配置（配置ブロックプラン）の段階で描く内容が完成する前に部屋をパーツとして配置し、調整しながら完成図面を仕上げるプロセスを経ても有効に利用できるところが特徴です。

**memo** ● 本節では、読者の方が3Dマイホームデザイナーで3Dモデリングができることを前提に説明を進めます。そのため、本書では室外・室内建具や家具、照明設備の種類を示しますので、適切なものを選んで配置してください。なお、室外・室内建具や家具、照明設備を適切に選択することが難しい方のために、3Dマイホームデザイナーに収納されている外装・室内建具や家具、照明設備一覧を掲載していますので活用してください。

### Step 1 敷地の作成 図6-28

敷地は、平坦地で、地盤面と道路面および隣地との高低差はなく、地盤は良好です。敷地面積は、19.0m×16.0m（304.00 $m^2$）で北側に幅員6mの道路がある敷地を3Dマイホームデザイナーで作ります。

### Step 2 所要室の配置（1階） 図6-29 図6-30

1階に所要室を配置してください。その際、補助線を有効に使ってください。なお、グリッドの基準は、敷地ではなく建物の主要部に合わせて設定します。

### Step 3 所要室の配置（2階） 図6-31

1階所要室の配置の後に、2階の所要室を配置します。このとき、1階と2階の位置を合わせる必要があります。手がかりは、階段など、上下階が空間として続きになっている空間です。

▼図6-28 敷地の作成

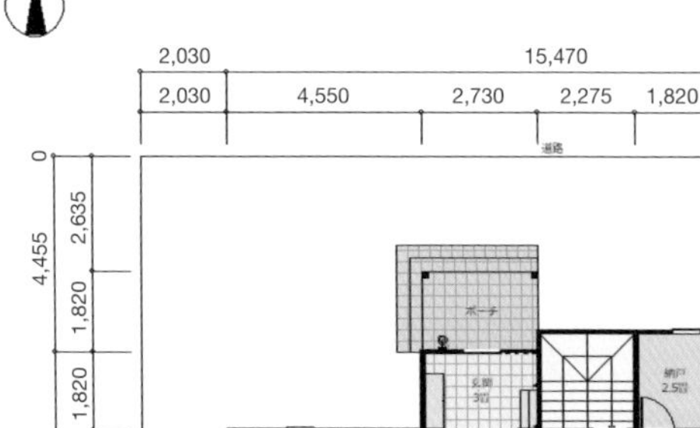

▶図6-29 所要室の配置（1階）（1/2）

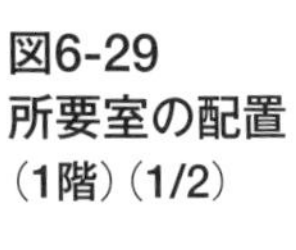

▶図6-30 所要室の配置（階段）（2/2）

（単位：mm）

| 一般名称 | MHD名称 | 選択部品 | 総段数 | 幅・踏面・踏込み(mm) | 蹴上(mm) | 廻り部勾配(度) |
|---|---|---|---|---|---|---|
| 折返し階段 | U字階段 | 内階段・U字(4段右廻り45度) | 15 | 1137・227・20 | 251 | 45 |

▼図6-31　所要室の配置（2階）

## Step 4 所要室の床・天井高の調整（表6-6）

L.D.の天井高さが2,500（キッチンも同じ高さにしても可能）です。玄関土間と玄関ポーチが1FLよりも下がってきます。さらにポーチには階段とスロープ（勾配1/15以下）がつきます。

L.D.の天井高さ2,500は、部屋プロパティで変更します。玄関土間と玄関ポーチはMHDの初期設定で低くなっています。高さを変える場合は、L.D.と同様に部屋プロパティで変更します。

## Step 5 壁の調整（追加と削除）

（図6-32）（図6-33）

所要室の配置をしただけでは、すべての部屋の四周に壁が付いています。また、所要室がL型になることもあります。その際は、【壁編集・柱・梁】の［壁削除］［壁開口］［壁高さ］ツールなどを使いながら壁を調整します。

## Step 6 室内建具の配置（ドア・引き戸）

（図6-34）（表6-7）（図6-35）（表6-8）

所要室の形状が決まった後に室内建具の配置を行います。バリアフリー対応としては、引き戸が有効です。開き戸は、開く方向にドア本体

▼表6-6　所要室の床・天井高の調整

| 設置階 | 所要室 | 天井高さ |
|---|---|---|
| 1階 | 玄関 | 2710 |
| | リビング | 2500 |
| | ダイニング | 2500 |
| | キッチン | 2500 |
| | 客室（和室） | 2400 |
| | 夫婦室（寝室） | 2400 |
| | 浴室 | 2400 |
| | 洗面脱衣室 | 2400 |
| | トイレ | 2400 |
| | 納戸 | 2400 |

| 設置階 | 所要室 | 天井高さ |
|---|---|---|
| 2階 | 子供室1 | 2400 |
| | 子供室2 | 2400 |
| | 予備室（和室） | 2400 |
| | 洗面室 | 2400 |
| | トイレ | 2200 |
| | 納戸 | 2400 |
| 屋外 | 駐車・駐輪スペース | |

▼図6-32　壁の調整（追加と削除）（1階）

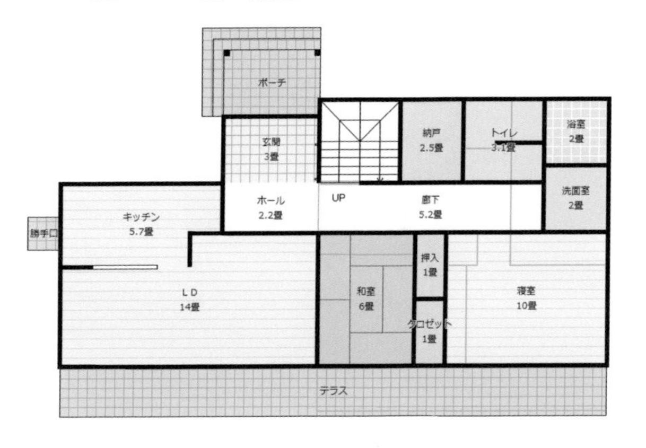


▶図6-33
壁の調整
（追加と削除）
（2階）

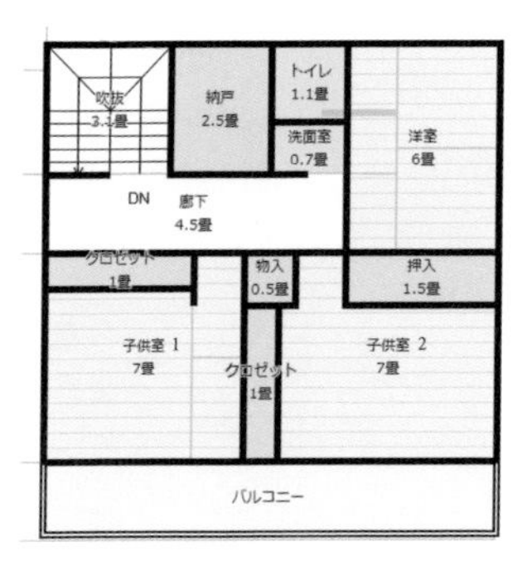

▼図6-34 室内建具の配置（ドア・引き戸）（1階）

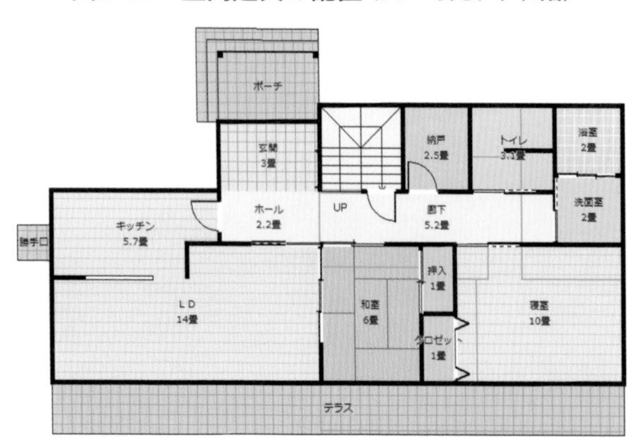


▶図6-35 室内建具の配置（ドア・引き戸）（2階）

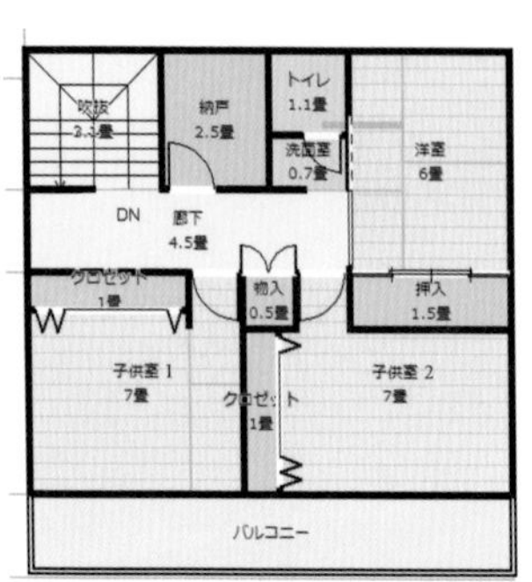


がスイングしてくるために、車いすを使う場合、ドアが車いすにあたるために、開きにくくなります。一方、引き戸は、ドアが横にスライドするために、ドアが車いすにあたりません。

ドアが廊下側に開くと歩いている人に不意にドアがあたることもあり危険です。そのため、一般的には室内のほうへ開くようにします。ただし、ドアが開いたほうに壁がある場合は、廊下側に開くことが可能です。

## Step 7 室外建具の配置（サッシ・ドア）

図6-36 表6-9 図6-37 表6-10

室内建具と室外建具を配置する順序は、ありません。むしろ、設備機器の配置や家具の配置により影響を受けます。そのため、設備機器や家具の配置により室内建具と室外建具の種類や位置も変わることを意識しながら配置すること

▼表6-7 室内建具の配置（ドア・引き戸）（1階）（単位：mm）

| No | 設置場所 | 分類 | 品番 | 大きさ（W×H） | 床からの高さ（H） |
|---|---|---|---|---|---|
| A | キッチン | 室内／片引き戸 | CAA006L | 775×2045 | 0 |
| B | リビング（LD） | 室内／引き込み戸 | BR08L | 1840×2030 | 0 |
| C | 客室（和室） | 室内／戸襖 | BR16 | 2440×2030 | 0 |
| D | 客室（和室） | 室内／引き違い戸 | BR10 | 1640×2030 | 0 |
| E | 客室（和室） | 室内／襖 | 2SA024 | 1645×1840 | 0 |
| F | 夫婦室（寝室） | 室内／片引き戸 | 室CAA022 | 1650×2045 | 0 |
| G | 夫婦室（寝室） | クロゼット折戸 | 室内折戸BR06 | 1640×2030 | 0 |
| H | 洗面脱衣室 | 室内／片引き戸 | 室CAA022 | 1650×2045 | 0 |
| I | 浴室 | 室内／3枚片引き戸 | YAD01L | 1500×1816 | 0 |
| J | トイレ | 室内／片引き戸 | 室CAA022 | 1650×2045 | 0 |
| K | 納戸 | 室内／片引き戸 | CAA006L | 775×2045 | 0 |
| L | 物入 | 室内／片引き戸 | 室CAA004 | 775×2045 | 0 |

▼表6-8 室内建具の配置（ドア・引き戸）（2階）（単位：mm）

| No | 設置場所 | 分類 | 品番 | 大きさ（W×H） | 床からの高さ（H） |
|---|---|---|---|---|---|
| A | 子供室1 | 室内／片開き戸 | DK室内片開S05L | 780×2045 | 0 |
| B | 子供室1 | 室内／折戸 | DKS17 | 2450×2330 | 0 |
| C | 子供室2 | 室内／片開き戸 | DK室内片開S05L | 780×2045 | 0 |
| D | 子供室2 | 室内／折戸 | DKS17 | 2450×2330 | 0 |
| E | 予備室（洋室） | 室内／引込戸 | 引込戸B_R03L | 2440×2030 | 0 |
| F | 予備室（洋室） | 室内／引き違い | 室内B_U012 | 2440×2030 | 0 |
| G | トイレ | 室内／片開き戸 | CAA001L | 640×2045 | 0 |
| H | 納戸 | 室内／片開き戸 | CAA001L | 775×2045 | 0 |
| I | 物入 | 室内／両開き | CAA007 | 910×2000 | 0 |

が大切です。

1階は、特に防犯に配慮して配置します。また、サッシは、引き違いだけではなく、開き戸、ルーバー窓、オーニング窓、縦軸回転窓、突き出し窓、内倒し窓、さまざまな種類の窓があります。窓の種類で機能性（採光・通風・眺望など）や建物の表情が大きく変化します。意匠性や機能性を検討し、最適な室外建具を配置します。

## Step 8 設備機器の配置（1・2階）

（図6-38）（表6-11）（図6-39）（表6-12）

住宅の主な設備機器には、キッチンユニット、バスユニット、トイレユニット、洗面台などがあります。これらを適切に配置します。

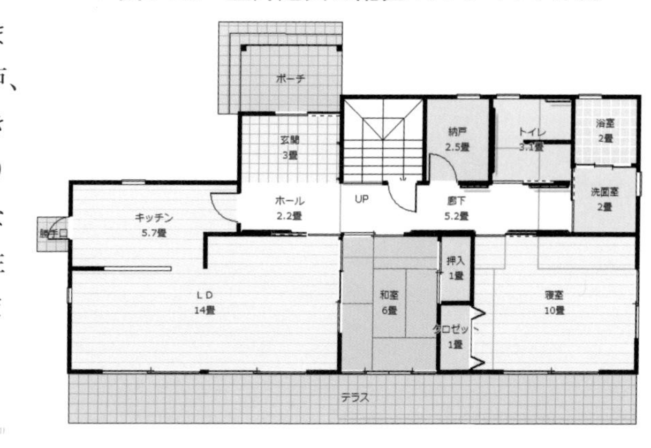


▼図6-36　室外建具の配置（サッシ・ドア）（1階）

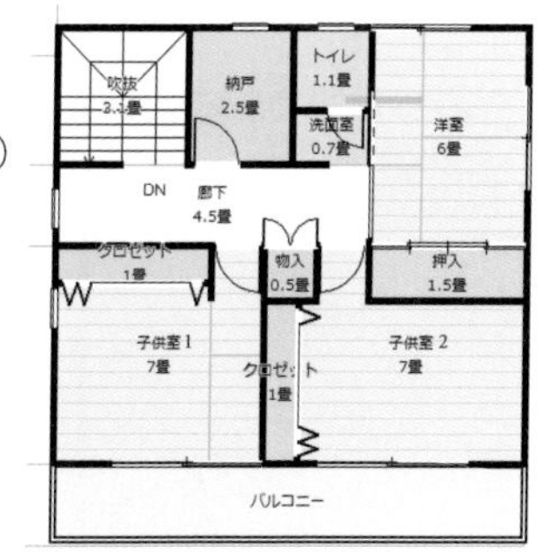


▶図6-37　室外建具の配置（サッシ・ドア）（2階）

▼表6-9　室外建具の配置（サッシ・ドア（1階）（単位：mm）

| No | 設置場所 | 分類 | 品番 | 大きさ（W×H） | 床からの高さ（H） |
|---|---|---|---|---|---|
| A | 階段 | 室外／オーニング窓 | R12 | 640×1170 | 2700 |
| B | 納戸 | 室外／ルーバー窓 | R19 | 640×970 | 1030 |
| C | トイレ | 室外／ルーバー窓 | R19 | 640×970 | 1030 |
| D | 浴室 | 室外／ルーバー窓 | R19 | 640×970 | 1030 |
| E | 洗面室 | 室外／ルーバー窓 | R19 | 640×970 | 1030 |
| F | 寝室（夫婦室） | 室外／引き違い窓 | 2W2590 | 1800×700 | 1030 |
| G | 寝室（夫婦室） | 室外／引き違い窓 | 2W6060 | 2600×2000 | 0 |
| H | 和室 | 室外／引き違い窓 | 4W60120 | 2600×2000 | 0 |
| I | LD | 室外／引き違い窓 | 2W6060 | 2600×2000 | 0 |
| J | LD | 室外／横スベリ窓 | YAS09 | 550×900 | 1150 |
| K | キッチン | 室外／ルーバー窓 | R09 | 640×570 | 730 |

▼表6-10　室外建具の配置（サッシ・ドア（2階）（単位：mm）

| No | 設置場所 | 分類 | 品番 | 大きさ（W×H） | 床からの高さ（H） |
|---|---|---|---|---|---|
| A | 子供室1 | 室外／引き違い窓 | 2W6060 | 2600×2000 | 0 |
| B | 子供室1 | 室外／引き違い窓 | 2W6060 | 2600×2000 | 0 |
| C | 子供室1 | 室外／オーニング窓 | H02 | 660×960 | 1240 |
| D | 廊下 | 室外／オーニング窓 | H02 | 660×960 | 1240 |
| E | 納戸 | 室外／ルーバー窓 | R19 | 640×970 | 1030 |
| F | トイレ | 室外／ルーバー窓 | R19 | 640×970 | 1030 |
| G | 予備室（洋室） | 室外／腰窓 | 腰2W4060 | 1710×1160 | 840 |

▼図6-38 設備機器の配置(1階)

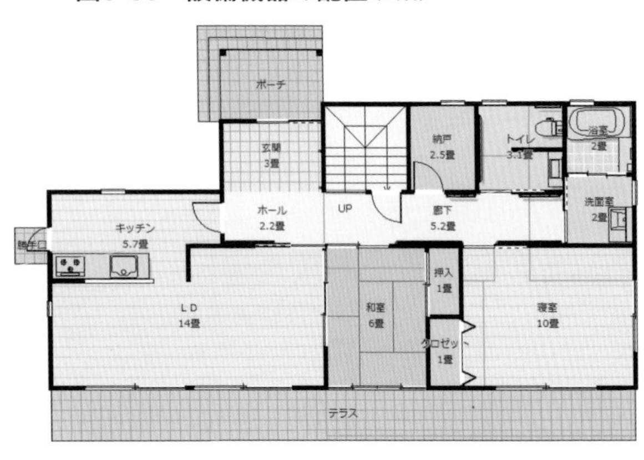


## Step 9 家具の配置(1・2階)

(図6-40)(表6-13)(図6-41)(表6-14)

住宅の家具には、食器棚、ダイニングテーブル・学習椅子、リビングソファ・テーブル、椅子、リビングボード、シューズボックス、ベッド、学習机・椅子、本棚など、さまざまな種類の家具があります。これらを適切に配置します。

## Step 10 照明器具の配置(1・2階)

(図6-42)(表6-15)(図6-43)(表6-16)

照明器具には、天井直付のシーリングライト、天井に埋め込んだダウンライト、天井から吊っているペンダントライトやシャンデリア、一部分を照らすスポットライト、壁に付けるブラケットライト、床に置くスタンドライト、テーブルの上に置くテーブルライト、壁や天井に埋め込んで天井や壁を照らすことにより間接的に明

▶図6-39 設備機器の配置(2階)

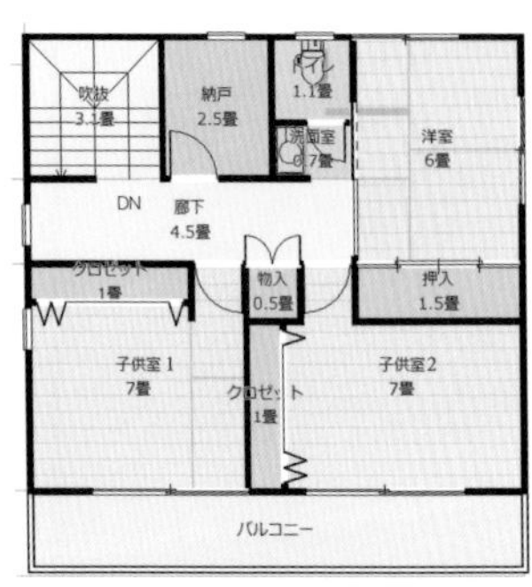


▼表6-11 設備機器の配置(1階)(単位:mm)

| No | 設置場所 | 分類 | 品番 | 大きさ(W×H) | 床からの高さ(H) |
|---|---|---|---|---|---|
| A | キッチン | シンク | CUキッチンT06 | 2550×655 | 0 |
| B | 洗面室 | 洗面化粧台 | CUセンメン台T02 | 900×610 | 0 |
| C | 浴室 | ユニットバス | CUバスルームT04 | 1600×1600 | 0 |
| D | トイレ | 洗面台 | センメン台L09 | 900×369 | 0 |
| E | トイレ | 便器 | MDトイレS02 | 473×700 | 0 |
| F | 物入 | 室内/片引き戸 | 室CAA004 | 775×2045 | 0 |

▼表6-12 設備機器の配置(2階)(単位:mm)

| No | 設置場所 | 分類 | 品番 | 大きさ(W×H) | 床からの高さ(H) |
|---|---|---|---|---|---|
| A | 洗面室 | 洗面化粧台 | センメン台L02 | 750×475 | 0 |
| B | トイレ | 便器 | MDトイレS02 | 473×700 | 0 |

▼図6-40 家具の配置(1階)

▼図6-41 家具の配置(2階)

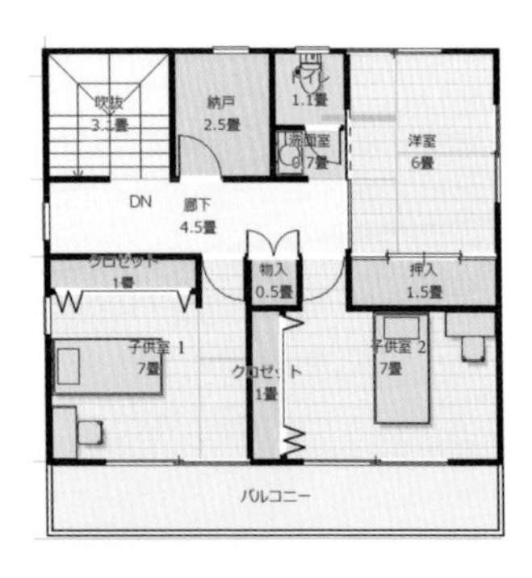

▼表6-13　家具の配置（1階）（単位：mm）

| No | 設置場所 | 分類 | 品番 | 大きさ（W×H） | 床からの高さ（H） |
|---|---|---|---|---|---|
| A | リビング（LD） | テーブル | 3JテーブルG02 | 1350×700 | 0 |
| B | リビング（LD） | ソファセット | HLソファセットT06 | 2680×1620 | 0 |
| C | リビング（LD） | テレビ | TBテレビT07 | 1234×288 | 508 |
| D | リビング（LD） | テレビ台 | KMボードS05 | 910×450 | 0 |
| E | ダイニング | 食卓 | 食卓O003 | 1350×1810 | 0 |
| F | ダイニング | カウンター | カウンターA003 | 2580×500 | 0 |
| G | キッチン | DKボード | DKボードT029 | 2400×470 | 0 |
| H | キッチン | 冷蔵庫 | MS冷蔵庫U01 | 685×733 | 0 |
| I | 夫婦室（寝室） | ベッド（2つ） | HLベッドL01 | 1000×2000 | 0 |
| J | 夫婦室（寝室） | ナイトテーブル | KWナイトテーブルJ01 | 350×350 | 0 |
| K | 洗面室 | 洗濯機 | MS洗濯機U01 | 600×722 | 0 |
| L | 玄関 | 下駄箱 | クツバコA002LB | 1280×445 | 0 |
| M | 玄関 | ベンチ | KWベンチN01 | 900×380 | 玄関土間高さ |

▼表6-14　家具の配置（2階）（単位：mm）

| No | 設置場所 | 分類 | 品番 | 大きさ（W×H） | 床からの高さ（H） |
|---|---|---|---|---|---|
| A | 子供室1 | シングルベッド | 子ベッド11 | 1000×2000 | 0 |
| B | 子供室1 | 机 | デスクA008 | 940×450 | 0 |
| C | 子供室1 | 椅子 | チェアR094 | 400×450 | 0 |
| D | 子供室2 | シングルベッド | 子ベッド11 | 1000×2000 | 0 |
| E | 子供室2 | 机 | デスクA008 | 940×450 | 0 |
| F | 子供室2 | 椅子 | チェアR094 | 400×450 | 0 |

るくする建築照明（コープ照明やコーニス照明）など、多くの種類があります。目的や演色性が異なるため、適切なものを選んで配置します。

## Step 11　屋根の作成　（図6-44）（図6-45）

住宅の屋根には、切妻屋根、寄棟屋根、方形屋根、陸屋根、片流れ屋根、入母屋屋根、マンサード屋根、バタフライ屋根、越し屋根など、さまざまな種類の屋根があります。屋根の形は、建物のプロポーションに大きく影響します。適切な屋根を配置します。

## Step 12　エクステリアの配置　（図6-46）（図6-47）（表6-17）

最後に、エクステリアを配置します。ここでは、門扉、花壇、樹木、車があります。樹木には、高木、中木、低木がありますので、敷地全体、近隣の建物も意識しながら、適切なものを

▼図6-42　照明器具の配置（1階）

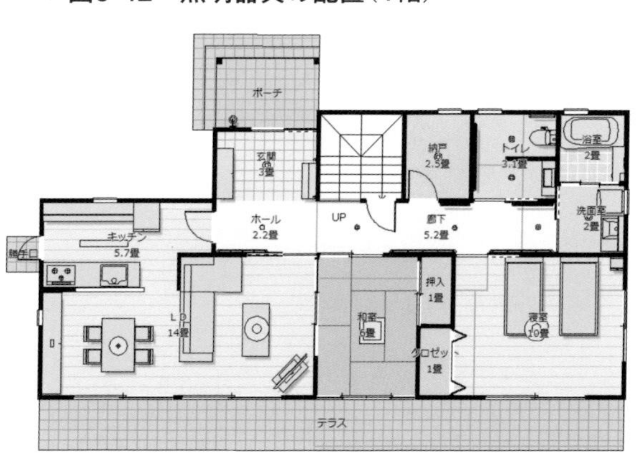


▶図6-43
照明器具の配置
（2階）

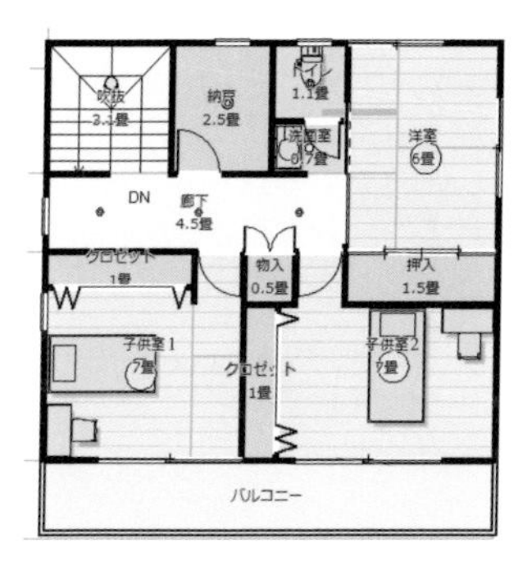

▼表6-15 照明器具の配置（1階）（単位：mm）

| No | 設置場所 | 種類 | 分類 | 品番 | 大きさ（W×H） | 床からの高さ（H） | 天井高さ（備考） |
|---|---|---|---|---|---|---|---|
| A | 玄関ポーチ | ポーチライト | ポーチライト | ポーチライト02 | 70×130 | 2000（壁付け） | 2400 |
| B | 玄関 | シーリングライト | 天井直付け | シーリングH03 | 200×200 | 天井 | 2400 |
| C | ホール | ダウンライト | 天井直付け | ダウンライトH02 | 120×120 | 天井 | 2400 |
| D | 廊下 | シーリングライト | 天井直付け | シーリング07 | 130×130 | 天井 | 2400 |
| E | リビング（LD） | シーリングライト | 天井直付け | KZシーリングT09 | 628×628 | 天井 | 2500 |
| F | ダイニング（LD） | ペンダントライト | 吊ライト | LP吊ライトT05 | 550×550 | 天井 | 2500 |
| G | キッチン | シーリングライト | 天井直付け | ケイコウトウH01 | 1277×170 | 天井 | 2500 |
| H | 客室（和室） | シーリングライト | 天井直付け | シーリング06 | 660×660 | 天井 | 2500 |
| I | 夫婦室（寝室） | シーリングライト | 天井直付け | KZシーリングT10 | 628×628 | 天井 | 2400 |
| J | 納戸 | シーリングライト | 天井直付け | シーリングH03 | 200×200 | 天井 | 2400 |
| K | 洗面室 | シーリングライト | 天井直付け | シーリングH03 | 200×200 | 天井 | 2400 |
| L | トイレ | シーリングライト | 天井直付け | シーリングH04 | 150×150 | 天井 | 2200（2箇所（洗面台上、便器上）） |

▼表6-16 照明器具の配置（2階）（単位：mm）

| No | 設置場所 | 種類 | 分類 | 品番 | 大きさ（W×H） | 床からの高さ（H） | 天井高さ（備考） |
|---|---|---|---|---|---|---|---|
| A | 子供室1 | シーリングライト | 天井直付け | シーリングH01 | 550×550 | 天井 | 2400 |
| B | 子供室2 | シーリングライト | 天井直付け | シーリングH01 | 550×550 | 天井 | 2400 |
| C | 予備室（洋室） | シーリングライト | 天井直付け | シーリングH01 | 550×550 | 天井 | 2400 |
| D | 廊下 | シーリングライト | 天井直付け | シーリング07 | 130×130 | 天井 | 2400（3箇所） |
| E | 洗面室 | ダウンライト | 天井直付け | ダウンライトH03 | 120×120 | 天井 | 2400 |
| F | 納戸 | シーリングライト | 天井直付け | シーリングH03 | 200×200 | 天井 | 2400 |
| G | トイレ | シーリングライト | 天井直付け | シーリングH04 | 150×150 | 天井 | 2200 |
| H | 階段 | ペンダントライト | 天井直付け | 吊ライトH01 | 258×242 | 天井 | 2400 |

▼図6-44 屋根の作成（1階）

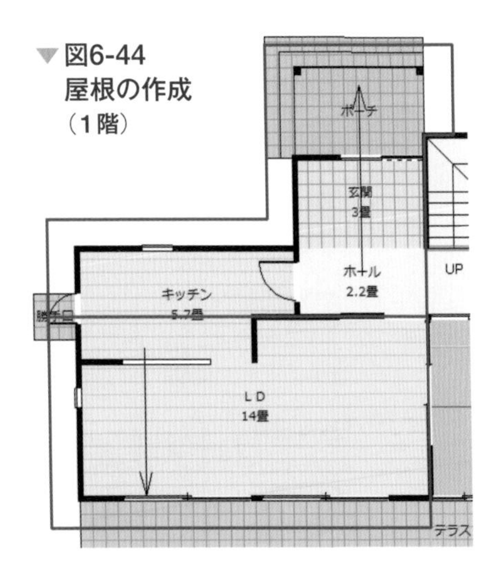


▼図6-45 屋根の作成（2階）

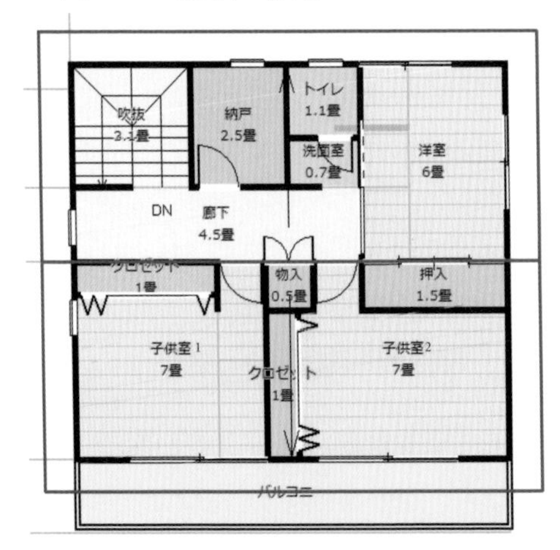

▼図6-46　スロープ

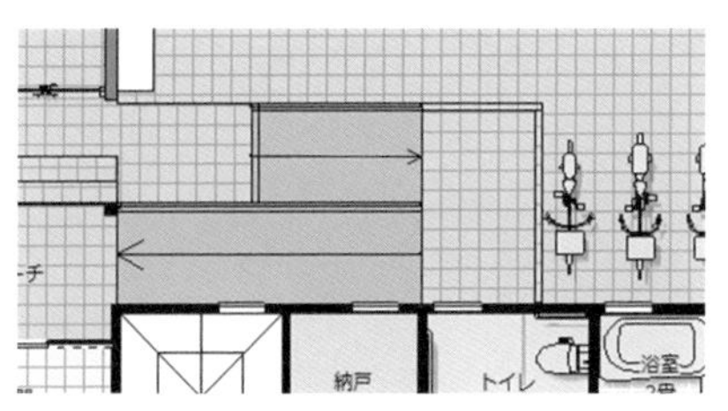


▼図6-47　植栽

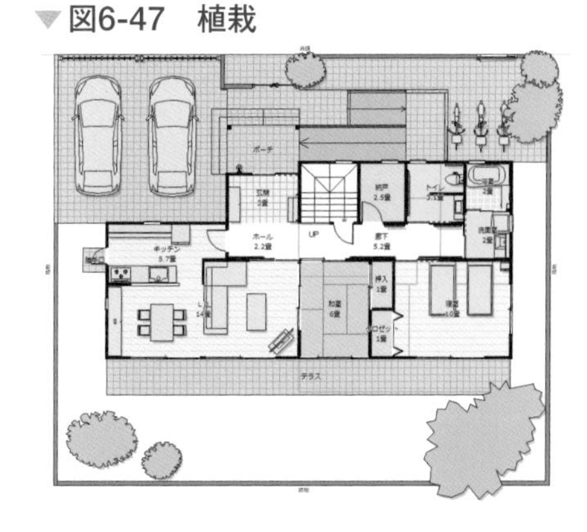

▼表6-17　エクステリアの配置（単位：mm）

| No | 設置場所 | 分類 | 品番 | 大きさ（W×H） | 床からの高さ（H） | 樹高 |
|---|---|---|---|---|---|---|
| A | リビング（LD）前1 | 外溝／花・植栽 | 樹木Q027 | 3099×2367 | GL高さ | 3800 |
| B | リビング（LD）前2 | 外溝／花・植栽 | 樹木Q026 | 1579×1645 | GL高さ | 3531 |
| C | 夫婦室（寝室）前 | 外溝／花・植栽 | 樹木Q029 | 5712×4036 | GL高さ | 5800 |
| D | 浴室前1 | 外溝／花・植栽 | 樹木Q027 | 3099×2367 | GL高さ | 3800 |
| E | 浴室前2 | 外溝／花・植栽 | 樹木Q026 | 1579×1645 | GL高さ | 3531 |
| F | 玄関前 | 外溝／花・植栽 | 樹木Q026 | 1579×1645 | GL高さ | 3531 |

選んで配置します。ポイントは、あまり密集して配置しないことです。

▼図6-48　建物全体のビュー作成

## 6-5 プレゼンテーションボードの作成

すべての3Dモデルが作成できた後に、施主へプレゼンテーションするためのボードを作ります。魅力的な図を作成し、わかりやすく施主に伝えるためにレイアウトの検討を行います。

### Step 1 建物全体のビュー作成 （図6-48）

建物全体のビューを作成します。ビューの視点は、鳥瞰や地面に立ったときの目線（地面から1,500mm）が一般的です。鳥瞰図は、全体を見せられますが、非現実的なので多用し過ぎると、現実性が失われるので注意が必要です。

### Step 2 インテリアのビュー作成 （図6-49）

さまざまな生活シーンにおけるインテリアのビューを作成します。インテリアビューの視点

▼図6-49 インテリアビューの作成

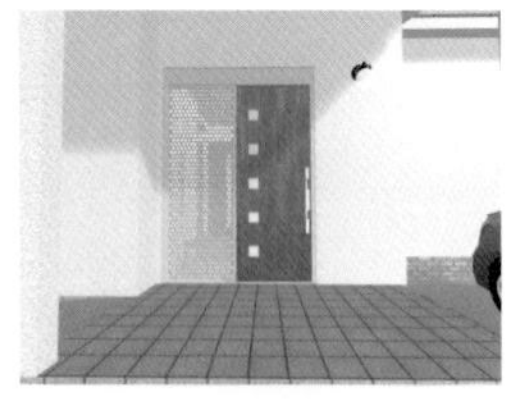

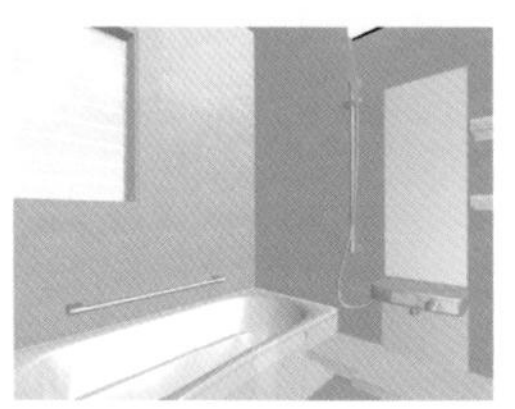

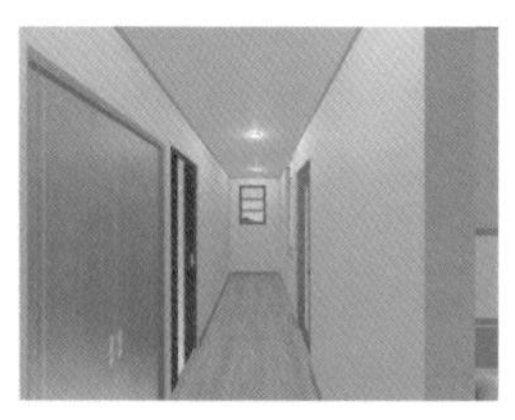

は、立ったときの目線（床から1,500mm）と椅子座での目線（床から1,200mm）、床に座ったときの目線（床から900mm）が一般的です。インテリアビューのポイントは、照明の当て方です。

### Step 3 平面・立面・断面図の作成 （図6-50）

建築図面である平面・立面・断面図は、配置して印刷したときにスケールを正しく測れるようにします。一般的な意匠図のスケールは、1：100です（MHDは1：100が基本）。1：200は、建物の配置図として使います。1：50は建物詳細図、1：20～1：30は矩計図、1：5は部分詳細、1：1～1：5は模型等によるモックアップ（実際に模型として作成し、体験して試すこと）として利用します。

寸法も描きます。1：100の寸法記入箇所は、敷地における建物の位置、部屋の大きさがわかるようにすることが目的です。

### Step 4 プレゼンテーションボードの作成 （図6-51）

最後にプレゼンテーションボードとしてまとめます。レイアウトする素材は、タイトル、ダイアグラム（設計の概念を図で表したもの）、設計趣旨、敷地配置図兼1階平面図、2階平面図（1：100）、立面図（1：100）、断面図（1：100）、建物全体のビュー、インテリアビュー、面積表などです。

レイアウトするポイントは、次のとおりです。

- 意図することがわかりやすい
- 図や絵、文字を並べただけではなく、強弱をつける
- 図面のスケールが測れる
- 1階と2階の位置を揃える（通り芯を揃える）
- 面積表をつけることで法的な制限をクリアしていることを示す

▶図6-50
平面・立面・
断面図の作成

▼図6-51　プレゼンテーションボードの作成

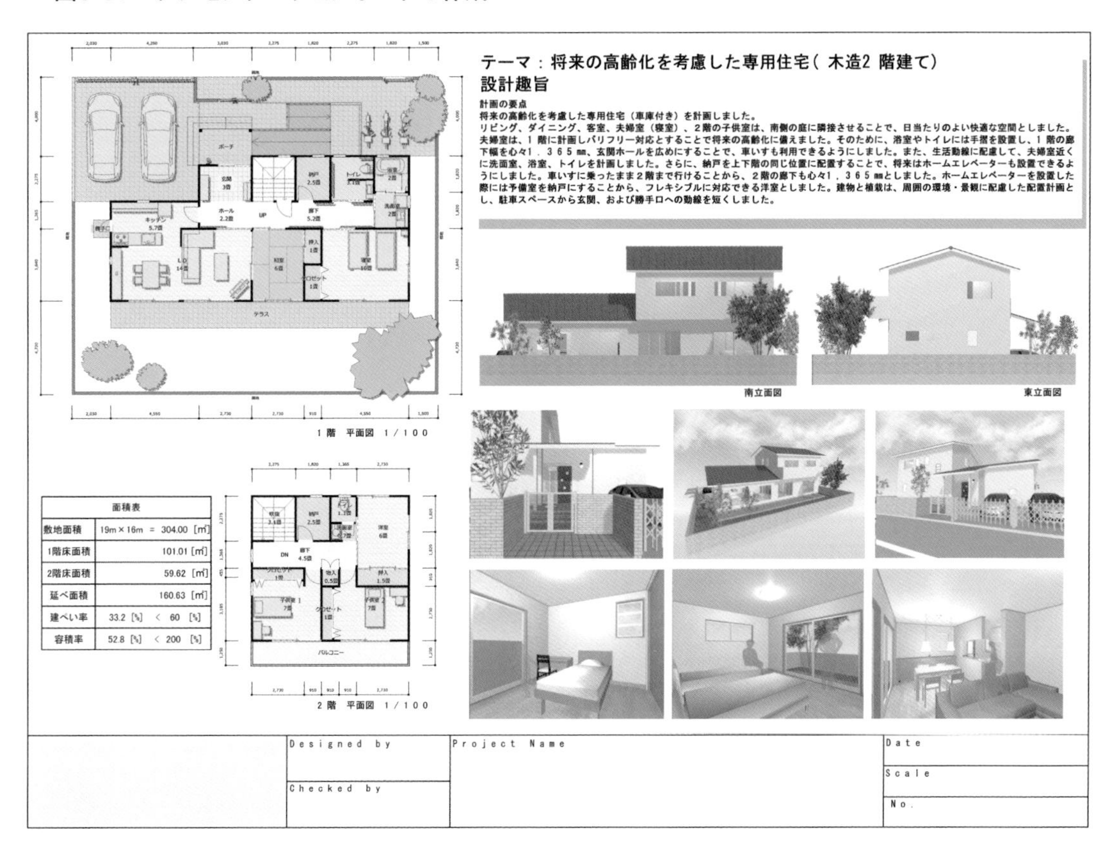

# Chapter 7

# 福祉住環境整備のテクニック

本章では、「シニアカップル向けの2LDK平屋プラン」をとおして車いすや歩行に配慮した、アプローチや玄関、廊下、水回り、寝室など、福祉住環境整備計画についての技術的ポイントを学びます。モデルプランには、オプションである「3Dで学ぶ福祉住環境スクールパック」からの部品（ドア・窓、住宅設備、家具）も使用しています。

本章で利用するデータはダウンロードすることができます。ダウンロード方法やダウンロードに必要なパスワードなどは本書のP.2（「はじめに」の左ページ）を参照してください。

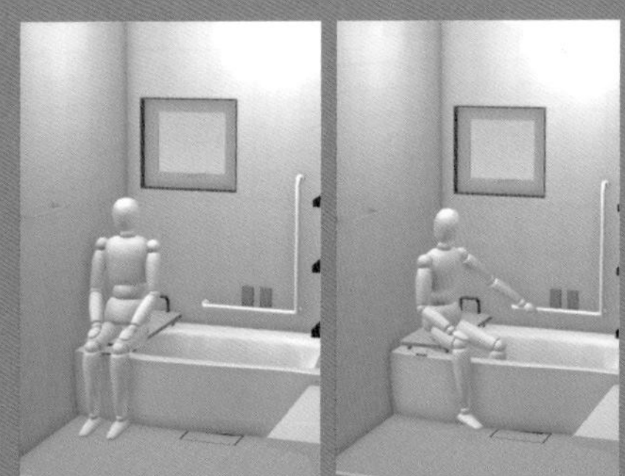

▼図7-1　モデル外観パース

▼図7-2　本プランの福祉住環境設計のポイント

▼図7-3　本章の説明するエリア

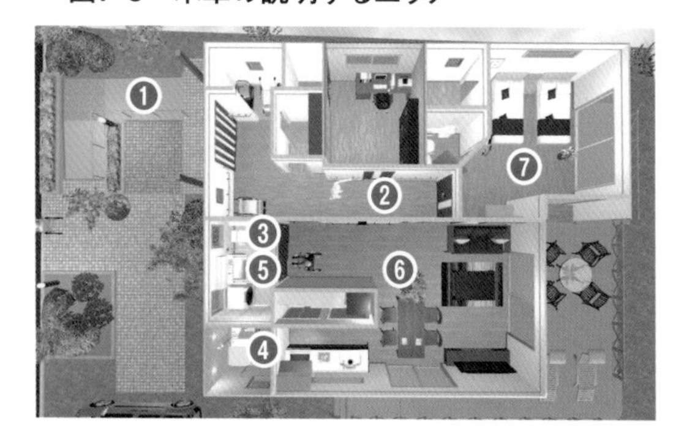


## 7-1 福祉住環境整備に関する技術ポイント

本章の、参考モデルプランは、シニアカップル（50歳代～60歳代）の「終の住い」をイメージした2LDK平屋プランです（**図7-1**）。

このモデルの福祉住環境に関する設計ポイントは、**図7-2**、**表7-1**に記載しています。

▼表7-1
本プランの福祉住環境考慮ポイント（場所は図7-2）

| No | エリア |
|---|---|
| A | ●屋外への車イスや歩行器での移動を考慮したアプローチと玄関スペース |
| B | ●車イスでの室内移動を考慮した廊下幅と回旋できる動線 |
| C | ●夜間でも安心な、寝室から直接アプローチできる専用トイレ<br>●介護負担の省力化に有効な寝室洗面スペース |
| D | ●車イスでの移動･移乗を考慮した主寝室<br>●セロトニンの分布を促す朝日が入るレイアウト |
| E | ●トイレと洗面脱衣室をワンルーム化して車イス動線を考慮した空間<br>●バリアフリーを考慮したバスルーム |
| F | ●ウッドデッキとの一体性を考慮した開放性のあるリビング･ダイニングスペース |

また、本章の内容は、本モデルプランをとおして福祉住環境設計に関する技術ポイントを**図7-3**に示すエリア（部屋）ごとに説明しています。

❶車いす・歩行による外出【アプローチ・玄関】
❷屋内移動【建具・廊下など】
❸排泄【便所】
❹入浴【浴室】
❺更衣・洗面・整容【洗面脱衣室】
❻調理・食事・団らん【LDK】
❼就寝【寝室】

▼図7-4　モデルプランの立面図・外観パース図

南立面

東立面

北立面

西立面

西側外観パース図

北東外観パース図

北西外観パース図

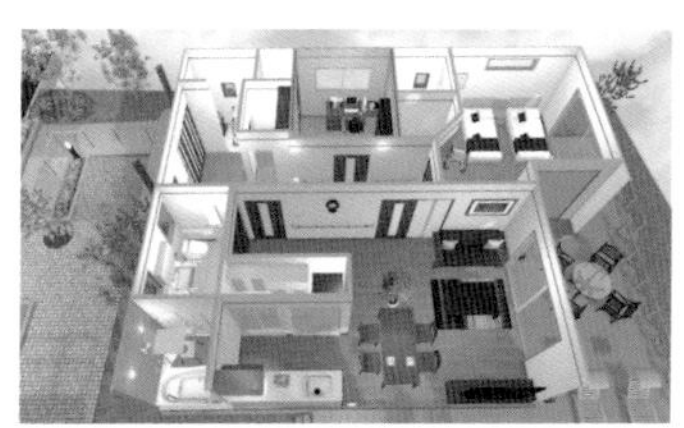
鳥瞰パース図



## 7-2 ①車いす・歩行による外出【アプローチ・玄関】

### 高齢者の外出行為の必要性

高齢者にとっての外出は、次の目的で重要になります。高齢期の住環境整備では、屋内から屋外へ、そして社会へと安全に、かつスムーズに移動できることが重要です。

- 日常生活の維持（買い物・病院に行くなど）
- 健康維持（散歩やウィーキングなど）
- 生体リズムの維持（太陽光にあたる、外気を浴びるなど）
- 社会との繋がりの維持（近隣との地域交流など）

### 玄関⬌アプローチスペースの状況

近年の新築住宅（戸建住宅、集合住宅）における屋内の床段差は、玄関上り框部分以外すべてなくしたバリアフリー住宅が一般化しています。しかしスムーズな外出を促す動線を考慮すると玄関⬌道路のアプローチ部分に段差が複数存在しバリアとして外出・移動の妨げになっています。次の対策方法が、考えられます（**図7-5、図7-6**）。

- アプローチ部分のスロープ化（道路➡門扉➡ポーチ➡玄関）
- アプローチ部分の階段化
- 福祉用具（段差解消機など）の活用

集合住宅では共有アプローチ・エントランス部分の段差が対象です。

▼図7-5　アプローチ全景（モデルプラン）

▼図7-6　アプローチ部分（モデルプラン）

▼図7-7　道路と敷地段差 モデルプラン

## 道路と敷地の段差

敷地と道路の境界部分には、雨水の侵入を防ぐ目的で100mm程度の段差のあるL字側溝が施設されていて、車椅子の移動の妨げになっていることが多くあります（図7-7）。次の対策方法が、考えられます。

- 市販の樹脂製のミニスロープ設置（仮置き）
- 段差の切り下げ工事（道路管理者への手続き必要）

### ［ 戸建ての住宅の床の高さ ］

床の高さは、建築基準法で450mm以上と定められています。また日本人の生活様式として屋内は履物を脱いでの生活する文化があり、屋外の地面（GL）と1階の屋内床（1FL）には段差が生じます。

この段差解消対策として段差を「階段化する」「スロープ化する」「福祉用具（段差解消機など）を活用する」などの対応をしなければならなりません。また、これらの対策は、利用者（高齢者・障がい者）の移動手段（伝え歩き、介助歩行、杖歩行、車いす、歩行器など）や身体状況により、使い分ける必要があります。

## アプローチのスロープ化を検討

アプローチのスロープ化には、利用者の身体状況や段差、スペース（広さ）を加味しスロープの形状（直線、L型、U型）や勾配など、次のような検討が必要になります（図7-8～図7-10）

- 移動方法（自走用車いす、介護用車いす、歩行器、杖歩行他）
- 利用者の身体状況
- 段差寸法（スロープの上り始めから終り）
- 敷地内のスペ―ス（スロープ化できる土地の広さ）
- スロープ形状（直線、L型、U型他）
- 道路や玄関、ポーチとの位置関係
- 脱輪防止対策、手すりなどの整備

## 車いす移動に対応した段差対策

車いす移動に対応したアプローチのスロープ化には、次の内容を加味して計画します。

- アプローチ部分のスロープ化は、利用者、介助者の身体状況を加味して計画
- スロープの勾配はできるだけ緩やかに一般的には、1/12～1/15程度ですが1/20程度の勾配が理想

勾配が緩やかなほどスロープの長さが必要になります。

- スロープの高低差が500mmごとに踊り場（フラットスペース）を設置
- L字型、U字型の折り返し部分はフラット
- スロープの上下終端部分の道路間と玄関のドアの開閉部分（ポーチ部分）は、1000mm程度のフラットスペース必要（**図7-10**）

スロープの総長さ＝1mのフラットスペース＋スロープ傾斜部長さ＋1mのフラットスペース

- スロープ通路幅：900mm～1200mm以上確保
- 直線配置が困難な場合：90度折曲がり（L型）や180度折り返し（U型）の配置が必要
- 折り返し部分（踊り場）の寸法は、90度で、1500mm×1500mm、180度で1500mm×2000mmが最低でも必要（**図7-10**）
- スロープの側面には、車いす脱輪防止用の立ち上がり壁か、手すり兼用の柵の設置が必要

## 階段アプローチ

アプローチは、スロープと階段を併用した例が多くなりますが、利用者の身体状況（パーキンソン病他）により階段のほうが適している場合もあります。

一般的な階段化したアプローチは、次の内容を加味して計画します。

- 高齢者が昇降しやすい、階段寸法の目安（**図7-11**）

▼図7-8　アプローチ1（モデルプラン）

▼図7-9　アプローチ2（モデルプラン）

▼図7-10　U字型スロープとフラットスペース（例）

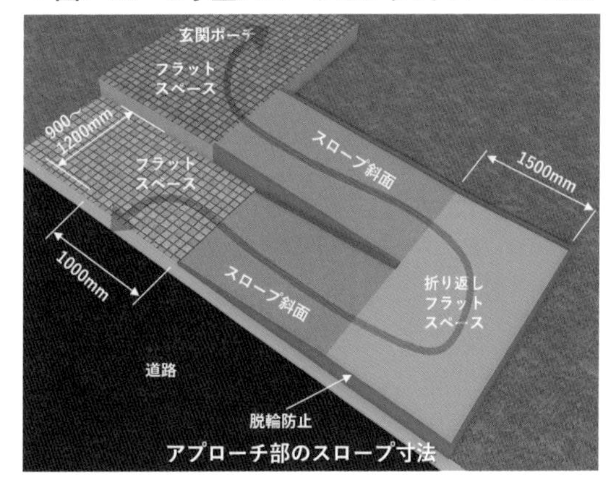

▼図7-11 階段アプローチの寸法例

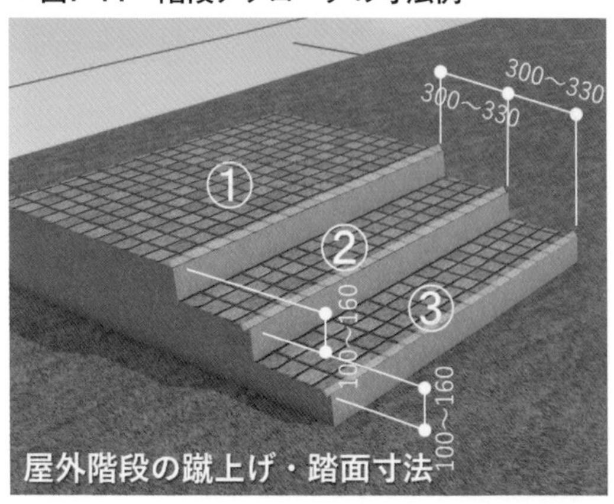


▼図7-12 階段アプローチの手すり例

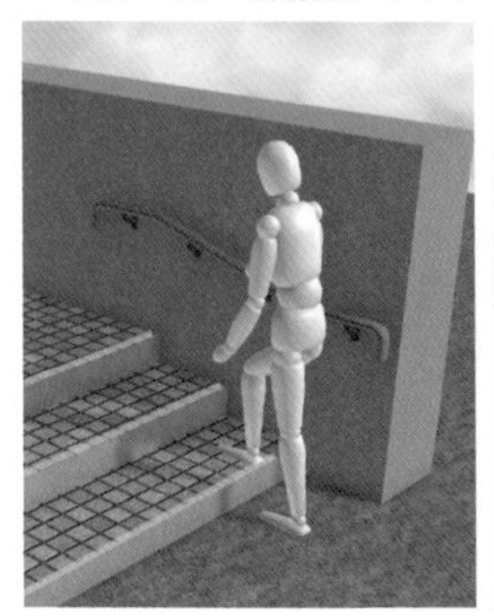

▼図7-13 階段アプローチ中央手すり設置例

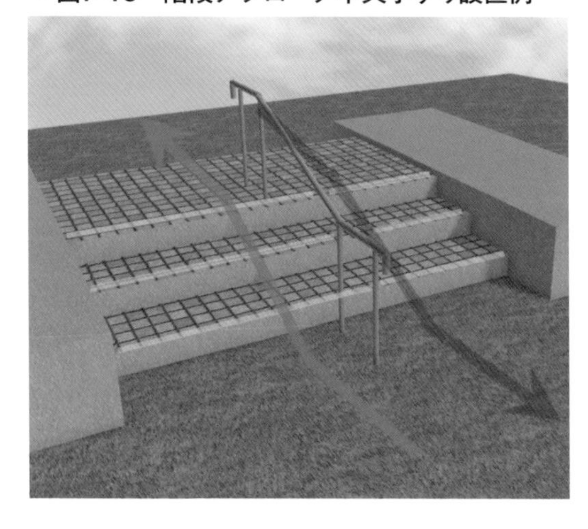

– 蹴上げ（110～160mm）程度が標準
※関節リウマチ者の場合：50mm程度
– 踏面（300～330mm）程度
※二足歩行の場合：400mm程度必要
- 階段の段鼻部分（踏面の端）は、素材の色のコントラストをはっきりさせ、段差の確認が視覚上容易になるような配慮が必要
- その他利用者の足の運びを十分確認して決定する

## 屋外アプローチ部分の手すり

屋外アプローチ部分（スロープ、階段）の手すりは、次の内容を検討して設置します。

- 段数が少なくても手すりの設置が必要
- 手すりは、下りるときの利き手側を優先して設置（図7-12）

例外として昇降両方に必要な場合があります（脳血管障がい者で片麻痺者の場合は上るときも手すり必要です）。幅が広い階段アプローチの場合は、中央に設置することも検討（図7-13）
- 取り付さ高さ：階段の勾配に合わせ一般的には750mm～800mm（個別確認必要）
- 階段上下の水平部分（上る始めと上り終り部分）には450mm程度の水平手すりを延長しておくことが必要（図7-14）
- 手すりの太さ：32～36mm
- 手すりの材質：日射や外気の影響を考慮して樹脂被膜製品、特殊塗装品を選択

## アプローチ部分の段差解消機

アプローチ部分に段差解消機の設置をするには、次の内容を検討します。

- 段差解消機を設置する状況は、スロープや階段の設置が難しい場合（アプローチ部分の面積が狭い場合や道路と敷地段差が大きい場合）である
- 設置場所は、アプローチ・玄関ポーチ部分（図

7-15）や庭側のデッキに設置して直接居室にアプローチする方法（**図7-16**）があり、その場合、居室の掃き出しサッシを段差なしバリアフリーサッシにする必要がある

## 玄関ポーチの寸法

玄関ポーチの寸法は、玄関ドアの開閉操作、身体の向きの変更など利用者の移動状況を考慮し、安全に行えるようスペースを確保します。そこで次の移動状況を判断して検討します（**図7-17**）。

- 独立歩行
- 杖歩行
- 自走用車いす
- 介護用車いす
- 歩行器、シルバーカー他

### ［ 玄関ポーチ寸法の検討要素 ］

玄関ポーチ寸法を検討する場合の要素は、次のとおりです。

- 玄関入口の建具の種類により必要面積に違いが出る（開き戸か引戸か）

開き戸（ドア）のほうが、開閉スペースが必要でポーチ面積も大きくなります。

- 玄関ドアの施錠動作の検討
- 雨天時の傘の折りたたみや、身体の向きを変える動作など安全に行えるスペースが必要
- ポーチの一般的な広さは、1500mm×1500mm（**図7-17**）
- リクライニング式介助車いすなどは、さらに広さが必要になる
- 車いすの保管スペースが必要な場合は保管スペースをプラスする必要がある
- 介助用具（外出時に使用する屋外用車いすやシルバーカーの保管場所など）の活用状況による検討が必要

▼図7-14　階段アプローチ手すりの寸法例

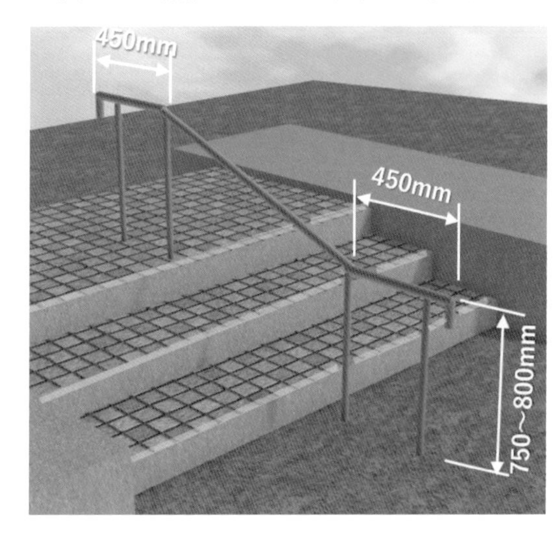


▼図7-15　アプローチ部分の段差解消機設置例

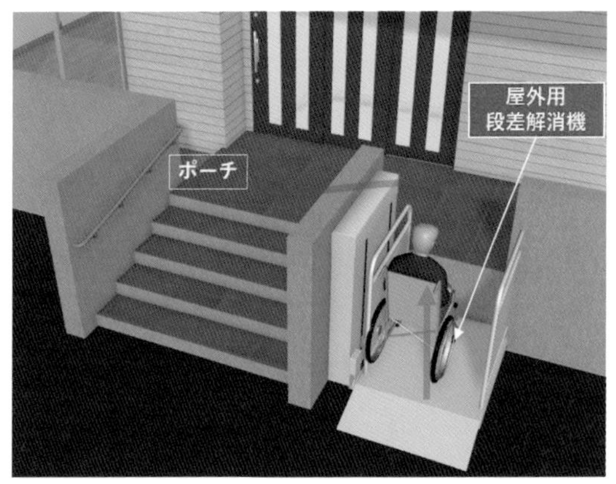


▼図7-16　デッキを経由したアプローチ例

▼図7-17　玄関ポーチの寸法例（モデルプラン）

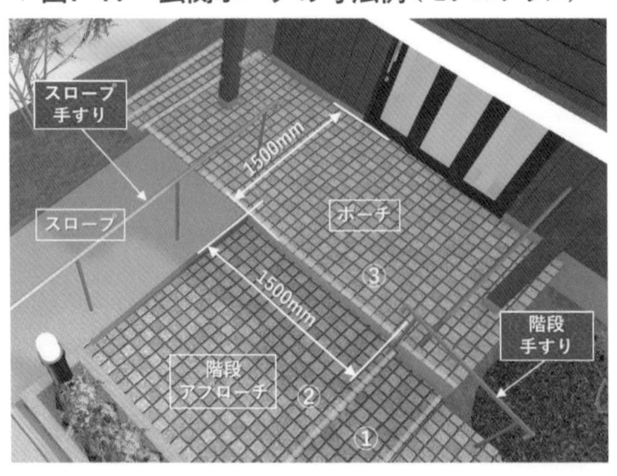


▼図7-18
玄関建具：3枚連動引戸例（モデルプラン）

▼図7-19　玄関建具：大型スライドドア

▼図7-20　玄関土間の寸法例

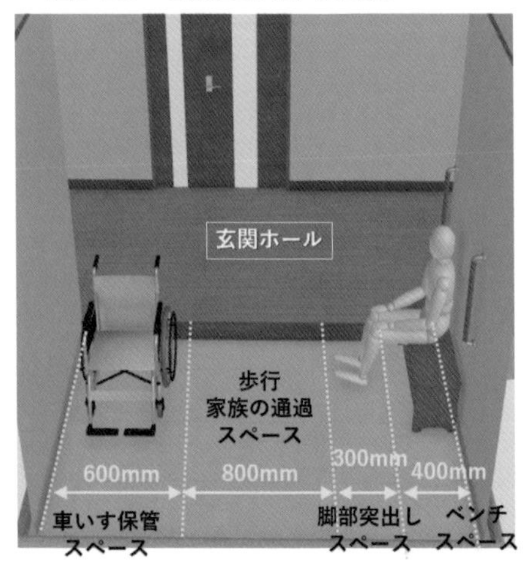


## 玄関建具

建具（扉）の開閉は、開き戸（ドア）より引き戸（スライドドア）のほうがシンプルな開閉動作が、確保でき高齢者や障がい者（車いす利用者など）に向いていますが、次のような建具を計画することが求められます。

- 3枚連動引戸（図7-18）

柱芯－芯寸法が1820mmの基本モジュールで設置でき、3枚の内の2枚の建具障子が、1枚部分に重なるため有効開口が850mm以上確保できます。また、開閉側の1枚目の建具障子を操作すると2枚目の建具も連動して開閉できるので高齢者にもスムーズに操作することができます

- 大型スライドドア（図7-19）

柱芯－芯寸法が2000mmの基本モジュールの製品で800mm以上の有効開口が確保できます。ハンガータイプ（吊り戸）であるため軽快な開閉操作ができます（腕力の劣る利用者にも効果的）。

- 玄関建具の下枠の形状

玄関建具の下枠には段差は、隙間風・埃・雨水の侵入防止、温熱環境の維持の目的で段差がありますが、その段差は最小限に抑える必要があり、できれば5mm以下が適切です。

## 玄関（土間）スペースの検討

玄関土間は、将来の身体状況を想定して次の内容を検討しスペースの確保をすることが求められます（図7-20）。

- 屋外用⟺屋内用の車いすの移乗スペース（2台の車いすが並ぶことも想定）（図7-21）
- 車いすの保管スペースの確保（図7-22）
- 靴の脱ぎ履き用のベンチ設置スペースの確保
- 上り框の段差を乗り越える為のスロープ設置スペースの確保（図7-23）

### ［玄関スペースでの移動手段（車いす、介護用車いす、歩行器他）］

玄関内スペースは、玄関の開口が約2,100mm×奥行き1,500mmが、最低限確保できれば、車いす間の移乗や玄関スペースでの車いすの方向転換も行いやすくなります（**図7-20、図7-22**）。

## 玄関上り框の段差

日本の生活様式(屋内は履物を脱いでの生活)は、玄関上り框部で段差を確保し、埃を室内床に上げない清潔な床が確保されています。上り框の段差は、次の内容を検討して寸法を決定します。

- 一般的な段差は300mm前後だが、近年180mm以下の段差にする住宅も増えている(高齢者が足を上げやすい高さ)
- 車いすの移動には段差が小さいほど良く、できれば100mm以下にできると車いす用スロープ（勾配1/6前後・長さ600mm程度）が設置できる（**図7-23**）
- 車いす移動の場合、玄関土間スペースの奥行きが1,500mm程度必要（**図7-22**）
- 段差が大きい場合は、式台を設置し段差を緩和する。式台段差寸法は、框段差を等分割する（**図7-24**）

### ［玄関上り框の段差の影響］

玄関上り框部分の段差を小さくした場合、次の影響があります。GL（地面）から1FL（1階床）までの高さは、一般的に600mm前後あります。

- 上がり框の高さを小さくした分、道路やGLから玄関土間までの段差が大きくなりアプローチ部分や玄関ポーチ部分での段差処理が必要になる
- アプロ―チ部分のスロープが長くなる（スロープ専有面積が必要）
- 階段の段数が増えるなどの状況が発生しアプローチ部分の段差に対する検討が必要になる

▼図7-21　玄関土間の寸法例（車いす2台）

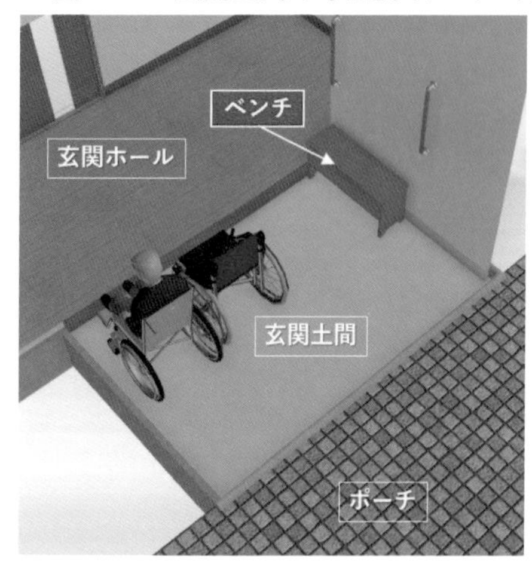


▼図7-22　玄関土間の寸法例（モデルプラン）

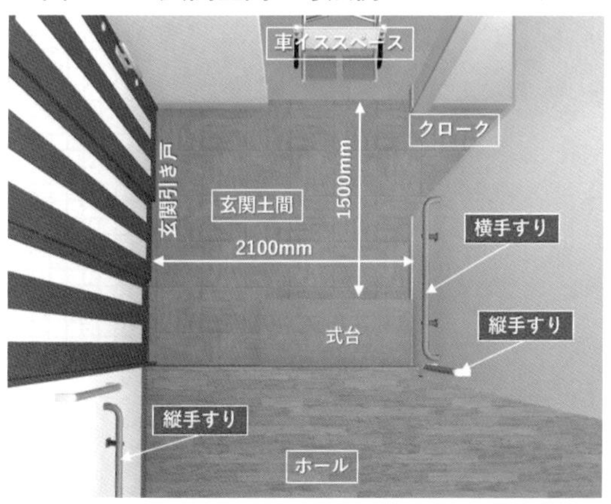


▼図7-23　玄関スロープ設置例

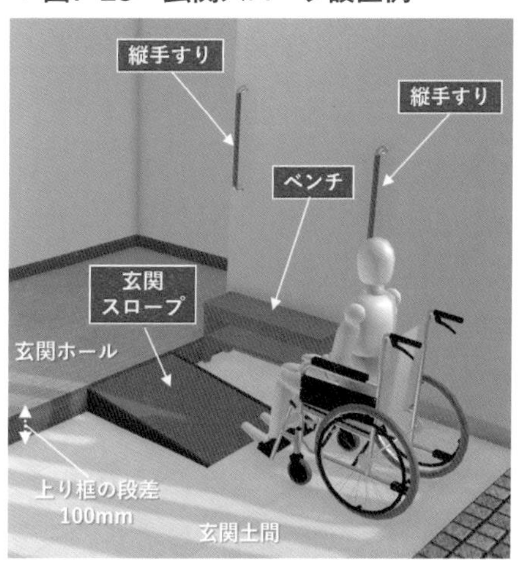

▼図7-24
玄関上り框寸法·式台設置（モデルプラン）

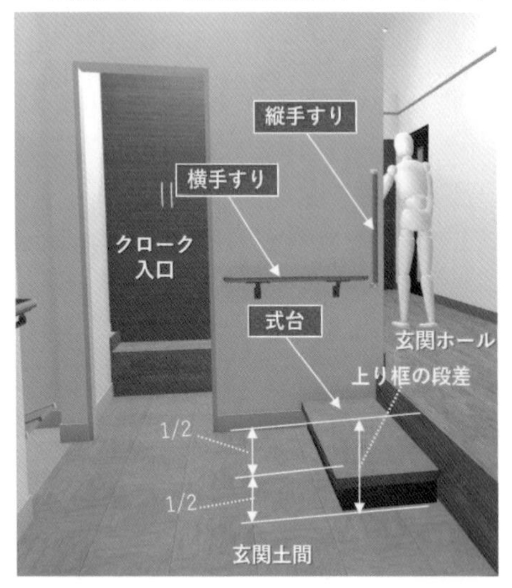


▼図7-25　玄関の手すりとベンチ設置例1

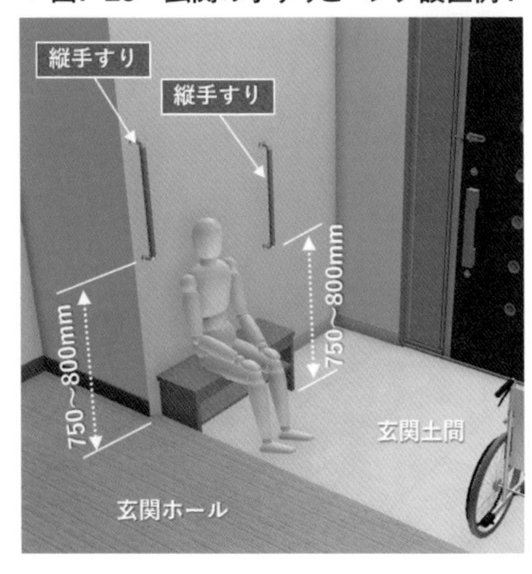


▼図7-26　玄関スペースの手すり設置例（モデルプラン）

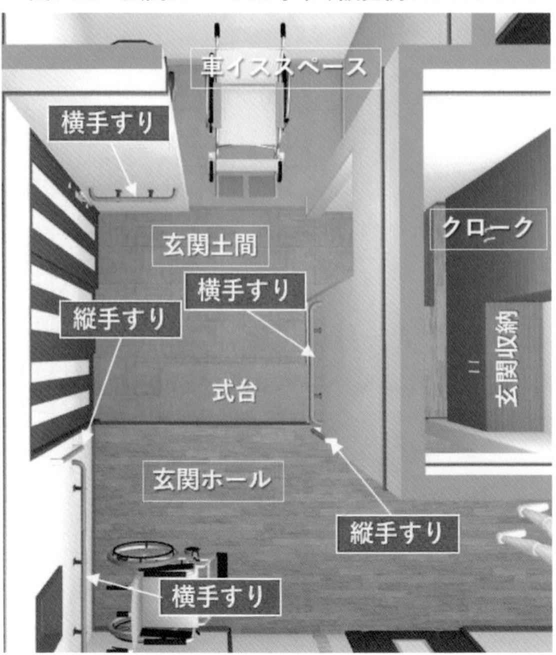


## 手すりとベンチの設置

玄関スペースの移動を考慮した場合の手すりとベンチに設置は、次の内容を検討します。

- 立位歩行での段差昇降の場合には、框上部の壁面に縦手すりを設置する

取り付高さは、玄関土間床から手すりの下端を750～800mmにします（図7-25）。

- 靴の脱ぎ履きを安全に行うために、ベンチの設置や椅子置くことも検討する（図7-25）
- ベンチの設置高さは、座って踵がしっかり床に付く高さで玄関土間床から400mm前後で設置する

立ち座り用の縦手すりの設置も検討します（図7-25）。

## 7-3 ②屋内移動【建具·廊下など】

人が生活するうえで「移動する」ことは、欠かすことのできない行為です（生活動線の確保）。

### 生活動線の種類

住宅内での生活動線の種類は次のとおりです。

- 居室間や水回り空間での移動
- 玄関ホール、廊下から各部屋への移動
- 2階への階段を使った上下移動

高齢者や障がい者が、住宅内を自由に移動できるかどうかは、生活の質に直結し、介助者にとっては介護負担の軽減に影響します。

## 屋内移動での検討事項

屋内移動を計画する場合、検討すべき内容は次のとおりです（**図7-27**）。

- ホールや廊下の有効幅
- 各部屋への入り口建具有効開口寸法
- 各部屋の動線空間確保 など

## 玄関ホールの寸法

屋内移動を考慮した玄関ホールの寸法については、次の内容を検討します。

- 車いすの利用を考慮すると、車いすが回転できる直径1,500mm以上のスペースを確保（**図7-28**）
- 玄関ホール部分で車いす同士での移乗や車いすの保管、利用者以外の動線の確保ができるスペースの検討が必要

## 廊下から各室への移動（建具）

屋内において廊下から各部屋へ、または各部屋間での動線部分には建具が設置されていますが、移動の状況により次のような建具の種類を適切に選定する必要があります。

- 開き戸・ドア（**図7-29**）
- 引戸・スライドドア（**図7-30**）
- 3枚連動引戸（**図7-31**）
- バランスドア他（**図7-61**）

建具（扉）の開閉は、高齢者や障がい者がバランスを崩すことなくスムーズ（車いすの場合は、車いすの向きをできるだけ変えることなく）に移動ができるようシンプルな開閉動作が求められます。

▼**図7-27**
**ホール・廊下移動空間**（モデルプラン）

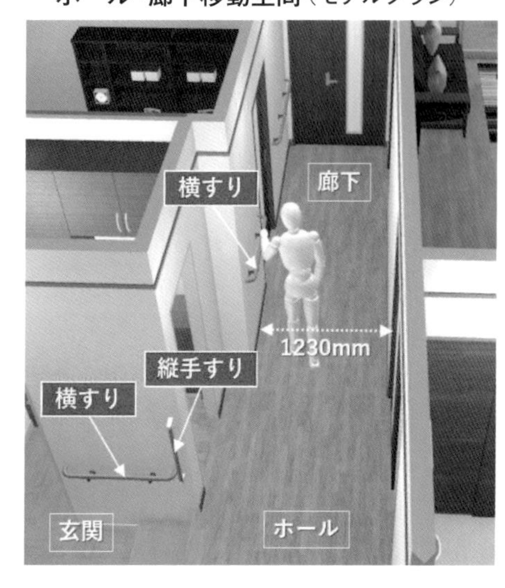


▼**図7-28　玄関ホールの寸法**（モデルプラン）

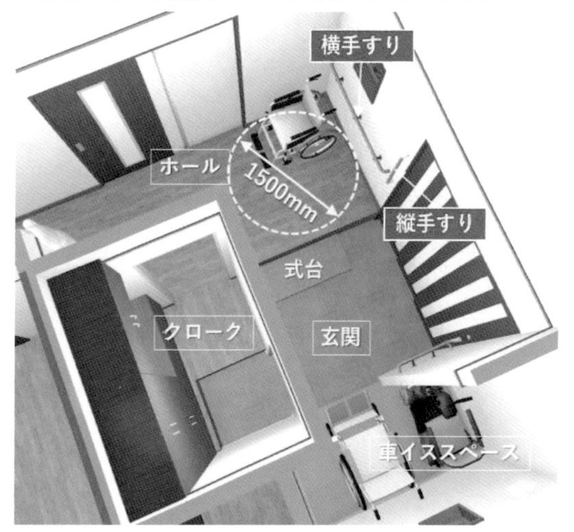


▼**図7-29　建具1**（開き戸・ドア）

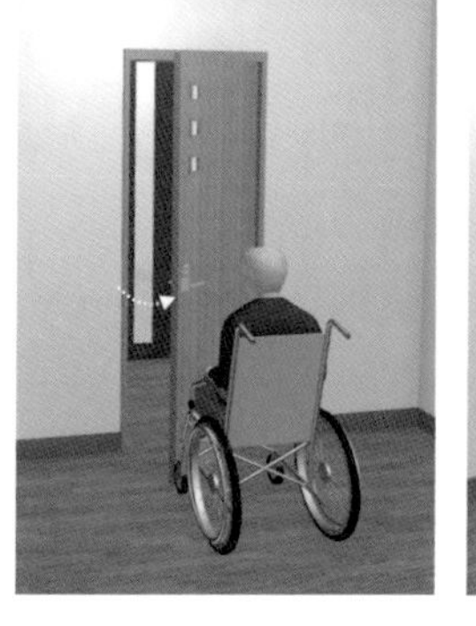
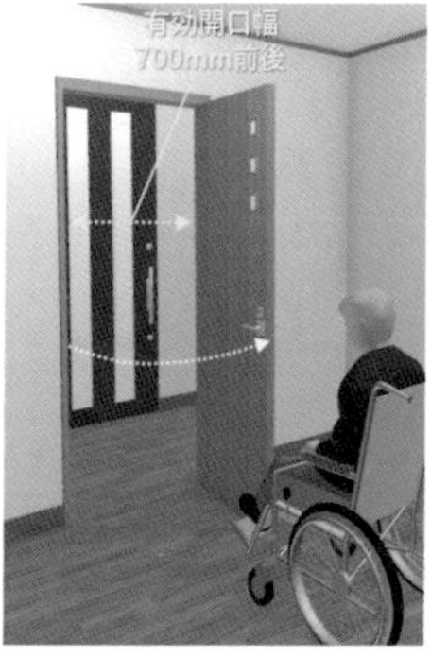

▼図7-30 建具2（片引き戸・スライドドア）

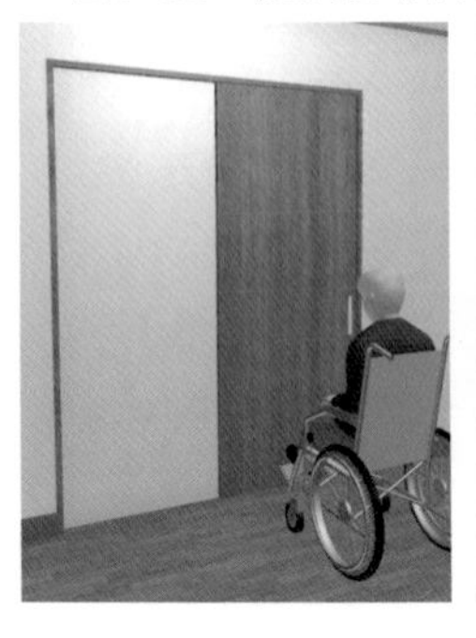

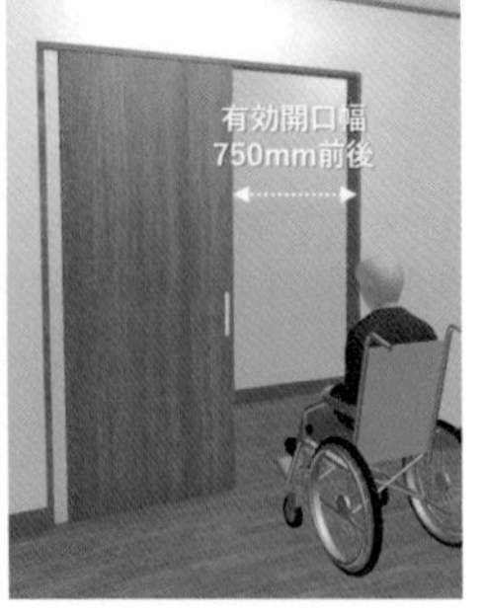


▼図7-31 建具3（3枚連動引き戸）

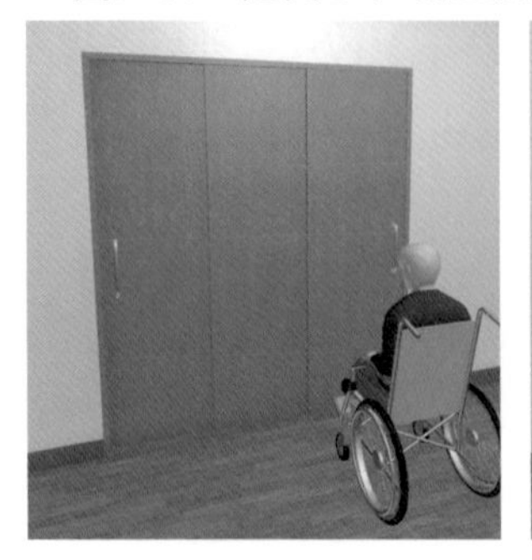

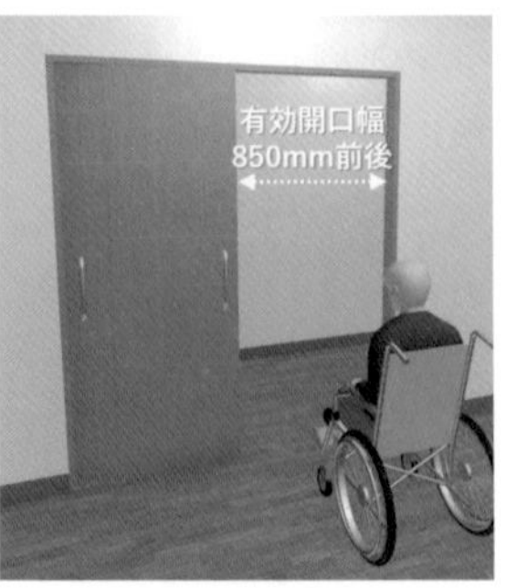


## 引き戸（片引き戸・スライドドア）

引き戸・スライドドア（**図7-30**）の特徴は次のとおりです。

- 開き戸（ドア）（**図7-29**）と比較して開閉動作がシンプルで車いすなどの移動がスムーズ
- 関東間（910モジュール）柱間に設置すると有効開口寸法は、750mm前後しか確保できない
- 大型引手付の引戸（引き残しがあるタイプ）の場合は、有効開口は700mm程度

### ［ 引き戸を採用した場合の対応策 ］

引戸を採用した場合、より有効な移動動作を確保するための対応策は、次のとおりです。

- 柱の位置を変更して有効開口寸法を広げる
- メーターモジュールなどへの対応
- 建具を特注寸法で製作
- 大型スライドドアへの対応

以上のような対応ができれば有効開口寸法を拡大（800mm以上）することが可能です。

## 3枚連動引き戸

3枚連動引き戸（**図7-31**）の特徴は次にとおりです。

- 3枚連動引き戸は、福祉住環境整備上、有効な建具であり、開閉時に3枚の建具が重なり2枚分の開口が確保できる
- 1820mmの基本柱間に設置すると、850mm前後の有効開口が確保でき車いすでの移動もスムーズに行える

## 建具の金具・引き手

建具の金物・引き手の選択のポイントは、次のとおりです。

- 開き戸（ドア）の開閉：レバーハンドル（**図7-32左**）が最適である

握り玉（ドアノブ）タイプは、高齢者などの手指機能状態では、手首を捻る動作が厳しく使用も難しくなります。

- 引き戸の場合：高齢者などには使い勝手を考慮して大型のハンドル握り手タイプが最適（**図7-32右**）

大型のハンドル握り手タイプは、引き残し寸法が必要で、有効開口に注意してください。

▼図7-32 建具4（金具・引き手）

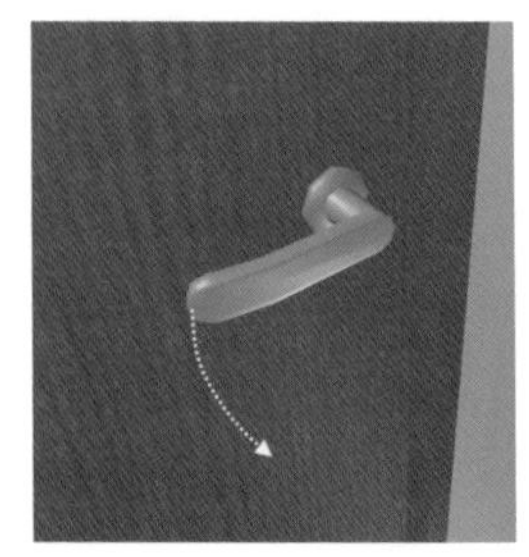

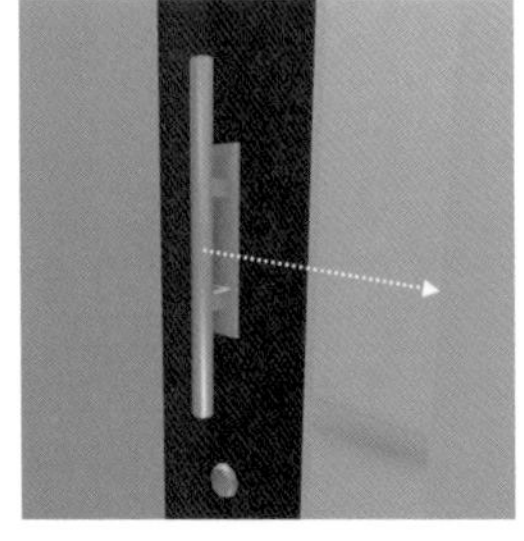

## 建具下枠

建具の下枠は、次のポイントを考慮します。

- 建具の下枠は、住宅品確法（高齢者等配慮対策等級5）では、5mm以下と規定（できるだけ最小限に納める）
- 建材メーカーの製品で、バリアフリーに適合した製品の下枠は、基準をクリアしている
- 室内の引戸建具は、下枠のない吊りドア（ハンガータイプ）の採用や、段差を極力小さくできるV溝レール（フラッターレール）などの設置が有効
- 近年の引き戸建具は、ハンガータイプ（吊りドア）が主流で床段差0を確保（**図7-33**）

▼図7-33　建具下枠

## ホール・廊下で移動動作

下肢機能（脚力や体幹バランス）が低下した場合、伝い歩きで上肢機能も活用しながら移動することになり（**図7-34**）、次のような手すりの設置が必要です。

- 手すりの高さは700～800mm前後で利用者の体格や身体機能を考慮して決定
- 廊下幅は、基本的には、1人での歩行移動が可能な場合、910モジュールの廊下（内寸780mm）で特に問題なし

▼図7-34　廊下での移動（モデルプラン）

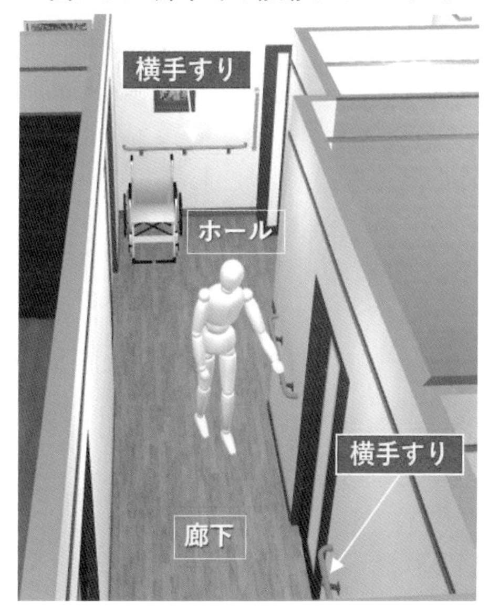


**［廊下に適した床材］**

歩行に適した床材は、転倒した際にも極力怪我をしないような配慮が必要で、防滑性とクッション性双方ある次にような床材が最適です。

- 一般的には木製のフローリングが主体ですが、防滑処理の表面加工した製品を選ぶ
- 無垢のフローリングも近年増えつつあるが、足ざわりも良く、柔らかさも適度にある
- コルクタイルなども適する
- 集合住宅（マンション）では、下階への生活音の伝わりが問題になるので、マンションの管理組合の規定で指定された性能の製品を選択

## 廊下幅1（杖歩行）

木造住宅で全国的に多いモジュール関東間（910）での一般的な廊下幅は、壁芯—芯が910mmで有効幅は780mm前後になります。杖単独歩行では、この幅で特に支障ありません。しかし廊下から各部屋への動線など（90度回旋して）を考慮して幅員を検討します。

## 廊下幅2（車いす走行）

廊下での車いす走行を考慮すると次の内容を検討します。

▼図7-35　廊下幅1（芯ー芯 910mm）

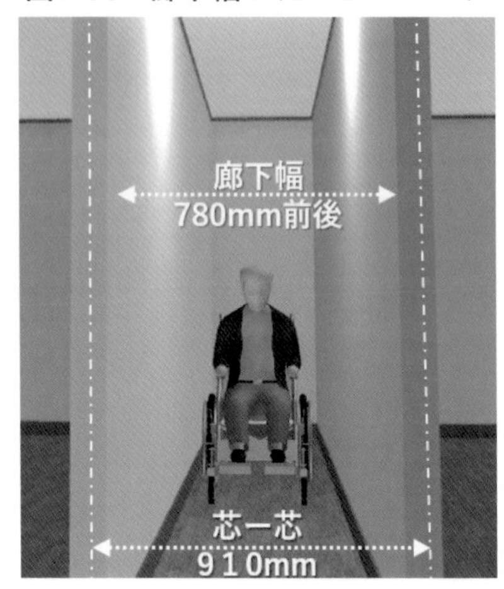


▼図7-36　廊下幅2（芯ー芯 1365mm）

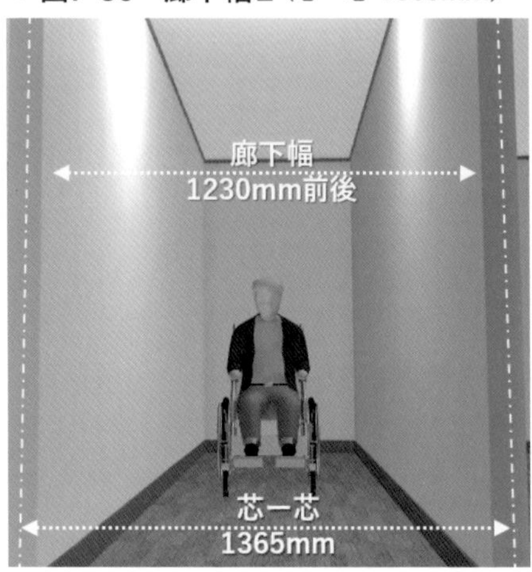


▼図7-37　廊下幅3（介護歩行・歩行器）

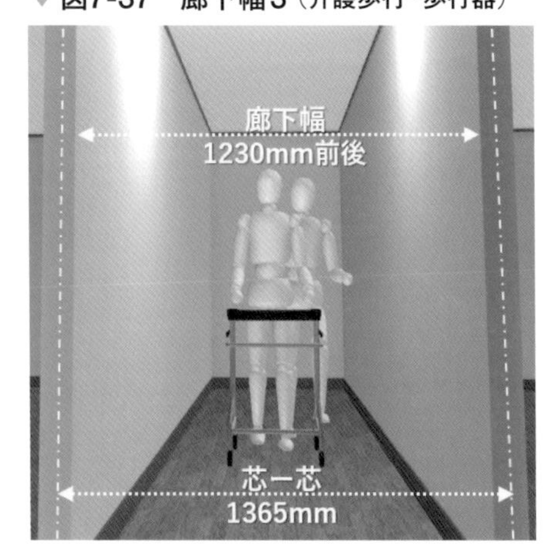


- 市販されている自走用車いすのサイズ：全幅620mm〜630mmで、操作上、肘が両側に出っ張る状況になる
- 壁芯ー芯が910mmの廊下では、直進することはどうにかできる（**図7-35**）が、できれば**図7-36**のように幅に余裕があれば、歩行者とのすれ違いも含めてストレスなく移動することができる

**［ 杖歩行の場合の廊下床材の検討 ］**

杖歩行の場合の廊下床材は、次にポイントを考慮して選択します。

- 床の仕上げ材には、歩行音の吸収や杖と床面との摩擦抵抗など考慮
- 床の仕上げはクッション性と反発性の双方が必要
- タイルカーペット（ループタイプ）コルクタイルなどが有効

## 廊下幅3（介護歩行）

介護歩行を考慮した廊下幅の検討には、次の内容が挙げられます。

- バランス機能の低下が顕著になると、歩行する際に介助者の支えが必要になる

介助者は、対象者の斜め後ろから左右どちらかに身体をずらし前方を確認しながら身体を支え歩行のサポートをすることになります。

- 介護歩行の廊下幅には余裕を持たせることが必要になる

910芯ー芯の780前後の廊下でも移動が可能ですが、できれば1,365芯ー芯の廊下幅（**図7-37**）の確保が理想です。

## 歩行器での移動

歩行器移動（**図7-38**）については、次に内容が挙げられます。

- 伝え歩きや杖歩行を行っていた高齢者や障が

い者が、入院などにより身体機能がさらに低下した場合退院後、歩行器を使うことで、安全な移動動作を確保している場合が多くある
- 車いすを利用する人より歩行器を活用する割合が多く、使用期間も長くなる状況が確認されている

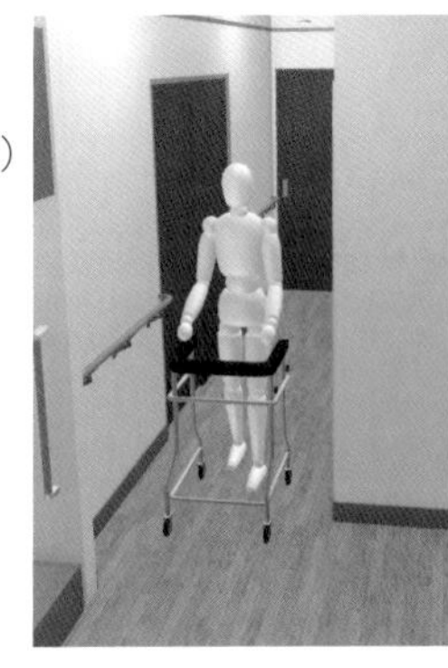

▶ 図7-38
歩行器移動
（モデルプラン）

## 廊下幅4（介護サポート移動）

介護歩行（図7-37）を考慮した廊下幅の検討には、次の内容が挙げられます。

- スペース：車いす活用と共に、屋外、住宅内での移動に歩行器での移動状況を加味しスペースの確保や段差への対応が必要
- 床材：歩行器に適した床材は、杖歩行の場合と同じ

## 車いすでの廊下の直角移動

自走用車いすが、有効幅780mmの廊下を直角（図7-39）に曲がるとき、車いすの車輪が廊下の出隅に接触し、移動が困難になります。そこで次の内容を検討して寸法を決定します。

- 曲がる側の廊下幅が、850〜900mm必要で、壁芯ー芯寸法で1m以上必要
- 介護用車いすの場合は、ハンドリムがなく、腕が出っ張ることもないので、一般的な780mm幅の廊下間でも直角通行は可能

▼ 図7-39
廊下から各部屋への移動（開き戸）

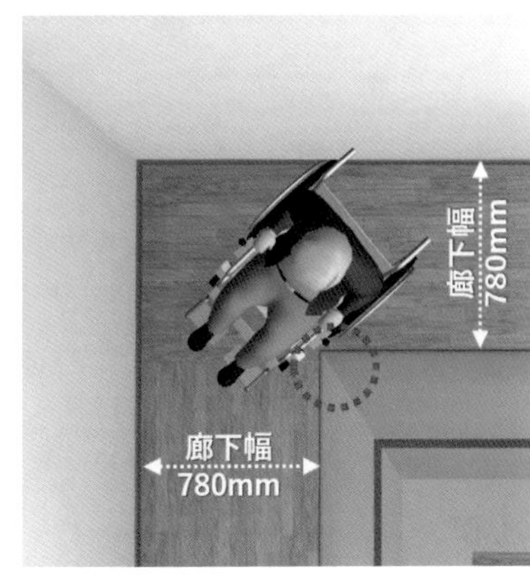


▼ 図7-40
廊下から各部屋への移動（引き戸）

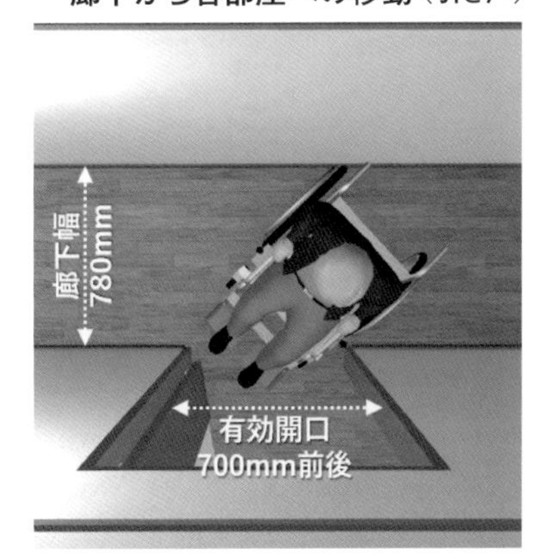


## 廊下から各部屋への移動：建具の考慮

車いすで、廊下から直角に曲がって各部屋に入る場合は、廊下を直角に曲がる場合と同じく建具部分の有効な開口幅の確保が必要です。

関東間のモジュール（910間隔での管柱間）での建具有効開口幅は、700mm前後しかなく、車いす通行は厳しい状況になり軸組み（柱間）を拡張しての施工（建具取付）が必要になります（図7-40）。

### ［ 建具（開口部）の必要有効開口寸法 ］

廊下から居室への移動を考慮した場合の建具の開口寸法は次のとおりです。

- 自走用車いす：850mm〜900mm
- 介護用車いすでは750mm以上は必要

▼図7-41
廊下から各部屋への移動（引き戸）

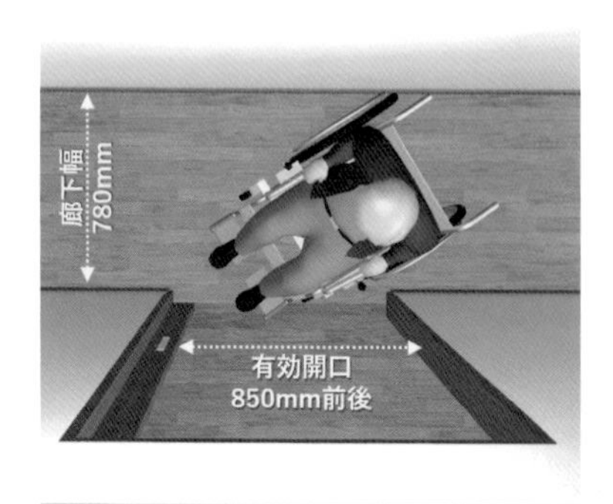


▼図7-42 横手すり1

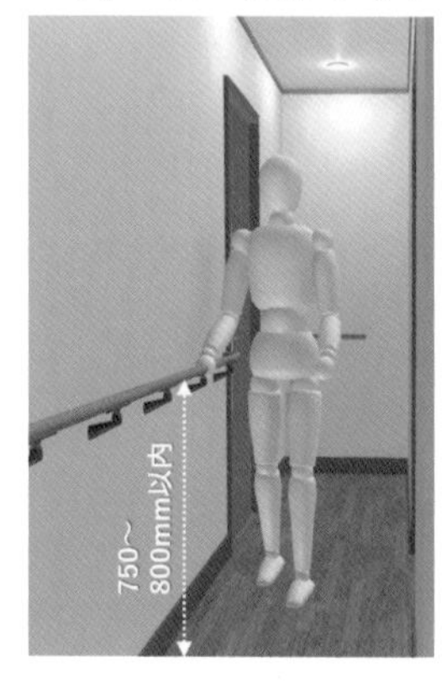


▼図7-43 横手すり2

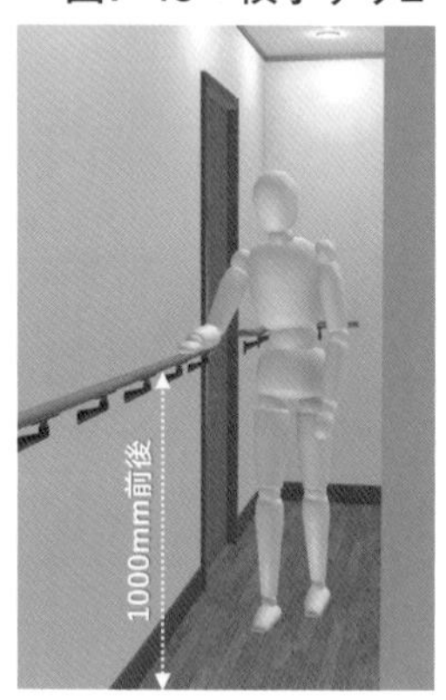


▼図7-44 横手すりの連続性

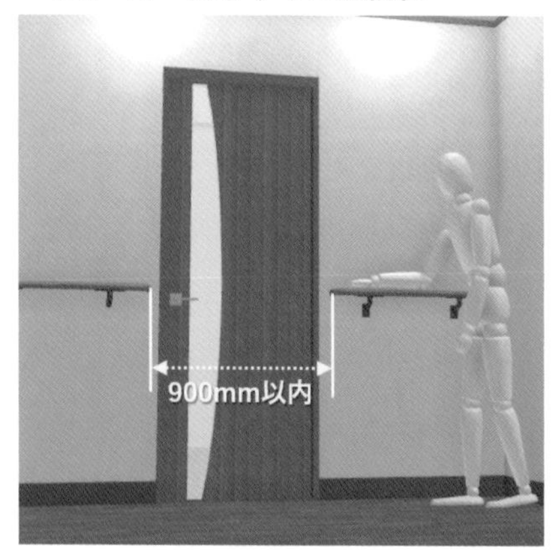


## 車いす移動を想定した建具の選択

屋内での車いす移動を想定した建具の選択には次にポイントを考慮します。

- 車いす移動で、廊下から各部屋に入る場合、建具は引き戸（**図7-41**）のほうが、開閉動作がシンプルですが、関東間（910モジュール）用で設置された引き戸の有効開口幅は750mm程度であるため、自走用車いすでの、出入りは困難である（介護用車いすは移動できる）
- **図7-41**のように引き戸で、有効幅を850mm程度とるためには、管柱などの軸組みの位置変更（壁芯ー芯寸法2,000mm）が求められる
- また有効幅950mm程度確保できる３枚連動引き戸の設置を検討する

## 廊下の横手すりの検討

高齢者や身障者の廊下での歩行移動において、安全な移動動作を確保するため「横手すり」の設置が求められます。介護保険での設置対応もできます。取付高さなど、次の設置ポイントを参考に計画します。

- 取付高さ：床面から750mm～800mm（**図7-42**）が基本

利用者の体格や体幹機能の状況により決定します。

- 大腿骨大転子の高さに合わせる場合もある
- リウマチ患者の方などは、手すり上部に手のひらや前椀部などを乗せ歩行に伴い滑らしながら移動する場合もあり取付高さは、床面から1,000mm程度（**図7-43**）

手すり上部は、板状の形状が良いです。

## 横手すりの連続性

横手すりの連続性については、次のとおりの設置が求められます。

- 横手すりは、移動する箇所間に連続的に設置する必要がある
- 建具の開口部などで手すりが途切れる場合は、できるだけ向きを変えず握り替えができるように、手すり端部の間隔は、900mm以内が理想（**図7-44**）

## 7-4 ③排泄【便所】

### 排泄の自立支援

排泄の自立支援は、介護負担の軽減と共に本人にとっても、人格の尊重という大きな目的があります（**図7-45**）。

福祉住環境において、便所での車いすや歩行器の使用、介助者の動作を考慮し、将来的なことも含めた対応が必要になります。またスペースの確保と共に便器と手すりなどの周辺機器の配置も重要になり、次のような内容を検討します。

- 車いす利用者への対応

車いすから便器への移乗動作の理解が大切になります。移乗方法は、便器へのアプローチ方向と座位または立位かで複数あり十分な分析が必要になります。

- 歩行器利用者への対応

歩行器から便器への移動動作やトイレ使用時の歩行器の置き場所など同時に検討する必要があります。

- 介助者がトイレ空間に入り介護サポートする場合は、サポート状況による介助者の立ち位置などを分析し、トイレのスペースや周辺機器の配置の検討をする

#### ［ トイレのスペース検討 ］

車いす利用を考慮したトイレスペースは、現状車いすの利用がなくても、将来に対して保険的な要素にもなります。他に歩行器利用や介助者の状況も検討します。

### トイレのスペースとレイアウト1

間口780mm×奥行き1,650mm[注1]のトイレスペース（**図7-46**）の場合は、次の状況があります。

［注1］約畳1畳分（0.5坪）：一般的に一番多いトイレスペースです。

- 建具（ドア）の位置

一般的に780mm側の狭い間口に設置されたドアから出入りする動線タイプが圧倒的に多いです（**図7-46**）。

- 建具開口寸法

車いすで廊下（有効幅780mm）から直角に曲がってのアプローチの確保は、建具の有効開口寸法も700mm前後しか確保できず厳しいです（廊下に車いすを置いてトイレへのアプローチになります）。

- 移乗動作

車いすから便器への移乗動作も180度回旋して便器に座り込む動きが必要になるため車いす利用者にとっては難しい状況です。

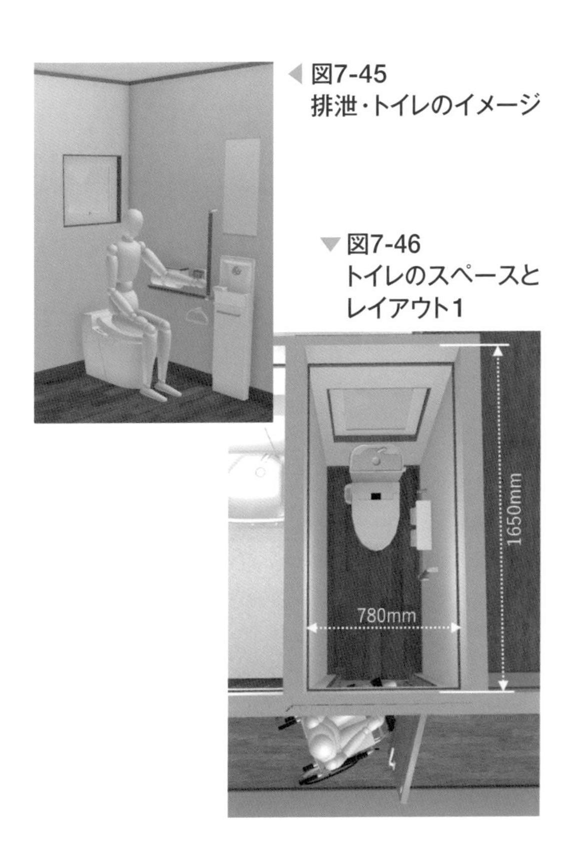


◀ 図7-45
排泄・トイレのイメージ

▼ 図7-46
トイレのスペースとレイアウト1

▼図7-47
トイレのスペースとレイアウト2

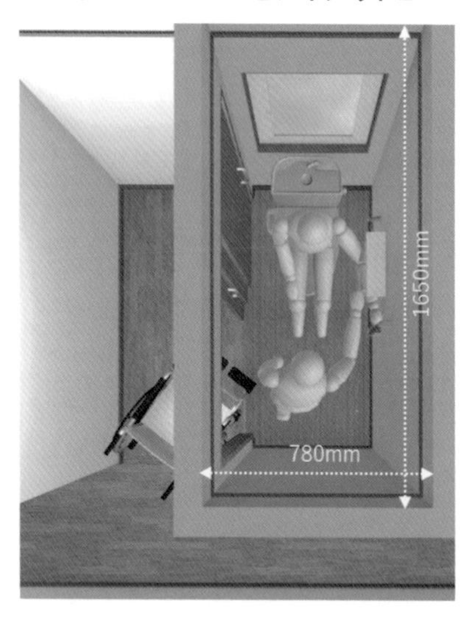


▼図7-48
トイレのスペース（側方アプローチ）

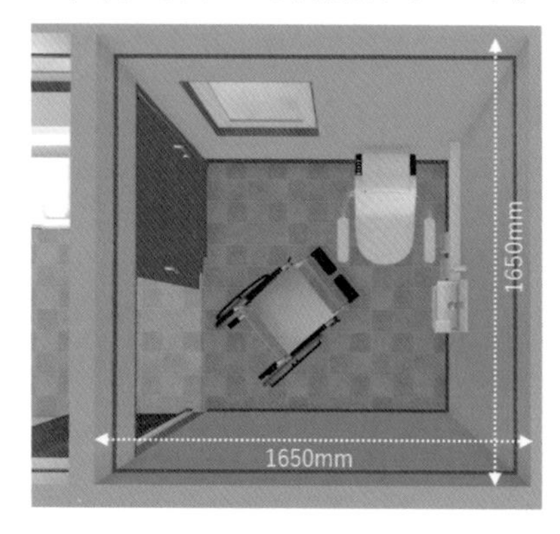


▼図7-49
トイレのスペース（横アプローチ）

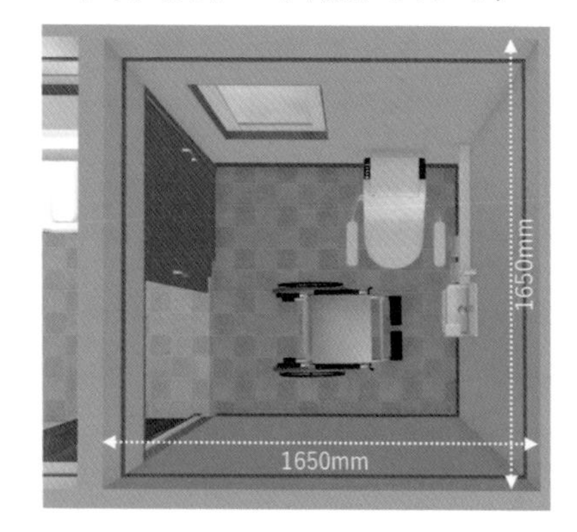


## トイレのスペースとレイアウト2

間口780mm×奥行き1,650mmのトイレスペースでも廊下に対して1650mmの長い壁面から出入りするレイアウト（**図7-47**）だと建具有効開口を広くとれ（3枚連動引き戸なども可）移動がスムーズになります。計画のポイントとしては次の状況があります。

- 建具を開けたままで廊下の一部を車いすの置き場や介護者の立ち位置としての活用も可能
- 車いすを便器の近くまでアプローチできるので便器への移乗が容易
- 移乗時の立ち座り動作も90度回旋しての座り込みができる

## トイレのスペースとレイアウト3：入り口から直角になるように便器を配置

開口1,650mm×奥行き1,650mm（壁芯－芯寸法1820mm角：1坪または2畳）は、車いす用対応のトイレスペース（**図7-48**、**図7-49**）になります。計画のポイントとしては、次の状況があります。

- トイレ内での車いす移乗

側方（斜め）アプローチ（**図7-48**）でも、横方向アプローチ（**図7-49**）でも便器への移乗が可能である

- この1坪サイズのトイレスペースは、一般住宅において間取りの制約（一般居室を優先してレイアウトした場合）もあり、スペース確保が難しい場合もある

### ［ トイレスペースの便器レイアウト ］

開口1,650mm×奥行き1,650mm（1坪・2畳）の1坪タイプのトイレスペースの確保ができれば、側方・横方向両方のアプローチの兼用が可能になります。

- 移乗時に、90度回旋での立ち座りが可能であ

ることや車いすの寄り付きも容易

- 片麻痺の利用者では、右半身片麻痺タイプと、左半身片麻痺タイプがあり、その場合の便器や手すりなどの周辺機器の配置は、それぞれ左右反対になる（**図7-48**と**図7-49**は右半身麻痺用）

## トイレのスペースとレイアウト4

車いすが便器に並ぶようにアプローチする横方向アプローチ（**図7-50**）の場合は、次に状況になります。

- 便器の横側面に800mm前後の移動スペースが確保でき、便器と並ぶように車いすの位置を整え、その後出入口方向に移動することが可能になる
- 右麻痺者の場合は、便器に座ったとき左手で壁面の手すりを握れる方向になる

左麻痺者の場合は、逆方向になります。

## 車いすから便器への移乗方法

車いすからの便器への移乗には、次のポイントを考慮します。

- 一旦車いす座面からお尻を浮かし立上ってから便器に座り込む「立位移乗」と座ったまま（お尻を浮かせず）腕力で体をずらし移乗する「座位移乗」がある
- 自立が可能な場合と介助が必要な場合で、トイレスペースは異なる
- 自立の場合は、車いすもトイレ内に入れることが必要で、介助の場合は、車いす＋介助者のスペースも必要になる

### ［トイレでの介助］

介助者の立ち位置は、移動や移乗だけではなく、脱衣や後始末などのサポート動作で変化するので、対象者や介助者への詳細なヒアリングが必要になります。

▼図7-50
トイレのスペースとレイアウト2

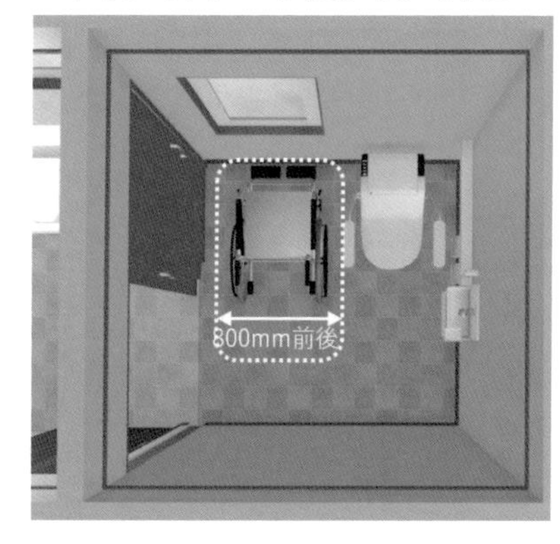


▼図7-51　便器のレイアウト1

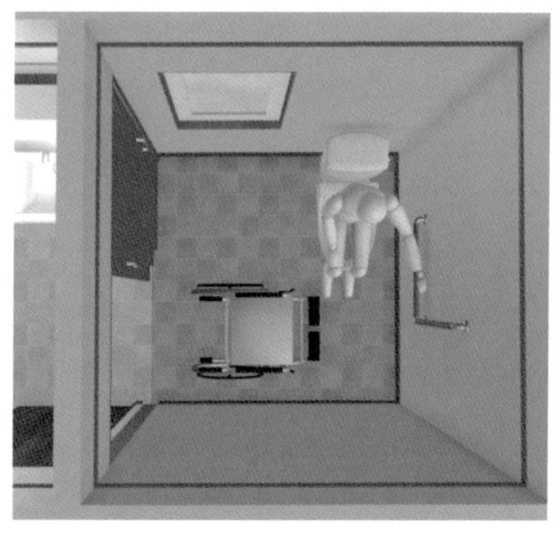

▼図7-52　便器のレイアウト2

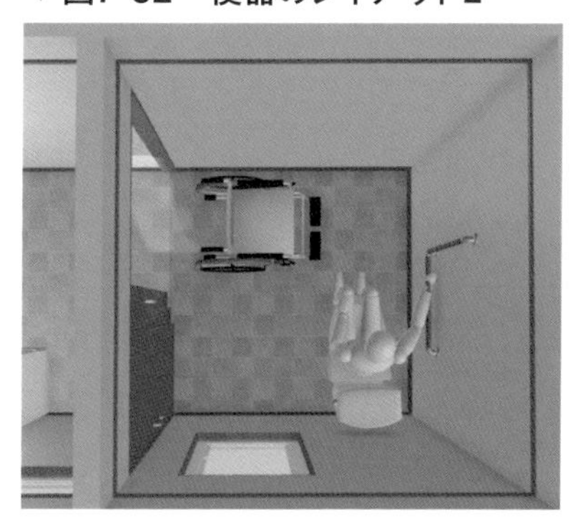

## トイレスペースでの便器のレイアウト

トイレスペースでの便器レイアウトは次の内容を考慮します。

- 開口1,650mm×奥行き1,650mm（1坪）のスペースで、**図7-51**や**図7-52**のように入り口

▼図7-53
可変性のあるトイレスペース
（モデルプラン）

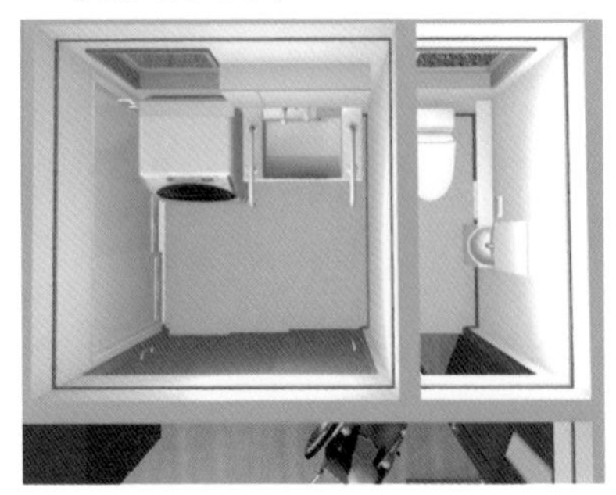
改修前：洗面トイレ別

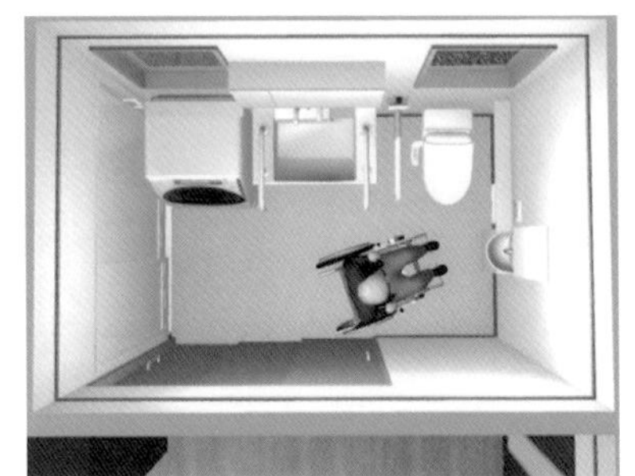
改修後：洗面トイレ一体化

▼図7-54
便器の選択（タンクレス便器）

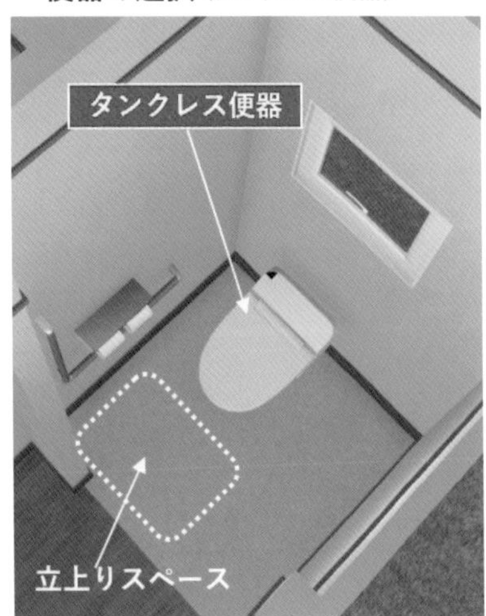


の建具が左側にある場合、右上か右下の角に設置

- 利用者が片麻痺の方の場合

右麻痺者では便器に座って健側の左手で手すりを握れる便器配置は右上（**図7-51**）になります。左麻痺者の場合の便器配置は右下（**図7-52**）になります。

## 可変性のあるトイレスペース

現状、車イスが未使用でも将来的な必要性を認識すると、可変性のあるトイレスペースの検討が必要になります。

木造住宅の間取り配置（ゾーニング）としてトイレ、洗面脱衣室、浴室の水回りを隣接して配置することが一般的ですが、トイレと洗面脱衣室の間仕切り壁の施工を工夫することで可変性のあるトイレへの対応が可能になります。モデルプランのトイレスペースは、洗面脱衣所との一体化したプランになります。

可変性のあるトイレを計画する場合は、次の内容を加味します。

- トイレと洗面脱衣スペースを一体化した空間を事前にイメージし、間仕切りの壁を後施工する（**図7-53**）
- 将来車いすや介護利用の必要性が出たときに、間仕切壁を撤去すれば容易にスペースの一体化への対応ができ工事費用も抑えられる（**図7-53下**）
- トイレと洗面脱衣スペースの一体化（**図7-53下**）をすることで、それぞれのスペースが兼用でき、車いすでの移動・方向転換、移乗、介護動作などのスペース確保ができる
- さらに建具の有効開口寸法の確保もでき廊下からの90度曲がりの移動動線もスムーズになる

## 便器の選択

トイレでの移動・移乗を考慮した便器選択は、次の内容を検討します。

- トイレスペースにおいて、便器への座り込みや立ち上がりのときに前傾して頭を前に突き出す状況になり、便器前面から正面の壁までの有効スペースが必要であるため、便器の全長の短いタイプ（タンクレスタイプ）にすることで有効スペースを確保できる（**図7-54**）
- 便器の高さ
  - 車いす用便器

車いすからの座位移乗（お尻を浮かせずスライドして）する場合の理想の高さは「450mm」（**図7-55**）です。

  - 一般便器

立位移乗（お尻を浮かして一旦立ち上がり座り込む）に適した便器は「400mm前後」です。

## 便器の選択（温水洗浄便座）

便器の選択においての温水洗浄便座には次の特徴があります。

- 一般家庭における温水洗浄便座の普及率

現在は80%前後あり一般化されています。高齢者や障がい者にとって、排泄後の後始末や清拭動作を楽にするため温水洗浄便座の設置は有効です。

- 温水洗浄便座の機能

温水での局部洗浄、噴射ノズルの位置調整機能、除菌水機能、温風機能、消臭機能、消音機能、節水、便蓋・便座自動開閉機能、リモコン機能などトイレ環境の快適性を向上させる機能があります。

- 対象者や家族の状況を把握し選別する
- 一般的に機能が多岐なほど、製品価格が上がることも理解する

## その他の周辺機器

トイレスペースでの周辺機器の配置（**図7-56**）には次のポイントを検討して計画します。

▼図7-55
車いす用便器の座面高さ

▼図7-56
トイレスペースの周辺機器

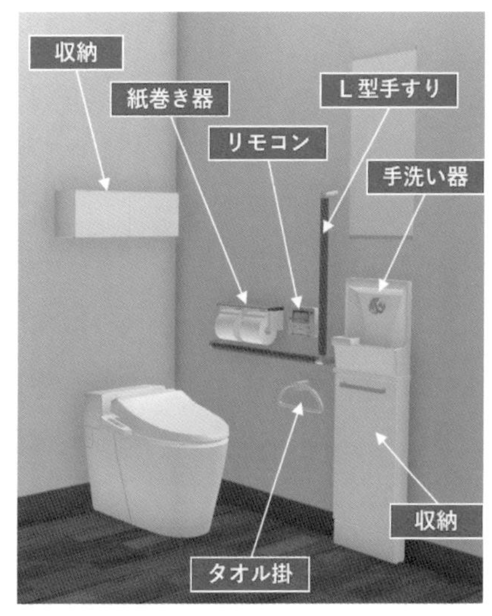


- 手洗い器

下肢の弱まった高齢者や車いす使用者にとって便器に座ったまま、手が届く位置に手洗い器があることが理想となり、手洗い器の取り付け位置は、便器の先端側面壁周辺で両手が出しやすい位置に設置します。

- その他の周辺機器

その他手すり、ペーパーホルダー、リモコン、タオル掛けなどの機器を、座った状態で手が届く範囲に効率良く配置しなれけばいけません。

▼図7-57
座位保持姿勢用の手すり設置寸法

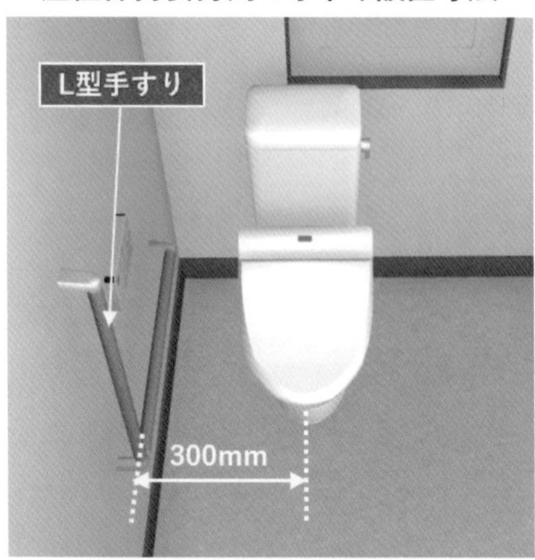


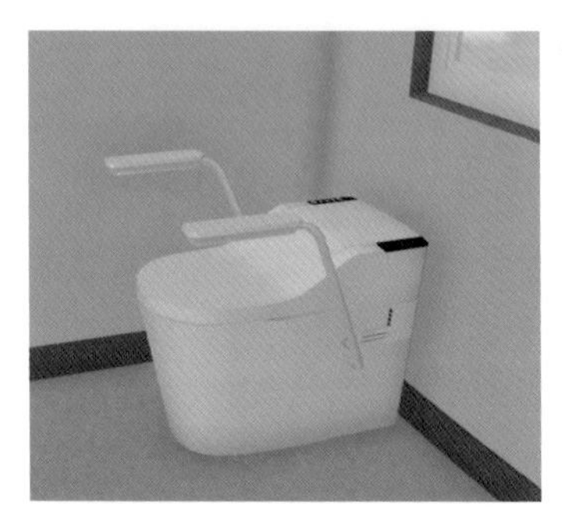

◀図7-58
便器設置
タイプ手すり

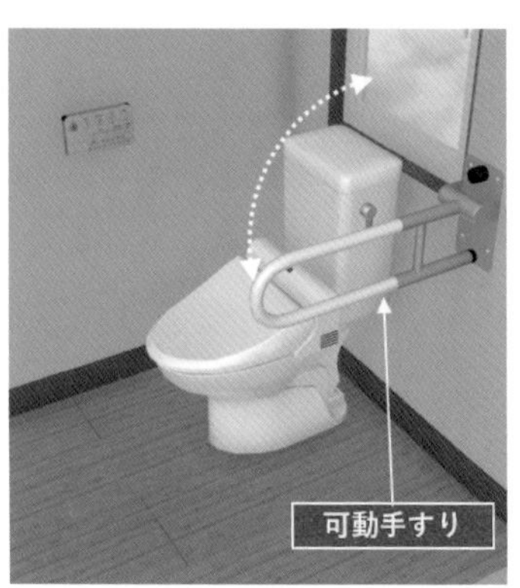


◀図7-59
可動手すり
（跳ね上げ式）

▼図7-60　L型手すりの設置位置

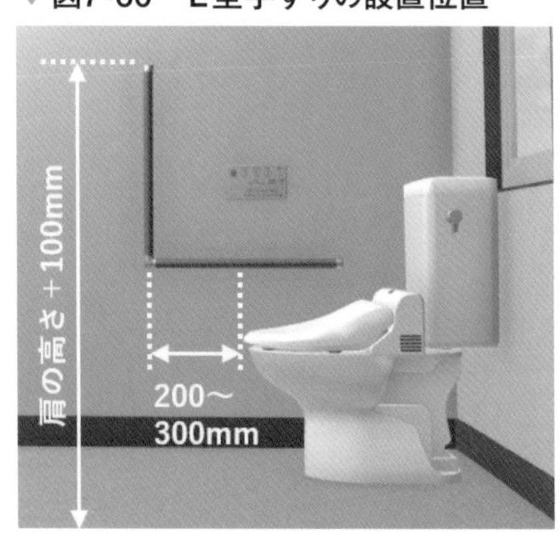


使用者の両手が届く可動域の中に、これらの複数の機器を上手く配置する必要があります。

## 座位保持姿勢の補助（手すり）

排泄の際、座位保持姿勢が不安定な利用者には、肘を乗せて座位姿勢を安定させるため、次にような手すりの設置が求められます。

- 便器の側面利き手側に手すり芯ー便器芯寸法を300mm程度の位置に設置する（**図7-57**）
- 取付タイプは次のものがある
  - 壁設置タイプ（**図7-57**）
  - 便器設置タイプ（**図7-58**）
  - 個別に床に取り付けるタイプ
- 可動手すり（跳ね上げ式）は、側方アプローチや介助動作の邪魔にならない（**図7-59**）
- 座位姿勢安定用の手すりとして、立ち上がり補助用も兼用するL型手すりやハンドグリップを健側の壁面に設置する
- 設置ポイント

他の周辺機器との位置関係を検討します。L型手すりの縦部分や単独の縦型手すり（長さ800mm）の設置位置は、便器の先端より200～300mmの位置で手すりの上端が利用者の肩より100mm程度上方まで伸びるようにします（**図7-60**）。

## トイレの建具

建材メーカーが販売している一般のトイレ用の建具は、開き戸（ドア）が多いが、有効開口600mm程度しかなく、福祉住環境を考慮した場合、有効開口1,000mm程度確保できる3枚連動引き戸や、幅広片引き戸（有効開口800mm前後）の設置を検討します。

### ［ トイレの出入口特殊建具 ］

トイレ用の特殊建具として吊元の建具が室内に引き込まれるバランスドアもあり開閉動作が単純であるが、有効開口が780mm程度しかなく

車いすアプローチは厳しいです（図7-61）。

### トイレの温熱環境

冬季に一般居室は暖房されていても、トイレまでされていないことが普通ですが、高齢者は、夜間の排泄回数が多いため、ヒートショックなどへの対応を考慮すると次のような温熱環境整備も重要になります。

- パネルヒーターやセラミックヒーターの設置など、輻射熱タイプ暖房機器の設置が有効になる（図7-62）

近年、住宅の省エネルギー基準に対応する新築住宅が増えつつあります。住宅の外皮（外壁・1階床・天井・屋根）の断熱・気密性能は高まり居室に温熱機器（エアコン）などが設置されていれば、それ以外の非暖房スペースとの温度差は、小さくなり高齢者などに対しての温熱環境は改善されています。

### 寝室に隣接したトイレ

寝室から直接アプローチできるトイレ（図7-63）は次の理由により有効です。

- 高齢期を迎えると、夜間のトイレの使用頻度が高くなり、寝室から直接トイレに入れる配置が望まれる
- 高齢者は、寝室からトイレまでの距離が4mを超えると「遠い」と感じると言われている
- 寝室隣接のトイレを設置する場合は、昼間家族が使用する通常トイレとは、別に設けることが望まれる

## 7-5 ④入浴【浴室】

### 入浴動作

浴室での入浴動作は、洗い場床での移動や立

▼図7-61　トイレの特殊建具

▶図7-62 トイレの温熱環境

▼図7-63　寝室隣接トイレ（モデルプラン）

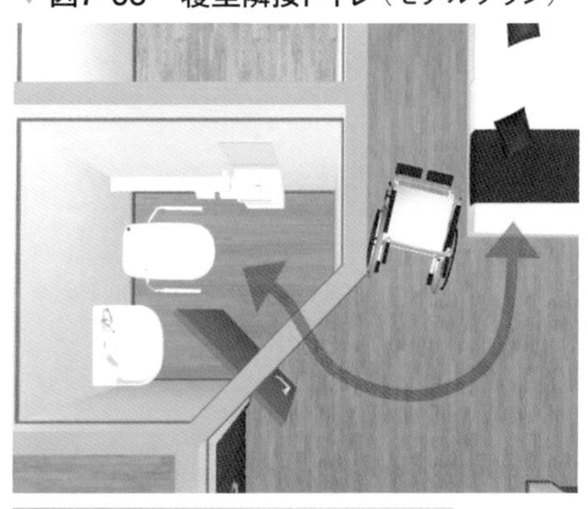

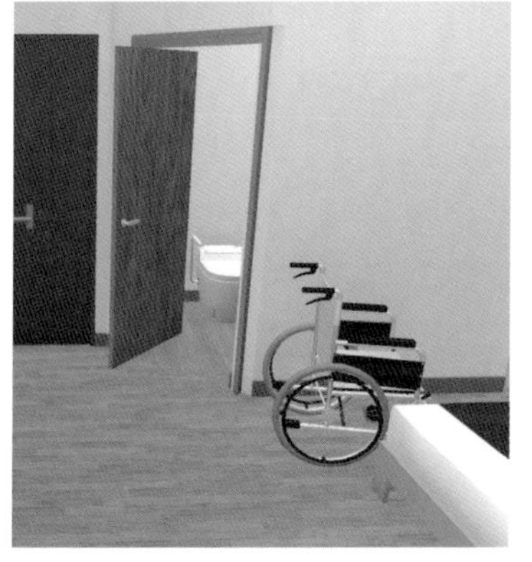

▼図7-64
高齢者配慮ユニットバス1（モデルプラン）

▼図7-65
高齢者配慮ユニットバス2（モデルプラン）

▼図7-66
高齢者配慮ユニットバス3（モデルプラン）

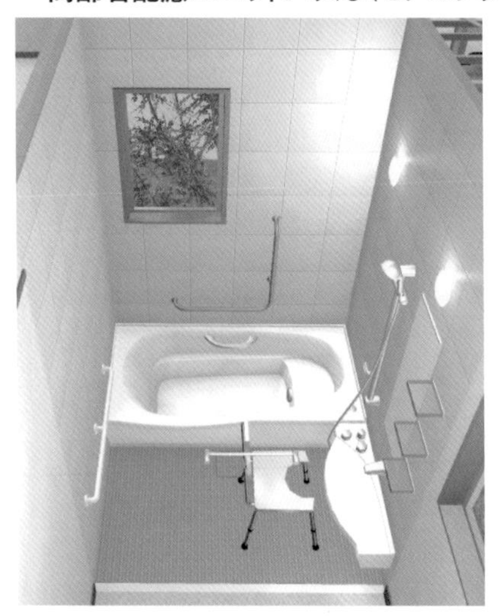

ち座り、浴槽への移乗（出入り）など複雑な動作が、濡れて滑りやすい状況で行われており危険性も高くなります。また温熱環境（ヒートショック）への配慮も必要で使いやすさと安全性への対応も必要もなります。

近年の、住宅施工現場（戸建て新築・リフォーム、マンション新築・リフォーム）では、80%以上が、住宅設備メーカーが製造販売しているユニットバスが採用されています。

### ［高齢者タイプのユニットバス］

高齢者配慮タイプも各メーカーから市販されていますが、各メーカー配慮ポイントに差異があるため、利用者の入浴動作を検討して選択する必要があります（**図7-64～図7-66**）。高齢者配慮タイプの仕様は次のとおりです。

- 脱衣室と浴室との床段差±0
- 出入り口3枚連動引き戸
- 浴槽エプロンの高さの配慮
- 各手すり
- 洗面器置台など

しかしすべての対象者の個別の要望に適応する製品はないので、状況により在来方式での浴室の計画・施工も検討します。なお、戸建て住宅の2階やマンションなどの共同住宅では、ユニットバスの設置が一般的です。

## 浴室スペースとレイアウト

福祉住環境を考慮した浴室のプランニングで検討すべき要素として次の内容があります。

- 浴室のスペース（広さ）
- 脱衣所のとの位置関係
- 浴槽のレイアウト

### ［浴室のスペース］

浴室スペースには、代表的な3つの広さ（サイズ）がありそれぞれ次の特徴があります。

- 間口1,600mm×奥行き1,200mm（壁芯ー芯1,820×1,365）の0.75坪（1畳半）タイプ（**図7-67**）

洗い場も狭く、介護での入浴には適しません。浴槽のレイアウトも入口側から直角配置になり、浴槽サイズも900～1,000mm程度のものしか設置できず成人男性がゆっくり足を伸ばしての入浴は難しいです。また、浴槽の頭側に介護スペースの確保もできません。

- 間口1,600mm×奥行き1,600mm（壁芯ー芯1,820×1,820）の1坪（2畳）タイプ（**図7-68**）

一番普及しているタイプです。入浴姿勢も楽で、介護スペースも確保もでき、洗体介護の動作がしやすくなります。

- 間口1,600mm×奥行き2,050mm（壁芯ー芯1,820×2,275）の1.25坪（2畳半）タイプ（**図7-69**）

1坪タイプより、洗い場スペースも広く車いすの侵入や介護入浴にも適しています。

▼ **図7-67　浴室スペース**（0.75坪タイプ）

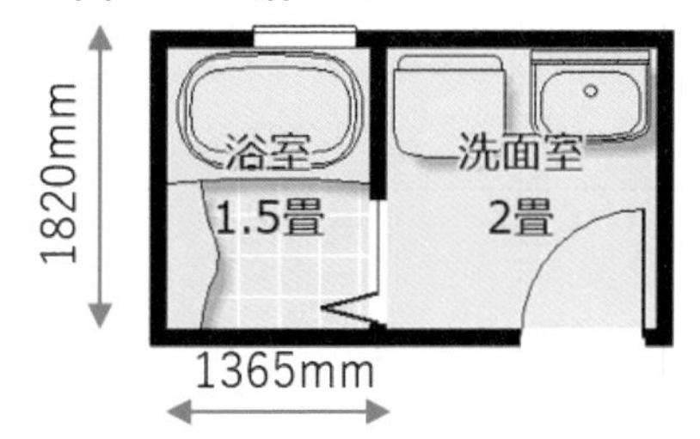


▼ **図7-68　浴室スペース**（1坪タイプ）

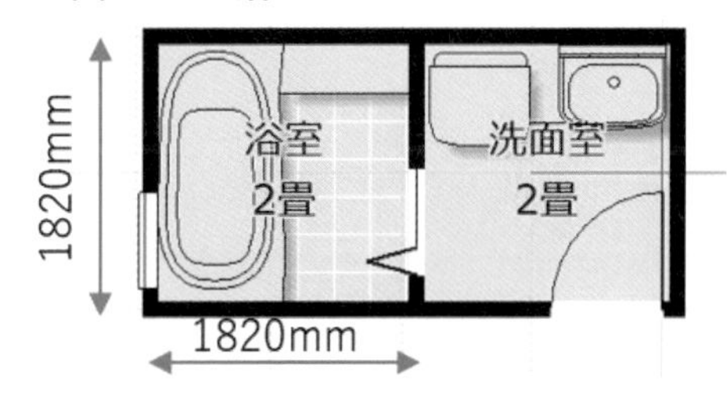


▼ **図7-69　浴室スペース**（1.25坪タイプ）

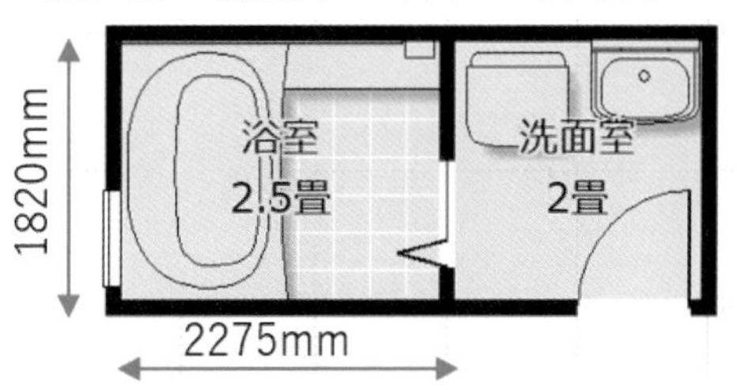


### ［ 脱衣室と浴室の位置関係（入口位置）］

脱衣室と浴室の位置関係は、次の内容を検討して計画します。

- 脱衣所との位置関係で浴室への出入り口の壁面が決まる
- 脱衣所から見て右側から出入りするプランと左側から出入りするプランがあり、それぞれ浴槽の位置が異なる
- 脱衣所側で洗面化粧台などのレイアウトが決まっている場合は、浴室への出入り側は、おのずとどちらかに決まる

### ［ 浴槽のレイアウト（向き）］

浴室内での浴槽のレイアウトは、次の内容を検討して計画します。

- 出入り口に直角に配置する場合（**図7-67**）と、平行に配置する場合（**図7-68**）があるが、使用者の浴槽への移乗（出入り）スタイルにより配置が変わる
- 浴槽の頭部側と足元側の配置は、片麻痺の場合は、浴槽から立ち上がる場合に、健側で壁面の手すりを握れる方向を検討する

## 浴槽への移乗動作

洗い場から浴槽への移乗・出入りについては、次のポイントを考慮して計画します。

- 健常者は立位でまたぐ（立位移乗）ことが多いが、身体機能や体幹の低下した高齢者は、立位が不安定で座った姿勢でまたぐ（座位移乗）動作になる（**図7-70**）
- 座位移乗の場合座位姿勢を補完するためバスボード（**図7-70**）や移乗台（**図7-71**）の福祉用具の活用が有効になる

▼図7-70 浴槽への移乗1（バスボード）

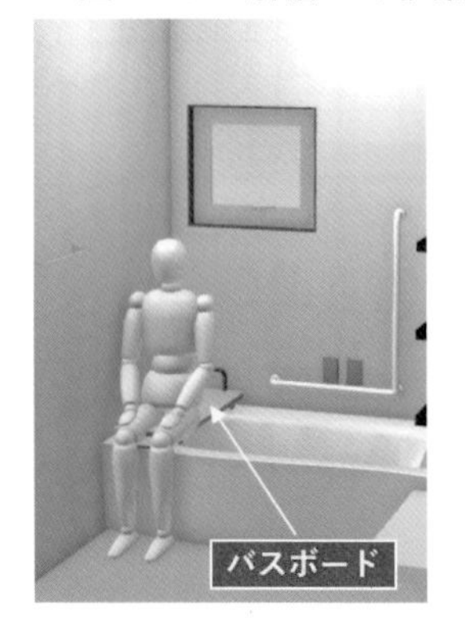


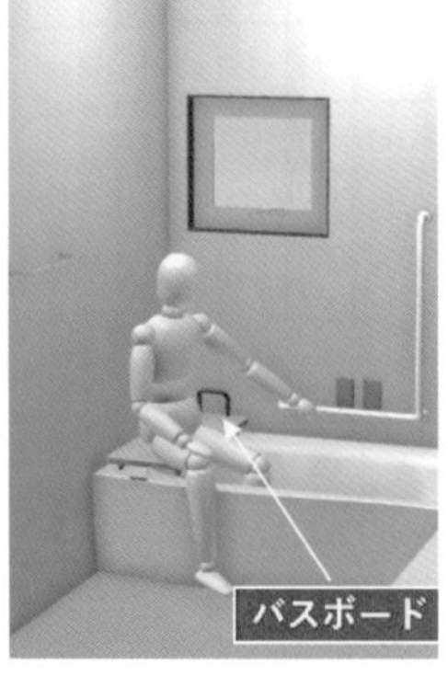


▼図7-71 浴槽への移乗2
（移乗台・介護スペース）（右麻痺者タイプ）

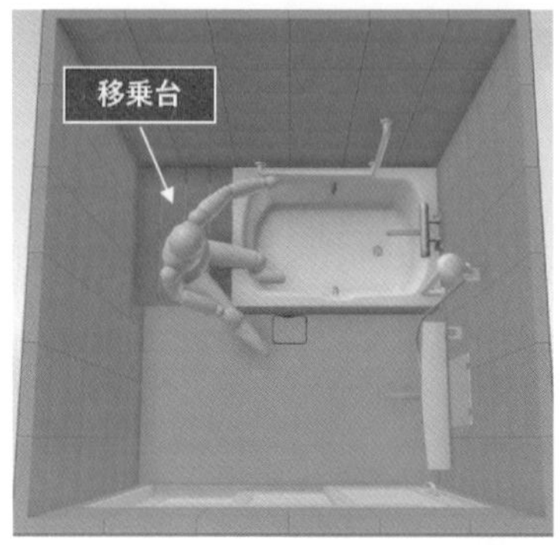


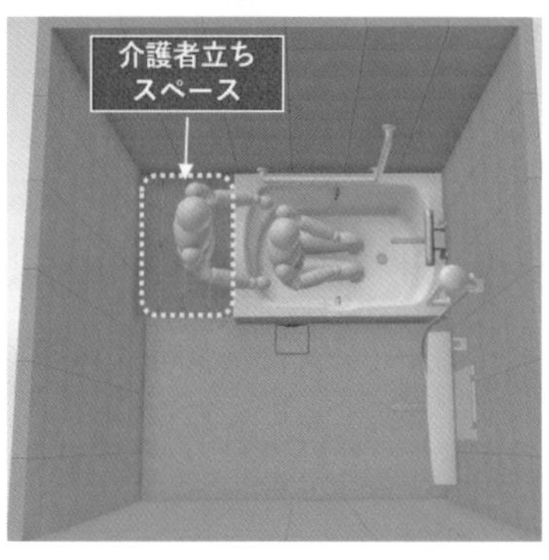

◀図7-72
和洋折衷
浴槽サイズ

座位移乗の場合のポイントは、洗い場の床から浴槽の縁の高さ（エプロン）が、座りやすい400mm程度であることが必要である

- 立位移乗の浴槽は、またぎ越しやすいようにエプロン高さを低めに設置する

**［右片麻痺者の場合の浴槽配置］**

右片麻痺者の場合の出入り口と浴槽の配置は、**図7-71**のようになります。入浴介護（浴槽への移乗や出入り、洗体）が必要な場合は、介護者が対象者の背中背後に位置することが肝要であるため。浴槽の頭部側と壁面の間のスペースを活用すると効果的です。

なお、移乗台の取り外しができるように配慮してください。

## 浴槽サイズ

浴槽サイズは、次の内容を加味して選択します。

- 高齢者などが浴槽内で安定した姿勢を保てるように選択する
  利用者が浴槽内に座ったとき、足を伸ばした姿勢でつま先が浴槽壁にとどくようなサイズにします。
- 一般的に多い和洋折衷浴槽サイズ（**図7-72**）
  - 外形寸法：1,100〜1,300mm程度
  - 横幅　　：700〜800mm
  - 深さ　　：500〜550mm

## 洗体スタイル

浴室洗い場での高齢者や障がい者の洗体スタイル（**図7-73**）は、次の内容を加味して計画します

- 浴室洗い場での洗体は、頻繁に行われる立ち座りや介護洗体動作をサポートするために、シャワーチェアを利用すると効果的である

- シャワーチェアに座って洗体する場合、洗い場床に置かれた洗面器を使うと極端な前傾姿勢になりバランスを崩すなど危険性が高くなる
- ポイントは洗面器置台の設置とシャワー水栓の取り付け高さである（**図7-73**）

## 洗面器置台とシャワー水栓

浴室での洗体スタイルでシャワーチェアを使う場合の洗面器置台の設置ポイントは次のとおりです。

- 洗面器置台の設置高さは、シャワーチェアの座面と合わせた高さに設置する
- シャワー水栓の取り付け高さは、洗面器置台に洗面器を置いて水栓から吐水できる空間の確保を考慮する
- 高齢者配慮のユニットバスは、洗面器置台とシャワー水栓が、既存で設置されているタイプが多い

## 浴室内手すり

浴室の手すり設置は、脱衣室からの移動、浴槽への移乗（出入り）、浴槽内での体勢保持、洗体動作などADL[注2]全般での対応が必要となります（**図7-74**）。浴室内の手すりの種類は**表7-2**のとおりです。

［注2］ADLは「日常生活動作」と訳されます。日常生活を送るために必要な動作です。日常生活な動作の例としては、食事、排泄、入浴、整容、衣服の着脱、移動、起居などがあります。

## 浴室出入口建具

浴室への出入り建具には、次にような配慮が必要です。

- 浴室への出入り建具は折り戸（**図7-75**）が一般的だが、有効開口寸法は、600mm前後しかなく、車いすの移動や介護移動の場合支障がでる

▼図7-73　洗体スタイル（モデルプラン）

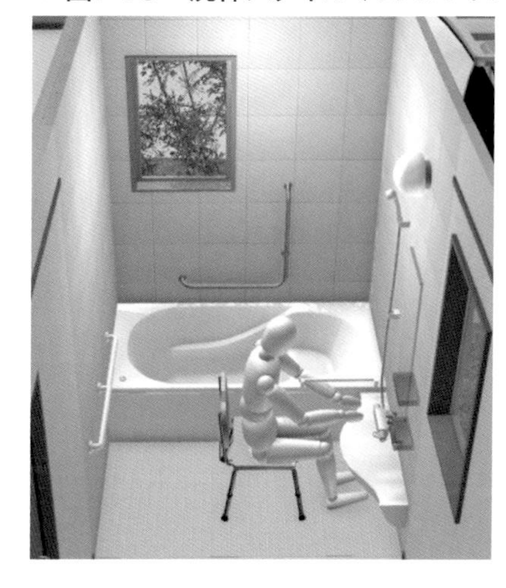

▼図7-74　浴室内手すり

▼表7-2　浴室内の手すりの種類

| 用途 | 備考 |
|---|---|
| 脱衣所からの浴室への出入口建具の開閉動作 | 縦手すり（オフセット手すり） |
| 脱衣室から浴室内の移動 | 横手すり |
| 洗い場のシャワーチェアへの移動 | 横手すり |
| シャワーチェアからの立ち座り | 縦手すり |
| 浴槽への移乗動作（立位移乗、座位移乗） | 横手すりまたはL型手すり |
| 浴槽内での立ち座り | 横手すりまたはL型手すり |
| 浴槽内での姿勢保持 | 手すり付き浴槽 |

- 有効開口寸法が1,000mm程度確保できる3枚連動引き戸（図7-76）は、開閉動作もシンプルで、車いすなどでの移動にも有効
- 脱衣所と浴室の床段差をなくすため、浴室洗い湯が流れ出さないよう排水グレーチングセットの浴室建具もある

▼図7-75　浴室建具（折り戸）

▼図7-76　浴室建具（3枚連動引き戸）

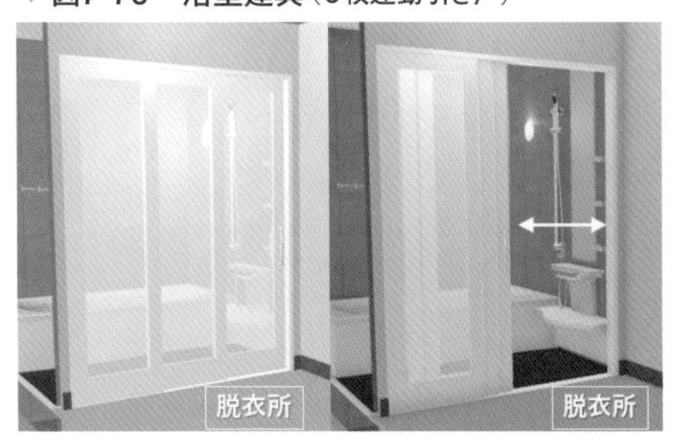


▶図7-77
浴室暖房

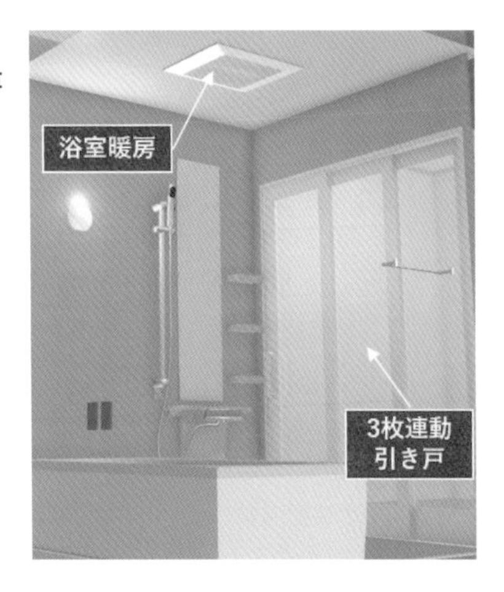


## 浴室の温熱環境

冬季の浴室でのヒートショックによる、家庭内事故が多く発生しています。対策として次のようなことを検討します。

- 居室と浴室・脱衣室の室温差をできるだけ少なくすることが必要で、浴室や脱衣所にも暖房設備の設置が必要になる（図7-77）
- 浴室暖房機には、対流温風タイプと赤外線の輻射熱暖房タイプがあり、対流暖房タイプには、換気扇、洗濯物乾燥機能併用タイプもある
- ユニットバス自体が断熱性能を有している製品もある

浴槽自体が保温機能を有している製品もあります。

## 7-6　⑤更衣・洗面・整容【洗面脱衣室】

洗面脱衣室では、更衣、洗面、整容、洗濯など狭いスペースで多くの行為が行われています。利用者の身体状況を考慮してそれぞれの行為に無理のない、次のような対応が必要になります。

- 脱衣更衣動作

入浴に伴う脱衣行為は、高齢者の身体状況や体幹バランスの状況から座って行うことが求められるため、椅子やベンチを脱衣スペースに設置することが求められます（図7-78）。さらにタオルや下着などの収納場所（家具）も必要になります。

- 洗面化粧台部分

手洗い・洗顔・歯磨き・整容などの行為は、1日を通して何度も行われているADLであり、これらの動作が、準備も含めてストレスなく行われるかが、利用者にとって重要になります。

- 次の検討内容によっても差異がある
  - 自立で行えるか
  - 介助が必要か
  - 車いすを使用するのか

## 洗濯スペース

洗濯スペースは、次の内容を加味して計画します。

- 洗濯機と洗剤や柔軟剤、脱衣かごなどの多くの備品が置かれそれらの収納の対応も必要になる
- 近年、独立したランドリースペースとして洗濯機置き場と洗濯もの干し場を兼用した屋内スペースを設置する例も増えている

▼図7-78　洗面脱衣スペース

## 洗面脱衣室のサイズ

洗面脱衣スペースのサイズの検討には次の内容を考慮します。

- 0.75坪（1畳半タイプ）：間口1,600mm×奥行き1,200mm（壁芯ー芯1,820×1,365）（**図7-79**）

洗面化粧台、洗濯機、椅子、収納など置かれているので、洗面・整容、脱衣動作などがスムーズに行えるスペースの確保が難しいです。

- 1坪（2畳タイプ）：間口1,600mm×奥行き1,600mm（壁芯ー芯1,820×1,820）（**図7-80**）

一般的に一番多いタイプで最低でもこのスペースが必要になりレイアウトを慎重にする必要があります。

- 洗面脱衣室の動作

「洗面・整容動作」「洗濯動作」「脱衣動作」の3つについて、1坪（2畳）タイプでは、すべての動作の余裕をもって行うことは難しく、優先順位をつけてレイアウトしなければなりません。1,25坪サイズにすると、ゆとりのあるスペースが確保できます（**図7-81**）。

### ［ 洗面脱衣スペース配置の工夫 ］

洗面脱衣スペースは、「洗面・整容動作」「洗濯動作」「脱衣動作」の3つの動作を、「洗面と脱衣」+「洗濯」と「洗濯と脱衣」+「洗面」の

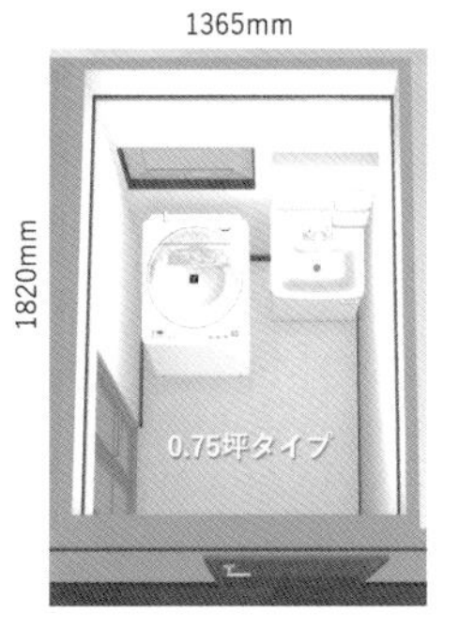

▶図7-79 洗面脱衣室のサイズ（0.75坪）

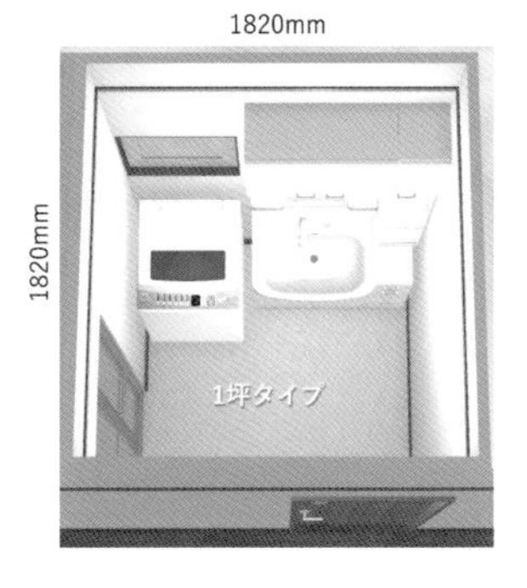

▶図7-80 洗面脱衣室のサイズ（1坪）

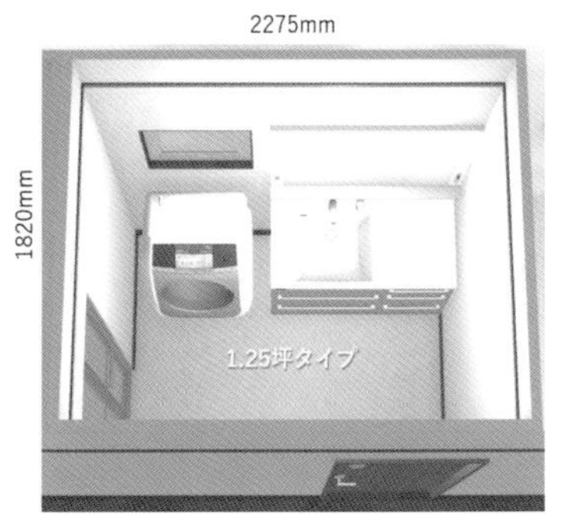

▶図7-81 洗面脱衣室のサイズ（1.25坪）

2つの組み合わせで区分できまが、近年の洗面・洗濯スペースは、次にような配慮が多くされ計画されています。

- 洗濯スペースは、家事動線を考慮して台所付近の家事室（ユーティリティ）（**図7-82**）に設置されている
- 専用洗濯・物干し室を配置する（ランドリースペース）
- 洗面スペースも個別に配置する（ドレッサールームとしてクローゼットとの動線も確保）

このような事例も増えていますが、いずれも住宅の規模（床面積）が増たり他の居室の面積に影響があるので十分検討が必要です。

**［ 車いす用洗面化粧台 ］**

洗面化粧台は、車いす対応の洗面動作を考慮すると、車いす用洗面化粧台の選択が良く、立位でも椅子座でも対応ができます（**図7-83**）。ガススプリング式で洗面化粧台部分が上下し、洗面カウンターの高さを調整できる化粧台もあります。

▼**図7-82**　家事室（ユーティリティ）

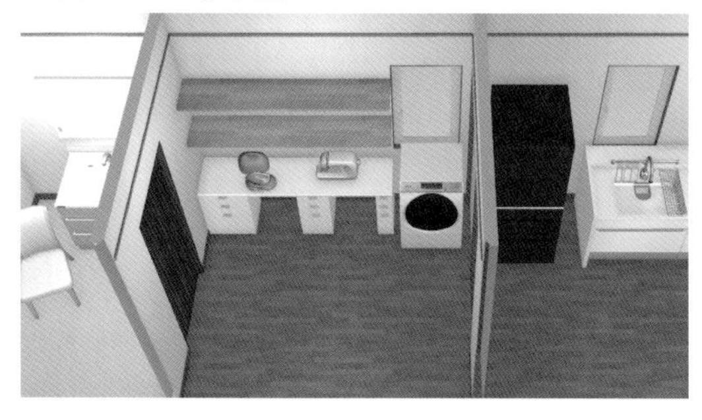

▼**図7-83**
車いす用
洗面化粧台

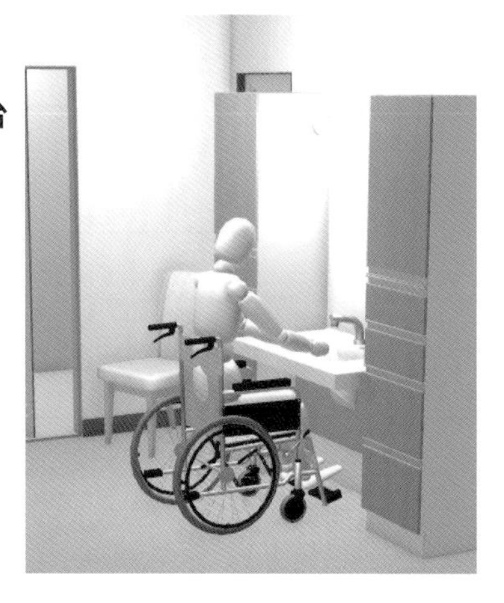

## 7-7　⑥調理・食事・団らん【LDK】

### LDKの組み合わせ

LDK（リビング・ダイニング・キッチン）の組み合わせに、次の3つの種類があります。

- 「リビング」＋「ダイニング・キッチン」
- 「リビング・ダイニング」＋「独立キッチン」
- 「リビング」＋「ダイニング」＋「キッチン」のすべて独立タイプ

### キッチン（流し台）の配置

キッチンスペースでのキッチン（流し台）の配置には、次に内容を考慮して計画します（**図7-84**）。

- キッチン・ダイニングの組み合わせの場合それぞれのスペースが兼用できコンパクトにまとめることができる
- キッチン（流し台）が壁際配置か対面配置により、それぞれ作業動線や冷蔵庫や食器棚などの収納、ダイニングテーブルセットなども含めたレイアウトの違いが出てくる
- 利用者の家事動線や使い勝手を考慮して計画する。また、高齢者いる家庭では、調理を家族と共同で行ったり、ヘルパーに依頼することも考慮する
- 家族の介護負担の軽減という視点で見ると、調理をしながらの見守りができるキッチンレイアウトなども必要になる（対面キッチンタイプ）

### キッチンカウンター（流し台）の種類

キッチンカウンター（流し台）の代表的な種

類は、次のとおりです。

- オープンキッチン（図7-84）
- Ｉ型（図7-85）
- Ｌ型（図7-86）
- Ｕ型（図7-87）

キッチンは、通常立位で利用するが、身体機能の低下した高齢者には、腰かけて調理作業をするタイプ（キッチンカウンターの下部に膝が収まる高齢者対応キッチン）や車いす用の製品もあるが、いづれも調理動線を考慮して選択します。

［ 車いす対応型キッチン ］

車いす対応型キッチンの特徴は、次のとおりです。

- カウンターの高さが740～800mmで、シンク深さが浅く、車いすのアームレフトの位置により使用者の作業がしやすい高さに調整できる
- 車いす対応型キッチンで車いすでの使用の場合、Ｉ型だと横移動するには、一度バックしてからの移動と切り返しが必要で、Ｌ形やＵ形だと向きを変える動作で次の作業スペース（シンク⇔レンジ⇔冷蔵庫）に移ることが可能（図7-88）

## ダイニング

ダイニング（食事スペース）のプランニングは、次の内容を考慮します。

- ダイニングテーブルセット（食卓セット）のレイアウトやキッチンスペースやリビングスペースとの繋がりを考慮する
- キッチンからの配膳や片付けを含めた動線などゆとりの空間確保を考慮する（図7-89）

▼図7-84　オープンキッチン

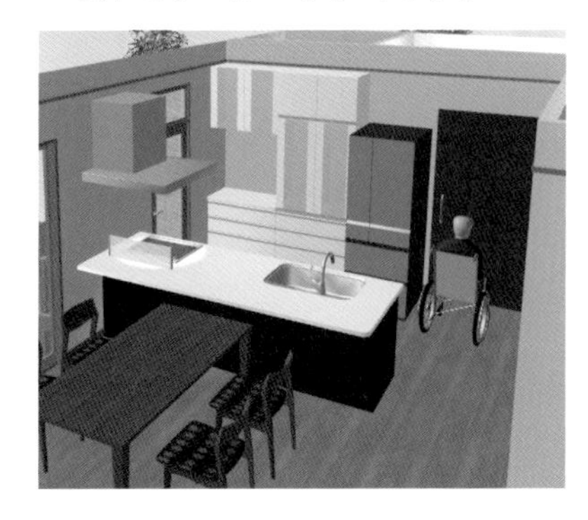

▼図7-85　Ｉ型キッチン

▼図7-86　Ｌ型キッチン

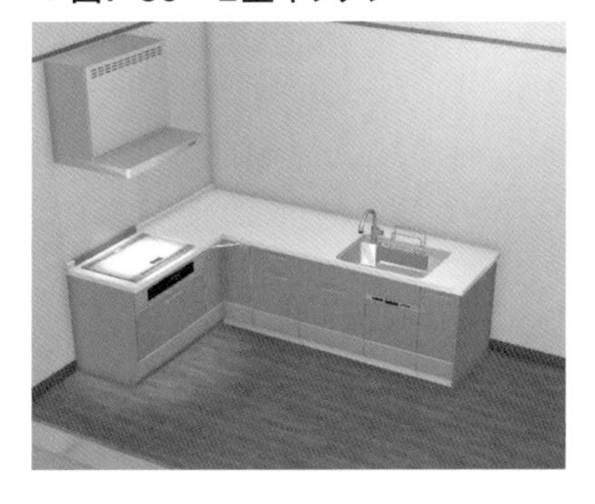

▼図7-87　Ｕ型キッチン

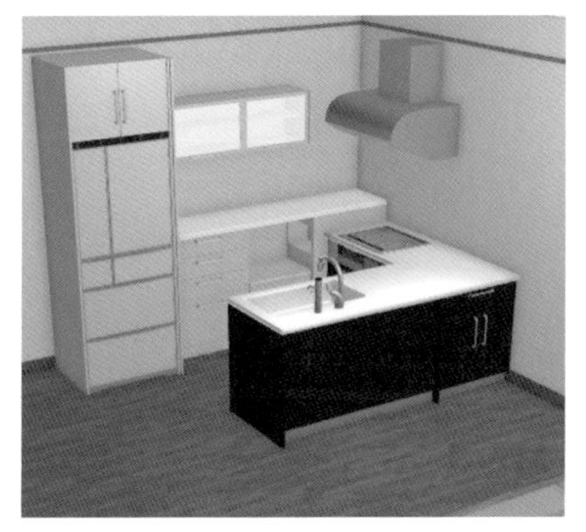

▼図7-88　車いす対応型キッチン

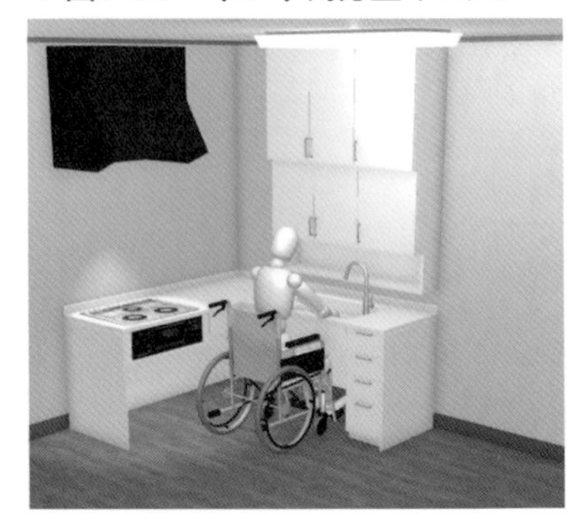

▼図7-89　ダイニング（モデルプラン）

▼図7-90　リビング1（モデルプラン）

▼図7-91　リビングの小上りスペースの例

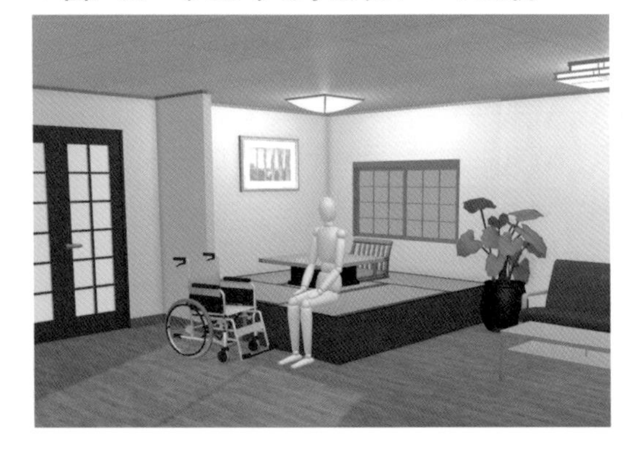

### リビング（居間）

リビングは、日中一番滞在時間が長い空間であり、家族や来客とのコミュニケーションや個人でもリラックスできる空間として次のような配慮が求められます（**図7-90**）。

- 高齢期になると床からの立ち上りに負担を感じるため、椅子座の生活スタイル（ソファなど）の提案をする
- 小上りの畳スペース（FL+400mm前後）は、気軽に昼寝などができ、立ち上りの負担軽減にもなり生活にゆとりをもたせることができる（**図7-91**）。小上り下部スペースは、引出し収納などの設置も可能

今回のモデルケースのリビングは、東側外部に連続した広いウッドデッキが設置されており春・秋の過ごしやすい季節時には、リビングの大開口テラスサッシを開けることでデッキとの繋がりが確保でき、外部空間との一体化を演出することができるよう配慮されています（**図7-92**、**図7-93**）。車いすでの移動も考慮しています。

## 7-8 ⑦就寝【寝室】

### 良質な睡眠の確保できる寝室

良質な睡眠を確保するための高齢者夫婦の寝室は、ゾーニング（位置）や広さ（スペース）、ベッド配置などの次のようなさまざまな配慮が必要になります。

- 広さ（スペース）

夫婦それぞれのベッドを配置（2台）する場合、最低でも8畳は必要です。また寝室内で車いすを使用することを考慮すると、車いすの回転やベッドからの移乗スペースの確保が必要になり、8畳では厳しく10畳以上のスペースが求められます（**図7-95**）。

● ベッド配置

ベッドの配置は、壁際や窓際の配置は避け、両サイド、足元の3方向に空きのスペースができる配置が必要になります。介護が必要になったときでも3方向にスペースがあってスムーズに動作でき、ベッドメーキングや周辺掃除も容易に行えるためです。

● 書斎・ゲストルーム

当モデルプランでは、廊下北側に書斎を兼ねたゲストルーム（客室）設置しています。

### ［ 車イスアプローチ ］

車いすからの移乗では、通常車いすが、ベッドに斜めにアプローチするため、車いすの幅より広い850mm以上のスペースの確保が必要になります（**図7-95**）。

## 寝室に関係する窓・デッキ

寝室の計画上のポイントとしては次の内容を検討します。

- 寝室には、災害時の２方向避難を考慮して、直接屋外に出ることができる配慮が求められ、窓は掃き出し（テラス窓）にすると直接庭に出ることができ、外部の眺望を楽しむ、太陽光を十分取り込むなどのメリットもある
- 今回提案しているシニアカップルのプランは、寝室の東側の開口が掃き出し窓でデッキに直接出ることもでき、朝日が寝室に十分に差し込むことが考慮されいて（**図7-92**、**図7-93**）、対象者が朝日を感じることで、セロトニンの分泌を促し１日の生活リズムが構築できる
- 掃き出し窓の下枠を段差のないバリアフリーサッシにすることで、車いすでも、ウッドデッキにスムーズに出ることができ、ストレスなく屋外で過ごす時間を確保できるメリットがある
- 避難を考慮した場合ウッドデッキに段差解消機（**図7-16**）やスロープの設置の検討も必要になる

▼**図7-92**　ウッドデッキ１（モデルプラン）

▼**図7-93**　ウッドデッキ２（モデルプラン）

▼**図7-94**　寝室１（モデルプラン）

▼**図7-95**　寝室２（モデルプラン）

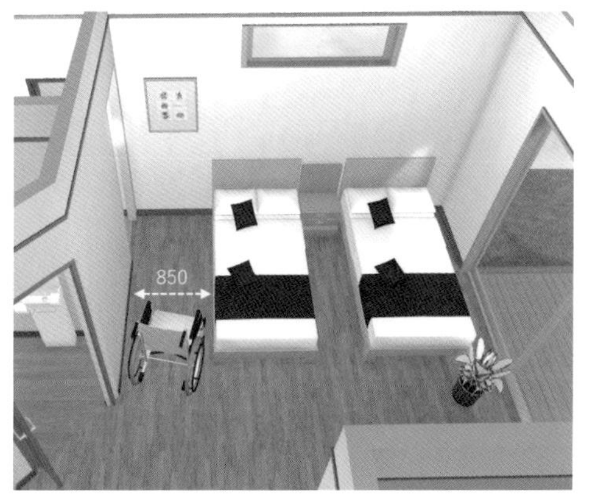

Chapter 8

# RC3階建て マンションの作成

本章では、これまでに習得した機能を使用し、平面図や断面図を参照しながら柱と梁により躯体を作成します。この躯体を利用してインテリアを作成するRC造3階建て集合住宅のモデリング方法を学びます。

本章で利用するデータはダウンロードすることができます。ダウンロード方法やダウンロードに必要なパスワードなどは本書のP.2（「はじめに」の左ページ）を参照してください。

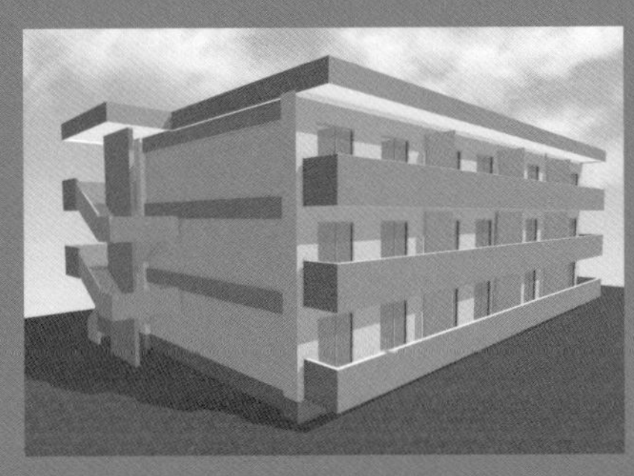

▼図8-1 基本単位と高さ基準の設定

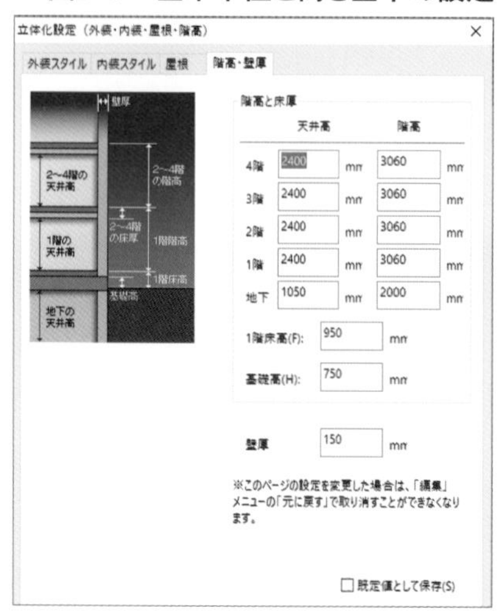


▼図8-2 基準線CADデータ読み込み

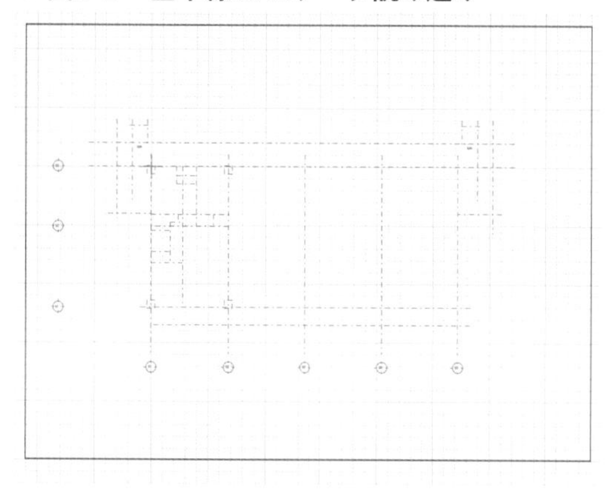

▼表8-1 柱と梁の寸法、床から高さ

| 躯体 | 寸法（幅×成） | 床からの高さ（柱：上端高）（梁：下端高） |
|---|---|---|
| 柱 | 700×700 | 3060mm |
| 大梁（Y通り） | 400×800 | 2110mm |
| 大梁（X通り） | 400×700 | 2210mm |
| 小梁 | 300×650 | 2260mm |

▼図8-3 RC躯体の入力（1/3）

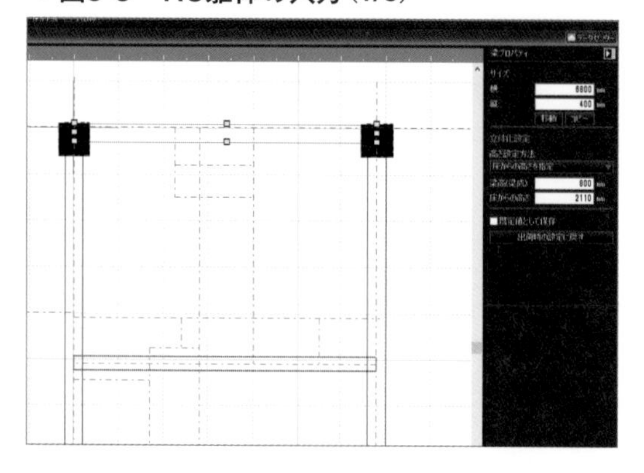

## 8-1 入力準備

RC3階建てマンションを作成するための基本設定を行います。

### Step 1 基本単位と高さ基準の設定 図8-1

**1** 家の設計の基本単位は、メーターモジュール（1000mm）に設定する

**2** メニューバーの［設定］➡［立体化設定］➡［階高・壁厚］で**図8-1**の数値に設定する

共用廊下、バルコニーの高さを1階床高としています。

### Step 2 基準線CADデータ読み込み 図8-2

**1**［下絵／CAD］➡［下絵読込］➡ 基準線のCADデータ（**図8-2**）を読み込む

**2**［位置補正］で外壁基準線の交点をグリッドの交点に合わせる

**3**［敷地作成］で基準線の周囲に敷地を作成する

敷地は外観パース図で途切れないよう広めに作成します。

## 8-2 1階部分の1住戸を作成

RCの躯体と間取りを入力し1住戸を作成します。

### Step 1 RC躯体の入力

図8-3 図8-4 図8-5

**1**［壁編集・柱・梁］➡［四角柱］で下絵に合わせて柱を配置する

一旦、柱を仮置きし柱プロパティで**表8-1**のサイズと高さに設定してから所定の位置に移動します（**図8-3**）。

**2** 柱と同様に［梁］で所定の形状を作成し下絵に合わせて梁を配置する

梁は横長で表示されますが、一旦仮置き後に梁プロパティで梁幅サイズ（大梁 横400）を入

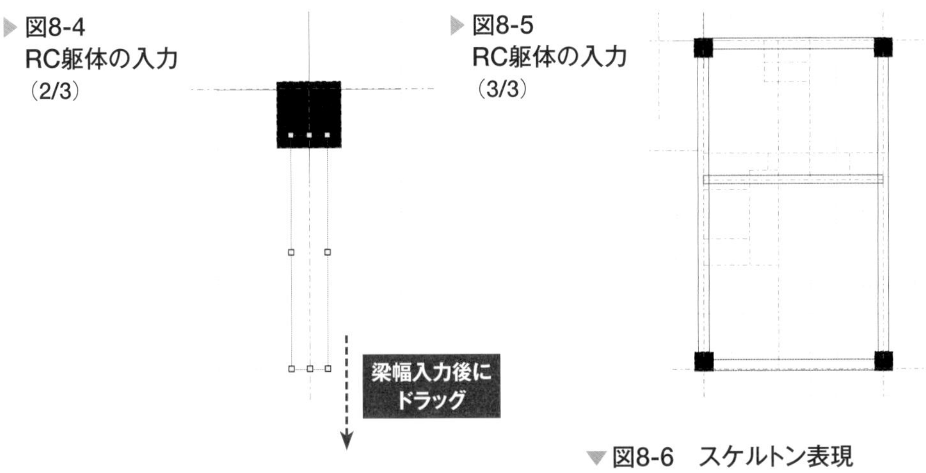


▶ 図8-4
RC躯体の入力
(2/3)

▶ 図8-5
RC躯体の入力
(3/3)

力し、所定の長さにドラッグして配置します(**図8-4**)。

梁の高さを設定する方法は、[床からの高さを指定] を選択して、床から梁下端までの寸法を入力します。躯体位置や梁成は図面を参照してください。本来は、躯体の部材としてスラブ(厚200mm) と、X通りの梁下に界壁 (厚200mm) がありますが、間取り配置を行うと自動で床・壁が作成されるので、今回の作図では床スラブと界壁の入力を省略します (**図8-5**)。

### [ スケルトンの表現 ]

[梁] ツールは、梁部材の作成だけでなく、他の作図機能に連動しない自由度の高いモデリングツールとして平板形状や柱状の立体を作成できます。これまで入力した柱・梁を立体化すると**図8-6**左側のスケルトン表現になります。さらに [梁] ツールで床スラブを入力すると**図8-6**右側の表現になり、本ソフトの活用範囲が広がります。

## Step 2 部屋の配置と壁編集 (図8-7)

**1** 下絵に合わせて1住戸の部屋を配置する

アルコーブは [土間] で作成して名称を変更します。幅木、廻り縁は自動生成されません。

**2** 図8-7を参照し、アルコーブの共用廊下側、玄関と廊下の間、キッチンとリビングダイニングの間、カウンターキッチン、バルコニー側面の壁編集を行う

▼ 図8-6 スケルトン表現

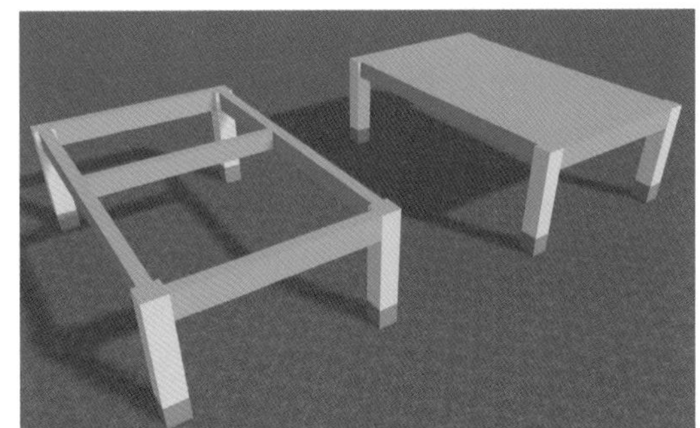

▼ 図8-7 部屋の配置と壁編集

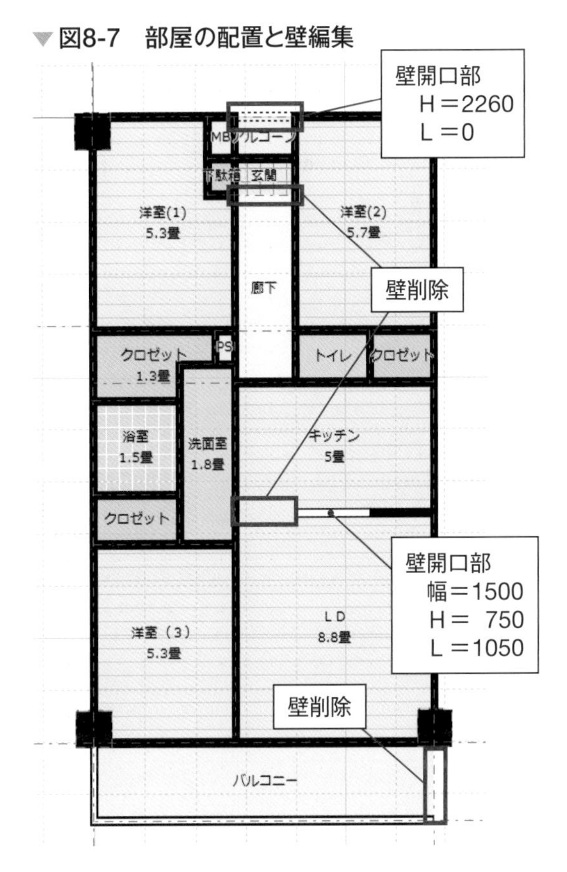

## Step 3 各部屋の床高設定 （図8-8）

**1** 「アルコーブ」と「玄関」の床高を、1階基準床高（立体化設定で設定済）の「950mm」に設定する

▼図8-8 各部屋の床高設定

**memo** ● 一般的に階高はFL間ですが、この課題は共用廊下、アルコーブ、玄関、バルコニーの高さを「1階階高基準」としています。よって、その他の部屋は部屋のプロパティで床高を150mm上げて対応しています。

床が高い小上がりなどの利用にも活用できる機能です。

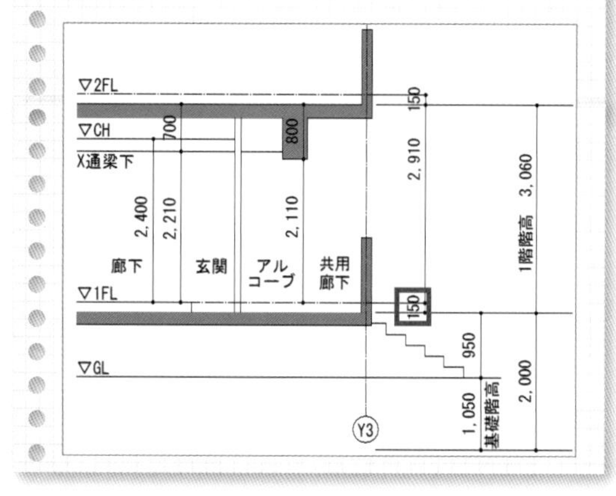


**2** 他の部屋の床高を「150mm」に設定する

給排水設備の配管スペースを確保します。

**3** バルコニーの床高を「0mm」、手摺高を「1100mm」に設定する

玄関・土間の床高はGLからの高さです。

## Step 4 外部建具・内部建具を配置 （表8-2）（表8-3）（図8-9）

**1** 外部建具と内部建具を**表8-2**と**表8-3**、さらに**図8-9**を参照しながら、ガイド線を利用し配置する

サイズを変更している建具があります。

## Step 5 住宅設備を配置 （表8-4）（図8-9）

**1** キッチン右側の壁基準線から左側200mmの位置にガイド線を作成する

梁型を避けて配置するために梁幅の1/2の寸法でガイド線を作成します。

**2** 流し台をガイド線に合わせて配置する

**3** 他の住宅設備を**表8-4**と**図8-9**を参照しながら配置する

## Step 6 内観テイストの変更 （図8-10）（図8-11）

3階建てマンション全体の内観モデルとなるテイストなどを決定します。

**1** ［立体化］をクリックし、内装の［一括変更］➡［エレガント01］を選択する（**図8-10**）

**2** 窓枠の色調など、すべて統一されているか確認する

▼表8-2 内部建具（単位：mm）

| No | 設置場所 | 分類 | 品番 | 大きさ（W×H） | 床からの高さ（H） | 備考 |
|---|---|---|---|---|---|---|
| A | 洋室（1） | 室内／片開き戸 | DK室内片開S07L | 730×2045 | 0 | サイズ変更 |
| B | 洋室（1） | クロゼット折戸 | DK室内折戸T02 | 1680×2020 | 0 | |
| C | 洋室（2） | 室内／片開き戸 | DK室内片開S07L | 730×2045 | 0 | サイズ変更 |
| D | 洋室（2） | クロゼット折戸 | DK室内折戸T02 | 1100×2320 | 0 | サイズ変更 |
| E | 洋室（3） | 室内／片開き戸 | DK室内片開S07L | 730×2045 | 0 | サイズ変更 |
| F | 洋室（3） | クロゼット折戸 | DK室内折戸T02 | 1500×2320 | 0 | サイズ変更 |
| G | キッチン | 室内／片開き戸 | DK室内片開S07L | 730×2045 | 0 | サイズ変更 |
| H | 洗面所 | 室内／片引き戸 | DK室内片引T06L | 1645×2035 | 0 | |
| I | 浴室 | 室内／折れ戸 | 浴室J26L | 700×2032 | 0 | |
| J | トイレ | 室内／片開き戸 | DK室内片開S07L | 730×2045 | 0 | サイズ変更 |

**3** 配色が異なる場合は、建具枠の色を変更する（図8-11）

壁のテクスチャを変更する際は、選択したテクスチャを壁のみでなく、梁型にもドラッグして変更します。柱型は自動的に壁と認識しますが、梁型は認識されないので、確認が必要です。

▼表8-3　外部建具（単位：mm）

| No | 設置場所 | 分類 | 品番 | 大きさ（W×H） | 床からの高さ（H） | 備考 |
|---|---|---|---|---|---|---|
| A | 洋室（1） | 腰窓／腰窓２枚 | 腰2W4560 | 1800×1365 | 635 | サイズ変更 |
| B | 洋室（2） | 腰窓／腰窓２枚 | 腰2W4560 | 1800×1365 | 635 | サイズ変更 |
| C | 洋室（3） | 掃出し窓／掃出し２枚 | 掃2W6660 | 1800×2210 | 0 | サイズ変更 |
| D | リビング・ダイニング | 掃出し窓／掃出し２枚 | 掃2W6660 | 1800×2210 | 0 | サイズ変更 |
| E | 玄関 | 玄関ドア／玄関片開き | YA玄関片開U01L | 922×2260 | 0 | |

▼表8-4　住宅設備（単位：mm）

| No | 設置場所 | 分類 | 品番 | 大きさ（W×H） | 床からの高さ（H） | 備考 |
|---|---|---|---|---|---|---|
| A | キッチン | キッチン／I型キッチン | CUキッチンT47（反転パーツ:T48） | 2550×671 | 0 | |
| B | 洗面室 | 洗面／洗面台 | CUセンメン台T02 | 900×610 | 0 | |
| C | 浴室 | バスルーム／システムバス1.0坪 | MDバスルームV11（反転パーツ:V12） | 1650×1650 | 0 | 内法に合わせる |
| D | トイレ | トイレ／洋式便器 | MDトイレS02 | 473×700 | 0 | |

▼図8-9　各部屋の床高設定

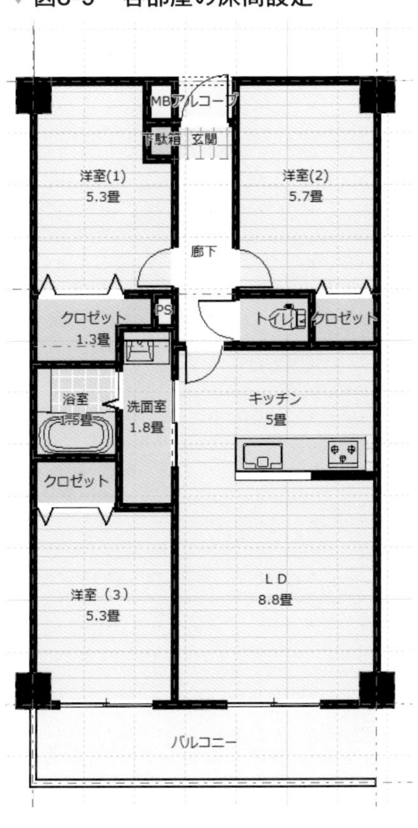


▼図8-10　内観テイストの変更（1/2）

▼図8-11　内観テイストの変更（2/2）

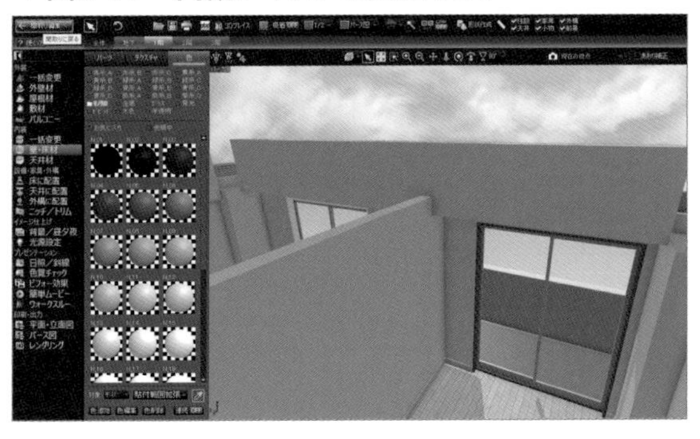

▼図8-12　フローリングの向きの変更

▼図8-13　1住戸を反転コピー（1/2）

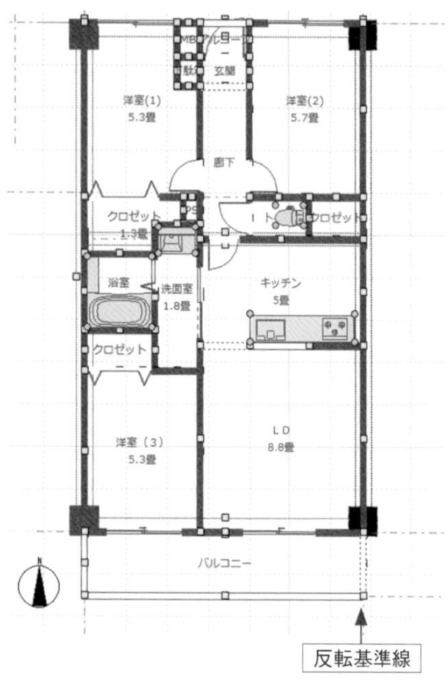


▼図8-14　1住戸を反転コピー（2/2）

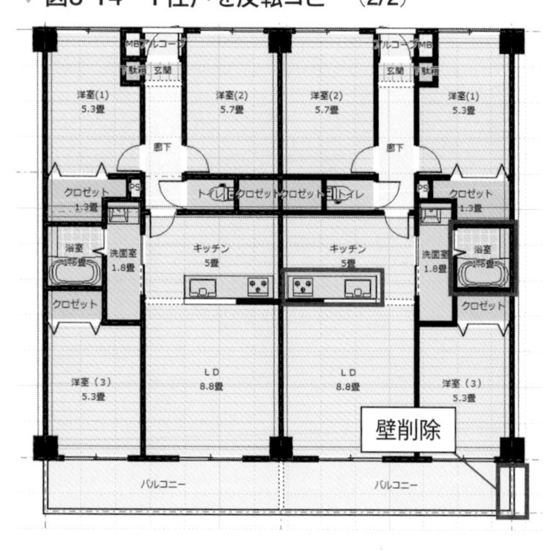


## Step 7　フローリングの向きの変更（図8-12）

リビングとキッチンのフローリングの向きを合わせるため、キッチン床のテクスチャ角度を変更します。

1. 内装の［一括変更］を選択し、視点を［真上から見る］に切り替える（図8-12）
2. 選択ツールでキッチン（部屋名）を選択する
3. 右クリックメニューの［このパーツ階層に移る］をクリックする
4. 床をクリックしテクスチャプロパティの［回転］を「90度」に設定する
5. 内装の［一括変更］をクリックする

パーツ階層から出て全体が見えます。現在とは異なるナビをクリックすると、現在見えているパースが変わってしまいます。

### ［ 住戸の内部レイアウト ］

本章では「照明」「家具」などを省略しています。全戸にすべてのパーツが入ると、パソコンのスペックによっては、動作が鈍くなることがあるためです。

## 8-3　1階（4住戸と共用廊下など）の作成

作成した1住戸を反転コピーなどを利用し、4住戸の1階フロアーを作成します。その後、共用廊下や外階段を作成します。

## Step 1　1住戸を反転コピー（図8-13）（図8-14）（表8-4）

1. ［壁編集・柱・梁］を選択する

   入力した梁が表示され選択できるようになります。
2. 選択ツールで反転コピーするパーツを範囲選択する
3. 反転基準線上の柱と梁は Shift を押しながらクリックして除外する（図8-13）
4. メニューバーの［移動/コピー］➡［反転コピー］➡［補助線を指定する］を選択し、下絵のX2通りの基準線をクリックする

▼図8-15　2住戸を反転コピーして4住戸へ

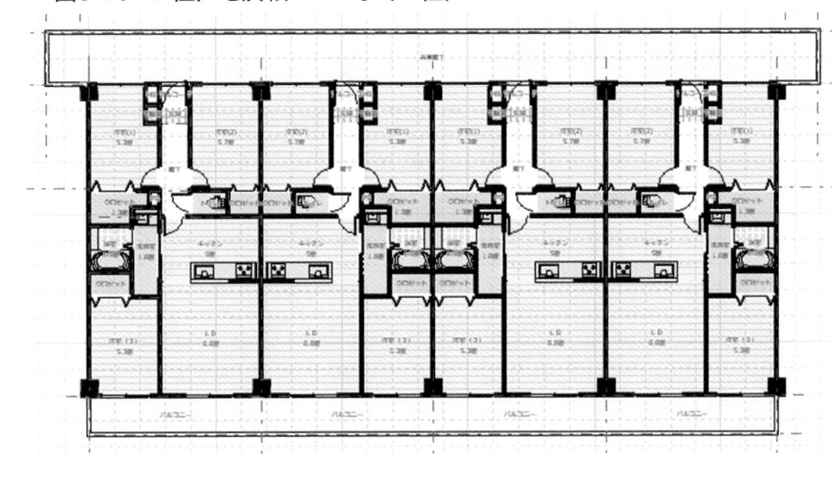

**5** 流し台とバスユニットは反転しないので、反転パーツを入れ替え配置する（**図8-14**）

## Step 2　2住戸を反転コピーして4住戸へ　(図8-14)(図8-15)

**1**［壁削除］でバルコニーの右側壁を削除する

バルコニー仕切り壁は後の手順で作成します。

**2** 反転コピーする2住戸のパーツを範囲選択する

Step 1と同様に反転基準線上の柱と梁が含まれないように範囲選択します。

**3** Step 1と同様に下絵のX3通りの基準線を反転基準線としてコピーする

**4** Step 1と同様に反転パーツを入れ替え配置する

## Step 3　共用廊下を作成　(図8-15)(図8-16)

**1**［部屋作成］➡［バルコニー］を選択し、共用廊下を基準線に合わせて作成する

**2** 部屋名称を「共用廊下」に変更し、床高を「0mm」、手摺高を「1100mm」に設定する

**3**［壁編集・柱・梁］➡［壁削除］を選択し、外階段が取り付く部位の壁を削除する

## Step 4　共用廊下への外階段作成　(図8-17)(図8-18)

**1** フロアタブを［地下］にする

1階階高の基準高さを共用廊下の上端にしています。その高さより下に階段を作成する場合は、フロアタブを［地下］にして階段を配置する必要があります。

▼図8-16　共用廊下を作成

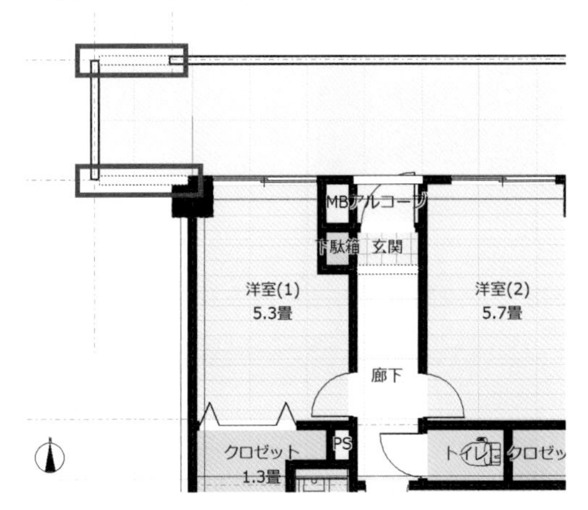


**2**［階段］➡［外階段］➡［直進］を選択して仮配置する（**図8-17**）

**3** プロパティの［詳細設定］で［高さ］を［固定高さ］に設定し、次の数値を入力する（**図8-18**）

- 総段数　：5
- 上端高　：2000㎜
- 下端高　：1050㎜
- 回転角度：180度

**4** 下絵の所定の位置に配置し、黄色ハンドルをドラッグしてサイズ変更する

**5** 他方にコピーする

**6** フロアタブを［1階］に切り替えて「吹き抜け」を削除する

▼図8-17　共用廊下への外階段作成（1/2）

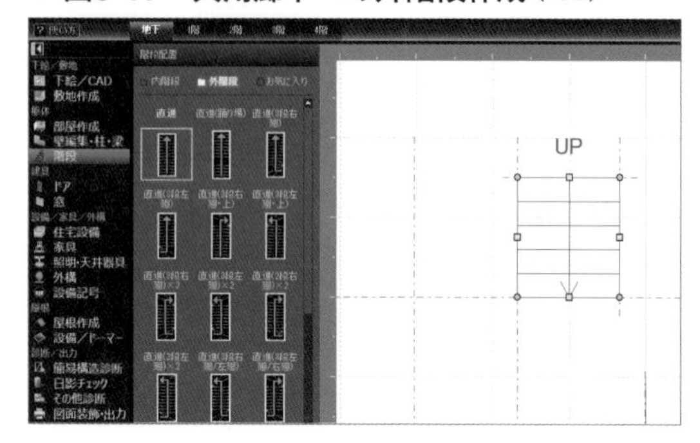


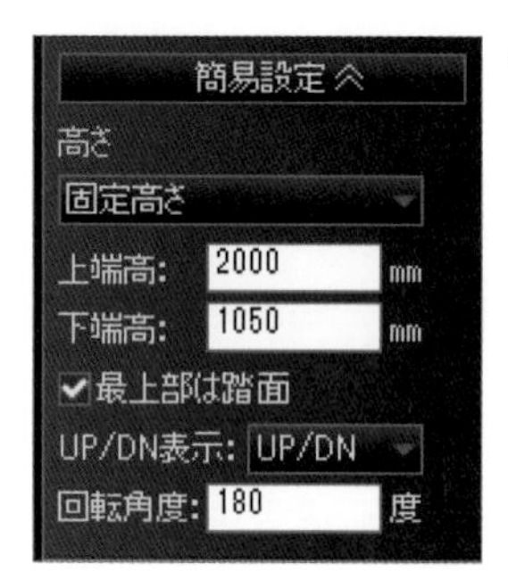


◀図8-18
共用廊下への
外階段作成（2/2）

▼図8-19　2階への外階段作成（1/2）

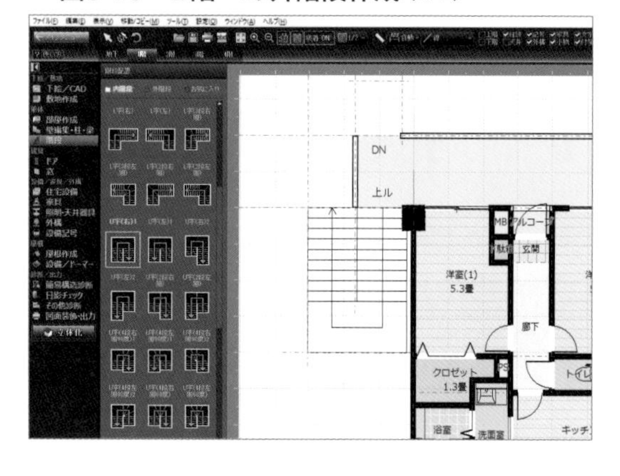


▼図8-20　2階への外階段作成（2/2）

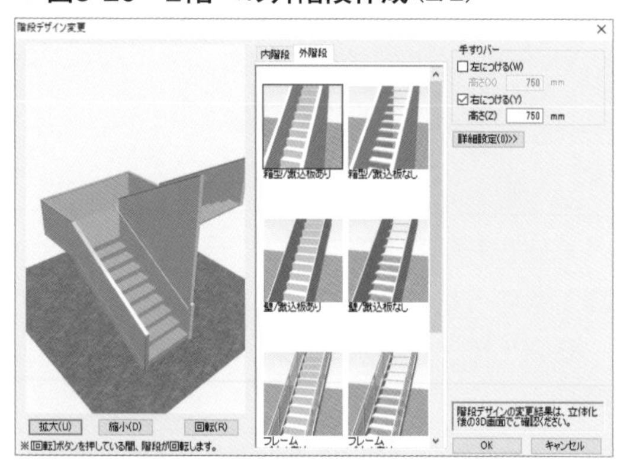


## Step 5　2階への外階段作成（図8-19）（図8-20）

**1** フロアタブを［1階］に切り替え、［U字（右）1］階段を選択し仮配置する（**図8-19**）

**2** プロパティの［詳細設定］で［高さ］を「固定高さ」に設定し、次の数値を入力する

- 総段数　　：20
- 直進部/上：10
- 直進部/下：9
- 回転角度　：180度
- 上端高　　：3060mm
- 下端高　　：0mm
- 最上部は踏面のチェックをはずす

高さを「自動」にすると、GLから2階までの階段が設置されます。

**3** プロパティの［デザイン変更］を選択し、［詳細設定］➡［外階段］のデザインを**図8-20**のように設定する

踊り場の手すり高さが一般的な高さより低いので、正確に作成するには、3Dモデリングなどを使用し作成します。

**4** 階段を下絵の所定の位置に配置する

**5** **4**の階段を他方にコピーして配置し、プロパティで［左回り］に設定する

**6**［デザイン変更］で左回りのデザインに設定する

回り方向などの仕様が変われば初期設定に戻ります。

## Step 6　バルコニー仕切り板の作成（図8-21）

バルコニー仕切り板を［梁］ツールで作成します。

**1**［壁編集・柱・梁］➡［梁］を選択する

**2** 梁を仮置きし、梁プロパティで次の数値にサイズ設定する（**図8-21**）

- 横：30mm
- 縦：1340mm

**3** 高さ設定方法を［床から高さを指定］に設定し、次の数値に高さ設定する

- 梁高：2600mm
- 床からの高さ：0mm

**4** 拡大して、バルコニー仕切りを所定の位置に配置する

**5** 1箇所作成して選択したのち、メニューバーの［移動/コピー］➡［数値コピー］をクリックする

- X方向：6800mm
- 個数：2個

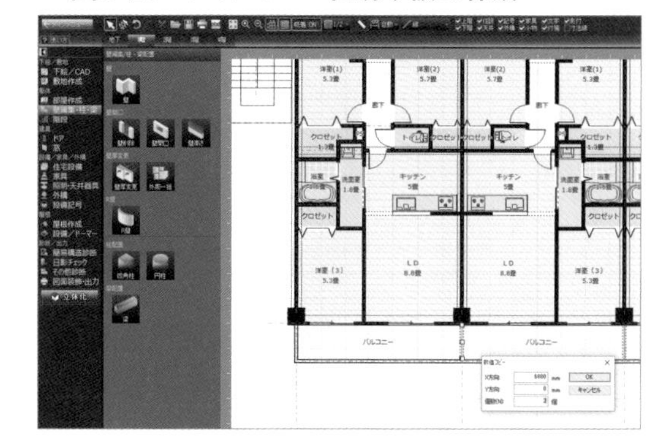

▼図8-21　バルコニー仕切り板の作成

## 8-4 2階・3階の作成

1階のパーツを2階にコピーして編集します。続いて2階のパーツを3階にコピーします。

### Step 1 1階のパーツを2階へ貼り付け （図8-22）

**1** フロアタブが［1階］であることを確認し、［壁編集・柱・梁］を選択する

［梁］ツールで作成した梁やバルコニー仕切り板が表示されて選択できるようになります。

**2** 1階のパーツをすべて範囲選択し、右クリックメニューの［コピー］をクリックする

**3** フロアタブを［2階］に切り替え、吹き抜けを削除する

**4** 右クリックメニューの［ここに貼り付け］を選択する

**5** 下絵に合わせて位置調整する（図8-22）

柱・壁の基準線交点や下絵の線が複雑ではない箇所などを合わせると調整しやすいです。

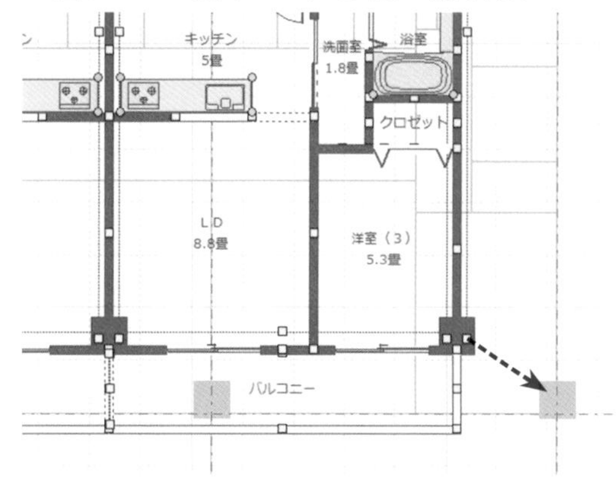


▼図8-22　1階のパーツを2階へ貼り付け

### Step 2 2階共用廊下の編集 （図8-23）

**1** 共用廊下を階段際まで伸ばす

**2** ［壁削除］の長さや不要な部位を修正する

**3** 他方の階段際も同様に編集する

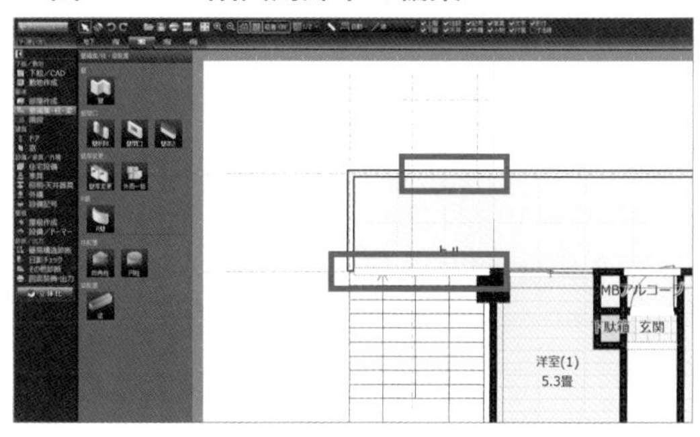


▼図8-23　2階共用廊下の編集

### Step 3 アルコーブ・玄関の床高の設定 （図8-24）

**1** 2階に貼り付けた住戸のアルコーブを選択する

上部のドアを選択した場合は Space キーを押すと重なっている下のパーツを選択します。

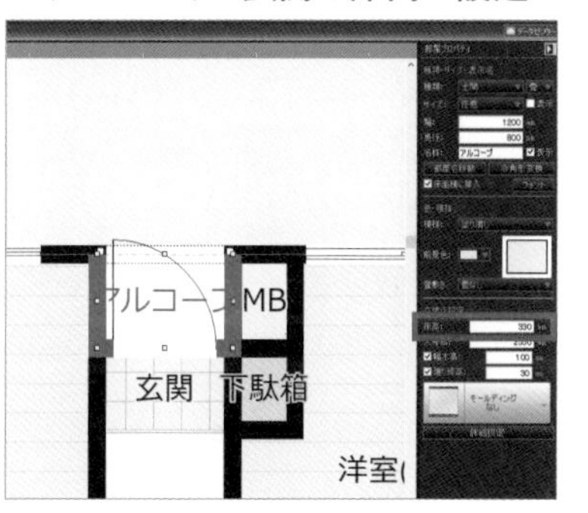


▼図8-24 アルコーブ・玄関の床高の設定

▼図8-25　2階パーツを3階にコピー

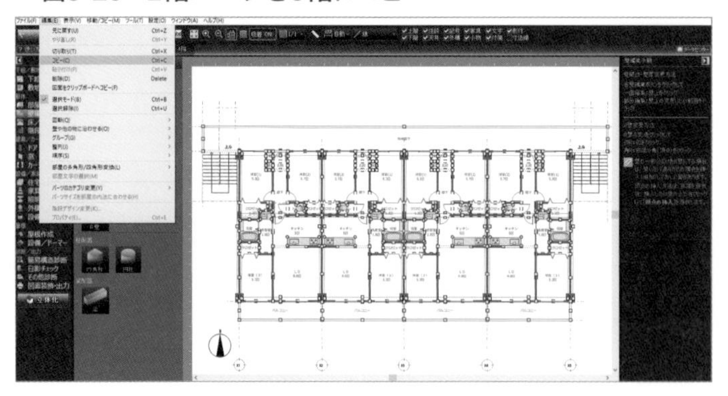

▼図8-26　3階共用廊下の編集

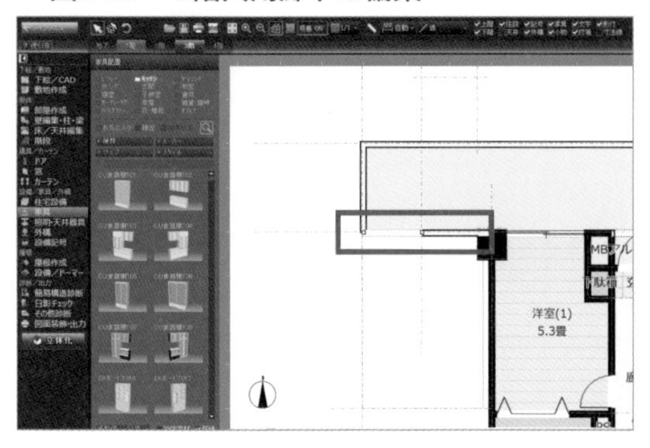

**2** 部屋プロパティで床高を「330mm」に設定する

2階に土間（アルコーブ）、玄関を設ける場合は、設計基準高さが次の高さとなります。

**各階の設計基準高さ**
**＝（1階階高－1階天井高）÷2**

したがって（3060－2400）÷2＝330です。1階の場合は、GLからの高さとなります。

**3** 2階全住戸のアルコーブおよび玄関の床高を「330」に設定する

## Step 4　2階パーツを3階にコピー　（図8-25）

**1** フロアタブが［2階］であることを確認し、［壁編集・柱・梁］を選択する

**2** 2階のパーツすべてを範囲選択し、3階にコピー不要な階段を Shift ＋左クリックで選択解除する（**図8-25**）

**3** Step 1と同様に3階に貼り付ける

3階に階段上部の吹抜けが表示される場合は2階パーツを貼り付ける前に削除します。

Step3で床高を設定した2階のアルコーブ・玄関を3階に貼り付けるので、3階では床高の設定は不要です。

## Step 5　3階共用廊下の編集　（図8-26）

**1** 階段際に合わせて［壁削除］長さを修正する

**2** 他方の階段際も同様に編集する

# 8-5　陸屋根の作成　（図8-27）（図8-28）

パラペット付きの陸屋根を作成します。水勾配の表現は省略します。

**1** フロアタブが［3階］であることを確認し、［屋根作成］➡［陸屋根］を選択する（**図8-27**）

はじめ自動生成される青線の勾配屋根の形状が表示されますが、［陸屋根］を選択すると矩形形状になります。

**2**［手動屋根］を選択して［手動（1面ずつ）］に切り替える

**3** 屋根形状を、階段、共用廊下、バルコニーの外枠で作成する（**図8-28**）

**4** 手動屋根プロパティで、次の数値に設定する

- C＝10130　※3060階高×3＋950＝10130
- 立上り＝600
- 立下り＝50

▶ 図8-27
陸屋根の作成
(1/2)

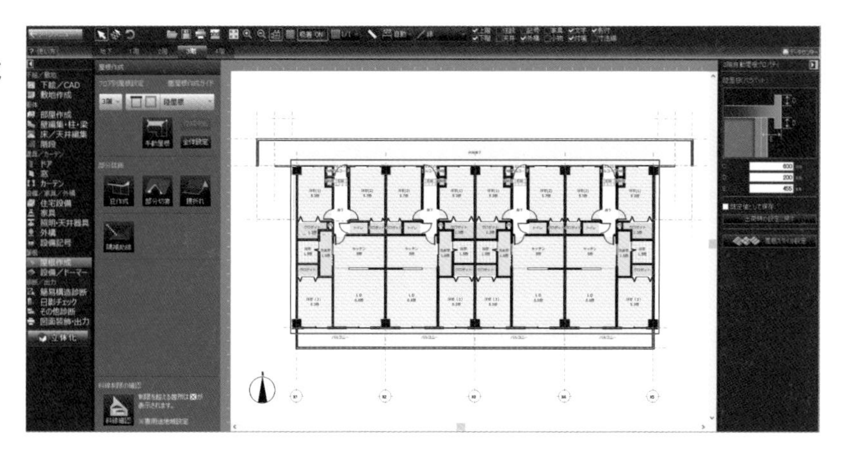

## 8-6 仕上げ

外階段の壁柱作成と外観デザインを調整します。

### Step 1 外階段の壁柱の作成 図8-29

1 フロアタブを［地下］に切り替え、［壁編集・柱・梁］⇒［梁］ツールを選択する
2 図8-29の外階段の中央位置に「横：200」「縦：3000」のサイズで壁柱を作成する
3 プロパティーの［梁高（梁成）］➡［軒高］に「10130」、［床からの高さ］にGL高さ「1050」を入力する
4 他方にコピーして配置する

反転コピーを使用すると正確に配置できます。

### Step 2 バルコニーの仕切り板壁の色設定 図8-30

1 ［立体化］を選択し、仕切り板全体が見えるように視点設定する
2 ［壁・床材］➡［色］［黄系_B］で［YB_18］を選択し、仕切り壁にドラッグする
3 仕切りの裏側も同様に、色指定する

［梁］ツールで作成したパーツは同様の操作でテクスチャや色を設定できます。

▼ 図8-28 陸屋根の作成（2/2）

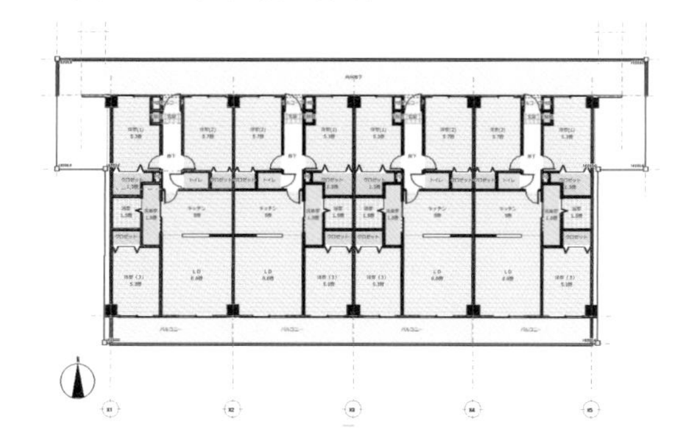

▼ 図8-29 外階段の壁柱の作成

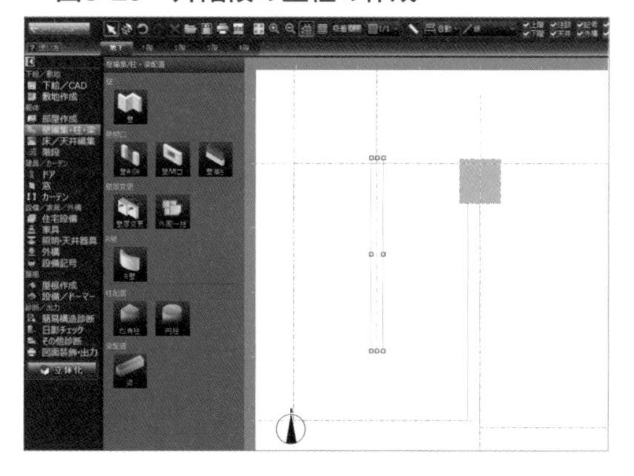

▼ 図8-30 バルコニーの仕切り板壁の色設定

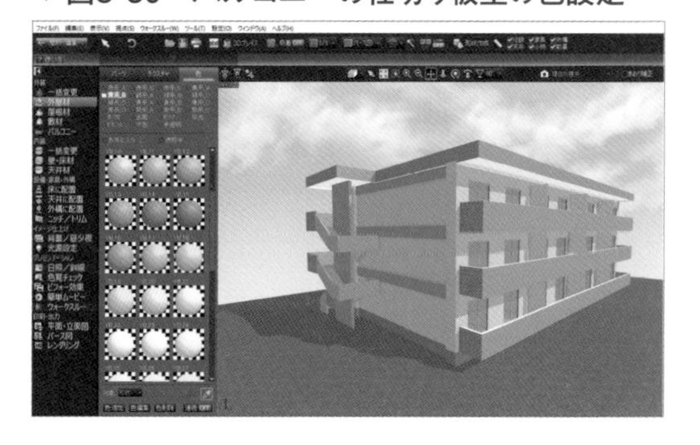

# Chapter 9

# 応用テクニック

第９章では、2棟以上並ぶ建物の配置、パーツの角度変更、寸法線の編集、隅切り屋根の編集、3Dモデリングを用いた家具作成、中高層集合住宅の作成など、応用的なテクニックを学びます。

本章で利用するデータはダウンロードすることができます。ダウンロード方法やダウンロードに必要なパスワードなどは本書のP.2（「はじめに」の左ページ）を参照してください。

## 9-1　隣家の配置

3D画面で、隣家をパーツとして読み込むことで、容易に二軒並んだ状態を作成できます。

### Step 1　敷地の読み込み　図9-1

**1** 教材サンプルデータより「隣地_3D.m3d」を開く

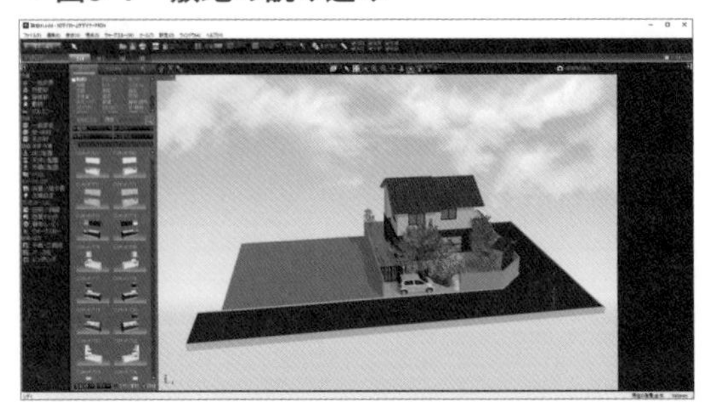

▼図9-1　敷地の読み込み

### Step 2　隣家の配置

図9-2　図9-3　図9-4　図9-5

**1** メニューバーの［ファイル］➡［パーツを読み込む］➡［M3Dパーツを読み込む］を選択する（**図9-2**）

**2** 教材サンプルデータより「隣家_3D.m3d」を開く（**図9-3**）

**3** パーツプロパティの［移動］をクリックする（**図9-4**）

隣家_3D.m3dが読み込まれましたが、位置が重なっているので、隣地に移動させます。

**4**「隣家_3D.m3d」の移動距離として、［X方向］に「-14500」を入力し［移動］をクリックする（**図9-4**）

**図9-5**はパース図と平面図を表示しています。

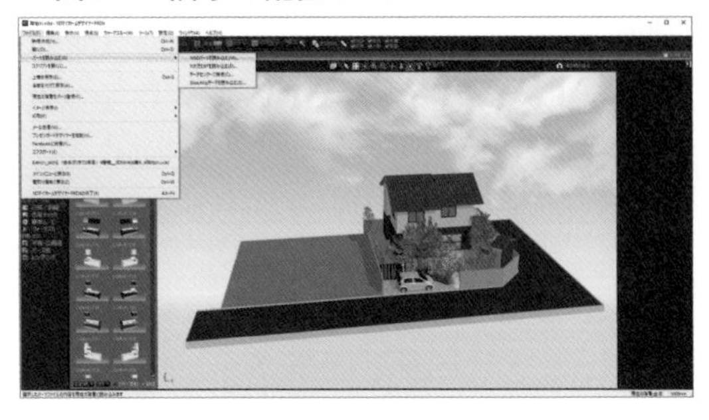

▼図9-2　隣家の配置（1/4）

▼図9-3　隣家の配置（2/4）

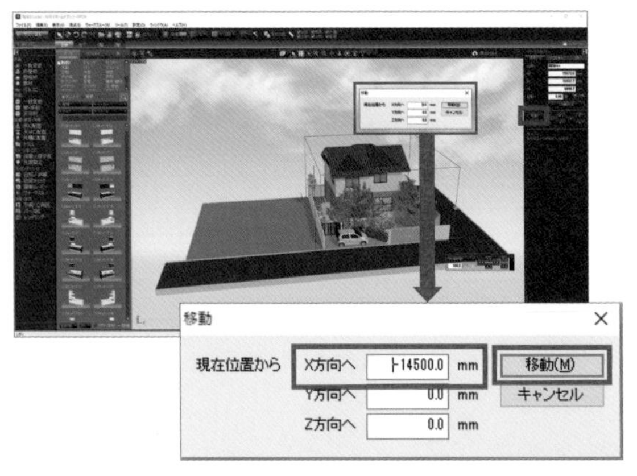


▼図9-4　隣家の配置（3/4）

### ［ 隣地に角度がついている場合 ］

パーツのプロパティの［詳細設定］を選択し、「RZ」の値で角度を調整してください（**図9-6**）。

このテクニックを応用すれば、敷地内に小屋を配置することもできます（**図9-7**）。敷地の角

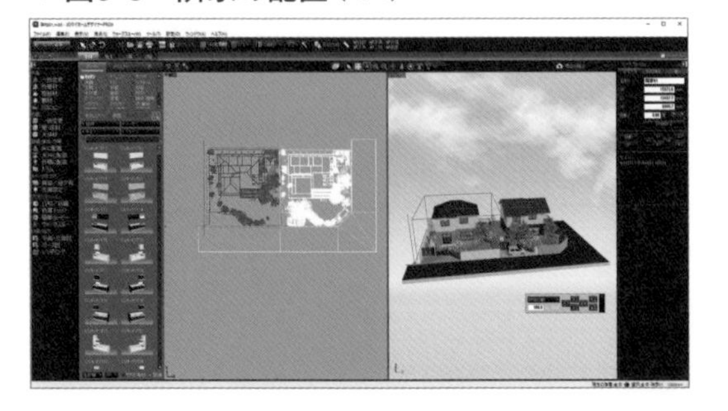

▼図9-5　隣家の配置（4/4）

▼図9-6　隣地に角度がついている場合（1/2）

度を計測するときは、CADで作図し計測しましょう。

## 9-2 配置したパーツの角度変更

家具や小物を配置することでリアルなパースを作成できますが、配置するだけでは不自然なケースもあります。したがって、ここでは自然なイメージになるようにパーツの角度を変更します。

### Step 1 パーツの角度変更（図9-8）（図9-9）

**1** 教材サンプルデータより「帽子_3D.m3d」を開く

**2** ［床に配置］を選択する

**3** ［パーツ検索］で「帽子」を検索する

**4** リストから［帽子J01］を選択し、ベッドの支柱上に帽子を配置する（**図9-8**）

三面図に切り替えるとやりやすいです。

**5** パーツプロパティの［詳細設定］を選択し、［RX］に「-40.00」、［RZ］に「-90.00」を入力し［OK］をクリックする（**図9-9**）

#### ［ 角度変更の応用 ］

自転車の傾きや、クルマのタイヤにも応用できます（**図9-10**）。ただし、クルマのタイヤの

▼図9-7　隣地に角度がついている場合（2/2）

▼図9-8　パーツの角度変更（1/2）

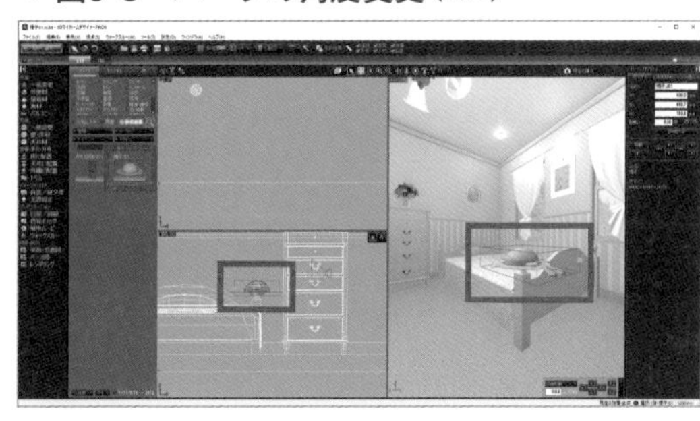

▼図9-9　パーツの角度変更（2/2）

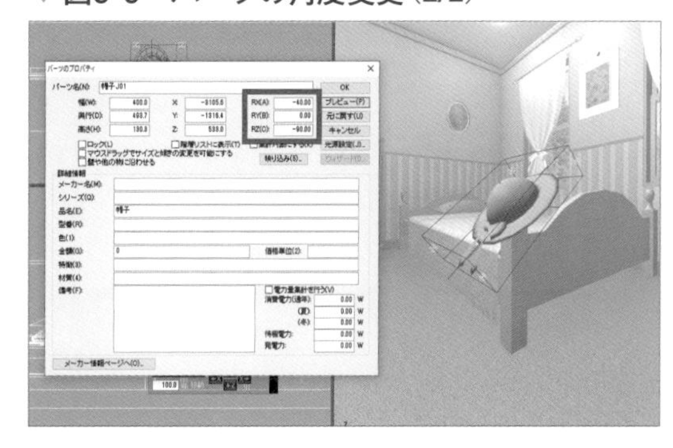

▼図9-10　角度変更の応用

向きの設定は収録されているパーツによってできるものとできないものがあります。

## 9-3 寸法線の表示と編集

自動作成された寸法線が意図した寸法を示していないことがあります。そのような場合は、手動で編集できます。

### Step 1 寸法線の表示 （図9-11）

▼図9-11 寸法線の表示

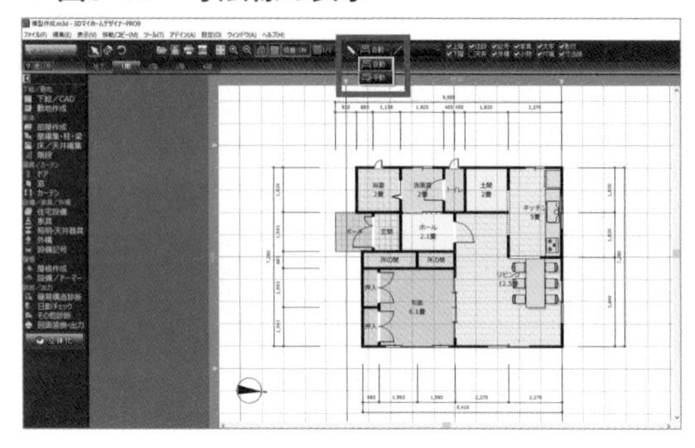

**1** 教材サンプルデータより「寸法線編集_3D.m3d」を開く

**2** ツールバーの［寸法線表示切替］➡［自動］を選択する

### Step 2 寸法線の削除 （図9-12）

▼図9-12 寸法線の削除

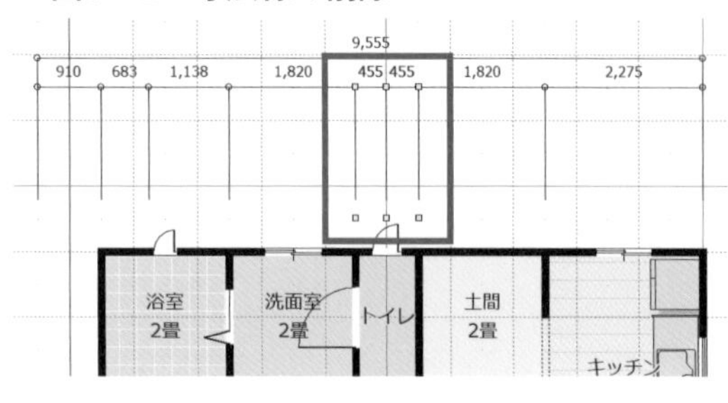


**1** ツールバーの［寸法線表示切替］➡［手動］を選択し、確認メッセージで［OK］をクリックする

**2** ツールバーの［選択］ツールで削除したい寸法線を選択し、Delete で削除する

### Step 3 寸法線の手動入力 （図9-13）

▼図9-13 寸法線の手動入力

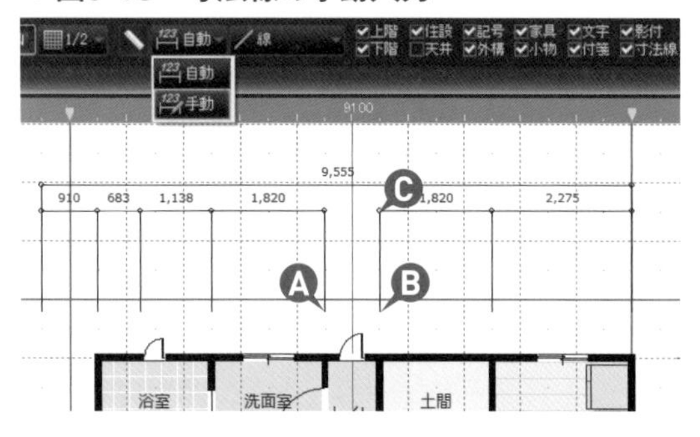


**1** ツールバーの［寸法線表示切替］➡［手動］を選択する

**2** 図9-13を参考に寸法引出し線位置（A➡B）、寸法線位置Cの順番にクリックする

**3** Esc キーまたは右クリックで確定する

**memo** ● 連続区間の寸法線は、寸法線位置をクリック後に寸法引出し線位置を連続でクリックして作成することができます。

### Step 4 寸法線の移動 （図9-14）

▼図9-14 寸法線の移動

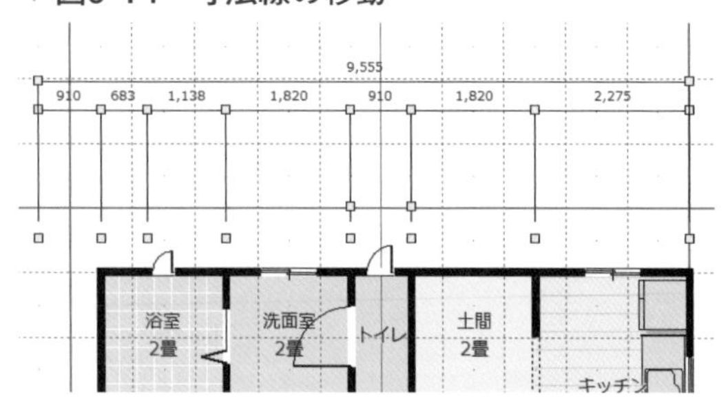


**1** ツールバーの［選択］ツールで、移動したい寸法線を選択する

寸法線は、1区間毎のパーツなので、ブロック全体を移動する場合は、範囲選択します。

**2** 寸法線が選択された状態でドラッグして移動する

# 9-4 隅切り屋根の作成

並行補助線を活用した隅切り屋根を作成します（**図9-15**）。並行補助線は図面上にある線に対してオフセットの数値を指定して線が引けるツールです。パーツと同様部屋や屋根は線にも吸着しますので、屋根形状を修正する際の補助線を、並行補助線を活用して作成した後、手動屋根にて形状を編集します。

## Step 1 平行補助線の入力

（図9-16）（図9-17）（図9-18）

1. 教材サンプルデータより「隅切り屋根_3D.m3d」を開く
2. ［屋根作成］を選択する
3. ツールバーの［線入力切替］➡［平行補助線］を選択する（**図9-16**）

［線入力切替］ボタンの初期表示は［線］で、以降、直前に選択された機能が表示されます。

4. 北東の斜めの壁の上でクリックする（**図9-17**）
5. オフセットの数値を、現在設定している軒の出と同じ「455」と入力し［OK］をクリックする（**図9-18**）
6. 補助線の方向として建物の外側をクリックする

## Step 2 平行補助線の伸縮

（図9-19）（図9-20）（図9-21）

平行補助線を入力しましたが吸着する交点が必要です。したがって補助線を伸ばします。線を直接ドラッグして伸ばすことも可能ですが、吸着ポイントが正確に掴めないため、「線伸縮」機能を使います。

1. 補助線を選択した状態でツールバーの［線入力切替］➡［線伸縮］を選択する（**図9-19**）
2. 線伸縮基準指定方法で「クリックした点の近傍」を選択する（**図9-20**）
3. 両端とも現状の屋根伏せ図よりも外側でクリックする（**図9-21**）

▼図9-15　隅切り屋根

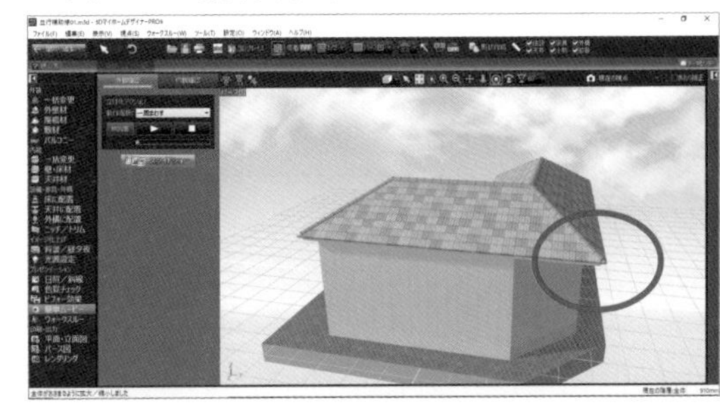

▼図9-16　平行補助線の入力（1/3）

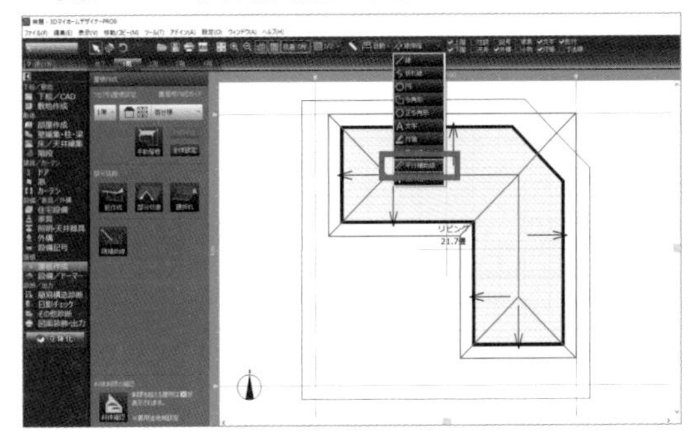

▼図9-17　平行補助線の入力（2/3）

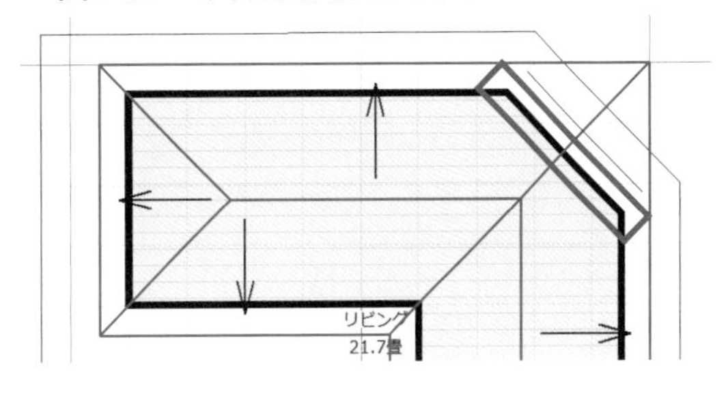


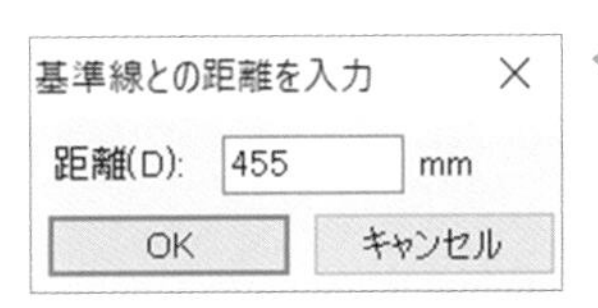


◀図9-18
平行補助線の入力（3/3）

▼図9-19　平行補助線の伸縮（1/3）

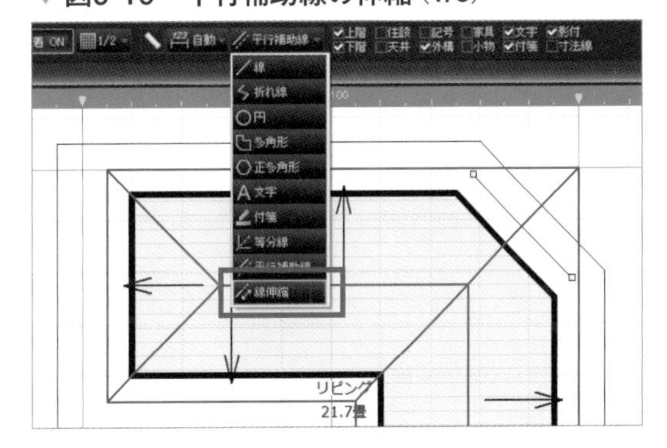

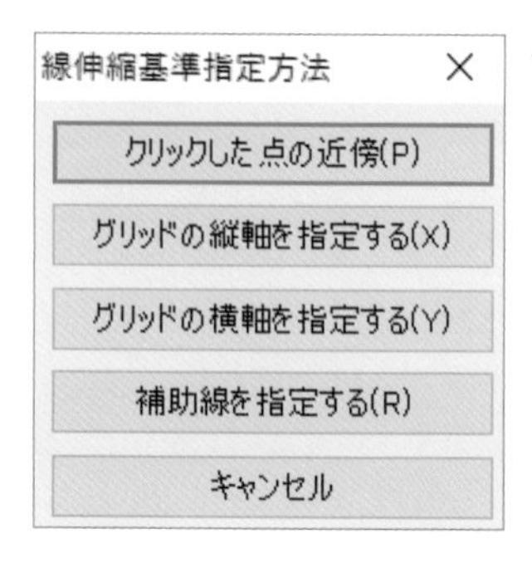


◀図9-20 平行補助線の伸縮(2/3)

▼図9-21 平行補助線の伸縮(3/3)

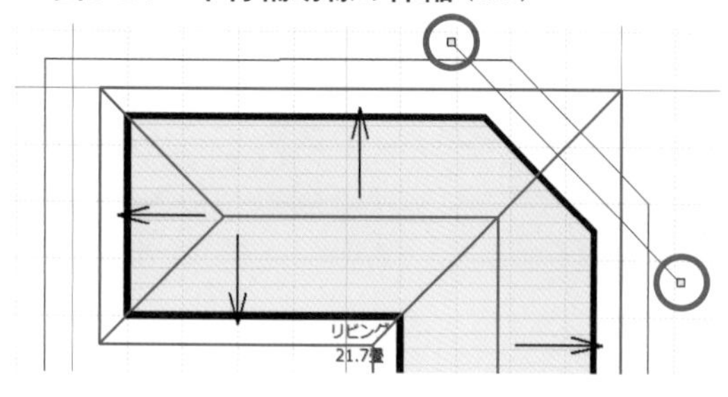

▼図9-22 手動屋根での編集作業(1/4)

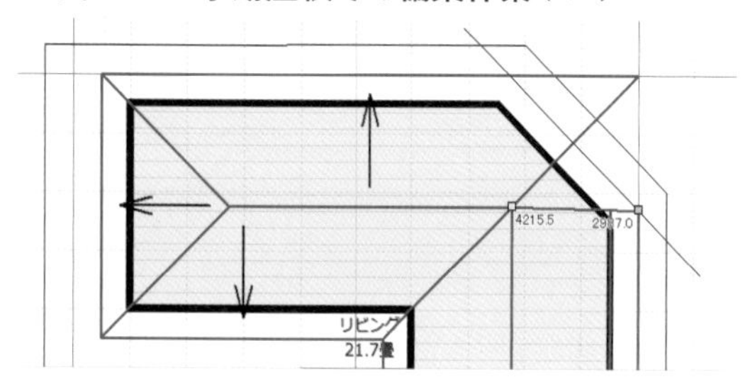

▼図9-23 手動屋根での編集作業(2/4)

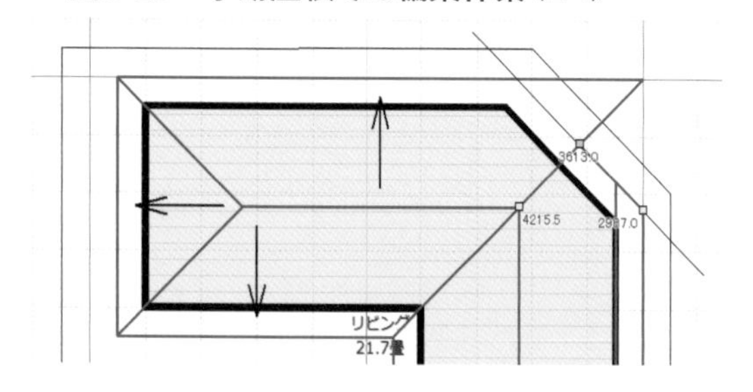

▼図9-24 手動屋根での編集作業(3/4)

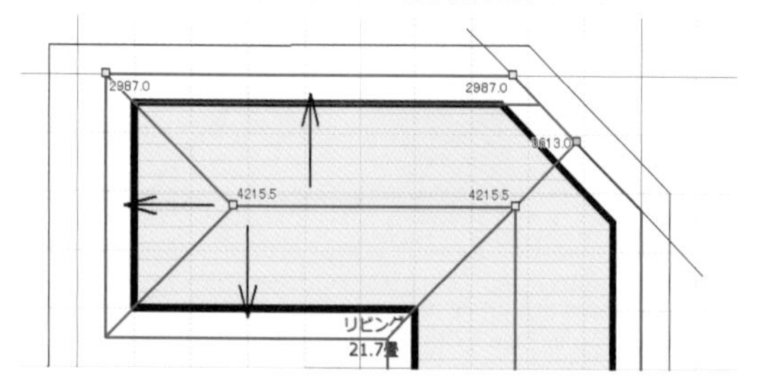

### Step 3 手動屋根での編集作業

(図9-22)(図9-23)(図9-24)(図9-25)

補助線が伸び交点ができたので、手動で屋根を編集します。

1 [屋根作成]で[手動屋根]を選択する
自動作成された屋根が編集可能になります(図9-22)。

2 東側屋根を選択し、右クリックメニューから頂点の挿入を行い、図9-23のとおり修正する

3 北側屋根を選択し、2と同様に図9-24のとおり修正する

4 [立体化]を選択し、隅切り屋根の完成形状を確認する(図9-25)

## 9-5 3Dモデリング

3Dモデリングツールで6段3列のキャビネットを作成します。同形状はコピー機能を活用して効率よく進めます。最後にパーツ登録することで、使用できる状態にします。

### Step 1 基本モジュール(棚板)のモデリング

(図9-26)(図9-27)(図9-28)

1 メインメニューの[3Dモデリング]を選択する(図9-26)

2 ツールバーの[形状作成]をクリックする(図9-27)

3 画面を4分割に切り替える

4 [形状作成ツールバー] ➡ [床・天井]を選択する(図9-28のⒶ)

▼図9-25 手動屋根での編集作業(4/4)

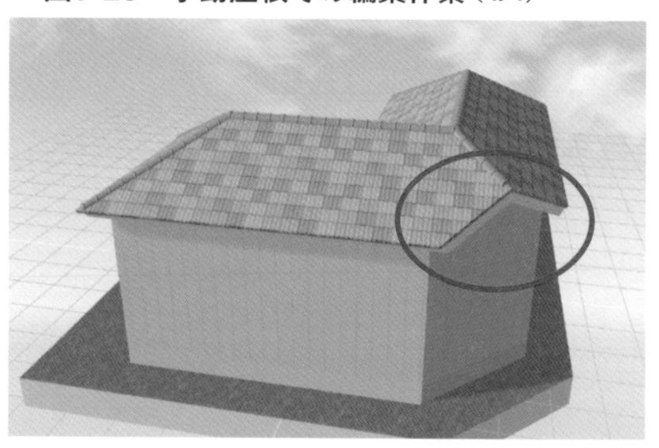

▼図9-26
基本モジュール（棚板）のモデリング（1/3）

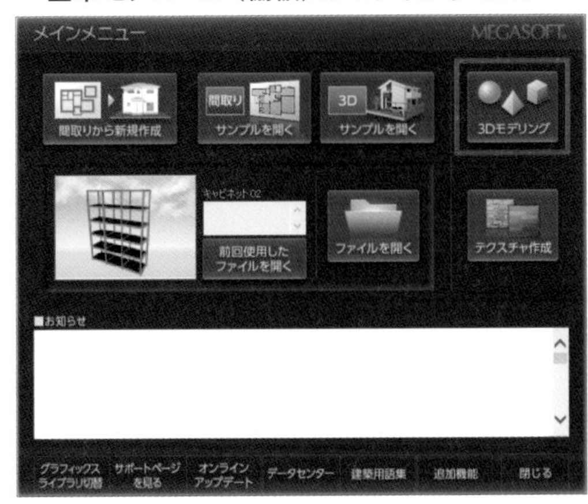


**5** 上面図（4分割中の左上の画面）で棚板に相当する矩形を作図する（**B**）
サイズは後から変更します。

**6** 直方体プロパティでサイズと座標値を次の値に設定する（**C**）

- 幅　　：405
- 奥行　：340
- 高さ　：10
- X座標：0
- Y座標：0
- Z座標：55

## Step 2 基本モジュール（幕板1）のモデリング

図9-29 図9-30

**1**［形状作成ツールバー］➡［直方体］を選択する（**図9-29**）

**2** 上面図（4分割中の左上の画面）で矩形を作図する

**3** 直方体プロパティでサイズと座標値を次の値に設定する

- 幅　　：465
- 奥行　：30
- 高さ　：30
- X座標：0
- Y座標：-185
- Z座標：45

▼図9-27
基本モジュール（棚板）のモデリング（2/3）

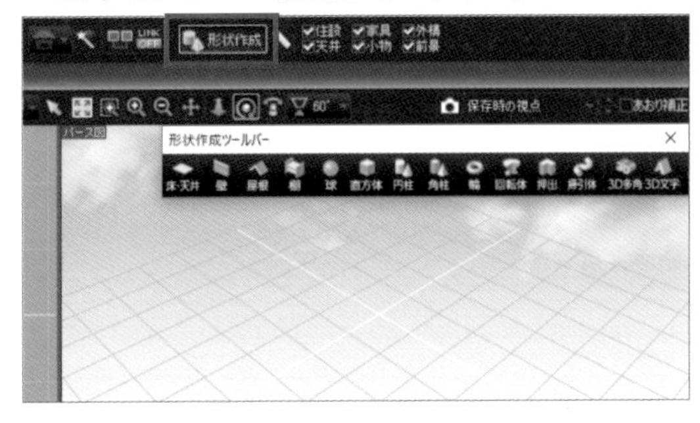


▼図9-28
基本モジュール（棚板）のモデリング（3/3）

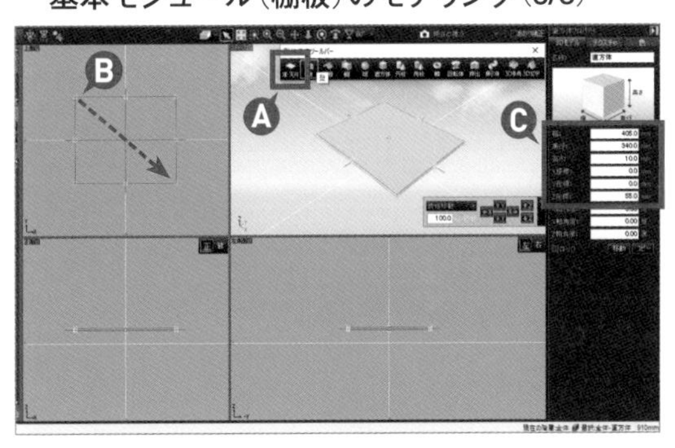


▼図9-29
基本モジュール（幕板1）のモデリング（1/2）

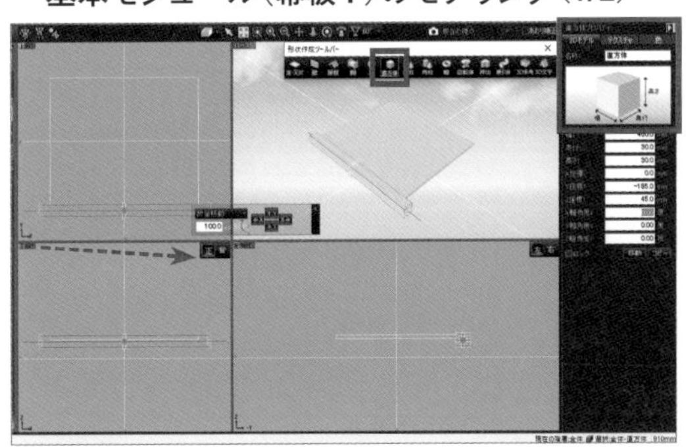

▼図9-30
基本モジュール（幕板1）のモデリング（2/2）

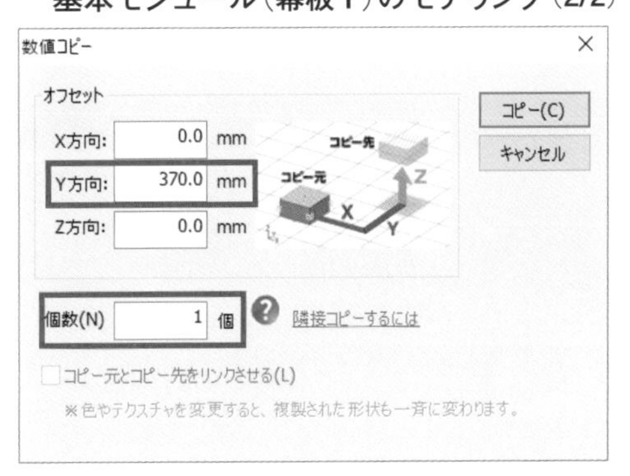

▼図9-31
基本モジュール（幕板2）のモデリング（1/2）

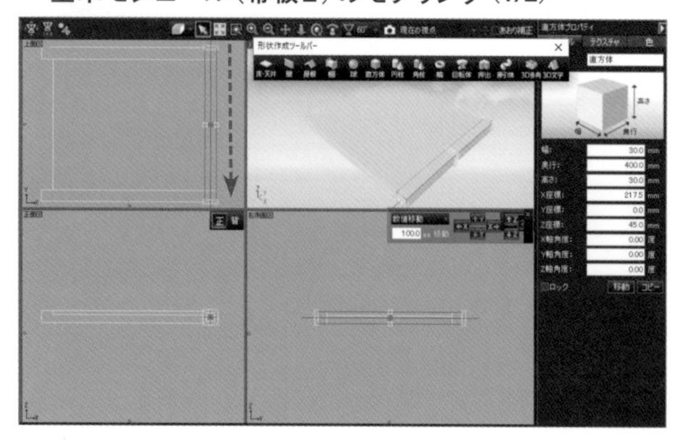

▼図9-32
基本モジュール（幕板2）のモデリング（2/2）

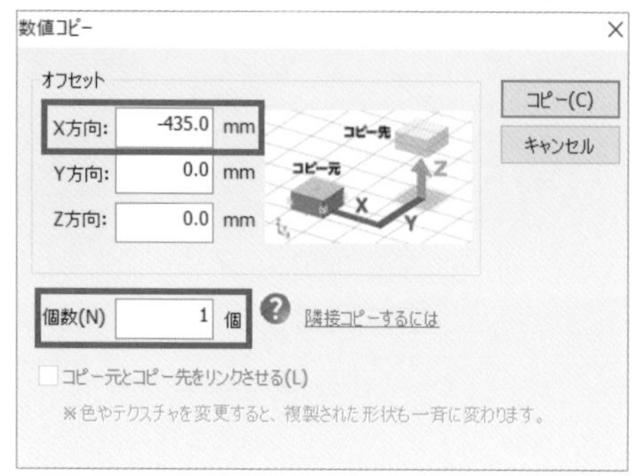


▼図9-33　テクスチャおよび色の貼り付け（1/2）

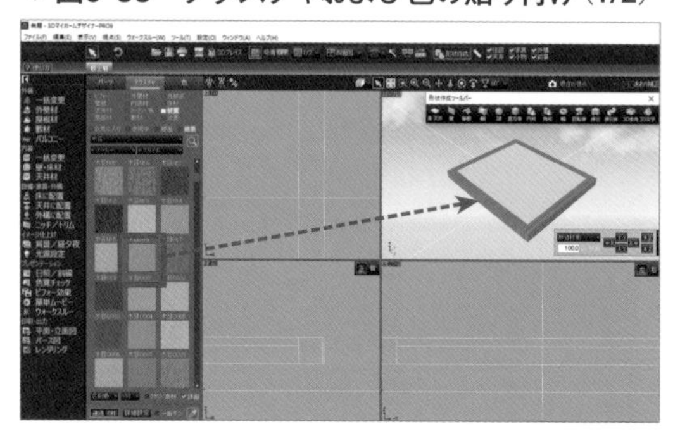

▼図9-34　テクスチャおよび色の貼り付け（2/2）

**4** 直方体プロパティの［コピー］を選択する

**5** オフセットのY方向の値に「370」、個数に「1」を入力し、［コピー］をクリックする（**図9-30**）

以上で長辺方向の幕板が完成しました。同形状は［数値コピー］を行い、効率良く進めましょう。そのためには、形状のサイズや座標を意識しておくことが必要です。

## Step 3　基本モジュール（幕板2）のモデリング

（図9-31）（図9-32）

**1**［形状作成］のツールバー ➡［直方体］を選択し、**図9-31**のようにドラッグする

**2** 直方体パーツプロパティでサイズと座標値を次の数値に設定する

- 幅　：30
- 奥行　：400
- 高さ　：30
- X座標：217.5
- Y座標：0
- Z座標：45

**3** 直方体プロパティの［コピー］を選択する

**4** オフセットのX方向の数値に「-435」、個数に「1」を入力し、［コピー］をクリックする（**図9-32**）

X、Y方向のプラス、マイナス方向の向きを認識しておきましょう。

## Step 4　テクスチャおよび色の貼り付け

（図9-33）（図9-34）

**1** パレットの［テクスチャ］タブを選択する

**2**［材質］➡［木目］➡［木目N16］を選択し、テクスチャを貼り付けたい幕板の部位をクリックする（**図9-33**）

パース図で3Dモデルを回転させ、幕板の裏面にも同様にテクスチャを貼り付けます。

なお、木目の方向を変更するには、テクスチャプロパティで［テクスチャ］タブを選択し、［回転］の角度を変えることで木目の方向を変えることができます。

**3** パレットの［色］タブを選択する（**図9-34**）

**4** ［モノクロ］➡［N_01］を選択し、棚板面をクリックする

## Step 5 基本モジュールのコピー

（図9-35）（図9-36）

基本モジュールが完成したので、5つのパーツをグループ化し、コピーを行います。

**1** 4分割の上面図で全体をドラッグして選択する

**2** 右クリックメニューの［グループ化］をクリックする（**図9-35**）

5つのパーツがグループ化され1つのモジュールになります。

**3** パーツプロパティの［3Dモデル］タブを選択し［コピー］をクリックする

**4** オフセットのZ方向に「320」、個数に「5」を入力し［コピー］をクリックする（**図9-36**）

## Step 6 四隅の柱の作成

（図9-37）（図9-38）（図9-39）

**1** ［形状作成ツールバー］➡［直方体］を選択し、**図9-37**を参考にして上面図に矩形を作図する

**2** 直方体プロパティでサイズと座標を次の値に設定する

- 幅　　：30
- 奥行　：30
- 高さ　：1660
- X座標：217.5
- Y座標：-185
- Z座標：830

**3** 幕板と同様に［木目N16］のテクスチャを柱に貼り付ける

テクスチャの履歴を参照しましょう。

**4** 直方体プロパティの［3Dモデル］タブ ➡［コ

▼図9-35　基本モジュールのコピー（1/2）

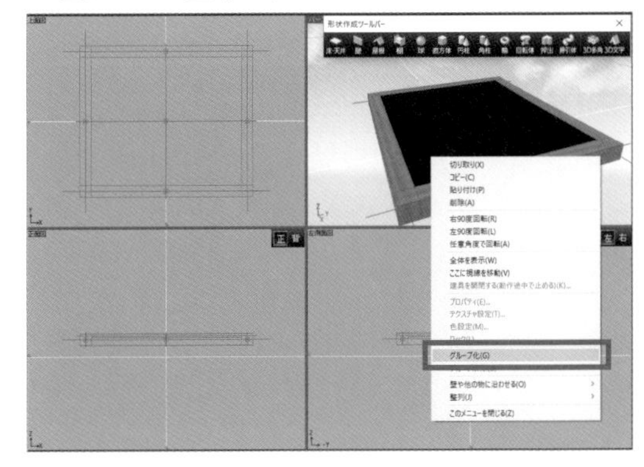

▼図9-36　基本モジュールのコピー（2/2）

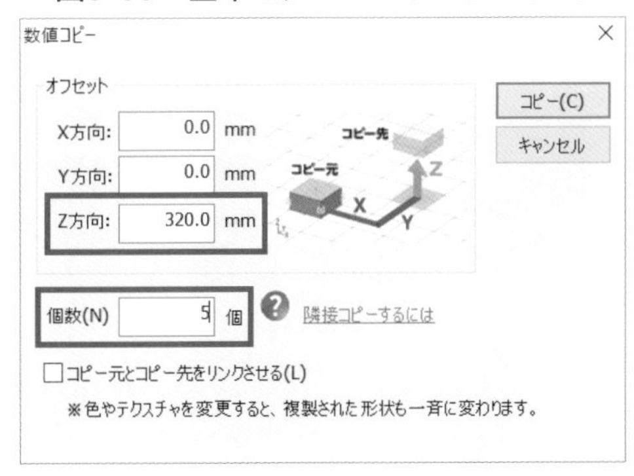


▼図9-37　四隅の柱の作成（1/3）

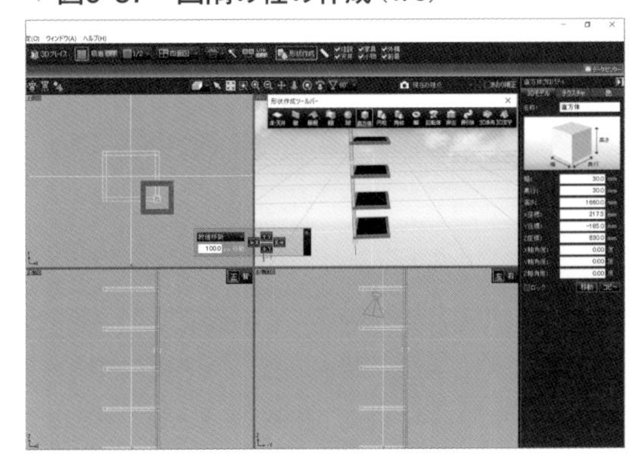

▼図9-38　四隅の柱の作成（2/3）

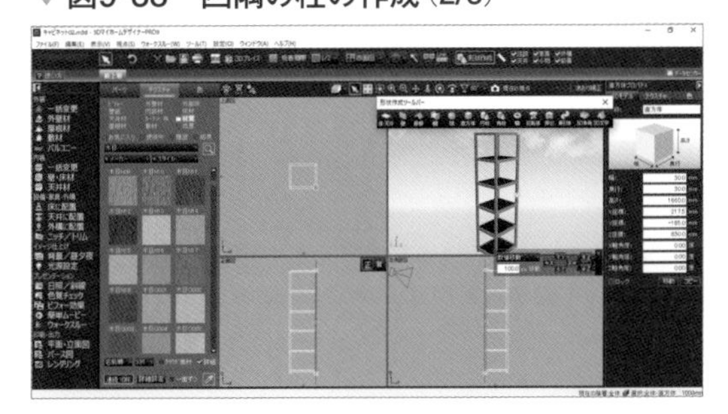

▼図9-39　四隅の柱の作成（3/3）

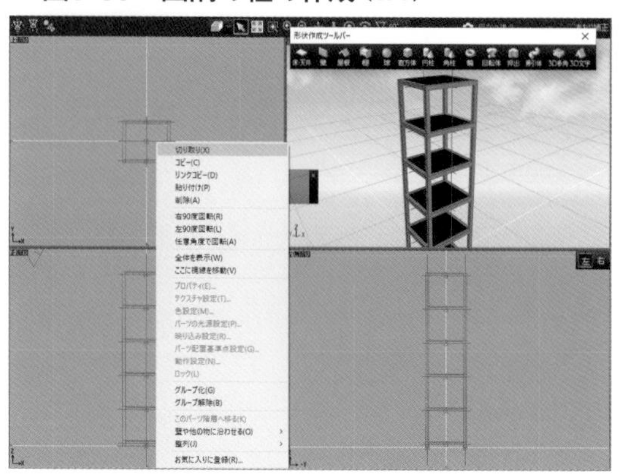

▼図9-40　完成したパーツを登録（1/3）

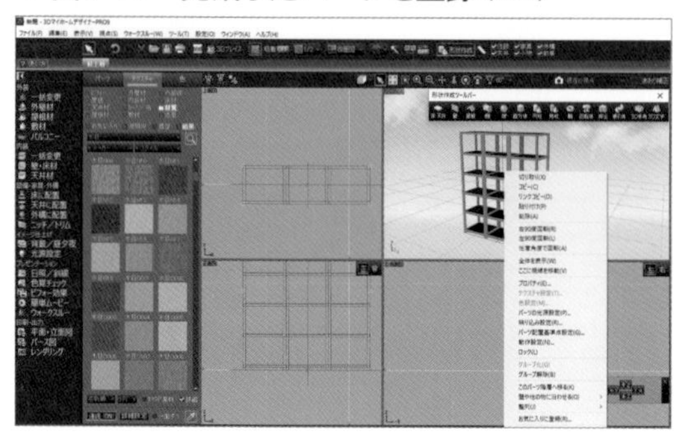

▼図9-41　完成したパーツを登録（2/3）

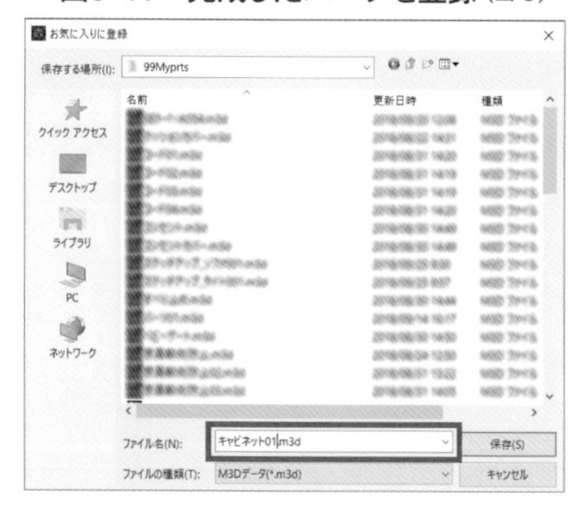


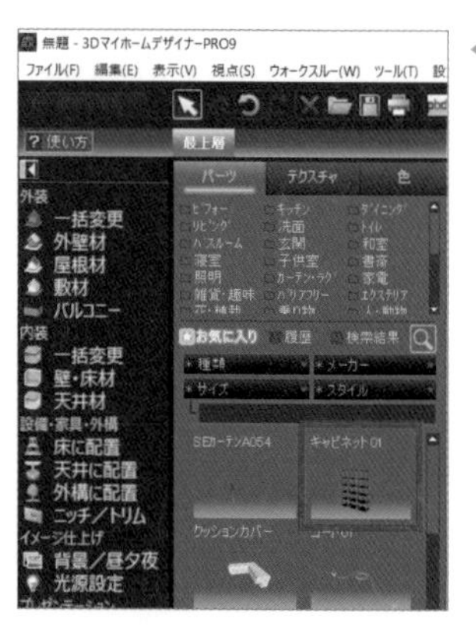


◀図9-42　完成したパーツを登録（3/3）

ピー］を選択し、オフセットのX方向に「-435」、個数に「1」を入力し［コピー］をクリックする

2本目の柱ができます。

**5** 直方体プロパティの［コピー］を選択し、オフセットのY方向に「370」、個数に「1」を入力し［コピー］をクリックする

3本目の柱ができます。

**6** 直方体プロパティの［コピー］を選択し、オフセットのX方向に「-435」、Y方向に「370」、個数に「1」を入力し［コピー］をクリックする

4本目の柱ができます（**図9-38**）。

**7** 上面図で全体をドラッグして選択し、右クリックメニューの「グループ化」をクリックする（**図9-39**）

6段キャビネットの基本モジュールが完成しました。

## Step 7　3連キャビネットの作成

キャビネットの基本モジュールをコピーし、6段×3連キャビネットを作成します。

**1** 上面図でキャビネットの基本モジュールを選択する

**2** パーツプロパティの［コピー］を選択し、オフセットのX方向に「-435」、個数に「2」を入力し［コピー］をクリックする

**3** 上面図で全体を選択し、右クリックメニューの［グループ化］をクリックする

## Step 8　完成したパーツを登録

（図9-40）（図9-41）（図9-42）

キャビネットが完成しました。パーツパレットから配置できるように登録します。

**1** パーツを選択したのち、右クリックメニューの「お気に入りに登録」を選択する（**図9-40**）

**2** ファイル名に「キャビネット01」を入力し、「保存」をクリックする（**図9-41**）

パーツパレットの［お気に入り］に登録されました（**図9-42**）。

## 9-6 5階建てマンションの作成

Chapter 8とは異なり、間取り作成では作図できない5階以上の建物を3Dモデリングで一層毎のパーツを読み込む方法で作成します。ここでは5階建てマンションの外観モデルを作成します。

### Step 1 間取りデータ読み込み

(図9-43)(図9-44)

**1** 教材サンプルデータより、ファイル名：「マンション1階_3D.m3d」を開く（**図9-43**）

1階の4住戸の間取り、廊下、エントランス、階段が配置された状態です。

**2** メニューバーの［設定］➡［立体化設定］を選択し、［屋根］タブの「敷地、基礎、屋根を生成しない」にチェックを入れる（**図9-44**）

### Step 2 エントランス用オリジナルドアの作成

(図9-45)(図9-46)(図9-47)(図9-48)(図9-49)(図9-50)

**1**［ドア］➡［建具作成］を選択する

**2** ドアの種類で「片引き戸」にチェックを入れ、枚数で「3枚」を選択し、サイズに次の数値を入力して［次へ］をクリックする（**図9-45**）

- 全体高さ：2200
- 全体　幅：2000
- 上枠高さ：30
- 縦枠　幅：30

**3**「戸手・引手」のチェックを外して［次へ］をクリックする（**図9-46**）

**4**［色］➡［ガラス］タブ ➡［Glass_09］を選択し、ガラスに変更したいドアパネルをクリックする（**図9-47**）

**5**［色］➡［金属］タブ ➡［Metal_31］を選択し、ドア枠をクリックして［次へ］をクリックする（**図9-48**）

以上でオリジナルドアの形状とテクスチャが設定されました。今後パーツとして使用するために、ファイル名を入力して保存します。

▼ 図9-43　間取りデータ読み込み（1/2）

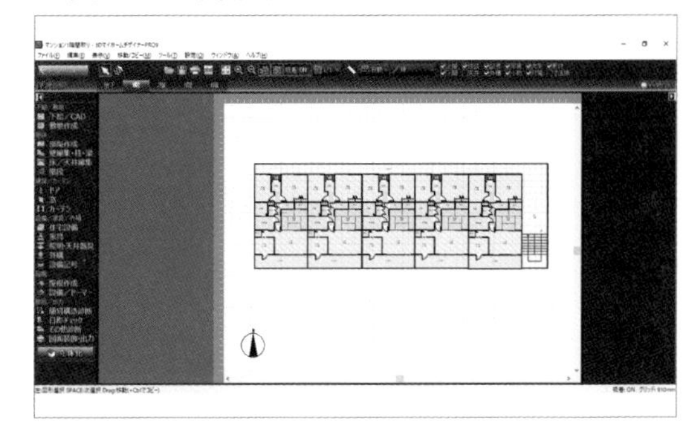

▼ 図9-44　間取りデータ読み込み（2/2）

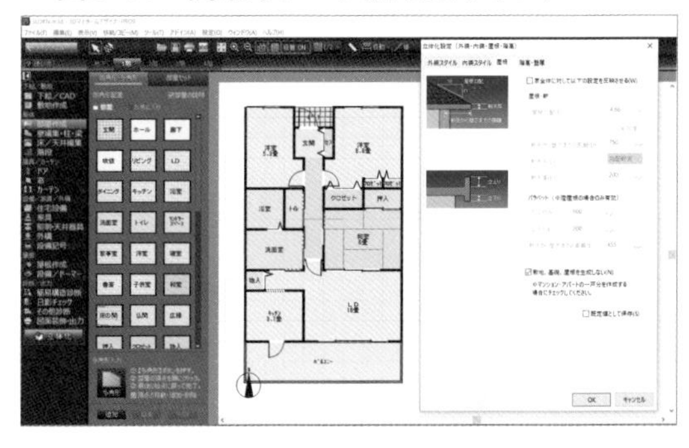

▼ 図9-45 エントランス用オリジナルドアの作成（1/6）

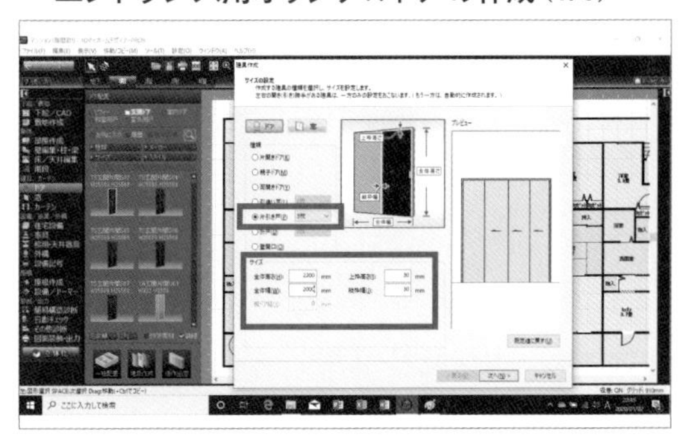

▼ 図9-46　エントランス用オリジナルドアの作成（2/6）

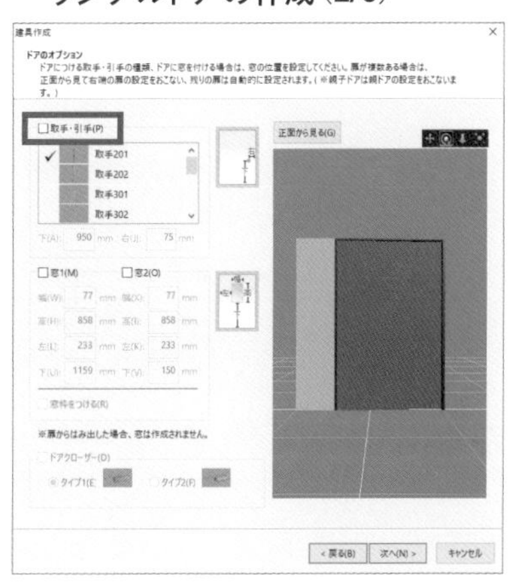

▼図9-47 エントランス用オリジナルドアの作成（3/6）

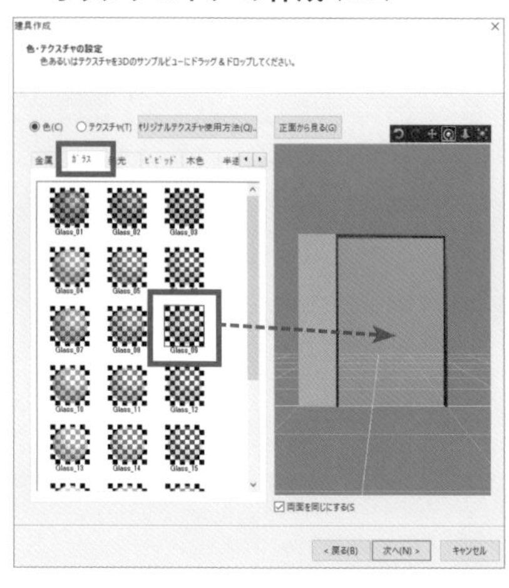

▼図9-48 エントランス用オリジナルドアの作成（4/6）

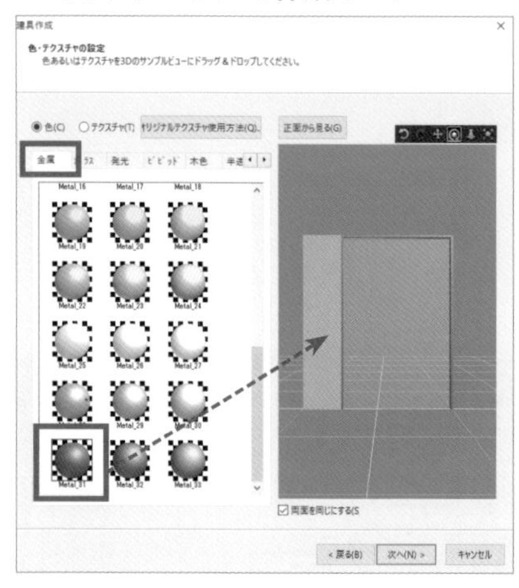

▼図9-49 エントランス用オリジナルドアの作成（5/6）

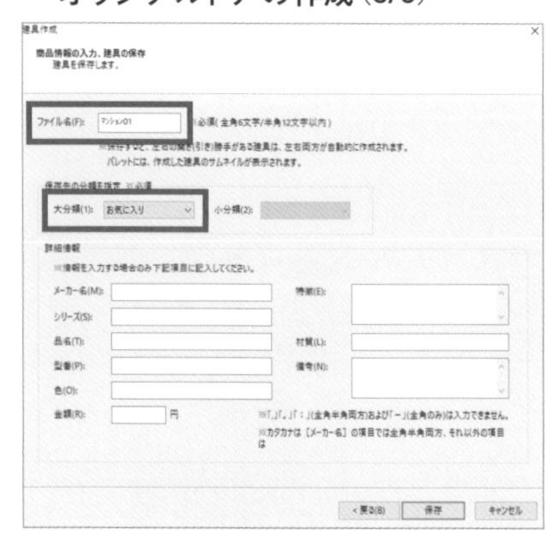

▼図9-50 エントランス用オリジナルドアの作成（6/6）

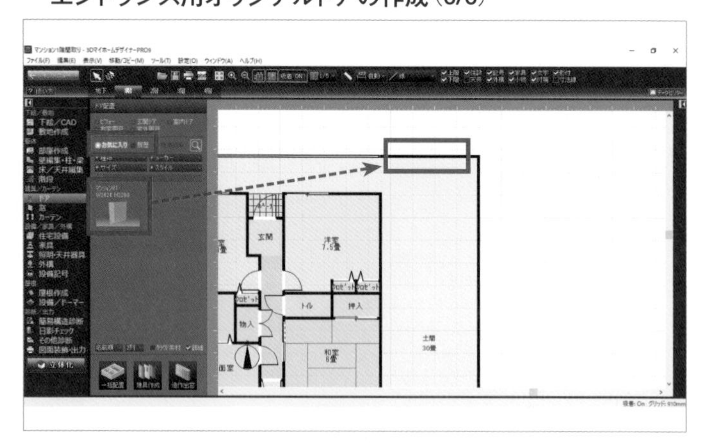

6 ファイル名に「マンション01」を入力し、保存先の分類で「お気に入り」を選択して［保存］をクリックする（**図9-49**）

7 ［ドア］の［お気に入り］➡、保存された「マンション01」を選択し、**図9-50**の位置に配置する

## Step 3 各階の3Dパーツを作成

（図9-51）（図9-52）（図9-53）（図9-54）

1 ［立体化］➡［外壁材］➡［テクスチャ］➡［スポイト］を選択し、廊下の外壁（**図9-51**のA）をクリックする

2 ［一面ずつ］にチェックを入れ、抽出されたテクスチャを選択し、エントランスの外壁（**図9-52**のB）をクリックする

エントランスの外壁に廊下と同じテクスチャを貼り付けます。裏側（南側）の外壁にも同様に貼り付けます。

3 メニューバーの［ファイル］➡［名前を付けて保存］を選択し、ファイル名を「マンション1階」として保存する（**図9-53**）

1階の3Dパーツが保存されました。2階以上はエントランスドアが不要なので以下の操作でパーツを保存します。

4 ［間取り編集へ］を選択し、間取り画面でエントランスドアを削除する

▼図9-51　各階の3Dパーツを作成（1/4）

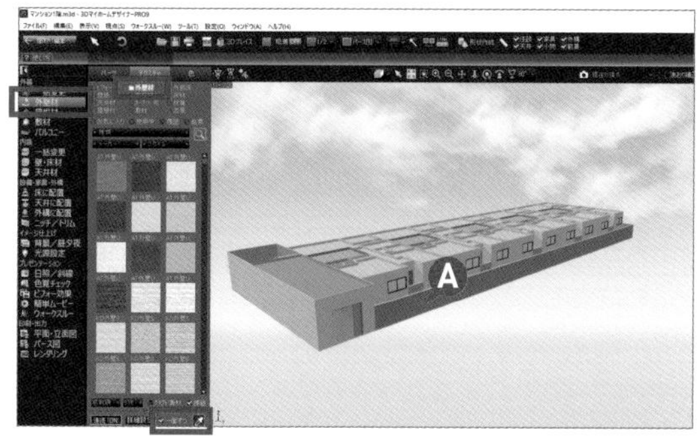


▼図9-52　各階の3Dパーツを作成（2/4）

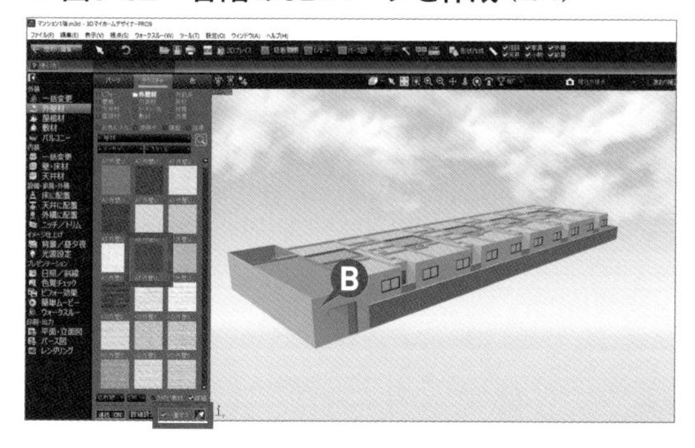


❺再度、［立体化］を選択してエントランスドアが削除されていることを確認する（図9-54の❸）

❻ファイル名を「マンション2階以上」として保存する

2階～5階に使用する3Dパーツが保存されました。5階には階段が不要ですが、外観モデルの作成を目的としているので、ここではパーツ作成を簡略化し、2階のパーツをそのまま使用することにします。

## Step 4　5層全体の作成

（図9-55）（図9-56）（図9-57）（図9-58）（図9-59）（図9-60）（図9-61）

❶メインメニューの［3Dモデリング］を選択する

❷メニューバー［ファイル］➡［パーツを読み込む］を選択し［M3Dパーツを読み込む］をクリックする（図9-55）

❸Step 3で保存した「マンション1階」を読み込むパーツとして読み込むと間取り編集画面は表

▼図9-53　各階の3Dパーツを作成（3/4）

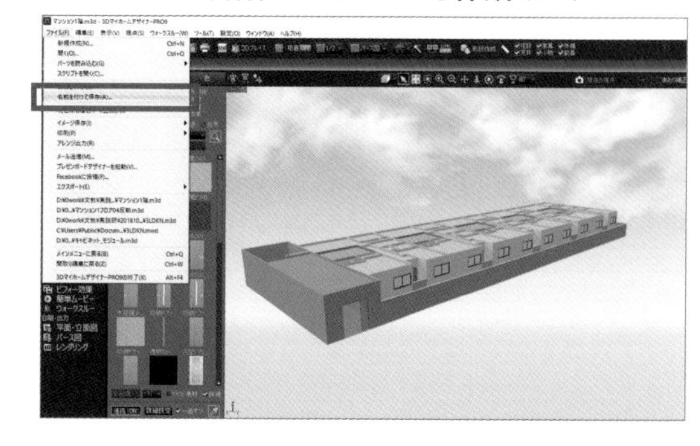

▼図9-54　各階の3Dパーツを作成（4/4）

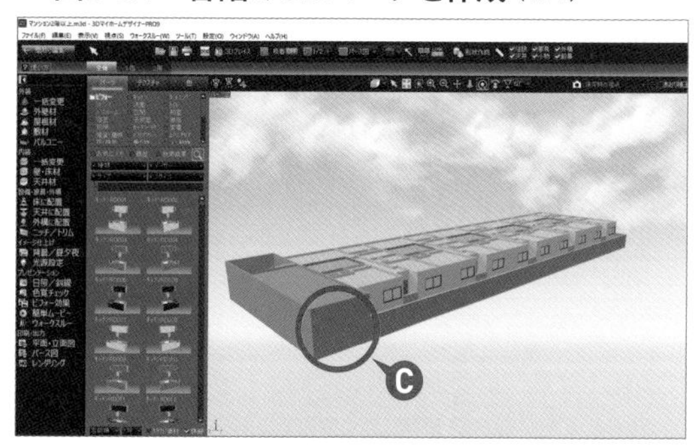


▼図9-55　5層全体の作成（1/7）

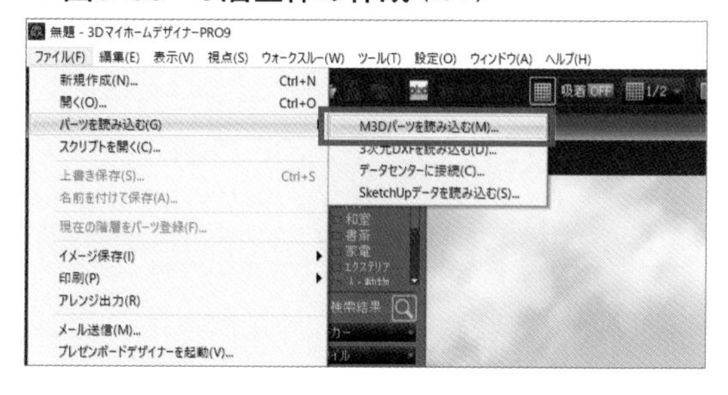


▼図9-56　5層全体の作成（2/7）

▼図9-57　5層全体の作成（3/7）

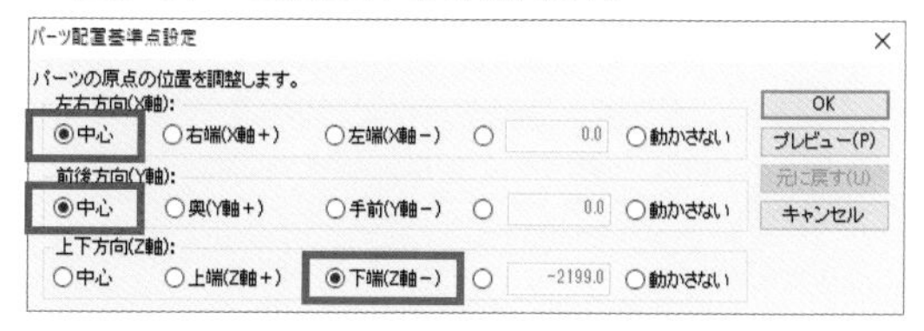

▼図9-58　5層全体の作成（4/7）

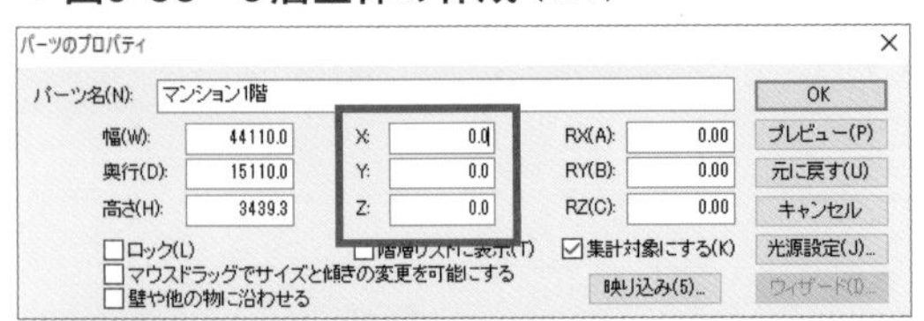


▼図9-59　5層全体の作成（5/7）

▼図9-60　5層全体の作成（6/7）

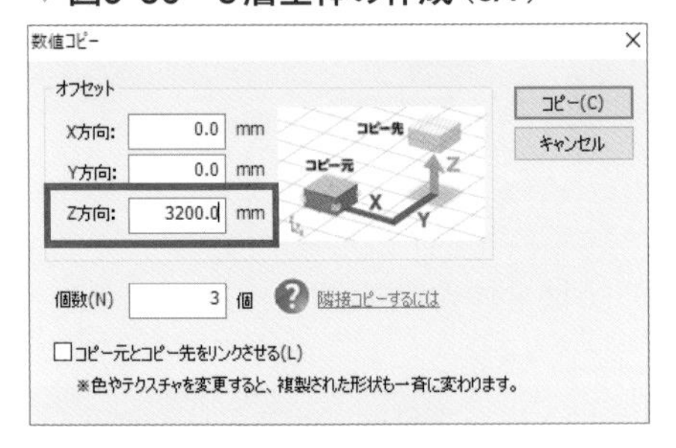


▼図9-61　5層全体の作成（7/7）

▼図9-62　屋上下絵データのエクスポート

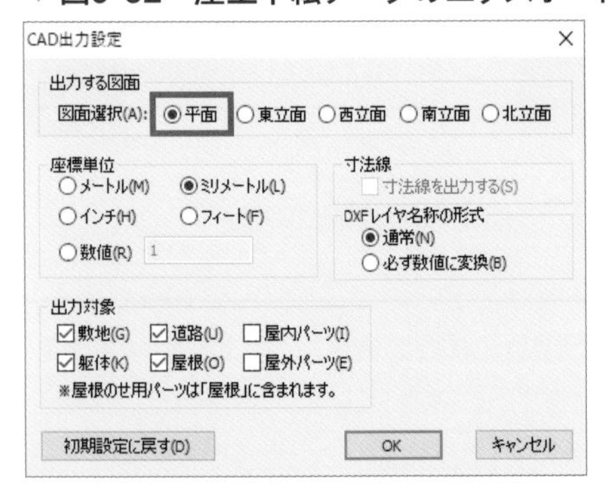


示されません。

**4** マンション1階のパーツを選択した状態で、右クリックメニューの「パーツ配置基準点設定」をクリックする（**図9-56**）

**5** パーツの原点位置を次のように設定して［OK］をクリックする（**図9-57**）

- 左右方向（X軸）：中心
- 前後方向（Y軸）：中心
- 上下方向（Z軸）：下端

**6** パーツプロパティで［詳細設定］を選択し、X、Y、Zの値をすべて「0」に設定し［OK］をクリックする（**図9-58**）

**7** **2**と同様に［M3Dパーツを読み込む］で「マンション2階以上」を読み込む（**図9-59**）

**8** マンション2階のパーツを選択した状態で［パーツ配置基準点設定］を（**5**）と同じ設定にして［OK］をクリックする

**9** パーツプロパティの［詳細設定］を選択し、X、Yの値を「0」、Zの値を「3200」に設定し［OK］をクリックする（**図9-60**）

1階パーツ上部に2階のパーツが配置されます。

**10** マンション2階のパーツを選択した状態で、パーツプロパティの［コピー］を選択する

**11** Z方向に「3200」、個数に「3」を入力して［コピー］をクリックする

2階のパーツの上に3～5階のパーツが配置されます（**図9-61**）。

**12** メニューバーの［ファイル］➡［名前を付けて保存］を選択し、ファイル名を「マンション5階」として保存する

## Step 5　屋上下絵データのエクスポート

（図9-62）

5階のパーツ上部に屋上を作成します。ここでは屋上作成の下絵としたい平面図をCADデータ形式でエクスポートし、**Step 6**で使用します。

**1** ファイル名「マンション2階以上」を読み込む

2 メニューバーの［ファイル］➡［エクスポート］➡［CADデータ出力］を選択する

3 出力する図面で「平面」にチェックを入れて［OK］をクリックする（図9-62）

4 ファイル名を「マンション平面図」とし、ファイルの種類から「JW_CADファイル」を選択し「保存」をクリックする

## Step 6 屋上スラブ作成1 図9-63 図9-64 図9-65 図9-66 図9-67

屋上スラブとパラペットを個別にモデリングして配置します。パラペットは笠木を付けずに幅を300mmとして簡易的に作成します。パーツ配置後にテクスチャを貼り付けます。

1 ファイル名「マンション5階」を読み込み、ツールバーの［形状作成ツール］➡［3D多角形］を選択する（図9-63）

2 3D多角形プラグインの画面で［ファイル］［JW_CADファイルを読み込む］を選択し、ファイル名「マンション平面図.jwc」を読み込む（図9-64）

3 ツールバーの［多角形入力］を選択する（図9-65）

4 下絵を参照し屋上スラブ形状を作成する（図9-66）

マウスホイールで画面拡大しながら下絵に正確にスナップしてください。

5 作成した多角形上で右クリックメニューの［プロパティ］を選択し、［厚み］の値を「500」に設定し［OK］をクリックする（図9-67）

## Step 7 屋上スラブ作成2 図9-68 図9-69 図9-70

1 メニューバーの［ファイル］➡［立体化］を選択する（図9-68）

3D多角形プラグイン画面から3Dモデリング画面に切り替わり、作成した屋上スラブのパーツが読み込まれます（図9-69）。

▼図9-63 屋上スラブ作成1（1/5）

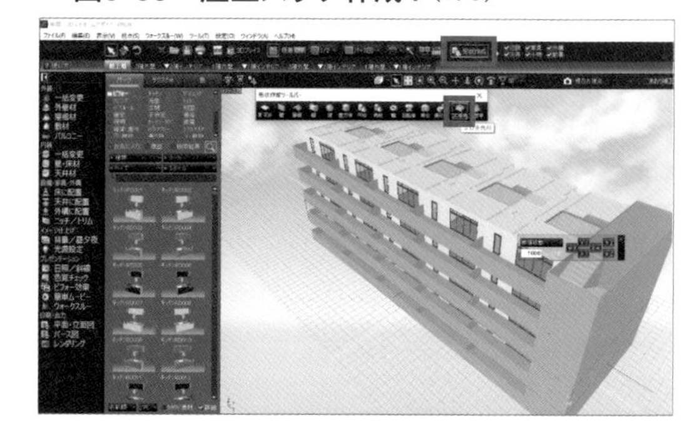

▼図9-64 屋上スラブ作成1（2/5）

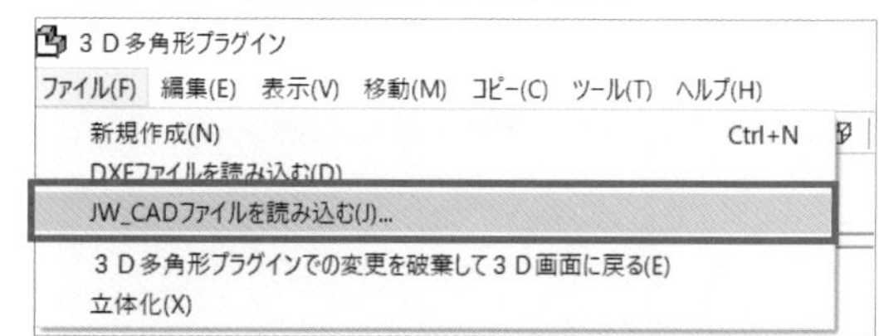


▶図9-65 屋上スラブ作成1（3/5）

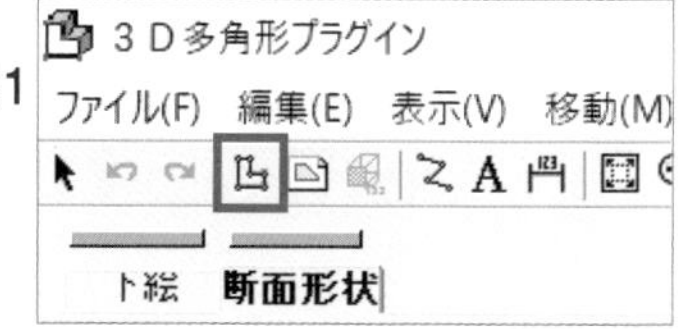


▼図9-66 屋上スラブ作成1（4/5）

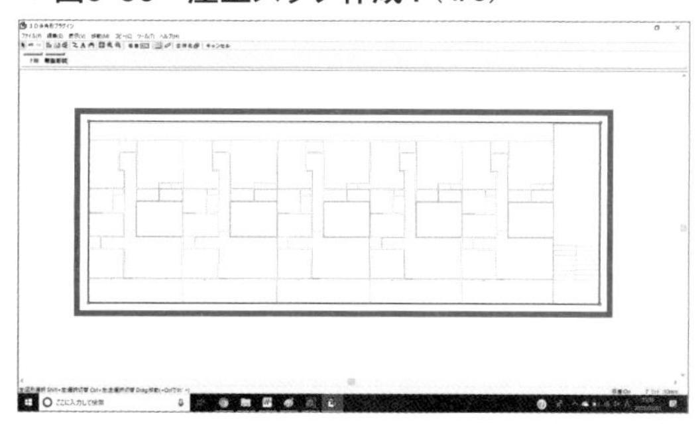

▼図9-67 屋上スラブ作成1（5/5）

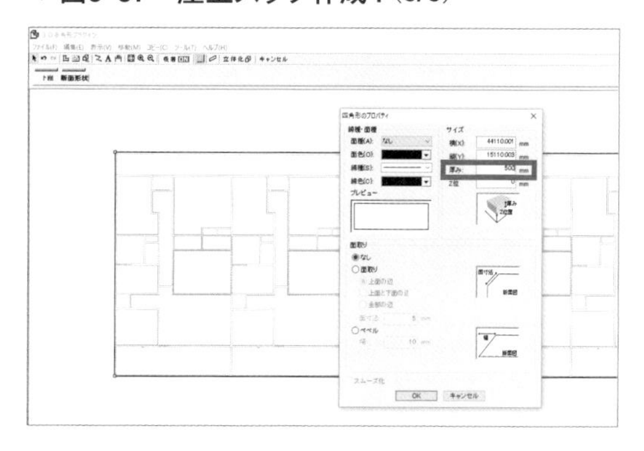

▼図9-68 屋上スラブ作成2（1/3）

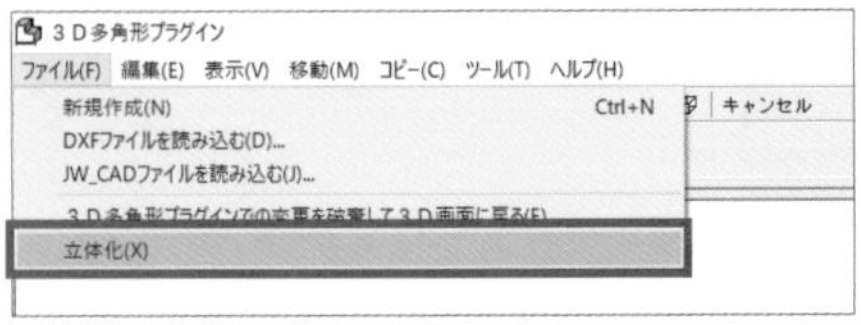

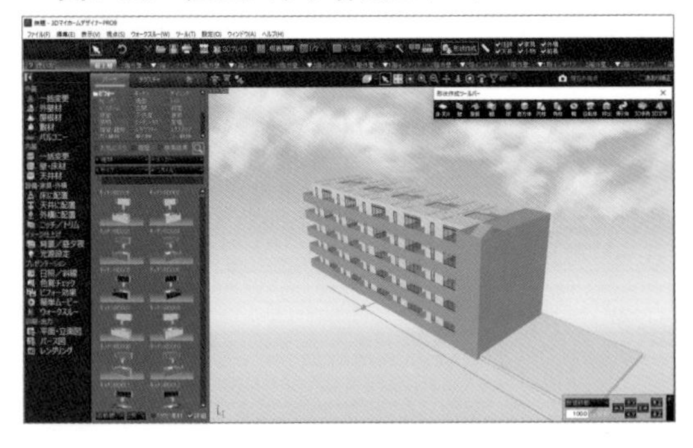

▼図9-69 屋上スラブ作成2（2/3）

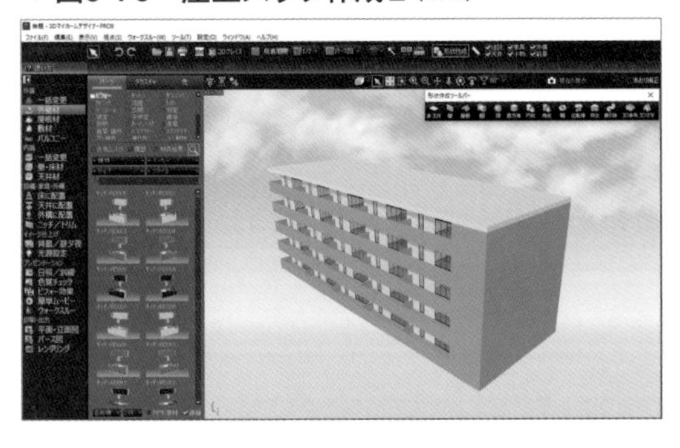

▼図9-70 屋上スラブ作成2（3/3）

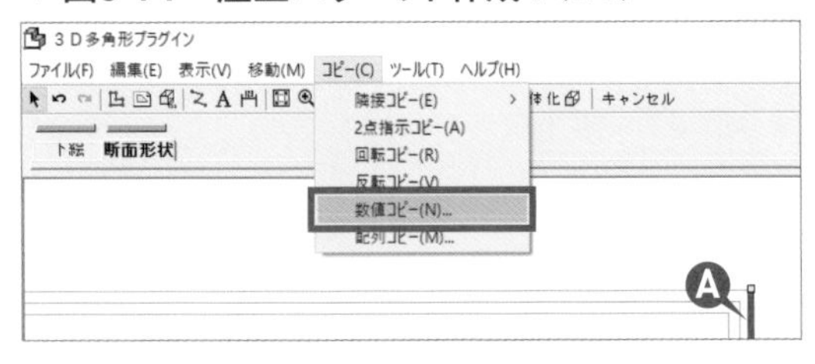


▼図9-71 屋上パラペット作成1（1/6）

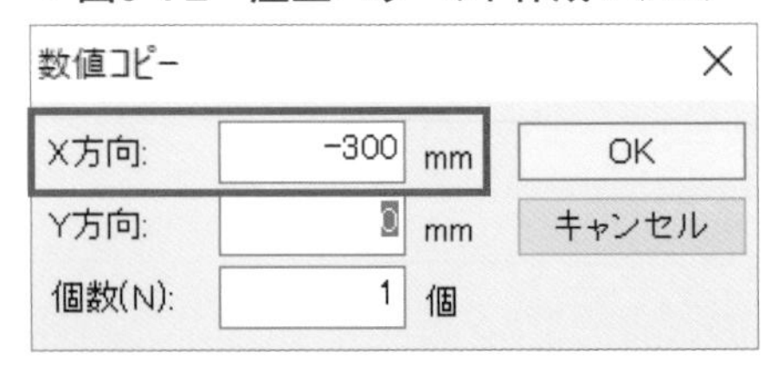


▼図9-72 屋上パラペット作成1（2/6）

**2** 屋上スラブが選択された状態で、右クリックメニューの［パーツ配置基準点設定］を選択する

**3** パーツの原点位置を次のように設定して［OK］をクリックする

- 左右方向（X軸）：中心
- 前後方向（Y軸）：中心
- 上下方向（Z軸）：下端

**4** パーツプロパティの［詳細設定］を選択し、X、Yの値を「0」、Zの値を「16000」に設定し［OK］をクリックする

5階パーツの上部に屋上スラブが配置されました（**図9-70**）。次に幅300mmのパラペットを作成します。

## Step 8 屋上パラペット作成1

（図9-71）（図9-72）（図9-73）（図9-74）（図9-75）（図9-76）

**1** Step 6の**2**と同様に3D多角形プラグインの画面でファイル名「マンション平面図.jwc」を読み込む

**2** メニューバーの［編集］➡［選択］を選択し、下絵の右端の線（**図9-71**の**A**）を選択する

**3** メニューバーの［コピー］➡［数値コピー］を選択し、［X方向］に「-300」と入力し、［OK］をクリックする（**図9-72**）

屋上スラブ東側のパラペットの基準線が作成されました。

**4** 同様に下絵の上端の線（**図9-73**の**B**）を選択し、［数値コピー］で［Y方向］に「-300」と入力し、［OK］をクリックする

屋上スラブ北側のパラペットの基準線が作成されました。

基準線の交点（**図9-74**）が吸着ポイントになります。屋上の四隅で同様の操作を行います。

**5**［多角形入力］を選択し、パラペットが**図9-75**の形状になるように一筆書きで交点を順にクリックする（**図9-76**）

**図9-75**はスケールが関係ないイメージ図です。マウスホイールで画面拡大しながら下絵に正確にスナップしてください。

**6** 同様に、他方のパラペット形状を作成する

▼ 図9-73　屋上パラペット作成1（3/6）

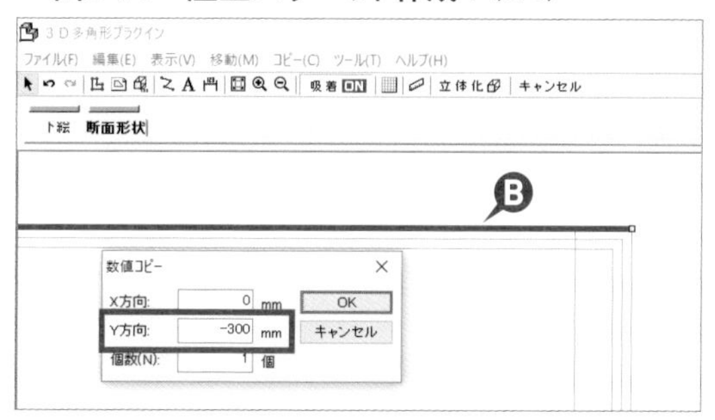


▼ 図9-74　屋上パラペット作成1（4/6）

**7** 作成した多角形を右クリックで選択し、［厚み］の値を「500」に設定し［OK］をクリックする

## Step 9 屋上パラペット作成2

（図9-77）（図9-78）（図9-79）

**1** メニューバーの［ファイル］➡［立体化］を選択する（**図9-77**）

3D多角形プラグイン画面から3Dモデリング画面に切り替わり、作成したパラペットのパーツが読み込まれます。

**2** パラペットが選択された状態で［パーツ配置基準点］を次のように（Step7の**3**と同様）設定し、［OK］をクリックする

- 左右方向（X軸）：中心
- 前後方向（Y軸）：中心
- 上下方向（Z軸）：下端

**3** パーツプロパティの［詳細設定］でX、Yの値を「0」、Zの値を「16500」に設定し［OK］をクリックする

床スラブのパーツ上部にパラペットが配置されました（**図9-78**）。

**4**［外壁材］を選択し、屋上スラブ側面とパラペットに外壁のテクスチャを貼り付ける（**図9-79**）

以上で5階建てマンションが完成しました。

▼ 図9-75　屋上パラペット作成1（5/6）

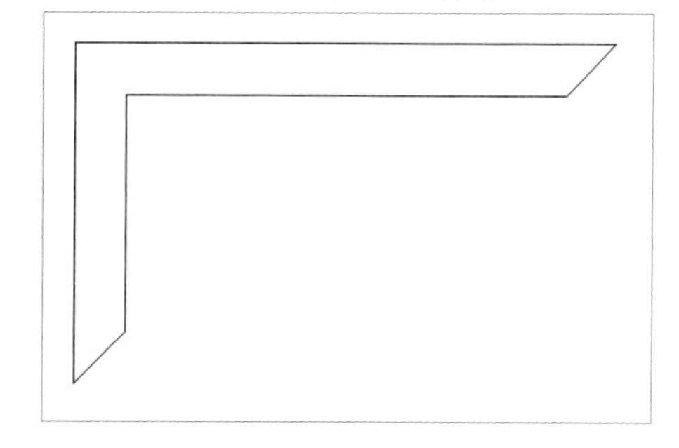

▼ 図9-76　屋上パラペット作成1（6/6）

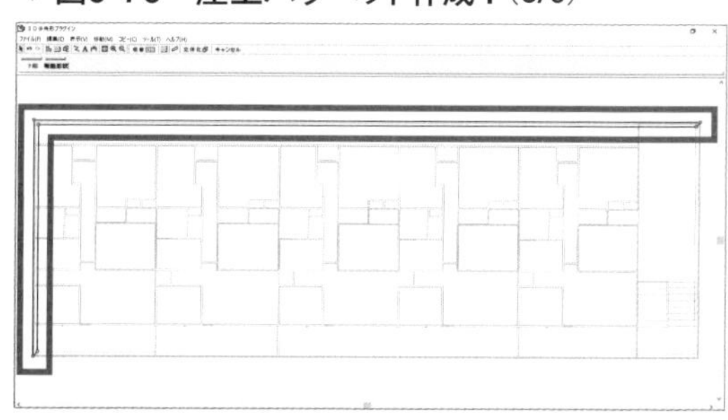

▼ 図9-77　屋上パラペット作成2（1/3）

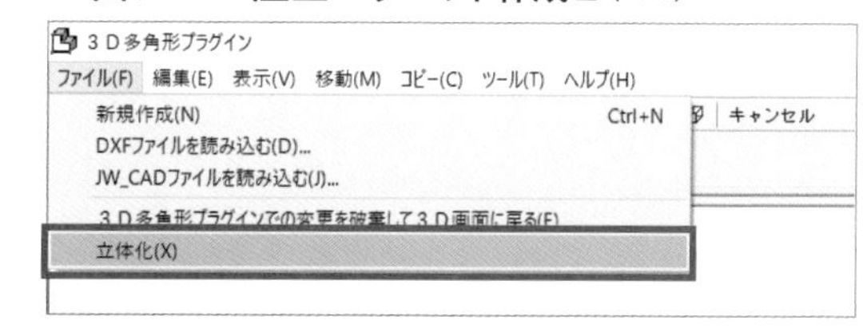


▼ 図9-78　屋上パラペット作成2（2/3）

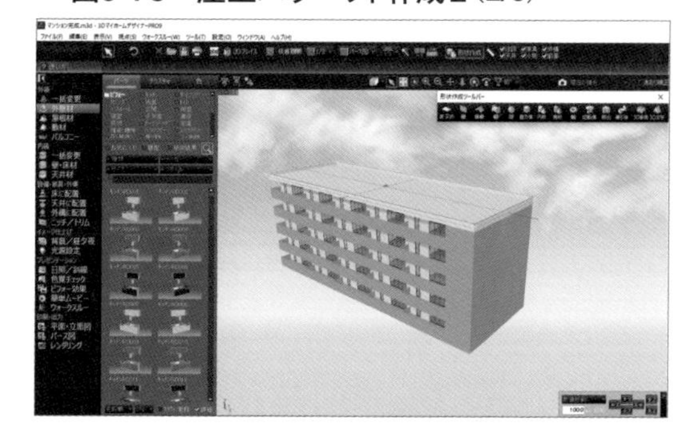

▼ 図9-79　屋上パラペット作成2（3/3）

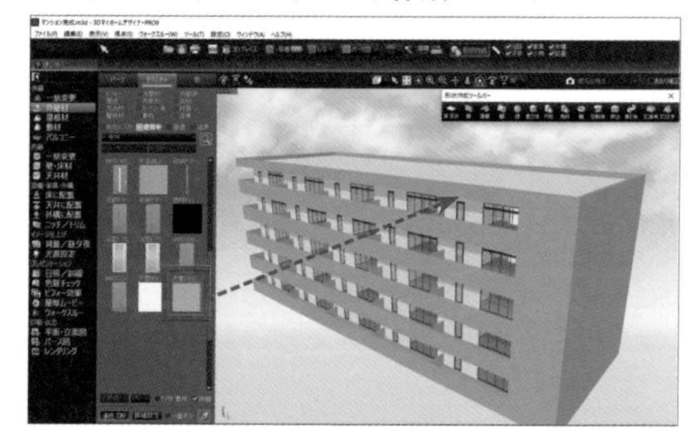

## 課題❶ テーマ「吹き抜けのあるリビングを持つ専用住宅」

ある地方都市の中心市街地に、庭と連続した吹き抜けのあるリビングを持つ専用住宅を計画してください。計画に当たっては、次の点に留意してください。

- 1階のリビングを吹き抜けとし、庭と連続した明るく快適な空間とすること
- 1階部分における「所要室の配置」「動線」「廊下の幅」「浴室廻り」、および「トイレのスペース」については、将来の高齢化に配慮した計画とすること

### 建物・敷地条件

- 建物用途：専用住宅
- 建築敷地：第一種低層住居専用地域内にあり、防火・準防火地域の指定はない。建ぺい率50%以下、容積率100%以下。敷地（**図10-1**）は、平坦地で、地盤面と道路面および隣地との高低差はなく、地盤は良好。電気・水道・ガスの引き込みは可能で、公共下水道は完備

▼**図10-1　敷地図**

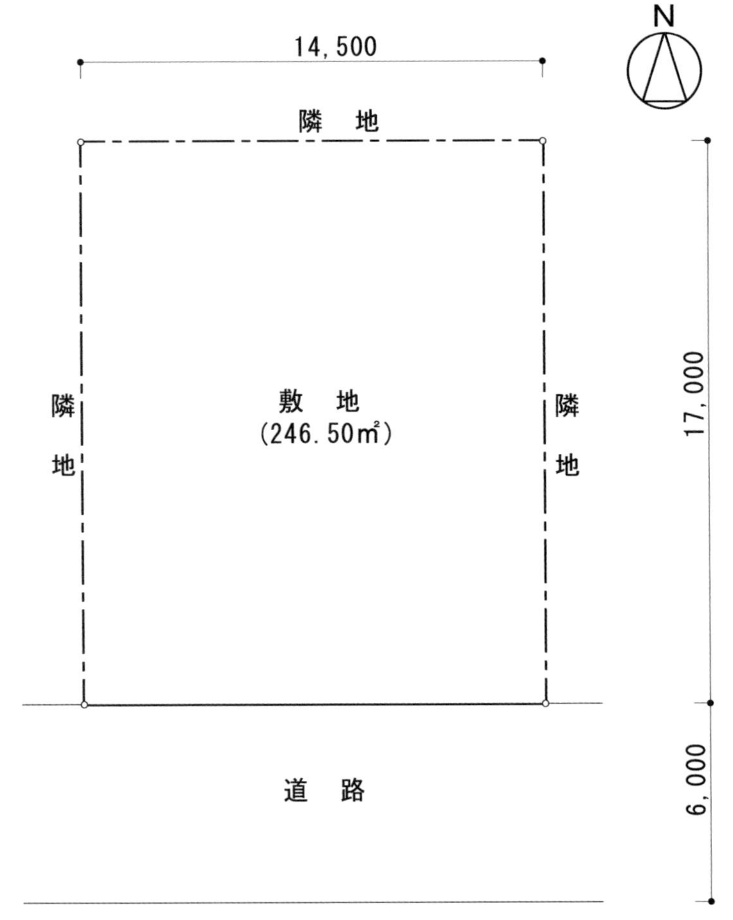

本課題の見本となる3Dモデリングデータをダウンロードすることができます。詳細は本書P.2を参照してください。

- 敷地面積：14.5m×17.0m（246.50㎡）
- 構造　　：木造2階建てとし、建築物の耐震性に配慮する
- 建物規模：140㎡以上～170㎡以下（床面積については、屋内自動車車庫とする場合は、その部分を算入し、ピロティ、玄関ポーチ、屋外駐車スペース等は算入しないものとする）
- 建築物の高さなど：建築物の最高の高さは10m以下、かつ軒の高さは7m以下とする
- 家族構成：夫婦（50歳代）、子供2人（男子中学生、女子小学生）

## 所要室

**表10-1**に挙げる所要室を設計してください。また、必要に応じて適宜追加しても構いません。

**表10-1　所要室**

| 所要室 | 設置階 | 特記事項 |
|---|---|---|
| 玄関 | 1階 | |
| リビング | 1階 | ●洋室10畳以上とする<br>●8畳以上の吹き抜けを設ける |
| ダイニング･キッチン | 1階 | ●洋室10畳以上とする<br>●勝手口を設ける |
| 寝室 | 1階 | ●洋室8畳以上とし、その他に物入を設ける |
| 浴室 | 1階 | ●2畳以上とする |
| 洗面脱衣室 | 1階 | ●2畳以上とする |
| トイレ | 1階 | ●広さは、心々1,365mm×1,365mm以上とする |
| 子供室（2室） | 2階 | ●1室につき、洋室6畳以上とし、その他にそれぞれ収納を設ける |
| 予備室 | 2階 | ●客間としても利用する |
| 納戸 | 2階 | ●2畳以上とする |
| 洗面コーナー | 2階 | ●適宜 |
| トイレ | 2階 | ●適宜 |
| その他 | | ●1階廊下の幅は、心々1,365mm以上とする |
| 駐車･駐輪スペース | 1階 | ●敷地内に、小型乗用車（5人乗り）1台分、自転車3台分の屋外駐輪スペースを設ける |

## 課題❷ テーマ「工房のある工芸品店併用住宅」

地方都市の商店街に建つ、工房のある工芸品店(木工芸)併用住宅を計画してください。計画に当たっては、次の点に留意してください。

- 工芸品店部分と住宅部分は玄関をそれぞれ別に設け、1階の屋内で行き来できるようにすること
- 売り場より工房（工芸教室も兼ねる）の一部がガラス窓を通して見えるようにすること
- 屋外に販売テラスと荷解きスペースを設けること
- 荷解きスペースから工房へ物品を容易に運べるようにすること
- 屋外販売テラスと事務所を行き来できるようにすること
- 住宅部分の居室は、日照、採光、通風に配慮すること

### 建物・敷地条件

- 建物用途：専用住宅
- 建築敷地：第一種住居地域（防火・準防火地域の指定はない）、建ぺい率60%以下、容積率200%以下。敷地（**図10-2**）は、平坦地で、地盤面と道路面および隣地との高低差はなく、地盤は良好。電気・水道・ガスの引き込みは可能で、公共下水道は完備

▼**図10-2　敷地図**

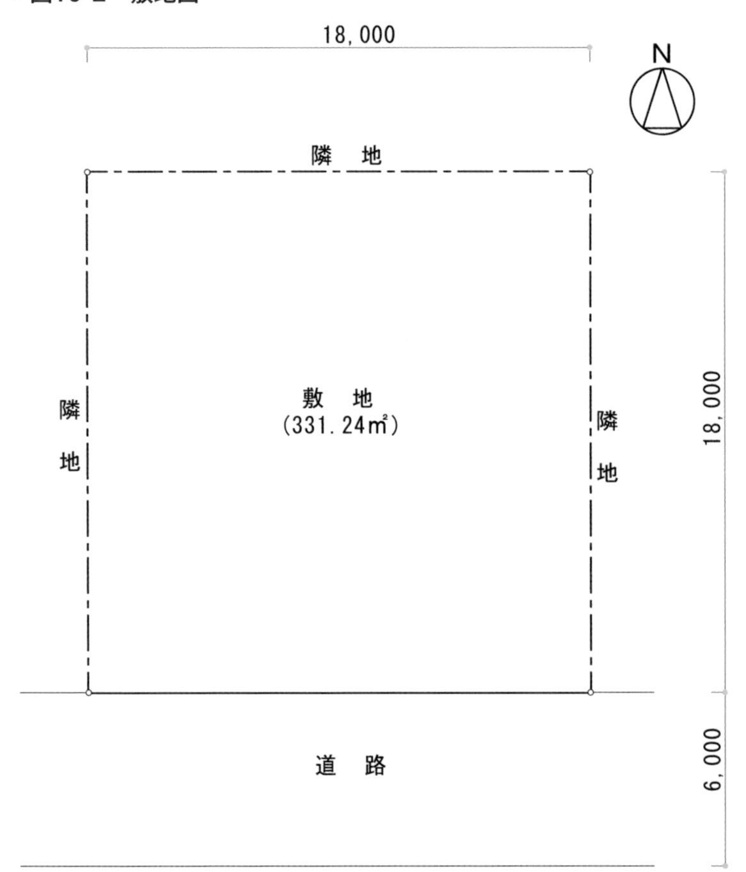

本課題の見本となる3Dモデリングデータをダウンロードすることができます。詳細は本書P.2を参照してください。

- 敷地面積：18.0m×18.0m（324.00㎡）
- 構造　　：木造2階建て
- 延べ面積：230㎡以上～260㎡以下
- 家族構成：夫婦（夫は木工工芸家）、子供2人（男子中学生、女子小学生）

## 所要室

**表10-2**に挙げる所要室を設計してください。また、必要に応じて適宜追加しても構いません。

▼**表10-2　所要室**

| | 所要室 | 設置階 | 特記事項 |
|---|---|---|---|
| 工芸品店部分 | 玄関 | 1階 | |
| | 工芸品売場 | 1階 | ●16畳以上とし、接客コーナーを設ける |
| | 工房 | 1階 | ●14畳以上とし、1,800mm×900mm程度の作業用テーブル2台設ける |
| | 倉庫 | 1階 | ●3畳以上とする |
| | 事務室 | 1階 | ●4.5畳以上とし、その他に物入を設ける |
| | 更衣室 | 1階 | ●2畳以上とし、工芸教室に通う生徒が使用する |
| | 給湯コーナー | 1階 | ●廊下に面して設け、広さは適宜とする |
| | トイレ<br>（バリアフリー対応） | 1階 | ●広さは、心々1,365mm×1,365mm以上とする<br>注）工芸品店部分の室内床面積の合計は、90～110㎡を目安とする |
| | 屋外販売テラス | 屋外 | ●8畳以上とし、売り場の屋外に設けて屋外販売を行う |
| | 荷解きスペース | 屋外 | ●広さは適宜とする |
| | 屋外スロープ | | ●勾配1/12以下、有効幅員900mm以上とし、踊り場を設ける場合は、踏み幅900mm以上を設ける<br>●安全に配慮し、手すりを設ける |
| 住宅部分 | 玄関 | 1階 | ●下駄箱を設ける |
| | リビング | 2階 | ●洋室8畳以上とする |
| | ダイニング | 2階 | ●洋室4.5畳以上とする |
| | キッチン | 2階 | ●洋室4.5畳以上とする<br>●ダイニング・リビングと1室にまとめてもよい |
| | 夫婦室 | 2階 | ●洋室8畳以上とし、その他に収納を設ける |
| | 子供室(2室) | 2階 | ●1室につき洋室6畳以上とし、その他にそれぞれ収納を設ける |
| | 浴室 | 2階 | ●2畳以上とする |
| | 洗面脱衣室 | 2階 | ●2畳以上とする |
| | 洗面室 | 2階 | ●コーナーでもよい |
| | トイレ | 2階 | ●1カ所とし、広さは、心々1,365mm×1,365mm以上とする |
| | 納戸 | 2階 | ●洋室3畳以上とする |
| | その他 | 2階 | ●2階廊下の幅は、心々1,365mm以上とする |
| 屋外部分 | 駐車・駐輪スペース | 屋外 | ●工芸品店用として、敷地内に、身障者用1台分、来客用小型乗用車（5人乗り）1台分の駐車スペースを設ける<br>●自転車3台分の屋外駐輪スペースを設ける<br>●住宅用として、小型乗用車（5人乗り）1台分の駐車スペースを設ける |

# 課題❸ テーマ「オープンカフェのあるレストラン併用住宅」

地方都市の市街地に建つ、オープンカフェのあるレストラン併用住宅を計画してください。計画に当たっては、次の点に留意してください。

- 敷地の南東にあるシンボルツリーを活かして設計を行うこと
- レストランには、一般用客室とパーティー用客室を設け、一体的に使えるようにすること
- レストラン部分と住宅部分には、玄関をそれぞれ別に設け、1階屋内で行き来できるようにすること
- オープンカフェを設置し、一般用客室とパーティー用客室から直接出入りできるようにすること
- レストラン部分のアプローチは、車椅子利用者に配慮して屋外スロープを設置すること
- 前面道路から厨房への食材などの搬入路を計画すること

## 建物・敷地条件

- 建物用途：レストラン併用住宅
- 建築敷地：第一種住居地域（防火・準防火地域の指定はない）、建ぺい率60%以下、容積率200%以下。敷地（**図10-3**）は、平坦地で、地盤面と道路面および隣地との高低差はなく、地盤は良好。電気・水道・ガスの引き込みは可能で、公共下水道は完備
- 敷地面積：16.0m×18.5m（294.00㎡）、角切りしてある角地
- 構造　　：木造2階建て
- 延べ面積：190㎡以上～220㎡以下
- 家族構成：夫婦（50歳代）、子供2人（男子高校生・女子中学生）

**▼図10-3　敷地図**

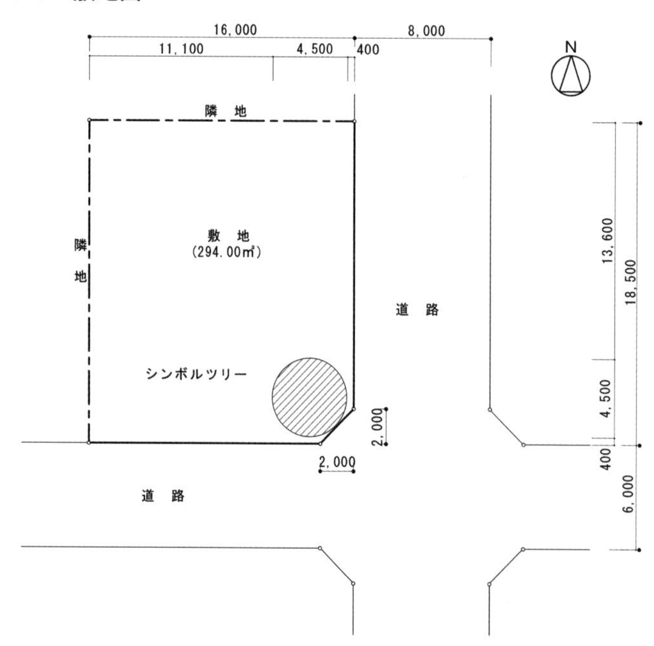

本課題の見本となる3Dモデリングデータをダウンロードすることができます。詳細は本書P.2を参照してください。

## 所要室

**表10-3**に挙げる所要室を設計してください。また、必要に応じて適宜追加しても構いません。

▼**表10-3　所要室**

| | 所要室 | 設置階 | 特記事項 |
|---|---|---|---|
| レストラン部分 | 一般用客室 | 1階 | ●10畳以上とし、常時一般用客室として使用する<br>●テーブル席は10席以上設ける<br>● 住宅部分の玄関とは別に東側道路からの出入り口を設ける<br>● 床高は300㎜とし、床仕上げは土間コンクリートにタイル貼りとする |
| | パーティ用客室 | 1階 | ●10畳以上とし、パーティー用として使用する。一般用客室とはパーティションで間仕切り、パーティーを開催しないときは客室と一体的に使用する<br>●テーブル席は10席以上設ける |
| | オープンカフェ | 1階 | ●10畳以上とし、一般用客室とパーティー用客室に隣接することで直接行き来できるようにする<br>●テーブル席は8席以上設ける |
| | 厨房 | 1階 | ● 10畳以上とする。<br>●一般用客室とパーティー用客室とを直接行き来できるようにする<br>● 外部からの搬入口を設ける<br>●流しやコンロの他に、配膳用テーブル（1,800mm×800mm程度）を設ける |
| | トイレ | 1階 | |
| | 洗面室 | 1階 | ●コーナーでもよい |
| 住宅部分 | 玄関 | 1階 | ●下駄箱を設ける |
| | リビング | 1階 | ●洋室8畳以上とする |
| | ダイニング | 1階 | ●洋室4畳以上とする |
| | キッチン | 1階 | ●洋室4畳以上とする<br>●ダイニング・リビングと1室にまとめてもよい |
| | 洗面室 | 1階 | ●コーナーでもよい |
| | トイレ | 1階 | ●1カ所とする |
| | 夫婦寝室 | 2階 | ●洋室10畳以上とし、その他にウォークインクローゼットを2畳以上設ける |
| | 子供室（2室） | 2階 | ●1室につき洋室6畳以上とし、その他にそれぞれ収納を設ける |
| | 浴室 | 2階 | ●2畳以上とする |
| | 洗面脱衣室 | 2階 | ●2畳以上とする |
| | トイレ | 2階 | ●1カ所とする |
| | 納戸・物入 | 1階・2階 | ●適宜 |
| | その他 | 1階 | ● 1階廊下の幅は、心々1,365mm以上とする |
| 屋外部分 | シンボルツリー | 屋外 | ●敷地図に示す位置に、樹高7m、枝張り4.5m程度のシンボルツリーがある。 |
| | 屋外スロープ | 屋外 | ●勾配1/12以下、有効幅員900mm以上とし、踊り場を設ける場合は、踏み幅900mm以上を設ける<br>●安全に配慮し、手すりを設ける |
| | 駐車・駐輪スペース | 屋外 | ●住宅用小型乗用車（5人乗り）1台分を設ける<br>●住宅用自転車3台分の屋外駐輪スペースを設ける |

実践教育訓練学会では、2018年から建築デザイン設計競技を開催しています。ここでは、3Dマイホームデザイナーを利用して設計した入選作品（2018年と2019年）を紹介します。各作品は、A1パネル1枚に納められています。住宅設計やプレゼンテーションの参考にしてください。

## 2018年の競技課題「3世代が住む狭小住宅」

▼見守りの住処～地中庭園と空中庭園で視線が繋がるコートハウス～
【氏名】庄子夏姫　【所属】東北文化学園大学

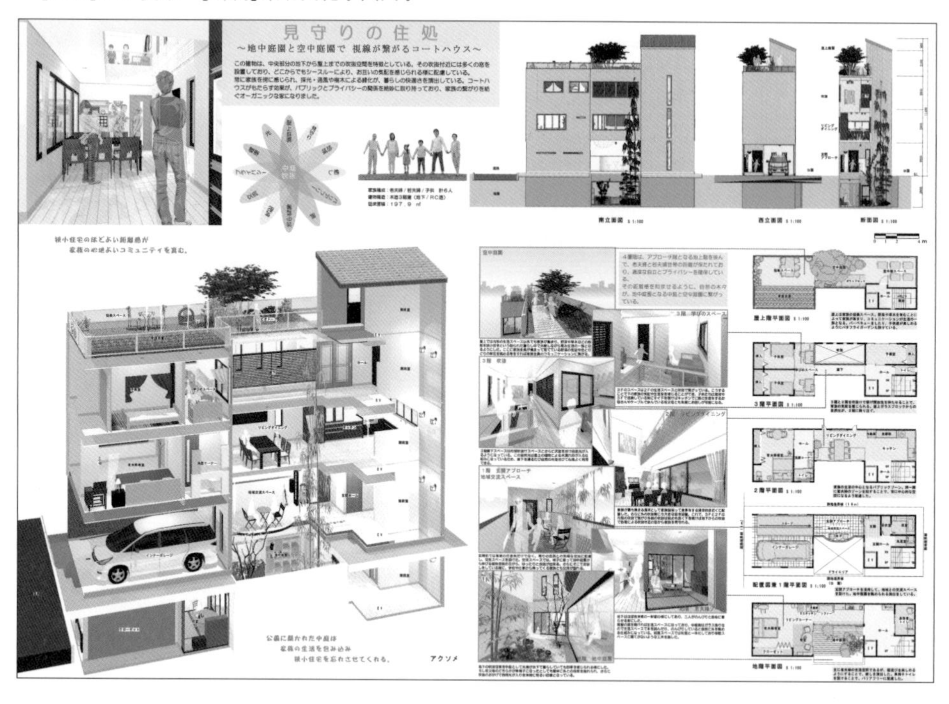


▼森を取り入れた家
【氏名】遠山幸、岩城巧　【所属】関東職業能力開発大学校

▼ベーカリーライン
【氏名】佐藤智耶　【所属】東北文化学園大学

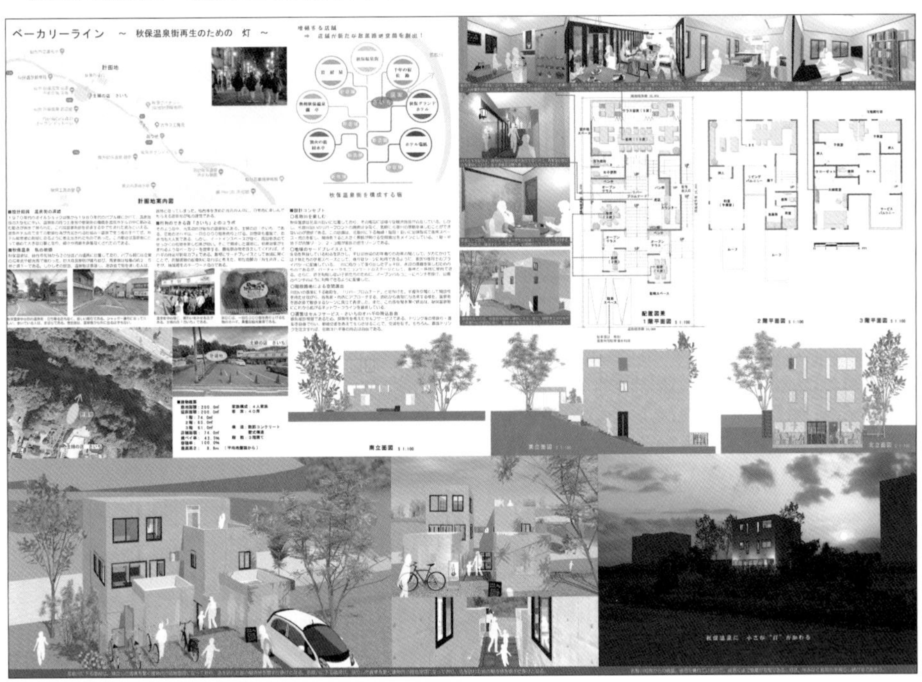


▼Direttore concerto - 小さな森の音楽堂
【氏名】上間光厘　【所属】沖縄職業能力開発大学校

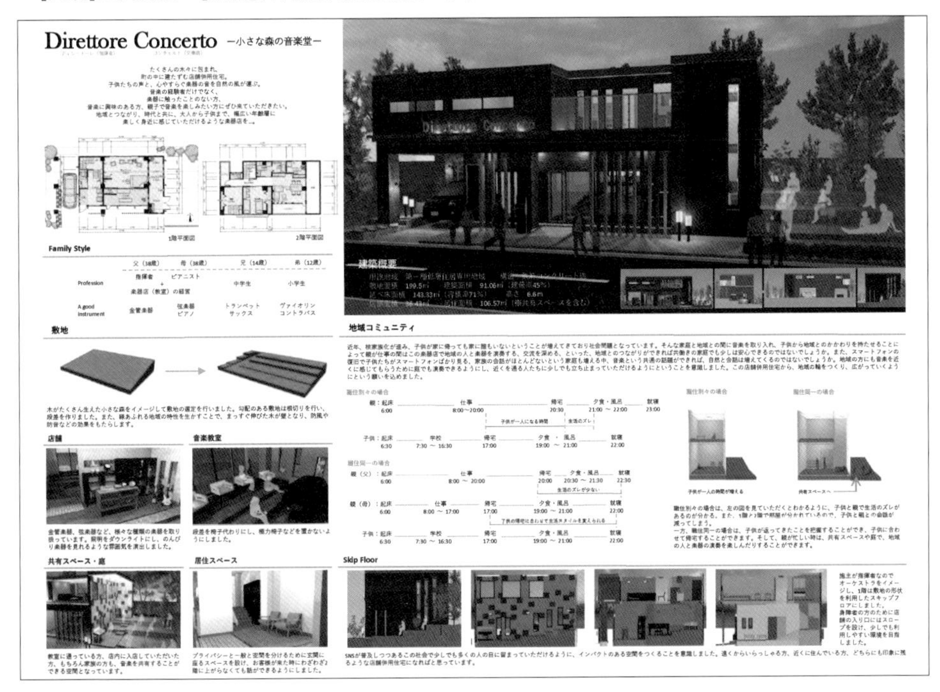

## 2019年の競技課題「店舗併用住宅」(その2)

▼共食～よしみを結ぶ～
【氏名】濱松清明、山子夏希、横山奈央　【所属】九州職業能力開発大学校

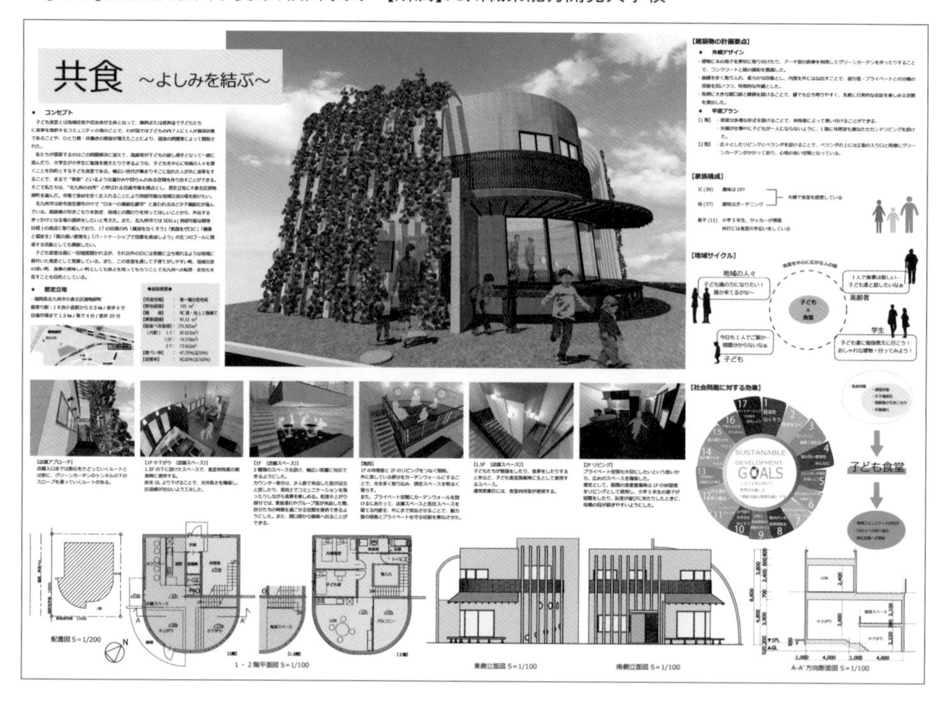


▼海を見渡せるオープンカフェ
【氏名】本村舞　【所属】東北職業能力開発大学校

## 執筆者（担当順）＆協力者紹介


### 和田 浩一（わだ こういち）
※担当：編著者、1章、6章、課題

職業能力開発総合大学校 基盤ものづくり系 教授、博士（工学）、一級建築士、インテリアプランナー
新潟大学大学院自然科学研究科環境管理科学専攻博士後期課程修了。新潟職業訓練短期大学校選任講師、高度職業能力開発促進センター助教授などを経て現職。主な著書に『建築系学生のための卒業設計の進め方』（井上書院、2007、共著）、『環境とデザイン』（朝倉書店、2008、共著）、『フィールドワークの実践 建築デザインの変革をめざして』（朝倉書店、2011、編著）、『四訂 建築［IV］建築計画・製図編』（職業訓練教材研究会、2014、監修）などがある。

### 的野 博訓（まとの ひろくに）
※担当：2章、3章、8章、9章

ポリテクセンター岩手 居住系 主幹、一級建築士
1975年生。職業能力開発大学校長期過程建築工学科卒業。高度職業能力開発促進センター、静岡職業能力開発促進センター、職業能力開発総合大学校、北海道職業能力開発大学校建築科准教授などを経て2018年より現職。全国の能開大や短大が対象で毎年開催される「総合制作実習及び開発課題実習の成果物に係る表彰」で指導した学生作品が、平成26年に優秀賞、平成27年に最優秀賞を受賞した。

### 杉山 和雄（すぎやま かずお）
※担当：4章、5章

四国職業能力開発大学校 住居環境科 講師
職業能力開発総合大学校長期課程造形工学科卒業。専門課程情報科、専門課程建築科修了。岡山職業能力開発促進センター情報・通信系、居住系指導員、奈良職業能力開発センター居住系指導員を経て現職。

### 星野 政博（ほしの まさひろ）
※担当：6章、8章、課題

東北職業能力開発大学校住居環境科特任教授、修士（都市科学）、一級建築士、実践教育訓練学会 建築・デザイン系専門部会部会長
東京都立大学大学院都市科学研究科博士前期課程修了。宮城職業能力開発センター、宮城職業訓練短期大学校助教授・職業能力開発大学校兼務、東北職業能力開発大学校建築施工システム技術科教授などを経て現職。著書に『2級建築士製図テキスト』（日本建築士会連合会、1998-2001年、共著）、『はじめて学ぶ建築製図』（日本建築士会連合会、2000年、共著）などがある。

### 菊池 観吾（きくち かんご）
※担当：7章

ポリテクセンター飯塚 居住系 主幹、一級建築士、一級建築施工管理技士
九州産業大学芸術学部デザイン学科（インテリア専攻）修了。建築設計事務所・ハウスメーカーで、住宅設計・施工管理職を経験後、奈良職業能力開発センター居住系指導員、愛媛職業能力開発センター居住系指導員、中国職業能力開発大学校・島根職業能力短期大学校住居環境科准教授を経て現職。

### 江川 嘉幸（えがわ よしゆき）
※担当：8章、9章

山形県立産業技術短期大学校 建築環境システム科 教授
職業訓練大学校長期課程建築科修了。ハウスメーカーで施工技術開発、生産技術開発、CAD/CAMシステム開発のリーダーとして従事。山形県立産業技術短期大学校講師、同准教授を経て現職。著書に『Windows版JW_CADで学ぶ建築製図』（工業調査会、2002、共著）がある。

### 新野 信夫（しんの のぶお）
※作図協力

新野デザイン研究所

### 山下 世為志（やました せいじ）
※建築図面協力

元四国職業能力開発大学校 住居環境科 准教授

装丁／本文デザイン／レイアウト　ごぼうデザイン事務所

## ■お問い合わせについて

本書に関するご質問は、本書に記載されている内容に関するもののみとさせていただきます。本書の内容と関係のないご質問につきましては、いっさいお答えできませんので、あらかじめご了承ください。また、電話でのご質問は受け付けておりませんので、本書サポートページ経由かFAX・書面にてお送りください。

**<問い合わせ先>**

**● 本書サポートページ**

https://gihyo.jp/book/2020/978-4-297-11051-2
本書記載の情報の修正・訂正・補足などは当該Webページで行います。

**● FAX・書面でのお送り先**

〒162-0846
東京都新宿区市谷左内町21-13
株式会社技術評論社　雑誌編集部
「3Dマイホームデザイナーで学ぶ 住宅プランニング」係
FAX：03-3513-6173

なお、ご質問の際には、書名と該当ページ、返信先を明記してくださいますよう、お願いいたします。

お送りいただいたご質問には、できる限り迅速にお答えできるよう努力いたしておりますが、場合によってはお答えするまでに時間がかかることがあります。また、回答の期日をご指定なさっても、ご希望にお応えできるとは限りません。あらかじめご了承くださいますよう、お願いいたします。

**3Dマイホームデザイナーで学ぶ**
**住宅プランニング**

2020年2月21日　初版　第1刷発行
2023年9月30日　初版　第2刷発行

編著者　和田浩一
著　者　的野博訓、杉山和雄、星野政博、菊池観吾、江川嘉幸
監　修　実践教育訓練学会
発行人　片岡　巌
発行所　株式会社技術評論社
東京都新宿区市谷左内町21-13
TEL：03-3513-6150（販売促進部）
TEL：03-3513-6177（雑誌編集部）
印刷／製本　株式会社加藤文明社

定価はカバーに表示してあります。



ISBN978-4-297-11051-2　C3055
Printed in Japan